Chemie, Physik und Technologie der Kunststoffe
in Einzeldarstellungen
Herausgegeben von K. A. Wolf

15

Hans H. M. Haldenwanger

# Biologische Zerstörung der makromolekularen Werkstoffe

bearbeitet und für den Druck vorbereitet

von

G. H. Göttner

Springer-Verlag Berlin · Heidelberg · New York 1970

ISBN 978-3-642-52111-9     ISBN 978-3-642-52110-2 (eBook)
DOI 10.1007/978-3-642-52110-2



Titel Nr. 4315

# Vorwort

In den letzten 25 Jahren kamen in zunehmendem Maße neue synthetische Werkstoffe für zahlreiche Verwendungszwecke in Gebrauch, über deren Verhalten gegenüber pflanzlichen und tierischen Schädlingen erst Erfahrungen gesammelt werden mußten, ehe es möglich war, Prüfmethoden und Schutzmaßnahmen zur Verhinderung der biologischen Zerstörung dieser Materialien zu entwickeln. Seither sind über diese Themen zahlreiche Veröffentlichungen erschienen, und das Wissen auf diesem zwischen der Biologie, der organischen Chemie, der Toxikologie und der Werkstoffkunde stehenden Gebiet hat eine gewisse Abrundung erfahren. Es erscheint deshalb nützlich, diesen Wissenstoff, der in den Buch- und Zeitschriftenveröffentlichungen der genannten Disziplinen und deren Teilgebieten erschienen ist, geschlossen darzustellen, was naturgemäß nicht ohne ein kurzes Eingehen auf das Verhalten, die Prüfung und die Konservierung der natürlichen organischen Werkstoffe möglich war.

Es wurde als wichtig angesehen, dem Chemiker und Anwendungstechniker einen Überblick über die als Schädlinge in Betracht kommenden Organismen zu geben; doch ist es nicht der Sinn dieser Schrift, die Aufgabe der biologischen Bestimmungsbücher zu übernehmen. Für den Biologen werden die Angaben über Prüfmethoden und die Kultivierung der Prüforganismen von Wert sein. Die im Anhang wiedergegebenen Rezepte der Nährmedien dürften dem Fachmann gestatten, Prüfungen von Werkstoffen mit pflanzlichen und tierischen Schädlingen auszuführen, ohne dabei auf die Originalliteratur zurückgreifen zu müssen. Sollte die vorliegende Schrift darüber hinaus die Chemiker und Anwendungstechniker auf dem Kunststoffgebiet zur Beschäftigung mit der biologischen Zerstörung der makromolekularen Werkstoffe anregen, so hat sie ihren Zweck erfüllt.

Vinnhorst, den 1. Juni 1967

Dr. rer. nat. H. HALDENWANGER

# Nachtrag zum Vorwort des Verfassers

Wenige Tage nach der Vollendung des Buchmanuskriptes verschied völlig unerwartet der Verfasser. Dr. Hans Haldenwanger, der im Jahre 1945 durch einen Laborunfall das Augenlicht verloren hatte, hat mit der Zusammenstellung dieses Werkes eine für einen Blinden staunenswerte Leistung vollbracht, zumal diese neben seiner beruflichen Arbeit bewältigt wurde.

Das Manuskript mußte vor der Drucklegung aus verschiedenen Gründen überarbeitet und wesentlich gestrafft werden. Als Freund des Verstorbenen habe ich diese Aufgabe übernommen, für die ich von mancher Seite Unterstützung erhielt. Besonders herzlichen Dank schulde ich für die kritische Durchsicht des Manuskriptes Herrn Prof. Dr. Karl A. Wolf, dem Herausgeber der Reihe „Chemie, Physik und Technologie der Kunststoffe", und Herrn Prof. Dr. Franz Duspiva, Direktor des Physiologischen Lehrstuhls am Zoologischen Institut der Universität Heidelberg, sowie für die Hilfe bei der Abfassung der Inhaltsverzeichnisse Frau Elfriede Simon und Frau Ingeborg Haldenwanger.

Dezember 1969 Dr.-Ing. G. H. Göttner

# Inhalt

# 1. Einleitung

Alle natürlichen und synthetischen organischen Werkstoffe bestehen, wenn von Begleitsubstanzen und Beimischungen, wie den Weichmachern, abgesehen wird, aus Makromolekülen, die aus zahlreichen — meistens kettenartig aneinandergereihten — kurzen Gliedern aufgebaut sind. Die mechanische Festigkeit dieser Stoffe und ihre Beständigkeit gegen die Einwirkung chemischer Verbindungen hängen weitgehend von der Art und der Anzahl der in ihren Molekülen vereinigten monomeren Bausteine sowie von ihrem Vernetzungsgrad ab. Das gilt auch für ihre Widerstandsfähigkeit gegen den Angriff durch tierische oder pflanzliche Organismen.

Es ist daher zweckmäßig, die zerstörende Wirkung der Schädlinge auf jede wichtige Gruppe organischer Werkstoffe gesondert zu erfassen. Die Werkstoffe werden dabei vorwiegend unter technischen Gesichtspunkten nach ihrer Anwendung eingeteilt, z. B. in Hölzer, Anstriche, Papier, Leder, Textilien, Kautschuke und Kunststoffe.

Der Angriff durch Mikroorganismen erfolgt nahezu ausschließlich auf chemischem Wege. Daher ist die chemische Zusammensetzung der Werkstoffe von entscheidender Bedeutung dafür, ob sie durch eine bestimmte Art der Mikroorganismen abgebaut werden können oder nicht. Infolgedessen wird in diesen Kapiteln auch ausführlich auf die Zusammenhänge zwischen Angreifbarkeit und chemischem Aufbau der Werkstoffe eingegangen.

Die höheren Organismen, wie Weichtiere, Krebstiere, Insekten und Nagetiere, zerstören hingegen die organischen Werkstoffe vorwiegend mit Hilfe ihrer Freßwerkzeuge. Bei ihnen kann die chemische Beschaffenheit von geringerer Bedeutung sein als die Struktur und die Form der Werkstoffe, wie am Beispiel der Schäden durch Insekten gezeigt wird.

Da Mikroorganismen die organischen Werkstoffe durch chemische Vorgänge zersetzen, wird diese Art des biologischen Angriffs vielfach — vor allem in der angelsächsischen Literatur — als „biologische Korrosion" bezeichnet. Soweit es sich bei der Schädigung der Werkstoffe eindeutig um chemische Umsetzungen handelt, ist diese Benennung gerechtfertigt; denn nach DIN 50900 (Korrosion der Metalle, Begriffe) ist der Begriff „Korrosion" folgendermaßen definiert: „Zerstörung von Werkstoff durch chemische oder elektrochemische Reaktion mit seiner Umgebung". Andere Lebewesen beschädigen aber die Werkstoffe durch Nagen oder sonstige Arten einer mechanischen Einwirkung, die mit den Verfahren der zerspanenden

Formgebung verglichen werden können. Man müßte also der Abnutzung durch chemische Vorgänge, der „biologischen Korrosion", das Abtragen durch mechanische Mittel, den „biologischen Verschleiß", gegenüberstellen. Da jedoch in diesem Buch die Chemismen bzw. Mechanismen des biologischen Abbaues organischer Werkstoffe nicht ausführlich besprochen werden sollen, werden beide Arten der Schädigung unter dem Namen biologische Zerstörung zusammengefaßt.

Der Stoff ist nach den wichtigsten Schädlingsgruppen, nämlich den Mikroorganismen, den hydrobiologischen Schädlingen, den Insekten und den Nagetieren, geordnet. An eine kurze Charakterisierung der wichtigsten Individuen jeder Gruppe schließen sich eingehende Beschreibungen der durch diese Lebewesen hervorgerufenen Werkstoffschäden sowie ausführliche Übersichten über die jeweils entwickelten Prüfverfahren und Schutzmaßnahmen an.

# 2. Natürliche organische Werkstoffe abbauende Mikroorganismen

Mit dem zusammenfassenden Namen „Mikroorganismen" werden Bakterien, Aktinomyceten, Schimmelpilze, Hefen, Algen und weitere auch dem Tierreich angehörende Kleinlebewesen bezeichnet, von denen aber als Zerstörer organischer Werkstoffe nur Bakterien und Pilze sowie einige Aktinomyceten und Hefen Bedeutung haben. Aktinomyceten sind zwischen Bakterien und Schimmelpilzen stehende Organismen, die, wie auch die Hefen, zusammen mit den Bakterien behandelt werden, weil die Formen ihrer Kolonien häufig denen der Bakterien ähneln.

## 2.1. Bakterien

Bakterien sind einzellige Organismen, die als niedrigste Form pflanzlichen Lebens angesehen werden können. Häufig wird ihnen auch im biologischen System eine Sonderstellung außerhalb des Pflanzen- und Tierreiches zugewiesen.

Bakterienzellen haben die Form von Kugeln, geraden, gebogenen oder mehrfach gekrümmten Stäbchen. Morphologisch werden sie daher grob in Kokken, Bazillen, Vibrionen und Spirillen eingeteilt. Einzeln sind sie nur nach Anfärben mit organischen Farbstoffen im Trockenpräparat bei starker Vergrößerung unter dem Mikroskop zu erkennen.

Ihre Verbreitung ist „ubiquitär", d. h. sie sind allgegenwärtig, falls nicht ungewöhnliche physikalische oder chemische Vorbedingungen, zu denen auch die künstliche Sterilisierung oder Desinfektion zu zählen sind, ihr Leben unmöglich machen. Ihre Verteilung in den einzelnen Medien ist sehr unterschiedlich. Nach Literaturangaben betragen die durchschnittlichen Keimzahlen pro Liter in

| | |
|---|---|
| atmosphärischer Luft (250 m über einer Stadt) | 10 |
| atmosphärischer Luft (in bewohnten Räumen) | 100 |
| Trinkwasser | 10 000—50 000 |
| Milch | 5 000 000 |

Ein wichtiges Erkennungsmerkmal für das Leben der Bakterien ist ihre Vermehrung. Unter günstigen Lebensbedingungen vermehren sich diese Mikroorganismen so rasch, daß in wenigen Stunden oder Tagen aus einem oder einigen wenigen Keimen durch Zellteilung Millionen und Milliarden von Individuen entstehen.

Obwohl Bakterien genügsamer sind als höher entwickelte Organismen, müssen doch bestimmte Voraussetzungen erfüllt sein, wenn ihnen Vermehrung und Stoffwechsel möglich sein soll. Das gilt vor allem für die Temperatur. Der Bereich, in dem die allenthalben in der Natur verbreiteten Arten zu leben vermögen, sind die Temperaturen von 0 bis ungefähr 45 °C; doch hängt die Lage des Optimums stark von der einzelnen Art ab. Kälteliebende Bakterien vertragen lange Zeit Abkühlungen bis zu Temperaturen, die weit unterhalb der tiefsten auf unserem Planeten beobachteten Temperatur liegen, doch sterben sie schon bei + 40 °C. Die thermophilen Mikroorganismen haben ihren optimalen Vermehrungsbereich dagegen bei 50 bis 65 °C, und sie beginnen mit ihren Lebensfunktionen erst bei einer Temperatur, der die kälteliebenden Formen schon nicht mehr standzuhalten vermögen.

Eine weitere wichtige Voraussetzung für das Gedeihen der Bakterien ist ausreichende Feuchtigkeit. Sie ist erforderlich, damit sich das Bakterium mit einer Feuchtigkeitshülle umgeben kann, die ihm die Aufnahme von Nährstoffen gestattet. Bei einer relativen Luftfeuchtigkeit von weniger als 65% ist der Bakterienzelle kein Stoffwechsel mehr möglich, und optimale Vorbedingungen sind erst bei einer relativen Luftfeuchtigkeit von 100% vorhanden. Um Wolle abbauenden Bakterien die Einwirkung auf die Substanz dieser Faser zu ermöglichen, muß sie mindestens 70% ihres Trockengewichtes an Feuchtigkeit enthalten.

Viele Bakterienarten sind befähigt, lange Trockenperioden zu überdauern, und im allgemeinen ertragen sie auch erhöhte Temperaturen im trockenen Zustand besser als im feuchten. Solche gegen Trockenheit unempfindliche Dauerformen entstehen entweder als „Arthrosporen" dadurch, daß sich die Bakterienzelle als Ganzes umbildet und sich mit einer verstärkten Wandung umgibt, oder als „Endosporen" durch Kontraktion des Protoplasmas im Inneren der Zelle und Einschluß dieses Gebildes in eine derbe Haut.

Für das Gedeihen der Bakterien ist weiter ein bestimmter Bereich des pH-Wertes der Umgebung oder des Substrates erforderlich. Die pH-Bereiche,

1*

in denen Zellulose abbauende Bakterien und Aktinomyceten vermehrungsfähig sind sowie die jeweiligen Optimalbereiche sind in Tabelle 3 nach Siu [312] wiedergegeben.

Da Bakterien über eine größere Mannigfaltigkeit von Enzymarten verfügen als höhere Lebewesen, können sie sich an sehr unterschiedliche Nährstoffe anpassen. Im Gegensatz zu den höheren Organismen, insbesondere auch zu den Pilzen, gedeihen zahlreiche Arten nur bei Abschluß gegen Sauerstoff. Neben diesen „obligaten Anaerobiern" gibt es andere, die als „fakultative Anaerobier" sowohl in Gegenwart als auch in Abwesenheit von Sauerstoff leben können, und die „Aerobier" gedeihen wie die meisten anderen Lebewesen nur in Gegenwart von atmosphärischem Sauerstoff.

Ein weiterer Unterschied zu den Pilzen ist die Befähigung mancher Bakterien zur „chemotrophen" Ernährung. Dies bedeutet, daß sie die Oxydation anorganischer Substanzen ihrer Umgebung als Energiequelle für ihren Stoffwechsel ausnutzen. Die organische Substanz ihrer Zelle bauen sie aus Kohlendioxyd auf. Diese „Chemosynthese" tritt hier an die Stelle der mit Hilfe des Chlorophylls bewirkten „Photosynthese" der Grünpflanzen.

Die „heterotrophen" Bakterien sind zur Deckung ihres Kohlenstoffbedarfs auf vorgebildete organische Substanzen ihrer Umgebung angewiesen. Außer Kohlehydraten, Fetten und Eiweißstoffen, die auch den höher entwickelten Lebewesen als Nährstoffe dienen, vermögen manche Bakterienarten Hornsubstanzen, wie die der Wolle, und andere Spezies Zellulosen abzubauen. Wie die pathogenen Bakterien sind auch die makromolekulare Werkstoffe zerstörenden Mikroorganismen hochspezifisch. M. Nopitsch [259] führt als Wolle zerstörende Bakterien die in der Tabelle 1 genannten Arten auf:

Tabelle 1. *Wolle abbauende Bakterien (nach* Nopitsch [259])

Bacillus mesentericus (Kartoffelbazillus)
Bacillus subtilis (Heubazillus)
Bacillus megaterium (Riesenbazillus)
Bacillus mycoides (Wurzelbazillus)
Bacillus putrificus (Fäulniserreger, anaerob)
Bacterium vulgare (Fäulniserreger, aerob)
Bacterium prodigiosum (Wundbazillus)
Bacterium fluorescens liquefaciens (Fäulniserreger)

Die häufigsten Arten sind die Kartoffelbazillen und die Heubazillen. Weiter nennt dieser Autor als Wolle zerstörende Bakterien auch den Erreger des blauen Eiters (Bacterium pyocyaneum) und den Erreger des gelben Eiters (Micrococcus pyogenes aureus). Im Forschungsinstitut Hohenstein (vergl. DACHTLER [80]) konnte nachgewiesen werden, daß auch Micrococcus epidermidis HACKER, Sarcina lutea (Paketkokken), Streptomyces griseus, ein aerober Strahlenpilz, aus dem das Antibiotikum Streptomycin gewonnen wird, und die Hefe Debaryomyces Klöckeri in der Lage sind, Wolle abzubauen.

Pflanzliche Textilien werden von den in der Tabelle 2 aufgeführten Bakterien zerstört:

Tabelle 2. *Zellulose abbauende Bakterien (nach* OSTERTAG [268])

Cytophaga Winogradsky (difluens oder rubra)
Cellvibrio Winogradsky (vulgaris)
Cellfalcicula Winogradsky
Clostridium omelianskii (Bacillus cellulosae)
Bacterium denitrificans
Bacterium punctum
Cellulomonas biazotea
Sporocythophaga myxococcoides

Weitere Zellulose abbauende Bakterien und Aktinomyceten sind in Tabelle 3 zusammen mit den pH-Bereichen, in denen sie wachsen, und den für ihr Gedeihen optimalen pH-Bereichen aufgeführt.

Manche Bakterien sind nur in der Lage, Zellulose zu zersetzen, wenn sie gemeinsam mit einem anderen Organismus wachsen. So erzeugt das

Tabelle 3. *pH-Bereiche des Wachstums Zellulose abbauender Mikroorganismen nach* SIU [312]

| Organismen | pH-Bereich | Optimum |
|---|---|---|
| Bacillus thermofibrincolus | 3,4—11,7 | 8,0—8,4 |
| Bacterium protozoides | 5,0— 9,2 | 7,5 |
| Cellulobacillus varsaviensis | 5,8— 8,2 | 7,5—7,7 |
| Cellulomonas biazotea | 5,2— 6,9 | 6,4 |
| Clostridium cellobioparus | 4,0— 8,0 | 5,5 |
| Cytophaga hutchinsonii | 6,5— 9,0 | 7,5 |
| Sorangium compositum | 4,5— 9,5 | 8,0—8,5 |
| Spirochaeta cytophaga | 1,5—12,5 | 7,0—7,6 |
| Sporocytophaga cytophaga | 2,5— 9,5 | 7,5 |
| Vibrio napi | 4,6— 7,6 | 7,6 |
| Vibrio prima | 4,6— 9,2 | 7,5—7,6 |
| *Aktinomyceten* | | |
| Actinomyces sp. | 2,5— 9,5 | 7,7 |
| Actinomyces sp. | 6,3— 8,2 | 7,3 |
| Actinomyces sp. | 5,3— 7,8 | 7,0 |
| Mycococcus cytophaga | | 7,0 |

Bacterium clostridium thermocellulaseum zwar Zellulase, vermag aber nur eine geringe Menge des Zellulosesubstrates, auf dem es wächst, abzubauen, weil dieser Vorgang durch Anhäufung von Reaktionsprodukten gehemmt wird. In Symbiose mit Bacillus thermolactis geht der Abbau nach ENEBO [96] aber stark beschleunigt weiter, weil der Symbiont die Hydrolyseprodukte verbraucht.

Ein weiterer Naturstoff, der in rohem und verarbeitetem Zustand dem Angriff von Mikroorganismen ausgesetzt sein kann, ist der Kautschuk. Die ersten Berichte darüber, daß Mikroorganismen vermutlich Kautschuk angreifen, bezogen sich, wie die Veröffentlichung von SÖHNGEN und FOL [316], auf die Beobachtung farbiger Flecken am Rohkautschuk. Zunächst wurde angenommen, daß sich die Mikroorganismen von Verunreinigungen, insbesondere von Proteinsubstanzen, ernährten. Später wiesen aber NOVOGRUDSKI [263] und vor allem KALINENKO [179] nach, daß Mikrokokken, Actinomyceten und Pilze Kautschuk-Kohlenwasserstoffe angreifen. ADELHEID SCHWARTZ [304] ging bei ihren Untersuchungen über synthetische Kautschukmaterialien davon aus, daß der Abbau von Naturkautschuk durch Bakterien, Streptomyceten und Pilze bekannt sei. Die Autorin führte hierzu die Veröffentlichungen von ZOBELL [377—382], von SAPOSNIKOV, RABOTNOVA und JARMOLA [292] sowie von NETTE, POMORZEWA und KOSLOWA [237] an, wobei sie darauf hinwies, daß in zahlreichen Fällen Begleitsubstanzen und tatsächlich auch Verunreinigungen Ursache des Bewuchses gewesen waren. SPENCE und VAN NIEL [317] zeigten, daß die Kohlenwasserstoffe des Kautschuklatex von Mikroorganismen sogar vollständig abgebaut werden können. ZOBELL und BECKWITH [380] wiesen weiter nach, daß Natur- und Synthesekautschuke im Rohzustand und in vulkanisierter Form auch von bestimmten Bakterien in Reinkultur abgebaut werden. BLAKE, KITCHIN und PRATT [39] berichteten darüber, daß im Erdboden verlegte Kabel mit Kautschukisolationen Zonen verringerten elektrischen Widerstandes aufwiesen, die durch Bodenmikroorganismen hervorgerufen worden waren. 1949 zitierten BLAKE und KITCHIN [38] Untersuchungen von FROBISHER [114], bei denen festgestellt wurde, daß Aktinomyceten und Bakterien Naturkautschuk angreifen. Prüfkörper, die in eine mit Erdsuspension beimpfte Mineralsalzlösung getaucht worden waren, zeigten Bewuchs mit rosafarbenen Kolonien Gram-positiver Mikrokokken, die in der Umgebung der gleichzeitig vorhandenen Aktinomyceten durch antibiotische Wirkung zurückgedrängt worden waren. Schließlich überzog sich der Prüfkörper mit einer aus Bakterien bestehenden Schleimhülle, in der Sphaerotiles vorherrschte. Diese Bakterien ernährten sich offensichtlich von anderen Bodenmikroorganismen, welche die Substanz der Kabelhülle für ihren Stoffwechsel ausnutzen vermochten. Bei den Untersuchungen von ADELHEID SCHWARTZ [304] zeigten in Erde und in Faulschlamm eingegrabene Prüfkörper aus vulkanisiertem Kautschuk außer Bewuchs mit Streptomyceten und Pilzen einen schleimigen Überzug von Bakterien, die den Kautschuk auch in Kulturversuchen angriffen.

Eine Zusammenstellung der bis 1958 erschienenen Literatur über den Abbau von Zellulose und Textilien findet sich im Government Research Report A D 601 280 [*135*].

## 2.2. Pilze

Von den pflanzlichen Organismen sind es außer den Bakterien vor allem die höheren Pilze (Eumycetes), die Werkstoffe zu schädigen vermögen. Systematisch werden sie in Ascomyceten (Schlauchpilze) und Basidiomyceten (Ständerpilze) eingeteilt. Die Ascomycetes wachsen in Form eines „Mycel" genannten Gewirres von Fäden (Hyphen). Sie zeichnen sich durch einen schlauchförmigen Fortsatz (Ascus) aus, der sich nach der Vereinigung der männlichen mit der weiblichen Geschlechtszelle bildet. Im Ascus entstehen meist acht unbewegliche Ascussporen, die der Fortpflanzung dienen. Daneben erfolgt eine Sporenbildung auch an bestimmten Zellen (Conidien) der vom Mycel aufwachsenden Fruchthyphen. Sie sorgen für die sofortige Weiterverbreitung.

Diese zweite Art der Fortpflanzung wird auch als „Arbeitsform" der Vermehrung bezeichnet. Sie ist bei vielen Pilzarten (Fungi imperfecti oder Deuteromycetes) die einzige Form der Vermehrung. Zu diesen Fungi imperfecti zählen Alternaria, Aspergillus niger, Cephalosporium, Cladosporium, Fusarium, Hormodendron, Macrosporium, Stemphylium, Trichoderma, Trichothecium und Verticillium (vergl. RIPPEL-BALDES [*286*]). Weitere Ascomyceten, darunter auch Deuteromyceten, die im Meer aufgefunden wurden, sind in den Tabellen 37 und 38 aufgeführt.

Zu den Basidiomyceten gehören Erreger von Pflanzenkrankheiten, wie Rost, Pilze von der Art des Hausschwammes und auch die Hutpilze im Walde.

Sobald die Sporen in eine Umgebung mit der erforderlichen Feuchtigkeit und günstiger Temperatur gelangen, keimen sie unter Bildung eines neuen Mycels aus. Wie die Bakterien und ihre Dauerformen sind die Sporen der Schimmelpilze ubiquitär verbreitet.

Die Hauptgattungen der Schimmelpilze sind Penicillium (Pinselschimmel), Aspergillus (Kolbenschimmel) und Fusarium (Sichelschimmel). Auch die Mucorineen (Köpfchenschimmel) müssen hier genannt werden.

Nur wenige Arten bevorzugen bestimmte Klimazonen. Dazu gehören Memnoiella echinata, eine Art, die in den Tropen besser zu gedeihen scheint als in kühleren Klimaten, und Cladosporium herbarum, eine Art, die in der Arktis und in den gemäßigten Zonen vorkommt. Verwandte Arten trifft man aber jeweils auch in den anderen Klimazonen an, so daß man bei der Betrachtung der durch Schimmelpilze hervorgerufenen Schäden nicht nach der geographischen Lage zu unterscheiden braucht.

Pilzsporen sind besonders in der Trockenheit sehr widerstandsfähig. Viele von ihnen ertragen längere Zeit Temperaturen bis zu 100 °C. Die niedrigsten Auskeimtemperaturen der Sporen liegen bei ungefähr +2 °C, die höchsten bei 40 bis 43 °C. Zu kräftiger Entwicklung sind meist Temperaturen von 25 bis 30 °C erforderlich. Schimmelpilze finden daher ihre günstigsten Wachstumsbedingungen vor allem in den Tropen, wo auch eine genügende Luftfeuchtigkeit vorhanden ist. Um das Auskeimen und die Einwirkung auf die Substrate zu gestatten, bedarf es meist hoher relativer Luftfeuchtigkeit. Wie Tabelle 4 zeigt, sind die Ansprüche an die minimale Luftfeuchtigkeit bei den verschiedenen Pilzarten recht unterschiedlich; doch

Tabelle 4. *Mindestluftfeuchtigkeit, die von verschiedenen Schimmelpilzen zum Wachstum benötigt wird (nach* SIU *[312])*

| | |
|---|---|
| Rhizopus nigricans EHRENBERG | 93% |
| Trichothecium roseum | 90% |
| Cladosporium herbarum LINK | 88% |
| Penicillium rugulosum THOM | 86% |
| Aspergillus niger VAN TIEGHEM | 84% |
| Penicillium wortmanni KLÖCKNER | 81% |
| Penicillium fellutanum BIOURGE | 80% |
| Aspergillus versicolor MECHELI | 78% |
| Aspergillus candidus MECHELI | 74% |
| Aspergillus chevalieri (MANGIN) TH. et CH. | 72% |
| Aspergillus repens DE BARY | 71% |
| Aspergillus ruber MECHELI | 70% |
| Aspergillus echinulatus (DEL.) TH. et CH. | 63% |

vermögen auch die in dieser Beziehung anspruchlosesten Pilze ihren Stoffwechsel bei relativen Luftfeuchtigkeiten von weniger als 65% nicht mehr aufrecht zu erhalten.

Eine weitere Vorbedingung für die Entwicklung der Pilze ist ein bestimmter Bereich des pH-Wertes des Substrates. Angaben über die für das Wachstum verschiedener Zellulose zersetzender Pilze erforderlichen pH-Bereiche und optimalen pH-Bereiche finden sich in Tabelle 5.

Schimmelpilze enthalten kein Chlorophyll. Sie sind deshalb nicht in der Lage, die Energie des Sonnenlichtes für ihren Stoffwechsel auszunutzen. Aber die meisten Schimmelpilze vertragen mäßiges Tageslicht. Fast alle Pilze bedürfen des Luftsauerstoffs, und es kommen kaum anaerob vermehrungsfähige Arten vor.

Die Nahrung der Pilze muß nach WESSEL [350] die folgenden Elemente enthalten: Kohlenstoff, Wasserstoff, Sauerstoff, Stickstoff, Schwefel, Kalium, Magnesium, Phosphor und die Spurenelemente Eisen, Zink, Kupfer und Mangan. Manche Arten benötigen auch Spuren von Kalzium. Phosphorsäure ist als Kohlenhydratester für die Atmung erforderlich, während Eisen und Kupfer normale Bestandteile der respiratorischen Enzyme sind. Um in die Zelle der Mikroorganismen aufgenommen werden zu können, müssen die genannten Elemente in Form ihrer löslichen Verbindungen vorliegen.

An Stoffwechselprodukten erzeugen Pilze außer Kohlendioxyd zahlreiche organische Säuren, vor allem Dicarbonsäuren und Oxysäuren, wie beispielsweise Oxalsäure, Bernsteinsäure, Weinsäure, Zitronensäure, Milchsäure und Maleinsäure. Außerdem finden sich unter den Stoffwechselprodukten verschiedene Alkohole und Ester. Daß Farbstoffe gebildet werden, ist an der zum Teil kräftigen Färbung der Kolonien in Schwarz, Blau,

Tabelle 5. *pH-Bereiche des Wachstums und optimale pH-Bereiche der Vermehrung Zellulose abbauender Schimmelpilze nach* Siu *[312]*

| Organismus | pH-Bereich | Optimum |
|---|---|---|
| Aspergillus niger VAN TIEGHEM | 1,2 | 6,7—7,7 |
| Aspergillus flavipes MECHELI | 2,5—9,0 | 6,5 |
| Aspergillus fumigatus MECHELI | 3,0—8,0 | 5,6 |
| Sporotrichum carnis BROOKS u. Mitarb. | 2,8—7,6 | 4,5 |
| Trichoderma koningi OUDEMANS | 2,5—9,5 | 4,3 |
| Myrothecium verrucaria (ALB. et SCHW.) DITMAR ex FR. | 2,5—9,0 | 6,0 |
| Humicola grisea TRAAEN | 5,0—8,7 | 7,7 |
| Humicola sp. | 2,5—9,5 | 6,0 |
| Botryosporum sp. | 4,5—7,4 | 6,6—7,4 |
| Curvularia lunata (WALKER) BOEDIJN | 2,5—9,0 | 7,0 |

Grün oder Gelb zu erkennen. Bekannt ist ferner, daß bestimmte Pilzarten Stoffe, wie Penicillin und andere Antibiotika, ausscheiden, unter deren Wirkung Bakterien in der Umgebung von Schimmelpilzkolonien abgetötet werden.

Die organischen Substanzen, von deren Spaltprodukten sich die Mikroorganismen ernähren, werden von ihnen mit Hilfe von Enzymen abgebaut. Es sind Proteine von hochspezifischer Wirkung, z. B. die Zellulose spaltende Zellulase und das Eiweiß lösende Trypsin. Diese Biokatalysatoren können von der Zelle ausgeschieden oder intrazellulär in ihr zurückgehalten werden. Viele Lebewesen erzeugen Enzyme unabhängig von ihrer Umgebung, während andere ein Enzym nur dann absondern, wenn sie mit einem bestimmten Stoff in Berührung kommen, den sie auf diese Weise zu Nährstoffen abbauen können. Man unterscheidet daher zwischen „konstitutiven Enzymen" und „induktiven Enzymen". Ausführungen von GASCOIGNE [119] zeigen aber, daß man Enzyme, wie Zellulase, nicht als einheitliche Substanzen betrachten darf. Aus der von Myrothecium verrucaria ausgeschiedenen Zellulase konnten 24 Proteinkomponenten isoliert werden, die sämtlich zellulolytisch wirken. Die Verwendung des Begriffes „zellulolytisch"

Tabelle 6. *Holz zerstörende Pilze und die von ihnen verursachten Schäden*

| | | | |
|---|---|---|---|
| Trametes pini | Kiefernbaumschwamm | Stammfäule | [127] |
| Fomes annosus<br>Polyporus annosus<br>Trametes radiziperda | Wurzelschwamm | Stammfäule | [127] |
| Armillaria mellea<br>Clitocybe mellea<br>Agaricus melleus | Hallimasch | Stammfäule | [127] |
| Lenzites abietina | Tannenblättling | Lager- und Baufäule | [127]<br>[356] |
| Lenzites saepiaria | Blättling | Lagerfäule | [127] |
| Lentinus squamosus<br>(Lentinus lepideus) | schuppiger Zähling | Lager- und Baufäule | [127] |
| Paxillus acheruntius<br>Paxillus panuoides | Fächerschwamm | Lagerfäule | [127] |
| Irpex fuscoviolaceus | braunvioletter<br>Eggenschwamm | Lagerfäule | [127] |
| Corticium giganteum | großer Rindenpilz | Lagerfäule | [127] |
| Schizophyllum commune<br>Schizophyllum alneum | Spaltling | Lagerfäule | [127] |
| Daedalea quercina | Eichenwirrling | Lager- und Baufäule | [127] |
| Pullularia pullulans | Bläuepilz | Lagerfäule | [62] |
| Sclerofoma pityophila | Bläuepilz | Lagerfäule | [62] |
| Coniophora cerebella | Warzen- oder<br>Kellerschwamm | Baufäule | [356] |
| Polyporus vaporarius | Porenhausschwamm | Baufäule | [127] |
| Merulius lacrimans<br>var. domesticus | Echter Hausschwamm | Baufäule | [127, 356] |
| Polystictus versicolor | Buntporling | Baufäule | [356] |
| Poria vaporaria | Porenhausschwamm | Baufäule | [127] |
| Poria vaillantii | Porenhausschwamm | Baufäule | [356] |

erscheint in diesem Zusammenhang deshalb als gerechtfertigt, weil es heute als gesichert gelten darf, daß die anfängliche Aufspaltung der Zellulose in Oligosaccharide und Zucker ein hydrolytischer Vorgang ist.

Die meisten aus Bakterien und Pilzen gewonnenen Enzymextrakte hydrolysieren nur regenerierte Zellulose und einige wasserlösliche Zellulosederivate, natürliche Zellulose aber nur in geringem Grade, während die lebenden Organismen auch Baumwolle rasch abbauen können. Es wurde daraus geschlossen, daß mindestens zwei Arten von Enzymen an der Hydrolyse der Zellulose beteiligt sind. Außerdem ist noch ein drittes Enzym, der sogenannte „S-Faktor", in bestimmten Pilzkulturen aufgefunden worden, dessen Einwirkung eine Zellulose von erhöhtem Quellvermögen in Alkali liefert, was möglicherweise auf eine Schädigung oder Zerstörung der äußeren Hülle der Faser zurückzuführen ist. Weiter wurden aus Pilzkulturen Glucosidasen und Pentosanasen isoliert. Der Mechanismus des enzymatischen Abbaues von Lignin wurde von Nord [269] aufgeklärt.

Zellulose ist der Hauptbestandteil des Holzes, das durch Pilze in Form der „Stammfäule" im Walde, durch „Lagerfäule" des geschlagenen Holzes, durch „Verblauen" des gelagerten oder eingebauten Holzes und durch die verschiedenen Formen des Schwammes abgebaut wird. Die Schäden bestehen außer in einer Verschlechterung des Aussehens durch „Braunfäule", „Weißfäule" oder „Verblauen" in der Verminderung der Festigkeit. Die Zerstörungen können durch zahlreiche Pilze hervorgerufen werden. So kennt man beispielsweise als Ursache des Hausschwammes ungefähr 30 Pilzarten. In Tabelle 6 sind die wichtigsten Holz zerstörenden Pilze nach Angaben von GÖHRE [127], BUTIN [62] und WILLEITNER [356] zusammengestellt.

Als Zellulosetextilien zerstörende Schimmelpilze führt NOPITSCH [259] die in Tabelle 7 aufgeführten Arten an:

Tabelle 7. *Zellulosetextilien abbauende Schimmelpilze (nach* NOPITSCH *[259])*

Mucor MICHELI (mucedo)
Rhizopus EHRENBERG (nigricans)
Aspergillus MECHELI (glaucus, versicolor, fumigatus, clavatus, niger, terreus, candidus, flavus, ochraceus, ruber, ustus u. a.)
Penicillium LINK (glaucum, crustaceum, chrysogenum, citrinum, expansum, fuscoglaucum, luteum u. a.)
Chätomium (chartarum oder globosum)
Alternaria
Botrytis (Träubchenschimmel)
Cladosporium (herbarum)
Dematium
Diplodia
Fusarium
Hormodendron
Macrosporium
Monilia
Stachybotris (atra)
Stemphylium
Trichoderma (viride)
Verticillium
Myrothecium (verrucaria)
Metarhizium (glutinosum)
Memnoiella (echinata)

HAUSAM und RUPP [149] wiesen darauf hin, daß in Feuerwehrschläuchen unter natürlichen Bedingungen u. a. Didymium eunigripes auftritt und daß sie auf stark angegriffenen Fasern eine Pilzgemeinschaft fanden, die hauptsächlich aus Cephalosporium asperum und Scopulariopsis commune bestand. Hier muß besonders auf die umfangreichen Tabellen über alle auf Textilien vorkommenden Pilze aufmerksam gemacht werden, die von WEGENER und QUESTEL [347] veröffentlicht wurden.

Tabelle 8. *Enzymwirkung einiger Zellulosefasern abbauender Pilzarten nach* SIU [*312*]

*Vorwiegend Zellulose abbauend*
Aspergillus fumigatus MECHELI
Chaetomium globosum KUNZE
Myrothecium verrucaria (ALB. et SCHW.) DITMAR ex FR.
Trichoderma lignorum TODE

*Stärke abbauend*
Aspergillus fumigatus MECHELI
Aspergillus niger VAN TIEGHEM
Aspergillus oryzae AHLB.

*Pektine abbauend*
Alternaria tenuis AUCT.
Aspergillus niger VAN TIEGHEM
Rhizopus nigricans EHRENBERG
Rhizopus oryzae WENT et GERLINGS

*Fette und Wachse abbauend*
Aspergillus flavus LINK

Außer den eigentlichen Zellulosezersetzern gibt es einige Pilzarten, die nicht die Zellulose selbst, sondern vorwiegend Begleitsubstanzen der Textilfasern, wie Schlichten und Appreturen abbauen. Die Mucorineen spalten beispielsweise Hemizellulosen, während sich die Enzymwirkung anderer

Tabelle 9. *Die wichtigsten Keratin- und Lederproteine abbauenden Pilze (nach* GARNIER *und* MAGNOUX [*118*])

*1. Keratinfasern (Wolle und Seide) abbauend*
Chaetomium globosum KUNZE
Cladosporium herbarum LINK
Microsporon gypseum (BODIN) GUIARI und GRIGORAKI
Penicillium lilacinum THOM.

*2. Leder und dessen Schmiermittel abbauend*
Aspergillus flavus LINK
Aspergillus niger VAN TIEGHEM
Aspergillus repens DE BARY
Aspergillus terreus THOM.
Paecilomyces varioti BAINIER
Penicillium luteum ZUKAL.
Penicillium purpurescens (SOPP.) THOM. und RAPER
Penicillium spinulosum THOM.
Trichoderma viride PERS. ex FR.
*auf loh- und chromgegerbten Leder*
Aspergillus amstelodami (MANG.) THOM. und CHURCH
Penicillium islandicum SOPP.
Penicillium wortmanni KLÖCKNER

Pilze vor allem auf Pektine, Stärke sowie Fette und Wachse richtet. Diese gerichtete Enzymwirkung ist für einige Organismen in Tabelle 8 angegeben.

Die Proteinsubstanzen des Leders und der Keratinfasern Wolle und Seide werden außer von Haut- und Haarpilzen, wie sie verbreitet bei Mensch und Tier vorkommen und zu denen beispielsweise Arten der Gattungen Epidermophyton und Mikrosporon gehören, von einer ganzen Anzahl weiterer mehr oder weniger spezifisch wirkender Schimmelpilze abgebaut. Einige typische Beispiele sind in Tabelle 9 aufgeführt.

Aus Naturkautschuk bestehende Mäntel der im Erdboden verlegten Kabel werden außer von Bakterien und Aktinomyceten nach BLAKE, KITCHIN und PRATT [39, 40] auch von Pilzen angegriffen, unter denen sich Spicaria violacea Abbott und eine Fusariumart fanden.

# 3. Beständigkeit synthetischer Substanzen gegen Mikroorganismen

Man ist heute allgemein der Auffassung, daß Mikroorganismen das Kohlenstoffskelett synthetischer Polymerer in ähnlicher Weise abbauen, wie sie mit Hilfe von Enzymen Zellulose- oder Proteinmoleküle in Spaltprodukte zerlegen, die sie in ihrem Stoffwechsel verwerten können. Obwohl die beim Abbau synthetischer Verbindungen wirksamen Chemismen noch nicht hinlänglich aufgeklärt sind, erfährt die Annahme der direkten Einwirkung mit Hilfe spezifischer Enzyme vor allem durch die Beobachtung eine starke Stütze, daß Mikroorganismen zur Anpassung an die als Energiequelle geeigneten Stoffe ihrer Umgebung befähigt sind. Über die möglichen Wege des biochemischen Abbaues von Polymeren stellte KULKARNI [201] Betrachtungen an. Danach ist es als wahrscheinlich anzusehen, daß Makromoleküle von der Art der Vinylpolymeren enzymatisch durch freie Radikale abgebaut werden. Unter dem katalytischen Einfluß der Enzyme könnte der Wasserstoff der Polymeren aktiviert und auf reaktionsfähige Moleküle übertragen werden, so daß an den Polymerenketten unbeständige freie Radikale entstehen.

Außer durch den aktiven Angriff mit Hilfe von Enzymen können synthetische Werkstoffe auch indirekt durch die Stoffwechselprodukte der Mikroorganismen Schäden erleiden. Der Wert von Erzeugnissen kann nämlich, ohne daß die Materialien, aus denen sie bestehen, chemisch verändert werden, durch den Bewuchs mit Mikroorganismen gemindert werden, der beispielsweise Veränderungen des Aussehens, das Entstehen schleimiger Überzüge oder das Auftreten unangenehmen Geruches zur Folge hat.

Die von Bakterien hervorgerufenen Schädigungen sind, abgesehen von den genannten Veränderungen, nicht wahrnehmbar. Sie können die Form von Mikroperforationen besitzen, die zu einer Einbuße der Undurchlässigkeitseigenschaften führen. Die Gebilde werden dadurch für Gase, Dämpfe und Feuchtigkeit durchlässig, was bei elektrischen und elektronischen Geräten besonders nachteilig ist. Als Kriterium für die unsichtbaren Schädigungen kann die Änderung der physikalischen Eigenschaften, insbesondere die Bestimmung der Festigkeitsabnahme, des Gewichtsverlustes oder der Verschlechterung von elektrischen und dielektrischen Eigenschaften, dienen.

Schimmelpilze schädigen Kunststoffe in ähnlicher Weise wie Bakterien. Der Befall eines Materials ist aber leicht festzustellen, weil er wegen des voluminöseren Pilzmycels fast immer mit einer deutlichen Veränderung des Aussehens verbunden ist. Das Verderben des Aussehens durch Auf- oder Einwachsen von Mycelfäden oder durch Einwandern eines Farbstoffs braucht aber nicht unbedingt mit einer Schädigung der Substanz des Materials durch Enzyme oder Stoffwechselprodukte der Organismen einherzugehen.

Den Angriff der Mikroorganismen können alle physikalischen Einwirkungen erleichtern, durch die Makromoleküle verkleinert oder verändert werden. Das kann auf rein mechanischem Wege geschehen, wie die Beobachtung beweist, daß sich Mikroorganismen auch auf inerten Materialien an den Kanten, Schnitten und Rissen anzusiedeln vermögen, eine Erscheinung, die GARNIER und MAGNOUX [118] darauf zurückführen, daß an diesen Stellen Molekülketten durchtrennt werden. Auch VERONA und GABOGI [341] teilten mit, daß sich Mikroorganismen an Rissen in Gewächshausfolien ansiedeln, und sie konnten diese Erfahrung mit Prüfkörpern bestätigen, die sie mit Schnitten versehen hatten.

Viele Kunststoffe unterliegen auch der „Alterung", einem langsamen Molekülabbau durch Wärme und Licht. Auch diese Veränderungen erleichtern den Mikroorganismen den Angriff, insbesondere dann, wenn die Stabilisatoren ausgelaugt oder in ihrer Wirkung erschöpft sind. Bei der Beurteilung der Beständigkeit synthetischer Materialien gegen Mikroorganismen müssen daher auch die physikochemischen Umweltbedingungen berücksichtigt werden.

Manche Mikroorganismen besitzen in relativ hohem Maße die Fähigkeit zur Anpassung an die Stoffe ihrer Umgebung. Die Adaptation ist daran zu erkennen, daß sich Keime, denen außer den erforderlichen Mineralsalzen als einzige Kohlenstoffquelle nur eine Substanz angeboten wird, die sie normalerweise nicht abzubauen vermögen, nach einer längeren Zeit der Stagnation zu vermehren beginnen. So beobachtete ADELHEID SCHWARTZ [304], daß sich ein Stamm von Pseudomonas aeruginosa auf Polycaprolactam zunächst 56 Tage lang nicht vermehrte. Dann hatte er sich an das Polyamid angepaßt und entwickelte sich sofort weiter, wenn man ihn nach 200 Tagen auf Prüfkörper aus dem gleichen Material überimpfte.

Sollen bei Untersuchungen der Beständigkeit synthetischer Materialien gegen Mikroorganismen optimale Voraussetzungen für den Abbau geschaffen werden, so müssen die Adaptation, die Anlockung von Mikroorganismen im Boden und Faulschlamm sowie die Prüfung von Eigenkeimen, die das Material mitbringt, berücksichtigt werden. Ferner sollte man bedenken, daß nicht nur die Anpassung der Organismen ein langwieriger Prozeß, sondern auch die Zerstörung schwer angreifbarer Materialien eine Funktion der Zeit ist. Um zu einem annähernd richtigen Urteil über die Beständigkeit von Kunststoffmaterialien zu gelangen, müssen die Prüfungen daher über eine lange Zeit ausgedehnt werden. Diese Gesichtspunkte wurden in den Arbeiten von ADELHEID SCHWARTZ [304] sorgfältig berücksichtigt. Da die Materialien in anderen Untersuchungen aber nur dem Angriff unter den örtlich herrschenden Milieubedingungen oder einer Auswahl der von mykologischen Instituten als Prüforganismen erhältlichen Bakterien und Pilze ausgesetzt wurden, kann man nicht erwarten, daß die Ergebnisse stets befriedigend übereinstimmen; doch hat die Erforschung der synthetischen Werkstoffe schon einen Stand erreicht, der einen guten Einblick in ihr Verhalten gegenüber Mikroorganismen gewährt.

## 3.1.  Erzeugnisse aus Kunststoffen, Zellulosederivaten und Synthesekautschuk

BROWN [56] berichtete 1944 über die Organisation der ersten umfangreicheren Untersuchung, die der Beständigkeit von Polymerisaten und Weichmachern gegen Mikroorganismen galten. Eine zusammenfassende Darstellung der Ergebnisse findet sich in dem Werk von GREATHOUSE und WESSEL [140], und WESSEL [350] veröffentlichte sie 1964 noch einmal in ergänzter Form. Die Beständigkeit oder Unbeständigkeit der Substanzen wird allerdings nur grob nach dem Aussehen eingestuft, doch gewinnt man einen guten allgemeinen Eindruck vom Verhalten der Erzeugnisse aus Kunststoff in einer für Pilzbewuchs günstigen Umgebung. Gemäß dieser Gruppierung sind alle reinen Polymeren gut beständig, außer Melamin-Formaldehydharz, das in allen Übergängen gute bis schlechte Beständigkeit zeigen kann, und Polyvinylazetat, das als schlecht beständig eingestuft wurde.

Unter den abgewandelten Naturstoffen erwies sich die Proteinfaser „Vicara“ als gut, das Kasein-Formaldehydharz „Galalith“ als schlecht beständig. Auch die Zellulosederivate verhalten sich unterschiedlich. Gute Beständigkeit zeigten Zelluloseazetatpropionat, Zelluloseazetobutyrat, Äthylzellulose und Azetatreyon. Das Zelluloseazetat ist je nach Azetylierungsgrad beständig bis unbeständig. Zellulosenitrat und regenerierte Zellulose waren nicht beständig. Diese Bewertung entspricht auch den Angaben von GARNIER und MAGNOUX [118], die außerdem Benzylzellulose als mittelmäßig beständig einstuften.

Über entsprechende Untersuchungen im britischen PATRA-Institut berichtete v. SCHELHORN [294] im Zusammenhang mit der Eignung von

Folien für die Verpackung von Nahrungsmitteln. Nach diesen Ergebnissen erwiesen sich als schwach angreifbar: Polyvinylchlorid, Vinylchlorid-Vinylazetat-Mischpolymerisate, Polyäthylen, Polystyrol, Kautschukhydrochlorid, Äthylzellulose, Zellulosenitrat, Polymethylmethacrylat und Polyvinylalkohol. Folgende Materialien wurden stärker angegriffen: Zelluloseazetat, Zelluloseazetopropionat, Zelluloseazetobutyrat und regenerierte Zellulose. Das einzige vollkommen inerte Material war Polyvinylidenchlorid. Diese Angaben stehen im Gegensatz zu den Ergebnissen von WESSEL [350], eine Diskrepanz, die darauf zurückzuführen sein dürfte, daß bei den Untersuchungen des PATRA-Institutes keine Folien aus reinen Polymerisaten, sondern Erzeugnisse untersucht wurden, die Weichmacher enthielten.

Bauisolierfolien aus Polyäthylen prüfte REITER [283] durch Eingraben in Erden von hohem Humusgehalt, die mit Konidien von Aspergillus niger und Penicillium brevi-compactum angereichert worden waren. Während der Prüfzeit von 6 Wochen betrug die Temperatur im Mittel 30 °C und die relative Luftfeuchtigkeit 95 bis 100%. Als Kriterium für die Schädigung dienten die Änderung der Reißlast und Reißdehnung, die nach CSN 640 720 und nach DIN 53 504 gemessen wurden. Die Ergebnisse ließen eine genügende Beständigkeit der Materialien erkennen, doch nahm die Reißdehnung der Folien aus nicht geklärter Ursache erheblich zu.

Die Kohlenstoffketten der Synthesekautschuke sind gegen Mikroorganismen beständiger als diejenigen des Naturkautschuks. GARNIER und MAGNOUX [118] bezeichneten das Mischpolymerisat aus Butadien und Styrol als mäßig beständig, das Butadien-Acrylnitril-Material als etwas beständiger und Polychloropren als gut beständig. Nach Ergebnissen von Laboratoriumsversuchen, die BLAKE, KITCHIN und PRATT [39, 40] als Erdfaulprüfungen von Kabeln durchführten, war Butylkautschuk beständiger als Naturkautschuk, und Mäntel aus Chloropren wurden nicht angegriffen, wenn nicht Einschlüsse von Stoffen, die den Mikroorganismen zur Nahrung dienen konnten, vorhanden waren. Im Gegensatz hierzu fand KULMAN [202], daß Chloroprenkautschuküberzüge von Rohren und Kabeln von Bodenmikroorganismen verhältnismäßig stark angegriffen werden.

Polyvinylazetat-Dispersionen werden, wie PÖGE [276] nachwies, leicht angegriffen. Das stimmt auch mit den Ergebnissen von ADELHEID SCHWARTZ [304] überein, aus denen hervorgeht, daß ein Polyvinylazetat-Klebstoff langanhaltendes, recht kräftiges Bakterienwachstum zeigte, wobei starke Veränderungen der Substanz eintraten. Dispersionen, die bakterizide Mittel in unterschiedlichen Mengen enthielten, erwiesen sich gleichfalls als gegen Bakterien schlecht beständig. Die Schutzwirkung war meist nur vorübergehend, dann trat wieder ein stärkerer Anstieg der Keimzahlen ein. Nur bei einem Präparat erstreckte sich die bakterizide Wirkung auf zwei Monate. Nach einer Mitteilung von ARNOLD SCHWARTZ und W. SCHWARTZ [305] wurden Materialien dieser Art bei Lackanstrichen von Filterbecken in

Wasserwerken erprobt, bewährten sich aber nicht. Die Pilzprüfung des Polyvinylazetates auf Mineralsalzagar nach BUSHNELL und HAAS [61] (vergl. Anhang Tabelle D, Ziffer 29) ergab, daß daraus hergestellte Gießfolie schwach bis stark bewachsen wurde, wobei der Bewuchs bei Vorhandensein eines Diffusionshofes auf diesen und die Kanten des Prüfkörpers beschränkt blieb.

Polyvinylchlorid ist ohne Beimengungen, wie die meisten reinen Polymerisate, ebenfalls ziemlich inert. Untersuchungen von ADELHEID SCHWARTZ [304] an Folien, Rohren und Platten aus Hart-PVC zeigten, daß diese Erzeugnisse im allgemeinen gegen Bakterien beständig sind. Bei der Prüfung mit Pilzen verhielten sie sich je nach der Art der Rohstoffe unterschiedlich. Die Teste wurden mit dem CEI-Gemisch (vergl. den Abschnitt 3.2.) ausgeführt. In einigen Fällen wurde Bewuchs mit Aspergillus niger, in anderen mit Chaetomium globosum und in einem weiteren Falle mit allen Arten des Prüfgemisches beobachtet. Bei Weichfolien und Schläuchen kam es im Bakterientest zum Entstehen eines locker haftenden, schleimigen Überzuges, ferner zu Quellungen und Trübungen oder einer Aufhellung der Oberfläche des Materials. Bei mit Phenylalkylsulfonsäureestern (Mesamoll) weichgemachten Erzeugnissen stieg die Keimzahl ebenso wie bei einer der geprüften Kabelmassen beträchtlich an. Im Pilztest zeigte sich wechselnd starker Bewuchs. Ein geprüfter PVC-Fußbodenbelag enthielt Weichmacher, Kaolin, Talkum und Färbemittel. Die im Bakterientest gemessenen Keimzahlen waren wiederum beträchtlich. Bei der Prüfung mit Pilzen zeigte sich kräftiger Bewuchs mit dem Gemisch der Prüforganismen und mittelstarker Bewuchs mit Eigenkeimen. Auf Weich-PVC wuchs Penicillium rugulosum äußerst stark, während die folgenden Pilze starkes Wachstum entfalteten: Asp. fumigatus, Asp. versicolor, Pen. charlesii, Pen. chrysogenum, Pen. citrinum und Pen. spinulosum.

Häufig wurde über Verfärbungen der PVC-Erzeugnisse berichtet. VERONA und GAMBOGI [341] beobachteten an Beetabdeckungsfolien und Gewächshausbespannungen aus PVC und Polyäthylen, wenn sie längere Zeit im Erdboden eingegraben worden waren, Verfärbung in Ockergelb, Gelb, Grün und Rosa. Die mikroskopische Untersuchung ergab Bewuchs mit Bakterien und Pilzen, aus dem mehrere Fusariumarten, verschiedene Penicilliumarten, mehrere Stämme von Altenaria, Mortierella, Rhizopus, Trichoderma, Verticillium und ein Stamm Aspergillus niger isoliert werden konnten.

Das bekannte „sulphur staining", die Sulfidverfärbung durch Bildung schwarzen Bleisulfids aus den Bleistabilisatoren, kann naturgemäß auch im Erdboden bei Vorhandensein von Schwefelwasserstoff eintreten, der auch von Eiweißstoffe abbauenden Mikroorganismen und Sulfat reduzierenden Bakterien gebildet worden sein kann.

Zahlreiche Veröffentlichungen beschäftigen sich mit dem Einwandern von Farbstoffen aus dem Bewuchs oder den Mikroorganismen der Umgebung in Weich-PVC. Über eine besondere in den warmen Klimazonen auftretende Rosaverfärbung von Folien, beschichteten Geweben, Autoschiebedächern und Polsterbezügen aus PVC berichtete GIRARD [125]. Von SCULLIN, GIRARD und CODA [306] angestellte Untersuchungen ergaben, daß der einwandernde Farbstoff nur in saurem Milieu entstand und von einem Penicillium gebildet wurde. DE COSTE [83] beobachtete eine Rosafärbung bei Ohrmuschelpolstern für Telefonhörer. Nach vierzehntägiger Benutzung der elfenbeinfarbenen Polster aus Weich-PVC-Schaum zeigte sich eine deutliche Verfärbung nach Rosa, die aber nicht mit den in den ASTM-Vorschriften als Prüforganismen aufgeführten Schimmelpilzen reproduziert werden konnte. Diese Pilze hinterließen lediglich eine gelbe oder bräunliche Tönung. BURGESS und DARBY [59] berichteten in neuerer Zeit darüber, daß Trichoderma viride auf Weich-PVC-Folien eine Gelbfärbung hinterläßt.

Nachchloriertes PVC verhielt sich in den Prüfungen von ADELHEID SCHWARTZ [304] unterschiedlich. Bei einem Erzeugnis sprachen die Keimzahlen der Bakterien für einen Abbau, während sich im Pilzversuch kein Bewuchs zeigte. Ein Dichtungsmaterial erwies sich aber in beiden Prüfungen als inert.

Platten aus Polymethylmethacrylat waren sowohl gegen Bakterien als auch gegen Pilze beständig. Die Polyacrylonitrilfaser „Wolcrylon" wurde dagegen in allen Versuchsansätzen von Bakterien verwertet. In der Prüfung mit Pilzen wurde das Material von keinem der Prüforganismen angegriffen. Im Gegensatz zu diesem Befund stellte aber HORNAUER [167] bei Untersuchungen über die Einwirkung von Magenfermenten auf Kunststoffe fest, daß Wolcrylon von Aspergillus niger befallen wurde, wodurch Reißlast und Reißdehnung abnahmen.

Bei Zelluloseesterfolien zeigte sich eine verhältnismäßig geringe Bakterienentwicklung, was mit einem starken Absinken des pH-Wertes bei der Einwirkung der Mikroorganismen zusammenhängen dürfte. Folien aus Zelluloseazetat und Zelluloseazetobutyrat wurden vom Gemisch der Prüfpilze mittelstark bzw. gering, von Eigenkeimen dagegen stark bewachsen. Es waren mehrere Pilzarten nebeneinander vorhanden. Darunter fanden sich bei Zelluloseazetatfolie auch Hefen, während bei Zelluloseazetobutyratfolie Aspergillus fumigatus vorherrschte.

Über die Beständigkeit von Erzeugnissen aus Polyamiden sind die Meinungen geteilt. Während BOMAR [45] und andere Autoren sie für nicht zerstörbar halten, gibt es nach SUMMER [326] mehrere Bakterienarten, die Polyamid 6 angreifen, und außerdem soll Polyamid 6.6 ein gutes Substrat für den Angriff von Mikroorganismen auf Polyamid 6 abgeben. Das Polyäthylenglykolterephthalat erwies sich dagegen nach Angaben von LORANT [218], wenn es als Folie in einem mit Bakterien beimpften Boden eingegraben worden war, noch nach zwölf Monaten als im wesentlichen unverändert, während Kontrollstücke aus Baumwollgewebe im gleichen Boden schon nach 14 Tagen zerfielen.

Aus Aminoplasten hergestellte Platten zeigten, wie bei den von WESSEL [350] veröffentlichten Befunden, auch in den von ADELHEID SCHWARTZ [304] ausgeführten Prüfungen mit Bakterien und Pilzen unterschiedliches Verhalten. Während eines der Materialien gegen Bakterien und Pilze beständig war, wurde ein anderes mittelstark angegriffen.

Obwohl Silikonharze und -öle im allgemeinen hohe Beständigkeit gegen Mikroorganismen besitzen, berichtete ADELHEID SCHWARTZ [304] über mehrere Ausnahmen, die offenbar durch andersartige Bestandteile zustande kamen. Diese Ausnahmen waren zwei Silikonkautschuke, eine Emulgiermittel enthaltende Emulsion und eine Imprägnierflüssigkeit. Auch im Pilztest wurden beide Kautschukmaterialien mittelstark bewachsen.

Die Tatsache, daß Bakterien durch Adaptation die Fähigkeit erlangen können, bestimmte Kunststoffmaterialien zu zersetzen, hat an manchen Stellen zu der Auffassung geführt, daß man der zunehmenden Menge der aus Kunststoffen bestehenden Verpackungsabfälle durch Vernichtung auf dem Wege des Abbaues durch Mikroorganismen Herr werden könne. Daß diese durch optimistische Pressemeldungen genährte Hoffnung auf einem Trugschluß beruht, wiesen KÜHLWEIN und DEMMER [199] anhand der vorliegenden Literatur über die Beständigkeit von Kunststoffen gegen Mikroorganismen nach. Aber nicht nur die Vernichtung (d. h. der Abbau zu gasförmigen und wasserlöslichen Spaltprodukten) der verhältnismäßig schwer zersetzlichen Kunststoffe stößt auf große Schwierigkeiten, denn sogar leicht zersetzliche Materialien, wie Holz, Stengel oder Blätter, lassen sich auf diese Weise schwer beseitigen. Das Aufrechterhalten eines Milieus, in dem die Mikroorganismen gedeihen, bereitet, wie man von der Abwasseraufbereitung weiß, große Schwierigkeiten. Sobald nur eine der Voraussetzungen für die günstige Vermehrung der Mikroorganismen fehlt, wie z. B. die richtigen Temperaturen, der richtige pH-Wert, der richtige Mineralsalzgehalt, eine genügend feine Verteilung des Materials oder eine ausreichende Belüftung, erreichen die Abbaureaktionen den gewünschten Endpunkt nicht, und es bleibt mehr oder weniger inertes Material zurück. Beispiele für derartige nicht bis zum Ende verlaufende Zersetzungen sind die Bildung von Torf, Sapropel oder Kohle. Wenn man daher wegen der Gefahr einer Verunreinigung unserer Atemluft durch Rauch und Verbrennungsgase diese Kunststoffabfälle nicht verbrennen will, so wird nichts anderes übrig bleiben, als sie an geeigneten Stellen in Abfallhaufen anzusammeln.

Literaturzusammenstellungen über den Abbau von Polyvinylchlorid durch Bodenmikroorganismen, über die Wirkung von Pilzen in elektrischen und elektronischen Geräten sowie über die Beständigkeit von Kunststoffen gegen Mikroorganismen, Insekten, Nagetiere und andere Schädlinge finden sich bis zu dem jeweils in Klammern angegebenen Zeitpunkt in den Government Research Reports AD 601 278 (Sept. 1961) [134], AD 601 285 (März 1961) [136], AD 601 301 (Jan. 1963) [137] und AD 601 309 (Okt. 1962) [138].

## 3.2.    Polymere Rohstoffe

Erzeugnisse aus synthetischen Werkstoffen bestehen auch dann, wenn sie nicht mit Holz, Papier, Textilien oder anderen Flächengebilden kombiniert sind, nicht ausschließlich aus polymerem Material. Folien, Schläuche, Rohre, Platten, Profile oder Formkörper enthalten von den Herstellungsprozessen zurückgebliebene Restsubstanzen und Zusätze, die bestimmte Funktionen erfüllen. Die Materialien stellen also Gemische dar, deren Bestandteile sich in die folgenden beiden Kategorien einteilen lassen:

1. Hochmolekulare Substanzen, die als „Filmbildner" den Materialien ihre strukturelle Festigkeit und die wesentlichen physikalischen Eigenschaften verleihen, und

2. niedermolekulare Substanzen, die den Polymerisaten zugesetzt werden, um deren Stabilität zu erhalten, ihnen Flexibilität zu verleihen, sie zu färben oder ihre Verarbeitung zu erleichtern.

Da jeder dieser Bestandteile je nach seiner Konzentration im Material und seinem Verhalten gegenüber Mikroorganismen in mehr oder weniger hohem Maße die Beständigkeit der Materialien und der daraus hergestellten Erzeugnisse gegen biologischen Angriff beeinflußt, muß auch die Beständigkeit der einzelnen Bestandteile von Kunststoffmaterialien gegen Mikroorganismen betrachtet werden. Besondere Bedeutung kommt in dieser Hinsicht der schon mehrfach zitierten umfassenden Arbeit von ADELHEID SCHWARTZ [304] zu, in der besondere Methoden zur Prüfung mit Mikroorganismen entwickelt wurden. Die zur Prüfung benutzten Organismen stammten von Schadstellen an Erzeugnissen aus Kunststoff, von Vorrichtungen und Materialien der die Polymerisate herstellenden Industrie, und außerdem wurden durch Eingraben der Erzeugnisse im Erdboden oder im Faulschlamm der Gewässer Mikroorganismen „angelockt" und später von den Materialien zur Reinzüchtung isoliert. Die zahlreichen aus Paraffingatsch, Mineralölfraktionen, von Polyäthylen oder Polyvinylchlorid gewonnenen Bakterienarten konnten zum Teil nicht genau identifiziert werden, wurden aber trotzdem zur Prüfung herangezogen. Unter ihnen fanden sich zahlreiche Stämme von Pseudomonas, Micrococcus, Flavobacterium, Brevibacterium sowie die bakterienartig wachsenden Strahlenpilze der Gattung Nocardia, bei fast allen Materialien aber Pseudomonas aeruginosa.

Bei den Prüfungen der Substanzen auf Beständigkeit gegen Pilze wurde das von der „Commission Électrotechnique Internationale" vorgeschriebene Gemisch von Prüfpilzen (CEI-Gemisch) angewandt, das aus den in Tabelle 10 aufgeführten Organismen besteht. Außerdem wurden auch hier

Tabelle 10. *Prüfpilze des CEI-Gemisches*

| |
|---|
| Aspergillus amstelodami (MANG.) THOM. und CHURCH |
| Aspergillus niger VAN TIEGHEM |
| Chaetomium globosum KUNZE |
| Paecilomyces varioti BAINIER |
| Penicillium brevi-compactum DIERCKX |
| Penicillium cyclopium WESTLING |
| Stachybotrys atra CORDA |

isolierte Eigenkeime verwendet, von denen man annehmen durfte, daß sie bereits an das betreffende Material angepaßt und deshalb besonders aggressiv waren. Zur Kontrolle der Aggressivität der Stämme wurde ein Paraffin vom Schmelzpunkt 54 °C benutzt, das sich für zahlreiche Stämme als gute Kohlenstoffquelle erwiesen hatte. Die auf der Mineralsalzlösung erstarrte Schicht wurde unter aseptischen Bedingungen zerstoßen. Die kleinen Schollen werden durch den Angriff der Mikroorganismen benetzbar und sinken zu Boden.

### 3.2.1.  Makromoleküle mit Kohlenstoffkette

JEN-HAO LÜ und ADELHEID SCHWARTZ [220] stellten Untersuchungen darüber an, ob von der Oberfläche verschiedener Kunststoffmaterialien und aus dem Betriebswasser einer Polymerisationsanlage für Äthylen isolierte Bakterienstämme in der Lage waren, Polyäthylen mittleren Molekulargewichtes als Kohlenstoffquelle für ihren Stoffwechsel zu verwerten. Es handelte sich dabei um Spezies von Pseudomonas, Nocardia und Brevibacterium. In einer keine anderen Kohlenstoffverbindungen enthaltenden Lösung wurde die Zunahme der Bakterien mit der Trübungs- und mit der Plattenmethode bestimmt.

Es wurden Polyäthylene vom mittleren Molekulargewicht 4800 bis 41000 geprüft. Das Bakterienwachstum war bei den Harzen mit den niedrigsten Molekulargewichten am höchsten, weil diese auch den größten Anteil an oligomerem und monomerem Äthylen enthielten. Oberhalb eines mittleren Molekulargewichtes von 21000 erwiesen sich die Substanzen, bei denen es sich um handelsübliche Produkte handelte, als verhältnismäßig beständig, und bei den Harzen von niedrigem Molekulargewicht ging die Bakterienzahl, nachdem die dem Abbau zugänglichen, verhältnismäßig niedermolekularen Substanzen verbraucht waren, wieder zurück. Beim Molekulargewicht 4800 war der Sauerstoffverbrauch ebenso groß wie bei der Paraffinkontrolle.

Die mit zahlreichen von den Materialien isolierten Pilzstämmen vorgenommenen Prüfungen hatten ein ähnliches Ergebnis wie der Bakterientest; doch erwiesen sich die Polyäthylene hoher und niedriger Dichte und auch die daraus hergestellten Folien bei Prüfungen mit dem CEI-Gemisch durchweg als inert.

SCHEUERMANN [*296*] konnte bei Versuchen mit Micrococcus cerificans und dem Strahlenpilz Nocardia corrallina zeigen, daß geradkettige Paraffine mit weniger als 10 C-Atomen nicht angegriffen werden (vergl. dagegen Abschnitt 3.3.). Von den höhermolekularen Paraffinen und Polyäthylenen wurden solche mit Seitenketten leichter abgebaut als die geradkettigen Verbindungen; doch verhindert schon eine einzige CH$_3$-Gruppe den Abbau des gesamten Moleküls. Das Vorhandensein von Methylseitengruppen dürfte auch der Grund für die gute Beständigkeit des Polyisobutylens sein, dessen Beständigkeit auch durch die Versuche von ADELHEID SCHWARTZ [*304*] bestätigt werden konnte, in denen sich Polyisobutylen als gegen Bakterien inert erwies. Im Pilztest zeigte sich sehr schwacher Bewuchs mit Keimen des CEI-Gemisches und mit Eigenkeimen. Diese Entwicklung von Eigenkeimen konnte aber auf das Vorhandensein von Verunreinigungen zurückgeführt werden.

Bei allen drei geprüften Polystyrolen und einem Styroporpräparat ergab sich in den Prüfungen mit beiden Gruppen von Mikroorganismen, daß diese Materialien beständig waren.

Von den 37 geprüften Vinylchlorid-Emulsionspolymerisaten und -Suspensionspolymerisaten war der überwiegende Teil, nämlich 28 Präparate, beständig. Bei einigen der neun nicht-inerten Harze ging die Bakterienzahl nach der Beimpfung und dem anfänglichen durch Verunreinigungen verursachten Anstieg nur verzögert zurück. Ein Polymerisat bewirkte in geringem Maße Adaptation der Mikroorganismen, und ein weiteres Präparat brachte Eigenkeime mit, die auf eine wahrscheinlich in den Produktionsanlagen vorhandene aggressive Bakterienflora zurückgeführt wurde. Bei den hohen Molekulargewichten der geprüften Harze von 33 000 bis 100 000 war erwartungsgemäß keine Abhängigkeit vom Polymerisationsgrad zu erkennen.

In der Prüfung mit den Pilzen des CEI-Gemisches erwiesen sich nahezu die gleichen Präparate als inert wie im Bakterienversuch. Die Ausnahmen zeigten schwachen bis mäßigstarken Bewuchs, vorherrschend mit Aspergillus niger, Chaetomium globosum und Paecilomyces varioti. Mehrere der Polymeren waren mit Eigenkeimen behaftet. Die Prüfung mit diesen Organismen ergab aber nur bei wenigen Harzen positive Ergebnisse.

Bei Polyvinylazetat in Form von Pulver oder Latex ergab sich ein starker anfänglicher Anstieg der Bakterienzahl, die dann langsam auf den Wert einer kohlenstofffreien Kontrolle absank. Im Respirationstest lag der Sauerstoffverbrauch höher als derjenige der Paraffinkontrolle. Die Substanzen wurden bei der Prüfung mit Pilzen von Aspergillus niger und Paecilomyces varioti mittelstark bewachsen.

In der Gruppe der synthetischen Elastomeren erwiesen sich Butylkautschuk und Polychloropren im Bakterientest als beständig. Bei den Mischpolymerisaten aus Butadien und Styrol sowie aus Butadien und

Acrylonitril lagen die Keimzahlen in rohem und vulkanisiertem Zustand höher. Die Prüfung mit Pilzen (CEI-Gemisch und Eigenkeime) ergab bei Butylkautschuk und dem Butadien-Acrylonitril-Mischpolymerisat kräftigen Bewuchs, während die Pilzentwicklung bei dem Mischpolymerisat aus Butadien und Styrol durchweg mittelstark und bei Polychloropren am schwächsten war. Da die Prüfung mit gezüchteten Eigenkeimen negativ ausfiel, ist anzunehmen, daß diese sich auf Verunreinigungen entwickeln.

Im Zusammenhang mit der Beständigkeit von Polymerisaten gegen Bakterien und Pilze verdient noch eine besondere Art der Weichmachung, die sogenannte „innere Weichmachung", Erwähnung. Es handelt sich dabei um eine Mischpolymerisation, beispielsweise von Vinylchlorid mit einem geringeren Anteil an anderen Monomeren mit längeren Seitenketten, wie Vinylstearat. Die längeren Seitenketten wirken im Sinne eines Weichmachers, so daß ein von vornherein flexibles Material entsteht, das nicht durch Zusatz anderer plastifizierender Mittel weich gemacht zu werden braucht. Die Polymerisate mit innerer Weichmachung sind nach STAHL und PESSEN [319], die eine Anzahl solcher Mischpolymerisate im Eingrabe- und im Schüttelversuch mit Aspergillus versicolor prüften, verrottungsbeständig. Diese Pilzart wurde gewählt, weil STAHL und PESSEN sie als die Weichmacher am stärksten angreifende Spezies ansahen.

Außer dieser Art der Weichmachung, die durch eine Veränderung der Molekülstruktur des Polymeren zustande kommt, kennt man auch eine solche mit „Polymerweichmachern". Diese Substanzen sind zwar auch Polymerisate, doch werden sie in gleicher Weise wie die niedermolekularen Weichmacher den Materialien beigemischt. Wegen dieser verarbeitungstechnischen Übereinstimmung sollen sie gemeinsam mit den übrigen Weichmachern betrachtet werden.

### 3.2.2. Makromoleküle mit Heteroatomen in der Molekülkette

Die einfachste Verbindung dieser Art ist das Polyäthylenoxyd oder Polyäthylenglykol, in dessen Molekül jeweils zwei Methylengruppen und ein Sauerstoffatom aufeinander folgen. Bei den Untersuchungen von ADELHEID SCHWARTZ [304] wurden handelsübliche Produkte vom Molekulargewicht 600 bis 4000 geprüft, die in den angewandten Mengen wasserlöslich waren. Im Bakterientest, bei dem außer einer Anzahl aus Braunkohle isolierter Pseudomonasstämme auch aus Erdöl isolierte Bakterienarten angewandt wurden, erwiesen sich die Braunkohlenbakterien als nicht sehr wirksam. Es kam nur zu einem vorübergehenden Anstieg der Bakterienzahlen. Die Erdölbakterien, insbesondere ein Brevibacterium und die Hefe Rhodotorula aurantiaca waren dagegen in der Lage, Polyäthylenglykol anzugreifen. Im Respirationsversuch (vergl. den Abschnitt 4.1.) zeigte sich wiederum eine Abhängigkeit vom Molekulargewicht. Das Polymere mit dem Molekulargewicht 600 wurde in gleichem Maße wie die Paraffinkontrolle veratmet. Die Prüfung mit Pilzen bestätigte die Angabe der Tabelle B des Anhangs, daß Polyäthylenglykole keinen Pilzbewuchs zeigen. Die Präparate brachten weder Bakterien noch Pilze als Eigenkeime mit.

Die Polyesterharze umfassen mehrere Gruppen verschiedenartiger Verbindungen, die jedoch nur in Form von Folien, Fasern oder Lacken geprüft wurden. Da Erzeugnisse aus Polyäthylenglykolterephthalat beständig waren, darf man schließen, daß auch das Rohharz inert ist. Ein ungesättigter Polyester, der aus 1,3-Butylenglykol, Phthalsäure, Maleinsäure und Styrol aufgebaut war, zeigte im Bakterientest nur anfangs eine Keimzahlerhöhung, erwies sich aber bei der Prüfung mit Pilzen als anfällig. Polyamide, die aus Hexamethylendiamin und Adipinsäure oder Sebazinsäure hergestellt waren, ließen im Bakterientest eine größere Widerstandsfähigkeit erkennen als das Poly-$\varepsilon$-caprolactam, was auch den schon erwähnten Beobachtungen an Erzeugnissen (Fasern) entspricht. Bei Polyamid 6 kam es zu einer Adaptation, auf die oben schon hingewiesen wurde, und die Bakterienzahl erhöhte sich auf die der Paraffinkontrolle. Die Prüfung mit Pilzen ergab das umgekehrte Verhalten. Mit einer Ausnahme zeigte Polyamid 6 keinen oder nur sehr geringen Pilzbewuchs, während Polyamid 6.6 mittelstark bewachsen wurde. Dies entspricht wiederum den Angaben SUMMERS [326], daß Textilien aus Polyamid 6.6 ein gutes Substrat für den Angriff auf die in der Nachbarschaft vorhandenen Textilien aus Polyamid 6 sind.

Silikonharze, die als Lacke, Imprägniermittel für Textilien, Pfannenglasur, Entschäumungsmittel, Hydrophobierungsmittel usw. dienen, erwiesen sich mit Ausnahme von Silikonkautschuken und -imprägnierflüssigkeiten, die andere Zusätze enthalten, als sehr beständig.

### 3.2.3.  Räumlich vernetzte Makromoleküle

Phenolformaldehydharze zeigten sowohl bei der Prüfung mit Bakterien als auch im Pilztest bei dem CEI-Gemisch Anfälligkeit bzw. mittelstarken Bewuchs. Allerdings wurde von dieser Gruppe der Duromeren nur eine Preßmasse geprüft.

Von den geprüften Aminoplasten ließ ein Harnstofformaldehydharz bei der Prüfung mit Bakterien und mit Pilzen des CEI-Gemisches keine Entwicklung von Mikroorganismen zu. Im Gegensatz hierzu zeigte ein Dicyandiamidpräparat schwache Bakterienentwicklung, und auch die mittelstarke Entwicklung von Pilzen des CEI-Gemisches und von Eigenkeimen ließ eine Verwertung dieser Substanz im Stoffwechsel der Prüforganismen erkennen. Das geprüfte Melaminharz erwies sich in beiden Prüfungen als inert.

Epoxydharze waren gegen Bakteriengemische der verschiedensten Zusammensetzung beständig, nur in einem Falle konnte mit einem der Prüfgemische ein schwacher Angriff festgestellt werden. Die Prüfung mit Pilzen des CEI-Gemisches ergab dagegen einen zum mindesten mittelstarken Bewuchs, und auch Eigenkeime, deren Rückprüfung gleichfalls positiv ausfiel, wuchsen auf den Präparaten mittelstark.

## 3.3. Niedermolekulare Verbindungen

Es ist seit langem bekannt, daß Mikroorganismen die in der Natur vorkommenden organischen Mineralien, wie Kohle und Erdöl sowie die aus Steinkohlenteer- und Erdölfraktionen gewonnenen Verbindungen, abzubauen vermögen. Über die früheren Arbeiten auf diesem Gebiet gab BEERSTECHER [27] anhand der umfangreichen Literatur einen umfassenden Überblick, aus dem hervorgeht, daß die folgenden aliphatischen Kohlenwasser-

Tabelle 11. *Gesättigte aliphatische Kohlenwasserstoffe abbauende Bakterien*

Bacillus ethanicus
Bacterium aliphaticum liquefaciens
Bacterium bidium
Desulfovibrio
Methanomonas carbonatophila
Methanomonas methanica
Micrococcus paraffinae
Mycobacterium album
Mycobacterium rubrum
Nocardia opaca
Pseudomonas aeruginosa
Pseudomonas fluorescens

stoffe von Bakterien als Kohlenstoffquelle für ihren Stoffwechsel verwertet werden können: Methan, Äthan, Propan, Butan, Pentan, Hexan, 3-Methylhexan, Heptan, 3-Methylheptan, n-Octan, Isooctan (2,2,4-Trimethylpentan), Nonan, Dekan, Dodekan, Tetradekan, Hexadekan, Octadekan, Eikosan, Dokosan, n-Triakontan, n-Heptakontan, n-Nonakosan, Hentriakontan, Dotriakontan und n-Tetratriakontan. Das Fehlen einiger Glieder dieser homologen Reihe bedeutet aber nicht, daß diese Kohlenwasserstoffe von Bakterien nicht angegriffen werden. Außer den allgemeinen Angaben über die diese Kohlenwasserstoffe abbauende Bakterienflora, wie „Bodenbakterien, Meeresbakterien, Methanbakterien, Mykobakterien oder Mikrokokken" werden die in Tabelle 11 aufgeführten Bakterienarten genannt. Der Abbau, insbesondere der höheren gesättigten Kohlenwasserstoffe, durch diese Mikroorganismen ist im Hinblick auf Kunststoffe insofern von Interesse, als die Polyolefine, wie beispielsweise Polyäthylen, Polypropylen, Polybutylen, Polypenten und auch Polyisobutylen, hochmolekulare gesättigte Kohlenwasserstoffe darstellen.

Untersuchungen über den Abbau aromatischer Kohlenwasserstoffe ergaben, daß die folgenden Verbindungen verwertet werden: Benzol, Toluol, Äthylbenzol, Vinylbenzol (Styrol), Mesitylen (1,3,5-Trimethylbenzol), Pseudocumol (1,2,4-Trimethylbenzol), Cumol (Isopropylbenzol), Cymol (1-Methyl-4-isopropylbenzol), n-Butylbenzol, i-Butylbenzol, tert.-Butylbenzol, Cetylbenzol, Tetralin (Tetrahydronaphthalin), 1-Methylnaphthalin, Diphenyl, Anthracen, Phenanthren und weitere substituierte und nicht substituierte konjugierte Ringsysteme.

Wiederum werden außer Bodenbakterien, Meeresbakterien, Sulfat reduzierenden Bakterien oder Mykobakterien die in Tabelle 12 aufgeführten Arten genannt.

Kohlenwasserstoffe werden außer von den genannten Bakterien und zahlreichen weiteren Arten auch von Hefen verwertet und in Körpereiweiß

Tabelle 12. *Aromatische Kohlenwasserstoffe abbauende Bakterien*

Bacillus hexacarbovorum
Bacillus naphthalinicus
Bacillus phenanthrenicus
Bacillus toluolicus
Bacterium aliphaticum
Bacterium benzoli
Desulfovibrio desulfuricans
Micromonospora sp.
Pseudomonas aeruginosa

verwandelt (vergl. CHAMPAGNAT u. Mitarb. [*64*], ein Vorgang, den man in der Raffinerie Lavéra (Bouche-du-Rhône) der BP zur Eiweißgewinnung für Futterzwecke ausnutzen will.

Mikroorganismen, insbesondere Bakterien, vermögen, wie gesagt, ihren Stoffwechsel den Substanzen ihrer Umgebung, beispielsweise Kohlenwasserstoffen, anzupassen. Diese Adaptation ist bei Stoffen, die in der Natur seit frühen geologischen Epochen vorkommen und die, wie der Asphalt, zum Herstellen von Straßendecken, Hausdächern und Fundamentisolierungen benutzt werden, weiter fortgeschritten als bei den erst in jüngster Zeit in den Erdboden gelangten Kunststoffmaterialien. Kennzeichnend für diese Einstellung der Mikroflora auf bestimmte Stoffe ist die von HARRIS [*147*] gemachte Beobachtung, daß sich die Kohlenwasserstoffe abbauenden Organismen in der Umgebung von mit Asphalt isolierten Rohrleitungen stark angereichert vorfinden. Abgesehen von den an Erzeugnissen unserer Zivilisation angerichteten Schäden erweist sich das Streben des Biokosmos, sich

von den denaturierten Überresten des organischen Lebens zu befreien aber
als segensreich, denn auf diese Weise wird auch die biologische Selbst-
reinigung des Bodens von ausgelaufenem Heizöl und ähnlichen organischen
Verunreinigungen möglich.

### 3.3.1. Monomere

Kunststoffe enthalten häufig unterschiedliche Mengen von nicht umge-
setzten Monomeren, und zwar unabhängig davon, ob es sich um Rohharze

Tabelle 13. *Monomere ungesättigte Verbindungen abbauende Mikroorganismen (nach*
BEERSTECHER [27])

| Substanz | Organismen | Literatur | |
|---|---|---|---|
| Acetylen | Mycobact. lacticola | BIRSCH-HIRSCHFELD | [37] |
| Äthylen | Methanbakterien | TAUSZ und DONATH | [329] |
| | Meeresbakterien | ZoBELL | [382] |
| | Aspergillus fumigatus | | |
| | Aspergillus flavus | | |
| | Aspergillus niger | VESSELOV | [342] |
| Propylen | Methanbakterien | TAUSZ und DONATH | [329] |
| Butylen | Methanbakterien | TAUSZ und DONATH | [329] |
| Isobutylen | Mikroorganismen | CHANNON und COLLINSON | [65] |
| Penten | Mykobakterien | HAAG | [142] |
| | Meeresbakterien | ZoBELL | [378] |
| Penten-1 | Bodenbakterien | STRAWINSKI | [324] |
| Penten-2 | Bodenbakterien | STRAWINSKI | [324] |
| Butadien | Mikroorganismen | CHANNON und COLLINSON | [65] |
| Isopren | Mikroorganismen | CHANNON und COLLINSON | [65] |
| | Meeresbakterien | ZoBELL, GRANT und HAAS | [379] |

oder um durch „Polymerisation in situ" hergestellte Erzeugnisse handelt.
Diese Beimengungen tragen zuweilen in erheblichem Maße dazu bei, die
Eigenschaften eines Materials im Sinne seines antimykotischen, inerten oder
unbeständigen Charakters zu bestimmen.

Die Monoolefine unterscheiden sich von den aus ihnen hergestellten
Polymerisaten durch ihren ungesättigten Charakter. Es wurde schon erwähnt, daß im Polyäthylen enthaltene Monomere für die Unbeständigkeit
dieses Materials verantwortlich zu machen seien. Diolefine liefern dagegen
Polymerisate, die, wie Kautschuk und andere Elastomere, ungesättigt sind.
Da ungesättigte Verbindungen chemisch leichter reagieren als gesättigte
Kohlenwasserstoffe, ist anzunehmen, daß Mikroorganismen leichter auf sie
einzuwirken vermögen. Daß dies bei den Polymerisaten tatsächlich der Fall
ist, wenn nicht Beimengungen, die antimykotisch wirken, dies verhindern,
zeigt das Beispiel des Naturkautschuks. Welche Bakterienarten niedermolekulare, ungesättigte Kohlenwasserstoffe abbauen, geht aus Tabelle 13 hervor.

Das Verhalten des monomeren Styrols und Vinylazetates war nach ADELHEID SCHWARTZ [304] deshalb schwierig festzustellen, weil beide Substanzen mit 0,5% Hydrochinon zur Stabilisierung versetzt waren. Da diese Verbindung antimykotisch wirkt, gingen die Keimzahlen in frischen Präparaten bis fast auf Null zurück. Nachdem beide Flüssigkeiten 18 Monate gelagert worden waren, hatte sich das Styrol unter Polymerisation verfestigt, und die Keimgehalte stiegen nach der Beimpfung etwas, aber nicht bis zum Wert der Paraffinkontrolle an. Das Vinylazetat war nach 18 Monaten flüssig geblieben, und in dem gelagerten Präparat stiegen die Keimgehalte bis zum Wert der Paraffinkontrolle an.

Über die Beständigkeit des gasförmigen Vinylchlorids, das physiologisch starke Schleimhautreizungen bewirkt, ist in den zitierten Veröffentlichungen nichts zu finden, doch muß auf Grund der Tatsache, daß chlorierte Paraffine mit einem Chlorgehalt von mehr als 50% das Wachstum von Mikroorganismen nicht fördern, angenommen werden, daß monomeres Vinylchlorid, ein Kohlenwasserstoff mit einem Chlorgehalt von mehr als 50%, gleichfalls das Wachstum von Bakterien und Pilzen nicht fördert.

Unter den Monomeren von Makromolekülen, die Heteroatome enthalten, haben Äthylenoxyd und Propylenoxyd antimykotische Wirkung. Sie werden daher zur Raumdesinfektion und zur Sterilisation fester Nährböden benutzt. Äthylenglykol wird nach WESSEL [350] nicht von Pilzen bewachsen. Terephthalsäure, Adipinsäure und Sebazinsäure verliehen dem Medium unter den von ADELHEID SCHWARTZ [304] gewählten Bedingungen als freie Säuren niedrige pH-Werte. Diese betrugen bei Sebazinsäure 5,8, bei Terephthalsäure 4,9 und bei Adipinsäure 3,0. Sebazinsäure zeigte im Bakterientest mittelstarke Keimentwicklung, während sich die Bakterien in Adipinsäure und Terephthalsäure nicht und nach Neutralisation schwach entwickelten. Im Pilztest wurden Adipin- und Sebazinsäure enthaltende Salzlösungen von Prüfpilzen und Eigenkeimen stark bewachsen. Die Eigenkeime erwiesen sich auch im Rücktest als stark aggressiv. Hexamethylendiamin wirkte bei stark alkalischer Reaktion bakterizid und fungizid. Bei den Salzen des Hexamethylendiamins mit Adipin-, Sebazin- und Terephthalsäure setzte bei einem Anfangs-pH-Wert von 6,4 bis 6,6 zunächst kräftige Bakterienvermehrung ein, die dann aber durch freigesetztes Hexamethylendiamin unter Ansteigen des pH-Wertes auf 9,5 auf Null oder fast Null zurückging. $\varepsilon$-Caprolactam und Methylcaprolactam waren für die Ernährung von Bakterien und Pilzen nicht geeignet. Die gemessenen Keimzahlen waren sehr klein oder Null.

Die Ausgangsstoffe der Aminoplasten — Thioharnstoff, Dicyandiamid, Guanidinhydrochlorid, Melamin, Trimethylolmelamin und Hexamethylolmelamin — waren in geringerem oder höherem Maße bakterizid. Bei den Methylolmelaminen fielen die Keimzahlen innerhalb weniger Tage auf Null.

### 3.3.2. Weichmacher

Weichmacher sind meist farblose oder wenig gefärbte Flüssigkeiten von öliger Konsistenz, die den Kunststoffen Flexibilität verleihen. Ihre große wirtschaftliche Bedeutung haben sie durch die Weichmachung des Polyvinylchlorids erlangt, aus dem außer Hartmaterialien auch Weichfolien, Schläuche und beschichtete Trägerstoffe, wie Kunstleder, in großen Mengen hergestellt werden. Der Einfluß der Weichmacher auf die Beständigkeit der Erzeugnisse gegen Bakterien und Pilze ist deshalb besonders groß, weil sie in den Materialien in Konzentrationen bis zu 50% enthalten sind. Wenn diese niedermolekularen Zusätze durch Mikroorganismen abgebaut werden, so hat dies zur Folge, daß die Materialien an Weichmacher verarmen. Dieser Vorgang verursacht außer geringen Gewichtsabnahmen und Maßänderungen zunehmende Versprödung sowie eine Verschlechterung der physikalischen, mechanischen und elektrischen Eigenschaften der Erzeugnisse. BERK [32] stellte fest, daß bei mit Butylsebazat weichgemachten PVC-Folien, die 6 Wochen mit Trichoderma sp. bebrütet worden waren, die Reißfestigkeit um 63% und die Reißdehnung um 67% abgenommen hatten.

Die niedermolekularen Weichmacher verhalten sich Mikroorganismen gegenüber sehr unterschiedlich. Eine allgemeine Gruppierung von Esterverbindungen, die als Weichmacher angewandt werden, nach ihrer Beständigkeit gegen den Abbau durch Bakterien und Pilze nahm SUMMER [328] vor. Aus dieser Übersicht geht hervor, daß Weichmacher im allgemeinen als wenig beständige Substanzen anzusehen sind. Außerdem genügt ein geringer Zusatz von als Nährstoff für Mikroorganismen geeigneten Verbindungen zu einem beständigen Weichmacher, um Bewuchs zu ermöglichen.

Im einzelnen ergibt sich aus dieser Aufstellung, daß Ester einbasischer, aromatischer Säuren ziemlich beständig sind. Eine Ausnahme bildet hier der Benzoesäurebenzylester. Weniger beständig sind die aliphatischen Säuren, und die Unbeständigkeit nimmt weiter zu über die Gruppe der organischen Dicarbonsäuren und deren Ester. Hier machen Oxalsäure, die Oxalate mit kurzkettigen Alkoholen, Adipinsäure und einige ihrer Derivate sowie Maleinsäure eine Ausnahme, was besonders bei der letztgenannten Säure nicht verwunderlich ist, weil sie zu den von Pilzen ausgeschiedenen Stoffwechselprodukten gehört. Die unbeständigsten Verbindungen sind die Fettsäuren, ihre Ester und die Öle, in denen sie enthalten sind, wie Tungöl, Rizinusöl, Baumwollsaatöl und Leinöl.

Die Beständigkeit gegen Pilze, wie sie vor allem in dem OSRD-Report [339] sowie der Untersuchung von BERK u. Mitarb. [33] ermittelt wurde, folgt dem gleichen allgemeinen Schema. Die zuletzt genannten Autoren prüften die Verbindungen mit Reinkulturen der in Tabelle 14 aufgeführten Pilzarten und bewerteten den Bewuchs in der schon erwähnten Weise nach dem Durchmesser der 14 Tage gewachsenen Kolonien.

Tabelle 14. *Von* Berk, Ebert *und* Teitell *[33] zur Prüfung des Abbaues von Weichmachern und ähnlichen organischen Verbindungen benutzte Pilze*

Alternaria solani J. et Gr.
Aspergillus oryzae Ahlb.
Aspergillus flavus Link
Aspergillus niger van Tieghem
Aspergillus terreus Thom.
Aspergillus ustus (3 Stämme) Mecheli
Aspergillus versicolor Mecheli
Curvularia geniculata (Tracy et Earle) Boedijn
Fusarium sp.
Glomerella cingulata Atk.
Mucor sp. Micheli
Myrothecium verrucaria (Alb. et Schw.) Ditmar ex Fr.
Paecilomyces varioti Bainier
Penicillium citrinum Link
Penicillium chrysogenum Link
Penicillium frequentans Westling
Penicillium funiculosum (2 Stämme) Thom
Pullularia pullulans (de Bary und Low) Berkh.
Stachybotrys atra Corda
Stemphylium consortiale (Thuemen) Groves et Skolko
Trichoderma sp.

Die Ergebnisse der beiden zitierten Veröffentlichungen, ergänzt mit einigen Angaben von Summer [326], sind in Tabelle B des Anhangs wiedergegeben. Im Bericht der U.S.-OSRD [339] ist die Pilzanfälligkeit der Substanzen in die folgenden vier Klassen eingeteilt:

A = kein Bewuchs,
B = sehr geringer oder leichter Bewuchs,
C = mittlerer Bewuchs,
D = starker Bewuchs.

In Tabelle B des Anhangs wurde auf eine Einteilung des Bewuchses in die Klassen B bis D verzichtet und nur nach „kein Bewuchs" oder „Bewuchs" unterschieden, weil schon sehr geringer Bewuchs, wie beispielsweise Stockflecken von 1 mm Durchmesser auf Dekorationsmaterial, wie Autopolster, Vorhänge oder Wandbekleidung, eine starke Wertminderung darstellen. In der Tabelle sind auch die von Berk u. Mitarb. [33] gemessenen Durchmesser der nach 14 Tagen gewachsenen Kolonien angegeben.

Bei Untersuchungen über den Abbau von Weichmachern in PVC-Folien durch Bakterien und Pilze stellten Burgess und Darby [59] fest, daß vor allem Pseudomonas aeruginosa und in geringerem Umfang Serratia marcescens Weichmacher, wie epoxydierte Ester oder Diisooctylsebazat, zersetzen. Weiter konnte mit der Respirationsmethode und durch Bestimmen der Gewichtsabnahme festgestellt werden, daß Pseudomonas aeruginosa die Weich-PVC-Folien stärker schädigte als Pilzbewuchs.

Von besonderem Interesse sind gegen Bakterien und Pilze beständige Weichmacher. Es handelt sich um Verbindungen, wie Diphenyl, Diamylnaphthalin, Steinkohlenteeröle und Erdöle, mehrwertige Alkohole, wie Glykole, Pentaerythrit und deren Derivate, sowie aliphatische Monocarbonsäuren mit weniger als 10 C-Atomen, deren fungitoxische Wirkung nach GARNIER und MAGNOUX [118] eine Funktion ihrer Löslichkeit in Wasser und im Zytoplasma der Organismen ist. Weiter sind hier zu nennen: mehrbasische Säuren, wie Oxalsäure, Maleinsäure, Pelargonsäure oder Abietinsäure, insbesondere aber Ester, wie einige Oxalate, Malonate, Succinate, mehrere Ester der Adipin-, Azelain-, Wein-, Zitronen-, Malein-, Benzoe-, Phosphor- und Phthalsäure, insbesondere mit kurzkettigen Alkoholen. Auch in der Gruppe des geringen Bewuchses mit kleinen Pilzkolonien finden sich weitere Adipate, Phosphate, Phthalate und Glykolderivate. Aliphatische Monokarbonsäuren mit 11 und weniger C-Atomen im Molekül unterhalten das Pilzwachstum nicht. An Dihexyladipaten und Glykolderivaten konnte nachgewiesen werden, daß die Ester mit n-Alkylsubstituenten und geradkettige Glykole leichter abgebaut werden als die verzweigten Monomeren. Ebenso werden 1,2-Glykole und solche mit endständigen OH-Gruppen leichter abgebaut als Diole mit OH-Gruppen in anderen Stellungen. Die Einführung einer Äther-Sauerstoffbrücke erhöht die Beständigkeit der Verbindungen gegen Pilzbefall erheblich. Bei den freien Säuren ist häufig der hemmende Einfluß der stark sauren Reaktion deutlich zu erkennen.

Außer niedermolekularen Verbindungen werden auch einige Polymerisate als Weichmacher benutzt. Diese Art der Weichmachung darf nicht mit der oben erwähnten inneren Weichmachung verwechselt werden, bei der ein Polymerisat durch Mischpolymerisation so verändert wird, daß es schon ohne Weichmacherzusatz die nötige Gummielastizität besitzt. Unter den als Mischungsbestandteil den Kunststoffmaterialien zugesetzten Polymerweichmachern finden sich aber gleichfalls Verbindungen, die, wie Glykosesebazatharz, für Mikroorganismen sehr gute Nährböden abgeben. Sebazinalkydharz und andere ähnliche Polyester wurden vom „U.S.-Office for Scientific Research and Development[339]" sowie von BERK, EBERT und TEITELL [33] auf ihre Eignung als Pilznährboden untersucht. Es wurde festgestellt, daß alle geprüften Verbindungen sehr starken Bewuchs bzw. nach 14 Tagen Kolonien mit mehr als 5 cm Durchmesser zeigten.

Mit der Angabe von STAHL und PESSEN [319], daß eine bestimmte Pilzart stärker als alle übrigen angreift, wird die Frage aufgeworfen, ob sich die verschiedenen Pilzarten auch in ihrer Wirkung auf Weichmacher unterscheiden. Das ist, wie BERK, EBERT und TEITTELL [33] mit ihren Bewuchsfaktoren auf Nährböden mit reinen Säuren oder Alkoholen nachgewiesen haben, in der Tat der Fall. WESSEL [350] weist in diesem Zusammenhang besonders auf die Arbeiten von KLAUSMEIER und JONES [*193*] hin, die aus dem Erdboden Mikroorganismen isolierten, mit denen sie in der Lage waren, Weichmacher abzubauen, die von allen anderen Arten nicht angegriffen wurden. Am wirksamsten schien eine Fusariumart gewesen zu sein. Sie wuchs auf Diäthyl-, Dipropyl- und Dibutylphthalat. Auf Methylalkohol und Dimethylphthalat wurde nur geringes Wachstum und auf Octylalkohol und Dioctylphthalat kein Wachstum beobachtet. Hier war also eine Adaptation an kurzkettige Substituenten und Moleküle eingetreten.

Tabelle 15. *Prüfung von Dialkylphthalat-Weichmachern mit Bakterien und Pilzen nach* ADELHEID SCHWARTZ [*304*]

| Substanz | Bakterien | Pilze | Eigenpilze |
|---|---|---|---|
| Dimethylphthalat | — | 0 | 0 |
| Dibutylphthalat | +++ | 0 | + |
| Dibutylphthalat | + | (+) | 0 |
| Dioctylphthalat (geradkettig) | + | 0 | 0 |
| Diäthylhexylphthalat | 0 | 0 | 0 |
| Dialkylphthalat ($C_6$-$C_9$) | ++ | ++(+) | +++ |
| Dialkylphthalat ($C_{10}$) | ++ | ++(+) | ++ |

*Bedeutung der Zeichen*

Bakterientest:

|  |  |
|---|---|
| — | = Keimzahlen kleiner als in der kohlenstofffreien Kontrolle |
| 0 | = Keimzahlen ebenso groß wie in der kohlenstofffreien Kontrolle |
| + | = Keimzahlen zwischen der kohlenstofffreien und der Paraffinkontrolle |
| ++ | = Keimzahlen ebenso groß wie in der Paraffinkontrolle |
| +++ | = Keimzahlen größer als in der Paraffinkontrolle |

Pilztest:

|  |  |
|---|---|
| 0 | = kein Bewuchs |
| + | = geringer bis mittelstarker Bewuchs |
| ++ | = starker Bewuchs |
| +++ | = sehr starker Bewuchs |

(Die Ergebnisse sind zusammengefaßt und vereinfacht wiedergegeben.)

Offenbar bauen die Schimmelpilze den einen Alkylrest ab, denn es wurden im Nährboden als gebildete Säuren die Monoalkylphthalate nachgewiesen. Ein entsprechendes Ergebnis wurde auch mit Tributylzitrat erhalten, und WESSEL [*350*] hält daher eine Überprüfung aller bisherigen Ergebnisse für notwendig. Inzwischen liegen schon neuere Untersuchungen von ADELHEID SCHWARTZ vor, die zahlreiche Dialkylphthalate prüfte. Im Bakterientest waren die Keimgehalte der Dimethylester am niedrigsten, aber auch Di-2-äthylhexylphthalat zeigte Keimzahlen im Bereich der Kontrolle ohne Kohlenstoffquelle, und der Sauerstoffverbrauch im Respirationstest war nicht meßbar. Bei den beiden geprüften Dibutylphthalaten erreichte der

Sauerstoffverbrauch Werte, die oberhalb derjenigen der Paraffinkontrollen lagen, und auch die Keimzahlen stiegen an. Beim zweiten Präparat lagen die Werte des Sauerstoffverbrauchs und der Keimzahlen niedrig. Beim geradkettigen Dioctylphthalat stieg der Sauerstoffverbrauch auf den Wert der Paraffinkontrolle, und auch die Keimzahlen erreichten mittelhohe Werte. DOP und das geradkettige Dioctylphthalat zeigten keinen oder nur sehr geringen Pilzbewuchs. Innerhalb des geprüften Bereiches nahm die Beständigkeit gegen Mikroorganismen im allgemeinen mit der Länge der Kohlenstoffkette der Alkylreste zu; doch verhinderte Verzweigung das Bakterien- und Pilzwachstum, wie dies aus Tabelle 15 zu ersehen ist.

Von den übrigen untersuchten Weichmachern zeigte Trikresylphosphat im Bakterientest bei mäßiger Keimentwicklung Keimzahlen wie die Paraffinkontrolle, aber keinen Pilzbewuchs. Dioctyladipat und der Phenylalkylsulfonsäureester wurden von Bakterien mindestens ebenso stark angegriffen und beide von Pilzen stark befallen. Bei den chlorierten Paraffinen hängt die Beständigkeit gegen Bakterien vom Chlorgehalt ab. Wenn der Chlorgehalt 30% nicht überstieg, wurden die Proben bis auf einige Reste abgebaut, und die Keimzahlen stiegen bis auf den Wert der Paraffinkontrolle an. Bei Chlorgehalten von 50 bis 70% entwickelten sich die Keime nicht mehr. Unabhängig vom Chlorgehalt der Substanzen wurden sie aber sämtlich von Pilzen nicht bewachsen.

### 3.3.3. Weitere Mischungsbestandteile von Kunststoffmaterialien

In größeren Konzentrationen können im Material Füllstoffe und Pigmente enthalten sein. Wenn sie aus natürlichen organischen Stoffen bestehen, wie beispielsweise Holzmehl, Baumwollfasern oder Zellulose, werden sie leicht von Bakterien und Pilzen abgebaut. Sie können der Grund für die Unbeständigkeit eines Kunststoffmaterials sein. Aber auch einige anorganische Füllstoffe und Pigmente werden von Mikroorganismen angegriffen. So berichteten STEINBERG und THOM [321] darüber, daß Bariumsulfat von Schimmelpilzen, wie Aspergillus niger, abgebaut wird, wenn eine Kohlenstoffquelle vorhanden ist, wobei in diesem Falle dem Schwefel die begünstigende Rolle zufällt. Die zum Pigmentieren von Kunststoffmassen verwendeten organischen Farbstoffe werden im allgemeinen von Mikroorganismen nicht angegriffen.

Stabilisatoren, die man den Materialien in Mengen von höchstens wenigen Prozenten zusetzt, um diese vor Abbau durch Wärme und Licht zu schützen, werden häufig in Kombination mit UV-Absorptionsmitteln oder Antioxydantien angewandt. Diese Substanzen erwiesen sich in den Prüfungen von ADELHEID SCHWARTZ [304] mit wenigen Ausnahmen als anfällig. Alle untersuchten Metallseifen (Stearate des Aluminiums, Bleis, Cadmiums, Kalziums und Zinks) wurden durch Bakterien abgebaut und zum Teil stärker zersetzt als das zur Kontrolle dienende Paraffin, und es zeigte sich außer bei Aluminium- und Zinkstearat starker Pilzbewuchs mit den Prüforganismen des CEI-Gemisches. Auch die Prüfung mit gezüchteten Eigenkeimen ergab starken Bewuchs, wobei Penicillium- und Aspergillusarten vorherrschten. Die Organozinnverbindungen verhielten sich sehr unterschiedlich. Während Dibutylzinndilaurat von Bakterien stark abgebaut und von Pilzen einschließlich der Eigenkeime dicht bewachsen wurde, erwies sich ein modifiziertes Dibutylzinnmaleinat als beständig. Bei Dibutylzinnmercaptid kam es zu einer vorübergehenden Bakterienentwicklung, jedoch zu keinem Pilzbewuchs. Epoxyd-Weichmacher, die außer ihrer plastifizierenden auch eine stabilisierende Wirkung ausüben, sind anfällig für Mikroorganismen, wenn sie nicht eine besondere Struktur besitzen. Das geprüfte UV-Absorptionsmittel erwies sich als außerordentlich anfällig, weil die vor Licht schützenden Substanzen in einer Kohlenwasserstofffraktion enthalten waren. Außer ungewöhnlich starkem Pilzbewuchs und einem Sauerstoffverbrauch, der doppelt so groß war wie derjenige der Paraffinkontrolle, trat eine Verfärbung nach Rot durch Penicillium rubrum auf.

Gleitmittel werden den Materialien vor der Verarbeitung zugesetzt, um ihren Transport in den verschiedenen Vorrichtungen zu erleichtern, die zu ihrer Verformung dienen. Sie verhüten das Festkleben an den Oberflächen von Kalanderwalzen und anderen heißen Geräten. Häufig sind sie auch als Formtrennmittel geeignet. Die meist angewandten Gleitmittel sind Fettsäureester, Stearinsäure, Glycerylmonostearat, natürliche und synthetische Wachse sowie Alkali- oder Erdalkalistearate. Die Kunstwachse bestehen aus Estern höherer Alkohole und Säuren, deren Ausgangsmaterialien beispielsweise aus Montanwachs gewonnen werden. Es ist zu erwarten, daß diese Substanzen und auch Paraffinwachse von Mikroorganismen abgebaut bzw. von Pilzen bewachsen werden, wie dies auch die Untersuchungen von ADELHEID SCHWARTZ [304] bestätigen.

Über die Emulgatoren liegen noch zu wenige Untersuchungen vor, und es handelt sich wiederum um Verbindungen von so unterschiedlicher chemischer Struktur, als daß man ein auch nur einigermaßen vollständiges Bild von ihrem Verhalten gegenüber Mikroorganismen gewinnen könnte. Auf die Bakterizidie einiger Substanzen wird bei der Besprechung der bakteriziden und fungiziden Mittel noch eingegangen werden.

Eine besondere Gruppe von Mischungsbestandteilen bilden die Vulkanisationsbeschleuniger und Alterungsschutzmittel für Kautschuk. Es handelt sich um Verbindungen wie

Dibenzothiazyldisulfid,

N-Oxy-diäthylenbenzothiazol-2-sulfonamid,

2-Mercaptobenzothiazol,

Tellurdiäthyldithiocarbamat,

Methyl-(tetramethylthiuramdisulfid),

Äthyl-(zinkdiäthyldithiocarbamat),
Butyl-(zinkdibutyldithiocarbamat),
Thiohydropyrimidin,
2-Phenylindol
Phenyl-$\beta$-naphthalin.

Die beiden letzten Verbindungen sind Alterungsschutzmittel. Sie erwiesen sich als gegen Bakterien und Pilze beständig. Die aufgeführten Vulkanisationsbeschleuniger waren in den Untersuchungen von ADELHEID SCHWARTZ [304] sämtlich bakterien- und pilzhemmend. Nur ein Kobaltnaphthenatbeschleuniger ergab im Bakterientest Keimzahlen, die denjenigen der Paraffinkontrolle nahekamen.

# 4. Prüfmethoden mit Mikroorganismen

## 4.1. Prüfung mit Bakterien

Das Züchten von Mikroorganismen und die Bewuchsversuche mit Bakterien setzen, wenn sie erfolgreich und gefahrlos ausgeführt werden sollen, das sichere Beherrschen von Regeln und Handfertigkeiten voraus, die praktisch gelernt werden müssen. Da bei der Prüfung von Substanzen auf ihre keimtötende Wirkung und von organischen Werkstoffen auf ihre Beständigkeit gegen Mikroorganismen auch pathogene Bakterien, wie hämolytische Streptokokken, Staphylococcus aureus, Bacterium pyocyaneum oder Pseudomonas aeruginosa, benutzt werden, ist dringend zu empfehlen, diese Arbeiten von mikrobiologisch geschulten Personen ausführen zu lassen.

In den Vereinigten Staaten wurden für das Arbeiten mit Bakterien schon vor längerer Zeit Standardvorschriften herausgegeben (siehe auch Tabelle E). Sie beziehen sich auf die „Bestimmung von Mikroorganismen und mikroskopischen Stoffen" (ASTM D 1128), auf die „Feststellung von Eisenbakterien und von Sulfat reduzierenden Bakterien in Industriewasser und in Niederschlägen aus Wasser" (ASTM D 932 und 933). Außerdem wird die bakteriologische Technik in dem unten beschriebenen Standard ASTM D 1174 bei der Prüfung von Klebstoffen behandelt. Die Technik der Prüfung chemischer Verbindungen auf ihre keimtötende oder keimhemmende Wirkung gehört seit langem zur Praxis des Mikrobiologen. Nach der äußeren Form der Ausführung dieser Prüfung kann man drei Methoden unterscheiden, nämlich:

1. die Suspensionsmethode, bei der flüssiges Nährmedium verwendet wird,

2. die Agarplattenmethode und

3. den Erdfaulversuch.

In den beiden ersten Fällen sind dem Beobachter die zur Prüfung dienenden Bakterienarten bekannt, im dritten Falle nicht oder nur insoweit,

3*

als er weiß, welche Bakterien normalerweise in einem aggressiven Humusboden vorkommen.

Die zur Prüfung verwendeten Bakterienstämme sind entweder als Reinkulturen auf Schrägagar von Instituten zu beziehen, oder man züchtet sie unter sorgfältiger Bestimmung der Arten, ausgehend von einer natürlichen Bakterienflora, im Laboratorium selbst. Zur Konservierung der Reinkulturen werden die Keime auf Schrägagar überimpft, der durch Eingießen von je 5 ml Nähragar in Reagenzgläser und Erstarrenlassen in Schräglage hergestellt wird, wobei darauf zu achten ist, daß das obere Drittel des Röhrchens nicht mit Agar benetzt wird. Nach 24stündigem Bebrüten können diese Reinkulturen jeweils einen Monat im Kühlschrank gelagert werden. Sie lassen sich durch Überimpfen in Zeitabständen von einem Monat erhalten.

Die Suspensionsmethode ist ein Verfahren, bei dem zunächst in steriler, physiologischer Kochsalzlösung oder in Nährbouillon Verdünnungsreihen der zu prüfenden Substanzen in Reagenzröhren angelegt und diese mit je 0,2 ml einer Suspension der Bakterienstämme versetzt werden. Die Bakteriensuspensionen stellt man durch Abschwemmen einer 24 Std bebrüteten Reinkultur auf Schrägagar mit 5 ml physiologischer Kochsalzlösung her. In passenden Zeitabständen, beispielsweise nach 1, 2, 5 und 10 min, überträgt man je 0,1 ml oder eine Normalöse aus den Röhrchen der Verdünnungsreihen in andere Röhrchen mit Nährbouillon, die den zu prüfenden Stoff nicht enthalten. Anstelle der Nährbouillonröhrchen können auch Agarplatten benutzt werden, auf denen die aus den Verdünnungsreihen mit der Pipette oder der Normalöse entnommene Flüssigkeit mit einem rechtwinklich abgebogenen Glasstab verstrichen wird. (Rezepte für die Herstellung der physiologischen Kochsalzlösung, der Nährbouillon und des Nähragars finden sich in Tabelle D des Anhangs unter Ziffer 1 bis 3).

Eine Plattenmethode, der „VINCENT-Test", besteht darin, Filterpapierscheiben von 9 mm Durchmesser mit den Lösungen der zu prüfenden Substanzen zu tränken und sie im Exsikkator über Calciumchlorid zu trocknen. Darauf werden die Scheiben auf Endo-Agar (vergl. Anhang Tabelle D, Ziffer 4) gelegt, der zuvor mit je 0,1 ml einer 24 Std bebrüteten Bouillonkultur des betreffenden Bakteriums durch gleichmäßiges Ausstreichen auf der Agarfläche beimpft worden ist. Nach 24stündigem Bebrüten der Agarschalen bei 37 °C mißt man die Durchmesser der entstandenen Hemmzonen. Die Methode liefert gut reproduzierbare Ergebnisse.

Der Lochtest nach REDISH wird auf die Weise ausgeführt, daß man zu je 10 ml verflüssigten Nähragar je 0,2 ml einer 24 Std bebrüteten Bouillonkultur hinzufügt, worauf der Agar nach gutem Durchschütteln in sterile Petrischalen ausgegossen wird. Nach dem Erstarren stanzt man mit einem sterilisierten Korkbohrer von 18 mm Durchmesser Löcher in die Agarschichten und hebt die ausgestanzten Agarscheiben heraus. In diese Löcher werden je 0,1 ml der zu untersuchten Flüssigkeit einpipettiert und nach 24stündigem Bebrüten bei 37 °C wiederum die Durchmesser der entstandenen Hemmzonen gemessen. Die Plattenmethoden und einige weitere Prüfverfahren, wie der Händewaschversuch nach SCHUMBURG und die Methode des Keimhemmungsfilms nach HOPF sind bei ZDRALEK [374] beschrieben.

Die Prüfung der keimtötenden oder keimhemmenden Wirkung chemischer Substanzen zur Verwendung als Desinfektionsmittel oder als fungizide Zusätze zu Kunststoffmaterialien und Textilien für klinische Zwecke wurde häufig nur mit je einem Vertreter der Gram-negativen und Gram-positiven Bakterien ausgeführt. Hierzu sind der Erreger des gelben Eiters, Micrococcus pyogenes aureus, und das Darmbakterium Escherichia coli am besten geeignet; doch dürfte die Wahl dieser beiden Keime nur bei der Prüfung der für Bakterien stark toxischen Verbindungen ausreichen. Für die Prüfung von Kunststoffen auf ihre Beständigkeit gegen Mikroorganismen genügt es nicht, wie oben dargelegt wurde, nur diese beiden Bakterienarten anzuwenden. Bei Versuchen mit PVC, das mit verschiedenen Weichmachern plastifiziert war, und den Prüforganismen Bacillus subtilis, Escherichia coli, Proteus vulgaris, Pseudomonas aeruginosa und Staphylococcus aureus fanden BURGESS und DARBY [60], daß nur Pseudomonas aeruginosa einige der Weichmacher in den geprüften Materialien angriff, und DE COSTE [83] empfiehlt dieses Bakterium als einzigen Organismus für die Prüfung von Vinylharzmaterialien. Auch in den Untersuchungen von ADELHEID SCHWARTZ fand sich dieser Organismus unter den am häufigsten isolierten aggressiven Eigenkeimen; doch sollten gerade die in dieser Arbeit hinsichtlich der Wahl von Prüforganismen angewandten Vorsichtsmaßnahmen beachtet werden.

Als Kriterium für die Schädigung eines Materials durch Bakterien ist die Veränderung des Aussehens wenig geeignet, weil erhebliche Zerstörungen der Substanz auch ohne sichtbare Erscheinungen eintreten können. Allerdings fand NOPITSCH [260] im Baumwoll-Lactophenol einen spezifischen Indikator, mit dem man die Zerstörung von Wolle durch Bakterien unter dem Mikroskop sichtbar machen kann. Dieser Farbstoff färbt die gesunde Faser nicht, während er die geschädigte Wolle und besonders die durch die bakterielle Zersetzung ihrer Substanz isolierten Spindelzellen blau erscheinen läßt.

Bessere Maßstäbe für die Schädigung eines Materials durch Bakterien kann man durch Messen der Änderungen von mechanischen Eigenschaften, wie Zugfestigkeit, Biegefestigkeit, Reißdehnung; von elektrischen Eigenschaften, wie Dielektrizitätskonstante, Verlustfaktor, Durchschlagfestigkeit; sowie der Gewichtsabnahme von Prüfkörpern oder durch die Bestimmung des Sauerstoffverbrauches der Mikroorganismen gewinnen, die ein geprüftes Material als Kohlenstoffquelle für ihren Stoffwechsel verwerten.

In ASTM D 1174 sind für die Bestimmung der Wirkung bakterieller Verunreinigungen auf die Beständigkeit von Klebstoffpräparaten und Verklebungen die drei Prüforganismen Pseudomonas fluorescens, Bacillus subtilis und Proteus vulgaris vorgeschrieben. Als Kriterien für die Schädigung dienen Messungen der Viskosität des Klebstoffs und der vergleichbaren Festigkeitseigenschaften von Prüfkörpern, die aus mit sterilem Klebstoff verklebten Holzleisten bestehen, jeweils vor und nach der Einwirkung der Prüforganismen. Die Klebstoffe und Klebstellen werden mit einer Mischsuspension der drei Prüforganismen beimpft, die auf folgende Weise hergestellt wird: Teile der drei Reinkulturen werden mit der sterilen Platinöse in drei Reagenzröhrchen übertragen, die das in Tabelle D des Anhangs unter Ziffer 5 aufgeführte Nährmedium ohne Agarzusatz enthalten. Nach 24stündiger Bebrütung bei 37°C werden aus jedem Röhrchen, das jeweils eine Bakterienart enthält, mit der Pipette 0,6 ml in eine Probe des Klebstoffs (600 g) übertragen. Als Kontrolle dient eine gleich große Menge des Klebstoffs, die mit 1,8 ml sterilen destillierten Wassers versetzt wird. Die Bebrütung der mit einer Mischung der drei Prüforganismen beimpften Proben und Kontrollen wird bei 25°C vorgenommen. Die erste Bestimmung der Viskosität wird nach 4 bis 6 Std ausgeführt und nach 3, 7, 14, 21 und 28 Tagen wiederholt. Die nach ASTM D 897 hergestellten Prüfkörper bestehen aus geglätteten und miteinander verklebten Leisten aus Ahornholz (Acer saccharum oder Acer nigrum) mit den Abmessungen 279,4 × 63,5 × 22,2 mm. Diese mit sterilem Klebstoff hergestellten Prüfkörper werden nach 24 Std Lagerung bei Raumtemperatur zu je 50 mit der aus gleichen Teilen der 24 Std bebrüteten Beimpfungskulturen hergestellten Mischsuspension der Prüforganismen mit Hilfe eines sterilen Wattebausches an den Außenkanten der Verklebungen bestrichen. Als Kontrollen dienen 50 an den Außenkanten mit sterilem, destillierten Wasser bestrichene Prüfkörper. Die beimpften, verklebten Leisten und die Kontrollen werden anschließend in je einen Exsikkator gebracht, dessen Boden eine Schicht sterilen Wassers von 2,5 cm Tiefe bedeckt, um die Luft im Inneren der Gefäße feucht zu halten. Die Bebrütung und die Bestimmung der mechanischen Eigenschaften der Prüfkörper und Kontrollen erfolgt unter den gleichen Temperaturbedingungen und in den gleichen Zeitabständen wie bei den Klebstoffproben.

Die von der AATCC 1959 beschriebene amerikanische Prüfmethode 90-1958 wurde von Ernst und Sorkin [98] zur Prüfung Bakterien hemmender Gewebe benutzt. Als einziger Prüforganismus diente in diesem Falle Staphylococcus aureus. Dieses Bakterium wird mit 43°C warmem Nähragar vermischt, den man dann in Petrischalen erstarren läßt. 5 bis 10 min nach dem Erstarren legt man ein 1 bis 5 cm² großes Stück nicht bakterizid ausgerüsteten, gebleichten Baumwollmusselins auf den keimhaltigen Agar auf, der es rasch durchtränkt. Nach 24stündiger Bebrütung dieser Wachstumskontrolle ist der Bakterienrasen rings um das Gewebestück normal ausgebildet, während unter dem Gewebe bei 20facher Vergrößerung nur ein Bewuchs in Stärke von 80 bis 100% im Vergleich zum Bewuchs der Umgebung zu erkennen ist. Mit den Prüfkörpern aus dem zu prüfenden bakterizid ausgerüsteten Gewebe wird entsprechend verfahren. Wenn das bakterizide Mittel in den Agar hineindiffundiert, entsteht eine Hemmzone. Der Nachteil dieser Prüfmethode ist, daß bei sehr dichtem Gewebe auch ohne die Wirkung eines bakteriziden Mittels der Bewuchs unter dem Prüfkörper stark gehemmt oder nicht vorhanden sein kann, weil das aerobe Bakterium den zur Atmung nötigen Sauerstoff nicht oder nur ungenügend enthält.

Die Anwendung der Gewichtsverlustmethode und der Respirationsmethode zur Bestimmung der Wirkung bakterizider Mittel und zur Feststellung des Grades der Schädigung von Kunststoffolien durch Bakterien wurde von BURGESS und DARBY [60] beschrieben. In beiden Fällen verwenden die Autoren aus den schon genannten Gründen Pseudomonas aeruginosa als einzigen Prüfpilz.

Bei der Gewichtsverlustmethode wägt man sechs konditionierte Folienstreifen von 1 cm Breite und 6 cm Länge und sterilisiert sie dadurch, daß man sie 24 Std in ein Gemisch aus Äthylenoxyd und Trichlorfluormethan einbringt. Anschließend werden die Prüfkörper in Sätzen zu je drei auf Mineralsalzagar (vergl. Anhang Tabelle D, Ziffer 6) gelegt. Zur Beimpfung läßt man aus einer Pipette zwei Tropfen der Suspension der Prüfmikroben auf jeden Streifen fallen und streicht über die ganze Prüfkörper- und Agarfläche aus. Die Kontrollen werden statt mit der Mikrobensuspension mit einer entsprechenden Menge 0,1%iger wäßriger Quecksilberchloridlösung bestrichen, um Sterilität zu gewährleisten. Nachdem die Streifen 14 Tage bei 28 °C im Thermostaten gehalten wurden, untersucht man sie mikroskopisch, spült sie mit Quecksilberchlorid und Wasser ab und wägt sie nach Konditionierung erneut. Der Gewichtsverlust ergibt sich als Differenz der beiden Wägungen.

Bei der Respirationsmethode wird die Zersetzung eines Materials durch Bestimmen des von den Bakterien verbrauchten Sauerstoffs ermittelt. Diese modifizierte Methode nach SIU und MANDELS führt man in folgender Weise aus: 25 g Nährsalzagar (vergl. Anhang Tabelle D, Ziffer 6) werden in Erlenmeyer-Kolben von 250 ml Inhalt gebracht, die so eingerichtet sind, daß man sie gasdicht verschließen und mit Polyäthylenschläuchen an ein Differenzmanometer anschließen kann. Im Inneren der Kolben sind kleine mit 1 ml 40%iger KOH gefüllte Becherchen aufgehängt, aus denen ein Filterpapierdocht 12,7 mm herausragt. Diese Einrichtung dient zur Absorption des von den Bakterien aus dem Sauerstoff gebildeten Kohlendioxyds, das auf diese Weise aus dem Gasraum im Kolben verschwindet, so daß darin ein Unterdruck entsteht, der am Manometer gemessen werden kann. Als

Prüfkörper werden kreisrunde Scheiben von 7 cm Durchmesser aus dem Folienmaterial ausgeschnitten, nachdem dieses zuvor mit warmem Wasser abgespült und zwischen Fließpapier getrocknet wurde. Dann stanzt man in regelmäßiger Anordnung 28 kreisrunde Löcher von 5 mm Durchmesser in den Prüfkörper, der zur Sterilisation 24 Std in das Gemisch aus Äthylenoxyd und Trichlorfluormethan gebracht wurde. Man legt die Folienscheiben dann auf den erkalteten Nährsalzagar in den Erlenmeyer-Kolben und beimpft mit einer Suspension von Pseudomonas aeruginosa, die durch Abschwemmen einer 24 Std bebrüteten Agarkultur mit Nährsalzlösung (entsprechend dem Mineralsalzagar ohne Agarzusatz) gewonnen wurde unter Benutzung eines Zerstäubers, wobei darauf geachtet werden muß, daß die aufgesprühten Mengen annähernd gleich groß sind. Ein zweiter Kolben wird jeweils als Kontrolle unbeimpft gelassen und zur Sicherung seiner Sterilität mit wäßriger 0,1%iger Quecksilberchloridlösung besprüht. Je ein beimpfter und ein steriler Kolben werden mit den Anschlüssen des Differenzmanometers verbunden. Vor dem Schließen der Manometerhähne läßt man die Anordnung 24 Std bei 28 °C stehen und liest nach Schließen der Hähne in passenden Zeitabständen im Laufe der nächsten 72 Std die Druckdifferenz ab. Die Höhendifferenz der beiden Flüssigkeitssäulen des Manometers ist der Bakterienvermehrung proportional (als Manometerflüssigkeit dient Brodie-Lösung, deren Zusammensetzung in Tabelle D des Anhangs unter Ziffer 7 angegeben ist).

## 4.2.  Prüfung mit Pilzen

Die Zahl der vorgeschlagenen oder in Normen und Institutsmethoden vorgeschriebenen Verfahren zur Prüfung organischer Werkstoffe mit Pilzen ist groß. Das zeigt, daß es nicht möglich ist, eine einfache Laboratoriumsmethode anzugeben, die allen Anforderungen, denen die Erzeugnisse unter den Bedingungen ihrer Verwendung ausgesetzt sein könnten, gerecht wird. Die Prüfmethoden unterscheiden sich in erster Linie nach der Art der benutzten Nährmedien und der Beimpfung. Die Prüfung kann 1. in natürlicher Umgebung (Tropenkammer, Eingrabeversuch), 2. mit künstlichem oder 3. ohne Nährboden ausgeführt werden.

Bei Prüfungen mit künstlichem Milieu kann der Nährboden entweder assimilierbaren Kohlenstoff oder keinen Kohlenstoff enthalten.

Die Verfahren der Beimpfung unterscheiden sich in folgender Weise:

1. Verwendung einer definierten oder einer nicht definierten Pilzflora (Erdfaulversuch, Beimpfen mit Erdsuspension),

2. Bei Verwendung einer definierten Pilzflora: entweder Einwirkenlassen von Pilzmyzel oder Beimpfen der Prüfkörper,

3. Beimpfung entweder mit Myzel oder mit Sporen,

4. Beimpfung mit Reinkulturen oder Mischkulturen,

5. Beimpfung mit Sporensuspension, Sporenstaub oder Myzelstücken,
6. Anzahl der Prüforganismen.

Zwischen diesen Verfahrensmerkmalen sind zahlreiche Kombinationen möglich, und es ist daher schwierig zu entscheiden, welche dieser Kombinationen als Methode zur Prüfung eines bestimmten Materials verwendet werden muß. Die meisten Normen und Standards auf diesem Gebiet sind erst in den letzten Jahren herausgegeben worden, und mehrere Vorschriften wurden wieder zurückgezogen oder grundlegend geändert. Die Prüfbedingungen sind in Tabelle 16 aufgeführt.

Tabelle 16. *Prüfbedingungen von Norm- und Standardmethoden*

| Norm oder Standarad | geprüftes Material | Zahl der Prüfpilze | Art des Inokulums | Bebrütung Temperatur | Dauer |
|---|---|---|---|---|---|
| ASTM D 684 | Textilien | 2 | R | 29 °C | 14 Tage |
| ASTM D 862 | Textilausrüstungsmittel. Prüfung nach ASTM D 684 | | | | |
| ASTM D 1174 | Klebstoffe | 3 (B) | M | 25 °C | 3, 7, 14, 21, 28 Tage |
| ASTM D 1286-57 | Klebstoffe | 3 | R | 25 °C | 3, 7, 14, 21, 28 Tage |
| ASTM D 1413 | Holz | 3 od. 4 | R | 26,7 °C | 12 Wochen |
| ASTM D 1924 | Kunststoffe | 6 | M | 29 °C | 21 Tage |
| BS 838:1961 | Holz | 7, mind. 3 | R | 22 °C od. 30 °C | 3 Monate |
| BS 1982:1953 | Holz u. organische Werkstoffe | 4 | R od. M | 21 °C | 12 Wochen |
| DIN 52 176 | Holz | 5 od. 2 | R | 20 °C | 4 Monate |
| DIN 53 931 | Textilien | 2 (3) | R | 29 °C | 2 Wochen |
| DIN 53 932 | Zellulose-Textilien | 3 | R | 29 °C | 2 Wochen oder länger |
| ISO TC 61 | Kunststoffe | 5 | M | 30 °C | 4 Wochen oder länger |
| NF X 41-503 | Zellulose-Textilien | 10 | M | 30 °C | 3 Wochen |
| NF X 41-513,1 | Feste Substanzen | 12 | M | 30 °C | 4 Wochen |
| NF X 41-513,2 | Flächengebilde | 12 | M | 30 °C | 4 Wochen |
| NF X 41-513,3 | Flüssigkeiten | 12 | M | 30 °C | 6 Tage |
| NF X 41-513,4 | Flüssigkeiten (fungistat, Wirk.) | 12 | M | 30 °C | 6 Tage |
| NF X 41-513,5 | fungistat. Mittel | 12 | M | 30 °C | 6 Tage |
| NF X 41-514 | Kunststoffmaterialien | 12 | M | 30 °C | 4 Wochen |
| NF X 41-515 | Kunststofferzeugnisse | 12 | M | Tropenkammer | 1 bis 6 Monate |

Bedeutung der Abkürzungen:  B = Bakterien
M = Beimpfung mit Mischsporen
R = Beimpfung mit reinen Sporen

Die Wahl der zur Prüfung dienenden Pilzarten hängt naturgemäß von der Art des zu prüfenden Materials, aber auch davon ab, ob das Ergebnis auch Aussagewert für das Verhalten der Materialien bei bestimmten Klimabedingungen haben soll. Lenzites trabea wurde beispielsweise für den britischen Standard BS 1982:1953 deshalb gewählt, weil es sich um einen Pilz handelt, der in den Tropen Holzfäule verursacht. Die nach den Norm- und Standardvorschriften anzuwendenden Prüfpilze sind in Tabelle E des Anhangs aufgeführt. Die am häufigsten benutzten Pilzarten sind die folgenden:

Chaetomium globosum (*11*),
Aspergillus niger (*7*),
Paecilomyces varioti (6),
Penicillium funiculosum (6),
Aspergillus flavus (5),
Myrothecium verrucaria (5),
Stachybotrys atra (5),
Trichoderma viride (5).

Die Ziffern in Klammern geben die Anzahl der Normen an, in denen die Pilzart vorgeschrieben ist.

Eine weitere Schwierigkeit, die bei Laboratoriumsprüfungen nicht außer acht gelassen werden darf, ist die Tatsache, daß ein und dieselbe Pilzart im Laboratorium und in ihrem Biotop sehr unterschiedliche Aggressivität besitzen kann. Schulze [302] wies darauf hin, daß beispielsweise Myrothecium verrucaria im „in vitro"-Versuch ein außerordentlich aggressiver Zellulosezerstörer ist, im Freien aber nur selten als Verunreinigung gefunden wurde und dann nicht einmal sehr wirksam war. Hingegen erwies sich Memnoiella echinata, eine Pilzart, die im pazifischen Gebiet für viele Schäden an Erzeugnissen aus Zellulose verantwortlich zu machen ist, im Laborversuch nur als wenig aktiv.

Die bei der Züchtung und Übertragung von Schimmelpilzen angewandte mikrobiologische Technik ähnelt der von den Bakterien her geläufigen Arbeitsweise. Doch werden wegen der zum Teil beträchtlichen Größe der Kolonien größere Kulturgefäße benutzt, und auch die Nährböden unterscheiden sich in ihrer Zusammensetzung von den bei Bakterien angewandten Medien.

Reinkulturen von Schimmelpilzstämmen kann man von Mykotheken beziehen, deren Adressen in den Normvorschriften der einzelnen Länder angegeben sind. Die erhaltenen Stämme werden auf Schrägagar geliefert und müssen in bestimmten Zeitabständen überimpft werden. Nach guter Besporung können die Kulturen bei 3 bis 10 °C oder notfalls bei Raumtemperatur bis zur folgenden Überimpfung einige Wochen gelagert werden. Die Vorschriften für die Züchtung und Konservierung der Reinkulturen unterscheiden sich in den einzelnen Normen und Standards nur geringfügig. DIN 53 932 schreibt die Übertragung nach 4 bis 6 Wochen vor. In den französischen Normen NF X 41 503 und 513 bis 515 ist ein Zeitintervall von einem Monat vorgesehen, worauf zunächst 14 Tage bei 25 °C und mindestens 80% relativer Luftfeuchtigkeit bebrütet und die Kulturen anschließend bei 15 bis 20 °C bis zur nächsten Überimpfung im Dunkeln aufbewahrt werden. Hier muß aber darauf hingewiesen werden, daß NF X 41 503 in der Ausgabe von 1955 andere Bedingungen vorschrieb als in der Ausgabe von 1965. ASTM D 1924 gibt als Aufbewahrungstemperatur 3 bis 10 °C an und schreibt vor, daß die Stämme höchstens 4 Monate weitergeimpft werden.

Für die Züchtung der Reinkulturen sind künstliche Nährböden, deren Rezepte in Tabelle D des Anhangs unter den Ziffern 8 bis 10, 12 bis 16, 18 bis 20 und 23 bis 25 aufgeführt sind, vorgeschrieben.

Die Methoden unterscheiden sich hinsichtlich der Art, in der die zur Beimpfung der Nährböden und Prüfkörper dienenden Sporensuspensionen hergestellt werden, stärker als in den Verfahren zur Züchtung und Konservierung der Reinkulturen. Die größten Unterschiede kommen aber durch die Beschaffenheit (Zustand und Struktur) der Stoffe und Materialien zustande, die geprüft werden. Im folgenden werden die Prüfmethoden daher in der Reihenfolge der Werkstoffgruppen Holz, Anstriche, Papier, Textilien, synthetische Substanzen und Kunststoffmaterialien, für die sie vorgeschrieben sind, besprochen.

### 4.2.1. Prüfung auf künstlichen Nährböden

#### 4.2.1.1. *Holz*

Da die Beständigkeit einiger tropischer Hölzer gegen Pilze bekannt und nicht mehr damit zu rechnen ist, daß neue Holzarten entdeckt werden, erweist sich die Prüfung der Beständigkeit von Holz gegen Mikroorganismen nur noch als erforderlich, um die Wirksamkeit von Konservierungsmitteln zu bestimmen. Sie hat selbst nach der Erfindung zahlreicher, sehr wirksamer Holzschutzmittel große Bedeutung, weil deren Anwendungsmöglichkeit je nach dem Verwendungszweck auch eine Kostenfrage ist[1].

Die chemisch verschiedenartigen Holzschutzmittel haben auf die einzelnen Pilzarten unterschiedlich starke Wirkung. Wegen ihrer relativen Beständigkeit gegen bestimmte Chemikalien wurden für ASTM D 1413-61 und für B.S. 838:1961 die folgenden Pilzarten als Prüforganismen gewählt:

Coniophora cerebella — beständig gegen zahlreiche Konservierungsmittel,

Poria monticola (Poria vaporaria) — beständig gegen Kupfer-, Zink- und Quecksilberverbindungen,

---

[1] Zur Prüfung des Eindringvermögens von Holzschutzmitteln vergl. DIN 52 618, Blatt 1, und BS 1282.

Lentinus lepideus — beständig gegen Teeröle und Kreosotöl,
Lenzites trabea — beständig gegen Phenole und Arsenverbindungen.
Selbstverständlich bedeutet „beständig" in diesem Falle nur eine graduell bessere Widerstandsfähigkeit der Organismen. Andererseits richtet sich auch die zerstörende Wirkung der Pilze, wie Tabelle 17 zeigt, mehr oder weniger spezifisch gegen die verschiedenen Hölzer.

Tabelle 17. *Prüforganismen für Hölzer nach* GARNIER *und*
MAGNOUX [*118*]

Oberflächenpilze:
    Aspergillus niger VAN TIEGHEM
    Chaetomella horrida OUDEMANS
    Paecilomyces varioti BAINIER
    Stachybotrys atra CORDA
    Trichoderma viride PERS. ex. FR.

Echte Zerstörer von Nadelholz:
    Coniophora cerebella ALB. und SCHW.
    Gyrophana lacrymans (WULF.) PAT.
    Lentinus squamosus SCHAFF.
    Poria vaporaria FR.

Echte Zerstörer von Pappelholz:
    Coriolus versicolor (L.) QUÉL.
    Lenzites trabea (PERS.) FR.

Echte Zerstörer von Buchenholz und anderen Laubhölzern:
    Coriolus versicolor (L.) QUÉL.
    Polystictus sanguineus (L.) MEY.

Echter Zerstörer von Eichenholz:
    Lenzites quercina THARANDT

Tabelle 18. *Prüforganismen nach DIN 52176*

Für Kiefernholz und andere Nadelhölzer:
    Coniophora cerebella
    Lentinus squamosus
    Lenzites abietina
    Merulius lacrymans
    Polyporus vaporarius

Für Buchenholz und andere Laubhölzer:
    Coniophora cerebella
    Polystictus versicolor

Für Eichenholz:
    Coniophora cerebella
    Daedalea quercina

DIN 52 176 beschreibt in Blatt 1 eine mykologische Kurzprüfung von Holz, während Blatt 2 Vorschriften für die Bestimmung der Auslaugbarkeit von Konservierungsmitteln enthält. Im allgemeinen wird mit dem Splintholz der Kiefer (Pinus sylvestris) geprüft; doch können auch andere Holzarten mit den in Tabelle 18 aufgeführten Pilzen geprüft werden.

Zur Prüfung benutzt man Kolleschalen mit seitlichem Hals, in die man je 45 ml des Malzextraktagars (vergl. Anhang Tabelle D, Ziffer 5), den man 30 min bei 1,2 kp/cm² oder im strömenden Dampf sterilisiert hat, einfüllt. Nach dem Erkalten werden die Agarschalen mit Hilfe eines Spatels mit Reinkulturen der angegebenen Pilze belegt und bebrütet, bis sich nach 1 bis 2 Wochen der Pilzrasen gebildet hat. Als Prüfkörper dienen Klötzchen im Format 5,0 × 2,5 × 1,5 cm, deren Längskanten in Richtung der Maserung verlaufen. Sie werden bei 150 °C bis zur Gewichtskonstanz getrocknet, mit in Wasser oder Lösungsmittel gelöstem Konservierungsmittel in einem Vakuum von 110 bis 160 Torr getränkt und nach Aufheben des Minderdruckes mindestens 30 min lang vollsaugen gelassen. Nach Abtupfen mit Fließpapier werden die Klötzchen gewogen, und die aufgenommene Menge Schutzmittel wird aus dem Gewicht und dem Gehalt der Lösung berechnet. Nachdem man die Prüfkörper an der Luft 4 Wochen liegengelassen hat, bringt man sie unter Zwischenlegen von 3,8 mm dicken Glasbänken auf die mit Pilzrasen bewachsenen Agarnährböden und setzt sie der Einwirkung des Pilzbewuchses 4 Monate bei 20 °C und einer relativen Luftfeuchtigkeit von 60 bis 70% aus. Nach dem Ausbau werden die Prüfkörper mechanisch von oberflächlichem Bewuchs befreit und mit dem Fingernagel auf mechanische Festigkeit geprüft. Die Bewertung erfolgt nach folgender Skala:

1   = unversehrt,
1 a = stellenweise geringfügig angegriffen,
2   = im ganzen wenig angegriffen,
3 a = stark angegriffen,
3 b = im ganzen stark angegriffen,
4 a = völlig zerstört,
4 b = im ganzen völlig zerstört.

Anschließend wird bei 105 °C bis zur Gewichtskonstanz getrocknet und gewogen.

Die Beständigkeit wasserlöslicher Imprägniermittel gegen Auslaugen wird auf die Weise bestimmt, daß man die Prüfkörper 5 Tage in destilliertes Wasser legt, 1 bis 2 Tage trocknen läßt, erneut 3 Wochen mit destilliertem Wasser auslaugt und nach abermaligem Trocknen das Gewicht bestimmt. Nach den Wägungen wird der beschriebene Test ausgeführt.

ASTM D 1413 schreibt die folgenden Prüfpilze vor: Für Nadelholz: Lentinus lepideus PR., Lenzites trabea PERS. ex FR., Poria monticola MURO.; für Hartholz: die drei genannten Pilzarten und Polyporus versicolor L. ex. FR. Zur Züchtung der Kulturen dient ein Malzagarnährboden; die

Prüfung selbst wird dagegen auf Prüferde vom pH 5 bis 7 ausgeführt, die in ofentrocknem Zustand 20 bis 40% Wasser aufzunehmen vermag. Man füllt die Erde bis zur halben Höhe in Flaschen mit rundem oder quadratischem Querschnitt ein und sterilisiert zunächst 20 min bei einem Druck von 1,05 kp/cm². Auf die Prüferde in den Flaschen wird eine Übertragungsplatte aus nicht mit Konservierungsmittel imprägniertem Holz unter sterilen Kautelen aufgelegt. Die Übertragungsplatten haben die Maße 0,3×2,9 ×4,1 cm. Zur Beimpfung wird an ihre Kante ein Stück des in einer Petrischale auf Malzagar gezüchteten Rasens jeweils einer Pilzart gelegt und bei nicht ganz festgeschraubtem Deckel der Schraubflaschen 3 Wochen oder so lange bei 26,7 °C und einer relativen Luftfeuchtigkeit von 70% bebrütet, bis sich auf der Übertragungsplatte dichter Pilzbewuchs gebildet hat. Auf die bewachsenen Übertragungsplatten legt man die Prüfklötzchen, die in folgender Weise vorbehandelt wurden:

Die Prüfkörper sind Würfel von 1,9 cm Kantenlänge aus geglättetem Holz. Sie werden 24 Std bei 105 °C getrocknet und zu je 4 für jede Pilzart in Bechergläsern 20 bis 30 min unter einem Minderdruck von 10 Torr und anschließend 30 min unter Atmosphärendruck imprägniert. Das Tränken erfolgt in Lösungen des Konservierungsmittels in Wasser oder einem geeigneten organischen Lösungsmittel mit absteigenden Konzentrationen. Außerdem werden zur Kontrolle der Aggressivität mindestens 5 unbehandelte Klötzchen durch alle Phasen des Versuches mitgeführt. Nachdem man die Klötzchen 48 bis 72 Std im Laboratoriumsraum an freier Luft hat trocknen lassen, werden sie entweder 21 Tage bei 26,7 °C und einer relativen Luftfeuchtigkeit von 70% konditioniert, oder man unterwirft sie einer längeren „Bewitterung" durch Erwärmen und Wässern, um die Flüchtigkeit und Extrahierbarkeit des Schutzmittels festzustellen. Sie werden dazu 14 Tage auf 48,9 °C erwärmt und während dieser Wärmebehandlung an 9 Tagen jeweils 2 Std in destilliertem Wasser gewässert. Die konditionierten und die bewitterten Prüfkörper sterilisiert man anschließend 20 min bei 100 °C und legt sie mit der peripheren Seite des Holzes auf die bewachsenen Übertragungsplatten. Nach der Bebrütung (12 Wochen bei 26,7 °C und einer relativen Luftfeuchtigkeit von 70%) nimmt man die Klötzchen heraus, befreit sie durch Abbürsten von Myzel, trocknet sie bei höchstens 32,2 °C und einer relativen Luftfeuchtigkeit von 50% und wägt sie nach der vorgeschriebenen Konditionierung. Der prozentuale Gewichtsverlust in den einzelnen Verdünnungsstufen des Konservierungsmittels läßt den Schwellenwert der Hemmung erkennen.

B.S. 838, ein Standard, der zuerst 1939 herausgegeben worden war, enthält in seiner Fassung von 1961 sorgfältig ausgearbeitete Vorschriften für die Prüfung der Toxizität von Holzschutzmitteln für Pilze. Es sind sieben Prüfmethoden beschrieben, die sich darin unterscheiden, ob die Prüfkörper aus Kiefernsplintholz oder Hartholz nach dem Imprägnieren entweder nicht oder durch einfaches Wässern oder durch Behandeln im Soxhlet-apparat extrahiert werden, ehe man sie der Einwirkung der Pilze aussetzt. Als Prüforganismen werden für die Prüfung auf Kiefernsplintholz mindestens drei der ersten vier in Tabelle 19 aufgeführten Pilzarten, für die Prüfung auf Beständigkeit gegen „soft-rot"-Pilze Chaetomium globosum benutzt. Die Pilzarten 5 und 6 wendet man bei Prüfungen im Meerwasser an. Darauf, daß einige dieser Pilze wegen ihrer relativen Beständigkeit gegen bestimmte Gruppen von Holzschutzmitteln gewählt wurden, ist schon hingewiesen worden.

Tabelle 19.
*Prüforganismen nach B.S. 838:1961*

1. Coniophora cerebella PERS.
   (Coniophora puteana FR.)
2. Poria monticola MURO.
3. Lentinus lepideus FR.
4. Lenzites trabea (PERS.) FR.
5. Polystictus versicolor (LINN.) FR.
6. Coriolus versicolor (LINN.) QUÉL.
7. Chaetomium globosum KUNZE

Die Prüfkörper sind geglättete Klötzchen in den Abmessungen $5,0 \times 2,5 \times 1,5$ cm. Nach 18stündigem Trocknen bei 100 bis 105 °C werden sie aseptisch gewogen. Ihr Gewicht soll in ofentrockenem Zustand 7,5 bis 9,5 g betragen. Zur Ermittlung des Schwellenwertes der Hemmung legt man in einem geeigneten Lösungsmittel eine arithmetische Verdünnungsreihe mit sechs Stufen an. Zur Imprägnierung werden die Klötzchen nach Auflegen von beschwerenden Gewichten in leeren Bechergläsern in einen mit Tropfrichter versehenen Vakuumexsikkator gestellt. Nach Anlegen des Vakuums läßt man die Lösung des Konservierungsmittels durch den Tropfrichter in das Becherglas einfließen. Nach 10 min hebt man das Vakuum auf und läßt die Bechergläser 2 Std bei Atmosphärendruck stehen. Nach Wägen der Klötzchen in feuchtem Zustand läßt sich aus den Gewichten der trocknen und der feuchten Prüfkörper sowie dem Gehalt der jeweiligen Lösung die Menge des aufgenommenen Schutzmittels in g/m³ berechnen. Für jede Pilzart und für jede Konzentration der Verdünnungsreihe sind mindestens je vier Klötzchen aus dem Splintholz der Kiefer (pinus sylvestris) und dem Außenholz der Buche (phagus sylvatica) zu prüfen. Nur mit Lösungsmittel behandelte Klötzchen, die nicht der Einwirkung der Prüforganismen ausgesetzt werden, dienen als Kontrollen für die Extraktion des Holzes durch das angewandte Lösungsmittel. Zum Nachweis der Aggressivität der Pilze läßt man von Zeit zu Zeit eine entsprechende Anzahl unbehandelter Klötzchen den Versuch durchlaufen. Bei Oberflächenkonservierungsmitteln taucht man zwei Gruppen von Klötzchen jeweils 10 sec und 10 min unter den für das Schutzmittel angegebenen Bedingungen in dessen Lösung oder Suspension ein. Nach einer Trockenzeit von 1 min auf Fließpapier wird gewogen. Für jede Pilzart sind sechs behandelte und vier nichtbehandelte Prüfkörper erforderlich.

Die Konditionierung zur Bestimmung der ursprünglichen Fungitoxizität der Imprägnierung geschieht in der Weise, daß man bei wäßrigen Imprägnierungsmitteln trocknet, bis zwei Drittel des Wassers verdunstet sind, während bei organischen Lösungsmitteln bis zur vollständigen Verflüchtigung getrocknet wird. Normalerweise benötigt man dazu 72 Std freier Aufhängung der Klötzchen im Laboratorium und anschließend 3 Std im Trockenschrank bei 50°C. Hierauf bringt man die Klötzchen in einen Exsikkator, dessen Atmosphäre mit Propylenoxyd gesättigt ist, und läßt über Nacht stehen, worauf die Klötzchen in die Kulturgefäße gelegt werden.

Die Konditionierung zur Bestimmung der restlichen Fungitoxizität nach dem Auslaugen und der Verflüchtigungsprüfung erfolgt bei wäßrigen Imprägnierungen auf die Weise, daß man die Klötzchen zwei Wochen in Gefäßen mit Toluoldampf zur Verhinderung des Schimmelbewuchses und anschließend 14 Tage an offener Luft im Laboratorium trocknen läßt, während die mit organischen Lösungsmitteln imprägnierten Prüfkörper 4 Wochen an freier Luft getrocknet werden. Der Auslaugetest besteht darin, daß man jeweils acht mit der gleichen Konzentration des Schutzmittels imprägnierte Klötze in einem 800 ml Becherglas mit 450 ml destilliertem Wasser übergießt, nachdem man sie zuvor im Vakuum mit destilliertem Wasser hat vollsaugen lassen. Nachdem die Prüfkörper 4 Tage bei dreimaligem Wechsel des Wassers ausgelaugt worden sind, werden sie 72 Std bei 50°C in einem Trockenschrank mit Luftzirkulation getrocknet. Diese Prozedur des Auslaugens und Trocknens wird dreimal wiederholt. Anschließend wird wie oben mit Propylenoxyd sterilisiert. Falls die Erzeugnisse im Gebrauch starker Auslaugung mit Wasser ausgesetzt sind, kann die Wasserextraktion auch in einem Soxhletapparat vorgenommen werden.

Zur Züchtung der Reinkulturen dient Malzextraktagar (vergl. Anhang Tabelle D, Ziffer 9), der zu 70 ml in Quadratflaschen von 500 ml Inhalt abgefüllt und an 3 aufeinanderfolgenden Tagen 20 min bei 1,1 atü oder 30 min bei 100°C sterilisiert wird. Man bebrütet bei 22°C und einer relativen Luftfeuchtigkeit von mindestens 65%. Die Klötzchen werden zu je zwei unter sterilen Kautelen in Petrischalen von 13,5 cm Durchmesser oder Quadratflaschen auf den gut besporten Rasen einer jeden Pilzart gebracht, wobei ein Glasrahmen darunter gelegt wird. Man bebrütet 3 Monate.

Nach dem Herausnehmen und Befreien von Myzel wird das Aussehen der Prüfkörper zunächst mit unbewaffnetem Auge festgestellt und die Festigkeit mit dem Fingernagel oder der Spitze eines Messers grob geprüft. Nach 18stündigem Trocknen der Klötzchen bei 100 bis 105°C wägt man und berechnet den prozentualen Gewichtsverlust aus den Trockengewichten vor und nach der Prüfung unter Berücksichtigung eventueller Verdunstungsverluste. Ferner wird die Grenzkonzentration des Konservierungsmittels bestimmt, die gerade ausreicht, um den Angriff der Mikroorganismen zu verhindern. Im Falle von Oberflächenkonservierungsmitteln ist das Verhältnis der nichtbefallenen zu den befallenen Prüfkörpern ein Maß für die Wirksamkeit des Schutzmittels.

Falls die Hölzer im Erdboden, im Wasser oder in Kühltürmen verarbeitet werden sollen, ist außer der vorbeschriebenen Prüfung eine weitere Ausführung, bei der Chaetomium globosum als einziger Prüforganismus und ausschließlich Prüfkörper aus Buchenholz benutzt werden, erforderlich. Als Kulturgefäße dienen wiederum Quadratflaschen von 0,5 l Inhalt mit Metallschraubverschlüssen. Zur Beimpfung werden in Röhrchen gezüchtete Kulturen des Pilzes, die 3 Wochen bei Zimmertemperatur gewachsen sind, nach Eingeben einiger Tropfen sterilen destillierten Wassers mit der Öse abgestrichen und die Röhrchen nach Einfüllen sterilen Wassers bis zur Höhe des Schrägagars geschüttelt. Man filtriert die Sporensuspension durch sterile Glaswatte. Vor der Beimpfung, die mit einem Zerstäuber vorgenommen wird, werden auf den Agar je zwei Filterpapierquadrate von 5 cm Kantenlänge gelegt. Nach dreitägigem Bebrüten bei 30 °C ist der Bewuchs erkennbar. Die Prüfkörper haben die Maße $5,0 \times 2,5 \times 0,5$ cm. Mit jeder Konzentration des Schutzmittels sind nicht weniger als zehn Prüfkörper zu behandeln. Hiervon werden nach Auflegen auf die Filterpapierquadrate sechs beimpft und vier als Kontrollen nicht beimpft. Außerdem wird mit zehn nichtimprägnierten Prüfkörpern in gleicher Weise verfahren. Während die beimpften Flaschen nicht fest zugeschraubt werden, bringt man in die nichtbeimpften Kontrollflaschen je 0,5 ml Toluol und schraubt fest zu. Alle Gefäße werden 6 Wochen bei 30 °C bebrütet.

Die Art der Beurteilung entspricht der bei den anderen Prüfpilzen vorgenommenen Bewertung. Zum Nachweis der Einwirkung der Mikroorganismen schlägt man aber die Fläche des Prüfkörpers, die dem Agar zugewandt gewesen war, mit einem kleinen Hammer. Angegriffene Platten brechen, ohne zu splittern.

Nach der britischen Prüfvorschrift BS 1982 zur Bestimmung der Wirkung Holz verrottender Pilze auf Holz und andere organische Stoffe enthaltende Baumaterialien werden Prüfkörper von der Mindestgröße $5,08 \times 2,54 \times 1,27$ cm aus Kiefernsplintholz benutzt. Man bringt 40 ml Malzextraktagar (vergl. Anhang Tabelle D, Ziffer 9) in Kolleschalen oder Weithalsflaschen von 745 ml Inhalt und sterilisiert an 3 aufeinanderfolgenden Tagen im Dampftopf oder einmal 20 min bei 1,05 atü. Die Prüfkörper werden nach 18stündiger Sterilisation im Wärmeschrank bei 100 bis 105 °C und Wägen auf den gut entwickelten Pilzrasen einer jeden Pilzart in die Kulturgefäße gelegt. Um Veränderungen durch das Trocknen erkennen zu können, werden außer den 16 für die Prüfung vorgeschriebenen Klötzchen weitere 16 nichterhitzte, aber mit Propylenoxyd (1 cm³ Propylenoxyd pro Liter) sterilisierte Prüfkörper in gleicher Weise der Wirkung der Prüforganismen ausgesetzt. Prüfkörper und Kontrollen werden 12 Wochen bei 20 bis 21 °C bebrütet. Die Kontrollen müssen nach der Exposition mindestens 12% ihres Trockengewichtes eingebüßt haben. Um auch Gewichtsabnahmen durch Feuchtigkeit nachzuweisen, setzt man weitere Kontrollen unter gleichen Bedingungen in steriler Umgebung der Einwirkung von Wasser aus. Außer durch Feststellung von Veränderungen des Aussehens und der Festigkeit (durch Prüfen mit dem Fingernagel) geschieht die Beurteilung anhand der Abnahme des Trockengewichtes. Bei Gewichtsverlusten bis zu 3% gilt das Material als beständig. Während bei dieser Ausführungsform die Organismen, u. a. solche vom Typ des Hausschwammes, in Reinkultur angewandt werden (Prüforganismen sind bei dieser ersten Ausführungsform: Aspergillus niger, Coniophora cerebella, Lenzites trabea, Merulius lacrymans, Paecilomyces varioti, Poria vaillantii, Stachybotrys atra und Trichoderma viride), ist in einer zweiten Ausführungsform die Prüfung von Stücken der Mindestgröße 152×76,2 mm mit einer Mischsuspension der Pilze Aspergillus niger, Paecilomyces varioti, Stachybotrys atra und Trichoderma viride vorgesehen.

Bei einer kritischen Erörterung der Möglichkeiten zur mykologischen Prüfung von Holzspanplatten kommt WILLEITNER [356] zu dem Schluß, daß als Prüforganismus Coniophora cerebella besonders geeignet ist, ein Pilz, der auch in B.S. 1982 und DIN 53 932 vorgeschrieben ist. Weiter erwies sich die Abnahme der Festigkeit in diesem Falle als ungeeignetes Kriterium für das Ausmaß des Pilzangriffes. Dagegen bewährte sich die Ermittlung des Masseverlustes entsprechend dem in DIN 52 176 für Vollholz angegebenen Verfahren im Verein mit der Feststellung des Zerstörungsgrades bei der mykotischen Kurzprüfung von Holzschutzmitteln. Für die Bewertung des Zerstörungsgrades konnte eine visuell-manuelle Bewertungsskala aufgestellt werden, und es zeigte sich, daß zwischen dem in diesem Maß angegebenen Zerstörungsgrad der Prüfkörper und dem mittleren Masseverlust eine angenäherte Beziehung besteht.

Über die Prüfung der Pilzbeständigkeit von Holzfaserplatten berichtete MARKWARDT [224]. Eine Neuerung bei der Bestimmung der Festigkeit der von Pilzen angegriffenen Prüfkörper führten MERRILL und FRENCH [229] mit ihrer „Methode des durchgezogenen Nagels" ein. Diese Autoren vertraten die Auffassung, daß die Gewichtsabnahme nicht so gut zur Bestimmung des Grades der eingetretenen Schädigung geeignet sei wie die Festigkeitsprüfung, weil die Gewichtsabnahme nicht so hohe Werte erreicht. Bei der Einwirkung von Lenzites trabea trat ein Gewichtsverlust von 12% ein, während die Verringerung der Festigkeit einen Wert von ungefähr 50% erreichte. Der Nachteil der bisherigen Festigkeitsprüfungen bestand darin, daß verhältnismäßig große Prüfkörper benutzt werden mußten, bei denen die Ergebnisse stark streuen. Die neue Methode erlaubt die Anwendung kleinerer Prüfkörper (63,5 × 63,5 mm) und führt zu einheitlicheren Ergebnissen. Nach der Einwirkung der Prüforganismen legt man den Prüfkörper auf eine geeignete Halterung und schlägt in seiner Mitte einen Nagel (Länge 45 mm, Durchmesser des Kopfes 7,5 mm) ein, dessen Spitze unterhalb der Platte mit einer Klemme gefaßt und mit einer Zugprüfvorrichtung verbunden wird. Die Prüfmaschine zieht den Nagel mit konstanter Geschwindigkeit durch das Material, und die zum Hindurchziehen des Kopfes erforderliche Kraft gibt im Verhältnis zu der bei den nicht der Einwirkung der Prüforganismen ausgesetzten Kontrollen ein Maß für die Festigkeitsminderung. Die Geschwindigkeit der Klemmenbewegung hat auf das Ergebnis nur geringen Einfluß. Sobald der Feuchtigkeitsgehalt des Prüfkörpers aber unter den Sättigungswert der Fasern sinkt, werden höhere Festigkeitswerte gemessen.

Tabelle 20. *Prüforganismen für Lacke und Anstrichstoffe nach* GARNIER *und* MAGNOUX *[118]*

| |
| --- |
| Alternaria tenuis Auct. |
| Aspergillus flavus LINK |
| Aspergillus niger VAN TIEGHEM |
| Aspergillus ustus (BAIN.) THOM und CHURCH |
| Cladosporium herbarum LINK |
| Paecilomyces varioti BAINIER |
| Pullularia pullulans (DE BARY und LOW) BERKH. |
| Stachybotrys atra CORDA |

#### 4.2.1.2. *Anstriche*

Um Erzeugnissen aus Werkstoffen wie Holz besseres Aussehen zu verleihen oder sie gegen die zerstörenden Wirkungen der Atmosphärilien zu schützen, versieht man sie mit Anstrichen. Trotz der Schutzanstriche kann das Material aber, wenn es der Witterung ausgesetzt ist, Schäden durch Mikroorganismen erleiden, denen man mit Konservierungsmitteln und bewuchshemmenden Grundierungen entgegenzuwirken versucht.

Zur Bestimmung der Beständigkeit von Anstrichen gegen Pilze oder zur Feststellung ihrer fungistatischen Eigenschaften sind Prüfungen erforderlich, für die GARNIER und MAGNOUX [118] die in Tabelle 20 aufgeführten Organismen empfehlen.

Eine einfache Laboratoriumsmethode, die verhältnismäßig rasch die Wirksamkeit eines fungistatischen Mittels erkennen läßt, obwohl sie die langwierigen Versuche im Freien nicht voll zu ersetzen vermag, gab HIRSCHFELD [158] an. Als Prüfkörper dienen einseitig mit dem Anstrichstoff, mit und ohne Konservierungsmittel, in einfachem oder doppeltem Auftrag

4*

bestrichene Rundfilter von 5,5 cm Durchmesser. Um die Versuchsbedingungen den Voraussetzungen der Praxis stärker anzugleichen, unterwirft man die das Konservierungsmittel enthaltenden Prüfkörper folgenden Vorbehandlungen:

1. Wässern in fließendem Wasser bei 20 °C, 24 bis 72 Std,
2. Belüften in strömender Luft bei 40 °C, 8 Std,
3. Exponieren im Xenontestgerät, 8 Tage.

Als Prüfnährboden wurde ein Malzagar (vergl. Anhang Tabelle D, Ziffer 30) vorgeschlagen, der nach je 30 min Sterilisation bei 100 °C an zwei aufeinanderfolgenden Tagen oder einmal im Autoklaven in Petrischalen ausgegossen wird. Als Prüforganismen dienen Aspergillus niger, Penicillium glaucum, Pullularia pullulans sowie weitere Pilze, die von befallenen Innen- und Außenwänden isoliert werden. Nach Beimpfen der Agarschalen mit einer Sporensuspension der Prüforganismen werden die vorbehandelten und nicht vorbehandelten Prüfkörper mit der unbeschichteten Seite auf den Agar gelegt und mindestens 28 Tage bei 28 °C oder unter Berücksichtigung der Lebensbedingungen der Pilzarten bei niedrigeren Temperaturen bebrütet.

Evans und Bobalek [102] stellten mit verschiedenen gebräuchlichen Prüfmethoden vergleichende Untersuchungen an, bei denen sich ergab, daß alle Methoden ungefähr die gleichen Ergebnisse liefern. Wenn die Prüfungen sorgfältig ausgeführt werden, erhält man mit ihnen auch eine für alle praktischen Zwecke, wie beispielsweise die Einstufung verschiedener Anstrichstoffe nach ihrer Pilzbeständigkeit, ausreichende Reproduzierbarkeit. Es handelt sich um die folgenden Prüfmethoden:

1. Prüfung nach Wicklund und Manowitz. Bei diesem Test wird ein Stück Filterpapier auf beiden Seiten mit dem zu prüfenden Anstrich versehen, 48 Std getrocknet und mit Aspergillus oryzae beimpft.

2. Test der Nuodex-Laboratorien. Bei dieser Prüfung wird als einziger Prüfpilz Pullularia pullulans benutzt, weil dieser Organismus in den drei Veröffentlichungen von Goll und Coffey [128], Haensler [143] sowie Reynolds [284] als der für Bläueschäden an Außenanstrichen von Gebäuden wichtigste angesehen wurde. Auch in diesem Falle wird ein Stück Filterpapier beschichtet, gealtert und auf mit dem Prüforganismus beimpften Malzagar geprüft.

3. Hutchinson-Test [171]. Es handelt sich um eine Prüfmethode, bei der den Prüforganismen Aspergillus niger, Aspergillus flavus und Penicillium luteum als Kohlenstoffquelle für ihren Stoffwechsel nur der gegebenenfalls in der zu prüfenden Schicht enthaltene Kohlenstoff zur Verfügung steht. Als Nährboden wird ein Agar verwendet, der keinen assimilierbaren Kohlenstoff enthält. Als Trägermaterial für die Schicht dienen Stränge handelsüblicher Glasfasern, deren Schlichte man durch Oxydation mit Kaliumpermanganat entfernt und die man dann in das Anstrichmittel taucht. Die Trocknungszeit beträgt 48 Std.

Modifizierter Hutchinson-Test. Bei den Versuchen von Evans und Bobalek [*102*] wurde anstelle der Stränge Glasfaserband von 0,18 mm Dicke und 19 mm Breite benutzt, das nicht mit Kaliumpermanganat, sondern mit heißer Salpetersäure entschlichtet wurde. Das Aufbringen des Überzuges geschah mit einer 2 ml-Injektionsspritze, worauf mit weichem Pinsel gleichmäßig ausgestrichen wurde. Nachdem der erste Anstrich 24 Std getrocknet war, wurde eine zweite Schicht in gleicher Weise aufgetragen und verstrichen. Vor der Prüfung mit den drei Pilzen blieben die Prüfkörper 2 Wochen zur Trocknung an freier Luft im Laboratorium liegen. In Fällen, in denen dies für nötig gehalten wurde, brachte man die bestrichenen Filterpapiere 3 Wochen zur Bewitterung in ein Atlas-Weatherometer. Als Kulturgefäß dienten Quadratflaschen von 453 ml Inhalt mit durchbohrten Metallschraubverschlüssen, die mit Glaswatte unterlegt waren. Als Nährboden wurde Bacto-Kartoffelagar (50 ml), dessen pH-Wert auf 5,6 eingestellt war, in die Flaschen gebracht. Die Beimpfungsflüssigkeit wurde auf die Weise gewonnen, daß man Schrägagarkulturen mit 5 ml destilliertem Wasser, dem ein Tropfen Netzmittel zugesetzt war, abschwemmte, wobei der Pilzrasen mit der Öse gestrichen wurde. Mit je 1 ml dieser reinen Sporensuspension wurde je eine der Quadratflaschen beimpft, in denen der Agar nach dem Sterilisieren, nachdem sie auf die Seite gelegt worden waren, erstarrt war. Nach 7tägigem Bebrüten bei 30 °C und einer relativen Luftfeuchtigkeit von 85 bis 95% kann man die Kulturen 2 Monate im Kühlschrank lagern. Der Mineralsalzagar für die Prüfung (vergl. Anhang Tabelle D, Ziffer 31) wird zu je 20 ml in Petrischalen gegossen und sterilisiert. Zur Gewinnung der Beimpfungsflüssigkeit füllt man 50 Glaskugeln von 12,7 mm Durchmesser sowie 50 ml destilliertes Wasser, dem 0,1% Netzmittel zugesetzt sind, in Erlenmeyerkolben von 125 ml Inhalt. Nach dem Sterilisieren der Kolben werden Wasser und Glaskugeln in die Kulturflaschen geschüttet und diese zur Ablösung der Sporen leicht hin und her bewegt. Die drei gewonnenen Sporensuspensionen werden dann in einem Weithals-Erlenmeyerkolben von 250 ml Inhalt gemischt. In diese Mischsporensuspension werden die beschichteten Glasbänder 1,5 min getaucht, dann wird eine Länge von 2,45 cm abgeschnitten, abtropfen gelassen und auf den Agar in den Petrischalen gelegt. Die Bebrütung erfolgt wiederum bei 30 °C für die Dauer von 4 Wochen, bei wöchentlicher Inspektion, wobei keine zusätzlichen Hilfsmittel zum Aufrechterhalten der Feuchtigkeit erforderlich sind. Es wurden auch Bruttemperaturen von 38 °C angewandt, wobei die Temperatur gelegentlich auf 21 °C gesenkt wurde, um die Voraussetzung für eine periodische Kondensation von Feuchtigkeit zu schaffen. Die Änderungen der Bedingungen im Brutraum schienen aber keinen Einfluß auf die Geschwindigkeit oder das Ausmaß des Verschimmelns der Prüfkörper zu haben, weil es sich bei den drei gewählten Prüforganismen offenbar um Arten handelt, die in einem weiten Temperaturbereich gut gedeihen.

Die Bewertung der mit den verschiedenen Prüfmethoden erzielten Ergebnisse geschah nach folgender Skala:

0 = kein Bewuchs,

10 = sehr schwacher Bewuchs (an den Kanten oder an einigen Stellen der Oberfläche. Von 0 nur mit dem Mikroskop zu unterscheiden),

20 = spärlicher Bewuchs (schon mit unbewaffnetem Auge zu erkennen),

30 = verteilter Bewuchs (auf einem erheblichen Teil, aber auf weniger als 50% der Fläche des Prüfkörpers),

40 = starker Bewuchs (die ganze Fläche des Prüfkörpers ist mit Bewuchs bedeckt).

Ein Verfahren zur Bestimmung der bläuehemmenden Eigenschaften öliger Grundierungen in Form einer verschärften „Mündener Streifenmethode" wurde von BUTIN [62] beschrieben. Als Prüforganismen dienen in diesem Falle Pullularia pullulans (DE BARY.) und Sclerophoma pityophila (CORDA) v. HÖHN, die zunächst in üblicher Weise auf Malzagar (vergl. Anhang Tabelle D, Ziffer 26) kultiviert werden. Mit je einem Stückchen bewachsenen Agars impft man je eine Menge von 150 ml steriler 2%iger Malzextraktlösung, die mit Zitratpuffer nach SÖRENSEN auf pH 4,2 eingestellt ist. Nach Stehenlassen für die Dauer von 3 bis 5 Tagen bei Zimmertemperatur wird durch Zusammengießen der beiden Pilzkulturen eine Mischsuspension hergestellt. Als Prüfkörper dienen bläuefreie, lufttrockene Brettchen aus Kiefernsplintholz von den Abmessungen $93 \times 45 \times 9$ mm, die 8 Std auf 65 °C erhitzt und mit Glaspapier glatt geschliffen werden. Anschließend schneidet man in die Mitte des Brettchens eine Kerbe von 3 mm Breite und 6 mm Tiefe so ein, daß zwei quadratische Flächen entstehen, von denen die eine zur Prüfung und die andere als Kontrolle dient. Man streicht die beiden Quadrate von je acht Prüfkörpern mit einer Mischung aus Leinölfirnis und Testbenzin im Verhältnis 3:1 ein, der für die eine Seite das Konservierungsmittel zugesetzt ist, während die andere Charge das Mittel nicht enthält. Nach 1 bis 2 Tagen erhalten die Brettchen einen Deckanstrich mit Alkydharzlack. Vier der Prüfkörper werden zunächst auf einem Holzrost im Freien bewittert, während die anderen vier Prüfkörper unbewittert bleiben. Anschließend werden alle Brettchen in 500 ml-Kolleschalen eingebaut, nachdem sie zuvor mit Propylenoxyd sterilisiert worden sind. Zur Beimpfung verteilt man mit einer Pipette je 15 ml der Mischkultur auf der Oberfläche der Brettchen und läßt die Kolleschalen 6 Wochen bei 20 bis 23 °C und einer relativen Luftfeuchtigkeit von mindestens 75% stehen. Die Bewertung wird nach der Farbänderung und der Wirkungstiefe des Grundierungsmittels vorgenommen.

Selbst mikroskopisch kleine Schäden in Schutzanstrichen können in manchen Fällen, z. B. bei Tanks für Düsentreibstoff in Flugzeugen und bei den entsprechenden Lagerbehältern im Erdboden, große Bedeutung erlangen. Zur Auffindung derartiger durch Mikroorganismen hervorgerufener Undichtigkeiten der Lackschicht empfehlen KEMP, COOPER und KEIL [186] die Feststellung der elektrolytischen Leitfähigkeit.

Über die Prüfung von metallorganischen Verbindungen des Quecksilbers, Zinns und Bleis als Anstrichfungizide berichtete GIESEN [124]. Als Testpilze dienten Speira heptaspora, Fusarium culmorum und Penicillium funiculosum. Die Verbindungen wurden zunächst in einer Nährlösung (Zusammensetzung: Sabouraud-Dextrosenährlösung [nach HALMANN] aus 40 g Glukose, 10 g Pepton, 1000 ml dest. Wasser + 10 l Nährlösung, 5 ml eines 20%igen Hefeextraktes) geprüft, wobei die Substanzen mit Hilfe eines nichtionischen Emulgiermittels in Konzentrationen von 0,01, 0,1 und 0,2%, bezogen auf das Gewicht der Trockensubstanz in der Nährlösung, suspendiert worden waren. Nach Abfüllen zu je 100 ml wurden für jeden der Testpilze zwei Kontrollen in nicht mit der zu prüfenden Substanz versetzter Nährlösung angelegt. Die Prüfgefäße und Kontrollen blieben 4 Wochen bei 18 bis 20 °C im Brutschrank. Nach diesen orientierenden Voruntersuchungen über die fungizide Wirkung der einzelnen Substanzen lieferten Prüfungen in Polyvinylazetat-Dispersionsfarbe und einem Holzschutzlack auf Grundlage eines stark gefetteten Alkydharzes eine Möglichkeit zur Beurteilung der Verbindungen als Anstrichschutzmittel. Bei dieser Prüfung betrugen die Konzentrationen der Schutzmittel 0,1, 0,2 und 0,5%. Als Prüforganismen dienten hier Ceratostomella coerulescens, Fusarium culmorum und Penicillium funiculosum. Nach Aufstreichen der Dispersionsfarbe auf Styrolleisten und des Holzschutzlackes auf Eschenholzplättchen wurden diese Prüfkörper auf den auf Sabouraud-Agar gewachsenen Rasen der Pilzkultur mit der nicht bestrichenen Seite aufgelegt.

Eine Prüfung auf Pilzfestigkeit von mit fungiziden Mitteln versetzten Schutzanstrichen, die eine Voraussage über das Verhalten des Anstrichs in der Praxis erlaubt, entwickelte PAULI [272], ausgehend von amerikanischen Arbeiten. Sie beruht darauf, daß man Karton oder Glasfasergewebe beidseitig mit dem Anstrich überzieht und diese Abschnitte 3 bis 5 Wochen auf einem Agarnährboden der Mischkultur von Pilzen aussetzt, von denen bekannt ist, daß sie wirksame Anstrichzerstörer oder gegen das betreffende Schutzmittel besonders resistent sind. Zuverlässige Aussagen über die Bewährung eines Anstrichs in der Praxis erlaubt diese Methode aber nur, wenn die Prüfanstriche vor dem biologischen Test gewässert, belichtet und bewittert werden. Als positives Ergebnis wird gefordert, daß der Prüfkörper von Pilzbewuchs vollkommen frei bleibt und daß er möglichst noch eine Hemmzone auf dem Agar erzeugt. Sie ist ein Zeichen für eine Fernwirkung, die sich unter den Bedingungen der Praxis z. B. in eine auf der Lackierung angesammelte Schmutzschicht erstrecken würde.

### 4.2.1.3. *Papier und Pappe*

Papiere und Pappen sind Wirrvliese aus feinen Zellulosefasern. Als Füllstoffe dienen meist anorganische Salze des Bariums, Magnesiums, Zinks oder Tonerde. Die Leimung, die das Auslaufen der Tinte auf Schreibpapier verhüten soll, wird vor allem mit Kolophonium vorgenommen. Die Leime enthalten meist aber noch zahlreiche weitere Substanzen, wie tierischen oder pflanzlichen Leim sowie Kunstharzzusätze.

Ein im wesentlichen aus feinverteilter Zellulose bestehendes Material ist naturgemäß dem Angriff von Mikroorganismen stark ausgesetzt, wenn es mit dem Erdboden in Berührung kommt oder feucht wird.

Als Prüforganismen sind im Prinzip alle kräftig zellulolytisch wirkenden Pilze geeignet, doch erscheint es vernünftig, auch solche Arten zu benutzen,

Tabelle 21. *Prüforganismen für Zellulosematerialien außer Holz nach* GARNIER *und* MAGNOUX [*118*]

Aspergillus ustus (BAIN.) THOM und CHURCH
Chaetomium globosum KUNZE
Memnoiella echinata (RIV.) GALLOWAY
Myrothecium verrucaria (ALB. u. SCHW.)
Penicillium funiculosum THOM
Penicillium notatum WESTING (PEPIER)
Stachybotrys atra CORDA
Trichoderma viride PERS. ex. FR.
*Nichtzellulolytische Pilze*
Aspergillus flavus LINK
Aspergillus niger VAN TIEGHEM

von denen man weiß, daß sie auch die zur Leimung, zum Imprägnieren oder zur Beschichtung der Papiere und Pappen verwendeten Substanzen angreifen. Eine Anzahl von Prüforganismen, die GARNIER und MAGNOUX für die Prüfung von zellulosehaltigen Materialien außer Holz vorschlagen, sind in Tabelle 21 aufgeführt.

Der amerikanische Standard ASTM D 2020-62 T „Schimmel(pilz)-Beständigkeit von Papier und Pappe" schreibt je nach Verwendungsart zwei verschiedene Prüfmethoden vor.

Methode A. Für Papiererzeugnisse, die in feuchtwarmer Atmosphäre gelagert oder verwendet werden, aber nicht mit feuchtem Erdreich in Berührung kommen: direkte Beimpfung mit Reinkulturen.

Methode B. Für Papiere, die längere Zeit mit dem Erdboden in Berührung kommen, die Prüfung durch Eingraben in Erde (Erdfaulversuch). (Diese Methode wird in Abschnitt 4.2.2.2. behandelt.)

Die Methode A schreibt als Prüforganismen Aspergillus niger, Aspergillus terreus und Chaetomium globosum vor. Zur Züchtung der Aspergillusarten dient ein Kartoffeldextroseagar (vergl. Anhang Tabelle D, Ziffer 13). Zur Züchtung von Chaetomium globosum wird der auch für die Prüfung benutzte Nährboden (vergl. Anhang Tabelle D, Ziffer 32) verwendet, auf den ein Filterpapierquadrat von 5,1 cm Kantenlänge als Kohlenstoffquelle gelegt ist. Die Kontrolle der Aggressivität soll nach Möglichkeit mit einem nichtbehandelten Papier ausgeführt werden, das aber in jeder anderen Hinsicht dem geprüften Material entspricht. Falls ein solches Papier nicht zugänglich sein sollte, benutzt man zur Kontrolle Filterpapier. Die Kontrollen durchlaufen den Versuch unter den gleichen Bedingungen wie die Prüfkörper, für die das Format 5,1 × 5,1 vorgeschrieben ist, und es wird, wenn nicht anders vereinbart, aus jedem Bogen ein Prüfkörper entnommen. Bei dünnen Papieren, von denen 500 Bogen im Format 61 × 94 cm weniger als 5,443 kg wiegen, imprägniert man zwei aufeinandergelegte Quadrate im Prüfkörperformat gemeinsam, so daß der einzelne Prüfkörper aus zwei Lagen besteht.

Als Kulturgefäße dienen Petrischalen von 10 cm Durchmesser, in die unter septischen Bedingungen je 25 ml des Agars einfließen gelassen werden, der zuvor 20 min in Prüfröhrchen bei 121 °C sterilisiert worden ist. Zur Herstellung der drei Sporensuspensionen schabt man von 10 bis 14 Tage bebrüteten, reich besporten Reinkulturen den Rasen mit der Öse ab und überträgt das abgestrichene Myzel in Erlenmeyerkolben, die je 100 ml steriles destilliertes Wasser enthalten. Zur Suspendierung der Sporen schüttelt man, wie dies in ASTM D 1924-63 beschrieben ist, mit zehn Glasperlen von 5 mm Durchmesser und reinigt die Suspension durch dreimaliges Zentrifugieren und Resuspendieren. Auch andere Methoden zur Herstellung der Beimpfungsflüssigkeiten sind zugelassen. Nach Einlegen je eines Prüfkörpers in jede Agarschale (bei unterschiedlicher Behandlung der beiden Oberflächen eines Papiers ist je ein Prüfkörper mit einer der beiden Seiten auf den Agar zu legen) wird die Beimpfung mit steriler Pipette in der Weise vorgenommen, daß man das erste Drittel mit Aspergillus niger, das zweite Drittel mit Aspergillus terreus und das letzte Drittel mit Chaetomium globosum beimpft, wobei von jeder Sporensuspension je 1 ml aufgebracht wird. Die beimpften Prüfkörper und Kontrollen bebrütet man 14 Tage bei 28 bis 30 °C und einer relativen Luftfeuchtigkeit von 85 bis 95%. Die Beurteilung geschieht visuell. Mit fungiziden Mitteln behandelte Papiere dürfen keinen Bewuchs zeigen, wenn das Konservierungsmittel genügende Wirkung hat. Durch Vergleich des Bewuchses mit den einzelnen Pilzarten kann auch eine Abschätzung der relativen Beständigkeit vorgenommen werden.

### 4.2.1.4. *Textilien*

Eine eingehende Beschreibung der Morphologie der hauptsächlichen Testpilze für die Prüfung von Zellulosetextilien und die Beurteilung der Wirkung von Konservierungsmitteln für diese Materialien gaben RÄMSCH

und KÜHNE [*278*]. Diese Autoren halten die in Tabelle 22 aufgeführten Pilzarten für die aggressivsten Prüforganismen.

Da vor allem Zellulose enthaltende Textilien der Zersetzung durch
Schimmelpilze leicht anheim fallen, wenn sie nicht mit fungiziden Mitteln
ausgerüstet sind, dient ihre Prüfung auf Beständigkeit gegen Schimmelpilze
in erster Linie der Ermittlung des Grades und der Dauer der Wirkung dieser
Mittel.

In DIN 53 930 werden außer einer prinzipiellen Beschreibung der
anschließenden Normen (DIN 53 931 bis 53 933) Richtlinien für die Vorbehandlung der Probestücke durch Belichten, Bewittern und Wässern von
mit nichtauswaschbaren Präparaten imprägnierten Textilien gegeben. In

Tabelle 22. *Für die Prüfung
von Zellulosegeweben und
Konservierungsmitteln dieser
Erzeugnisse von* RÄMSCH
*und* KÜHNE [*278*] *vorgeschlagene Pilze*

Alternaria tenuis
Aspergillus flavus
Aspergillus fumigatus
Aspergillus oryzae
Aspergillus niger
Chaetomium globosum
Myrothecium verrucaria
Rhizopus oryzae
Rhizopus nigricans
Trichoderma lignorum

DIN 53 931 ist der Bewuchsversuch beschrieben. Als Prüfkörper dienen
kreisrunde Scheiben oder Quadrate von 50 mm Durchmesser bzw. Kantenlänge. Bei Textilien von weniger als 50 mm Breite sollen die Stücke 50 mm
Länge besitzen. Mit jeder Pilzart sind mindestens zwei Proben zu prüfen
und bei fungizid ausgerüstetem Material jeweils eine Probe des nichtimprägnierten Gewebes sowie zur Kontrolle der Aggressivität der Stämme
je eine Probe aus Rohbaumwolle von 200 bis 400 g Flächengewicht. Im
Unterschied zu manchen ausländischen Normen werden die Prüfkörper nur
dann sterilisiert, wenn hartnäckiger Fremdbewuchs auftritt. Es handelt sich
um eine Vorsichtsmaßnahme zur Verhütung der Zersetzung des Konservierungsmittels durch Hitze bei der Sterilisation. Als Prüforganismen dienen
Aspergillus niger und Chaetomium globosum, außerdem bei Hartfaser-
textilien Trichoderma viride. Die Stämme werden auf Malzextrakt-Hafer-
mehlagar (vergl. Anhang Tabelle D, Ziffer 10) gezüchtet, und auf diesem
Medium wird auch die Prüfung mit Aspergillus niger vorgenommen, während als Prüfnährboden für Chaetomium globosum ein Mineralsalz-Zellu-

loseagar (vergl. Anhang Tabelle D, Ziffer 34) dient. Zur Herstellung der Sporensuspension schwemmt man die Kulturen mit je 5 ml sterilen destillierten Wassers ab, dem zur besseren Ablösung und Verteilung der Sporen 0,2% eines Netzmittels, wie Alkylsulfat, Alkylsulfonat oder Fettalkoholsulfonat, zugesetzt werden kann. Das Beimpfen geschieht mit höchstens 0,5 ml Sporensuspension je Platte (Petrischalen AB 150 nach DIN 12 339) und Ausstreichen mit rechtwinklig abgebogenem Glasstab. Die mit den Sporensuspensionen der einzelnen Pilzarten beimpften Platten werden 24 Std bei 29 °C und einer relativen Luftfeuchtigkeit von 100% bebrütet, dann werden die Prüfkörper und Kontrollen aufgelegt, und die Bebrütung wird unter den gleichen Bedingungen 2 Wochen fortgesetzt. Die Beurteilung geschieht nach Art und Intensität des Bewuchses, dem eventuellen Vorhandensein von Bewuchs an der Unterseite und nach dem Durchmesser eventuell vorhandener Hemmzonen entsprechend der folgenden Ziffernskala:

00 = die ganze Platte ist frei von Bewuchs,
 0 = Hemmzone (bewuchsfreie Zone im Umkreis um den Prüfkörper herum),
(0) = Bewuchs bis an den Prüfkörper heran,
 1 = Prüfkörper nur am Rande bewachsen,
 2 = Prüfkörper vom Rande her weniger als 25% bewachsen,
 3 = Prüfkörperoberfläche zu 25 bis 75% mit einzelnen Kolonien bewachsen,
 5 = Oberfläche des Prüfkörpers vollständig (100%) bewachsen.

Während nach DIN 53 931 Textilien aus Fäden verschiedenartiger chemischer Zusammensetzung geprüft werden können, ist DIN 53 932 auf die Bestimmung der Widerstandsfähigkeit zellulosehaltiger Textilien gegen Zelluloseabbau durch Schimmelpilze beschränkt. Als Maß für diese Widerstandsfähigkeit dient der Kehrwert der gemäß DIN 53 857 bestimmten Minderung der Reißlast, die als Verhältnis der Reißlastmeßwerte der Prüfkörper vor und nach Einwirkung der Pilze angegeben wird. Die Sporensuspensionen der Prüforganismen Chaetomium globosum, Myrothecium verrucaria und Trichoderma viride werden durch zweimaliges Abschwemmen der gut besporten Reinkulturen mit je 5 ml physiologischer Kochsalzlösung gewonnen, wobei das Abstreichen der Sporen vom Pilzrasen mit der Öse oder anderen Geräten ausdrücklich untersagt ist. Die Suspensionen werden lediglich aseptisch einzeln durch Glaswatte filtriert. Die Beimpfung der Platten (Petrischalen AB 150 nach DIN 12 339), die Mineralsalzagar (vergl. Anhang Tabelle D, Ziffer 11) enthalten, auf den Filterpapier gelegt ist, geschieht entweder durch Aufbringen von je 5 ml der Sporensuspension auf das Filterpapier oder dadurch, daß man nach Befeuchten des Filterpapiers mit 5 ml sterilen destillierten Wassers mit Hilfe eines Spatels ein Stück des Pilzrasens von der Reinkultur in die Schale überträgt. Die Prüfkörper haben eine Breite von 10 bis 20 mm und eine Länge von 100 mm. Schmalere Materialien, wie Schnüre, Bänder oder Garne, werden in Abschnitten von 100 mm Länge geprüft. Für jede Pilzart und für jede Art der Vorbehandlung, wie Belichtung, Bewitterung oder Wässern, sind mindestens neun Prüfkörper vorgeschrieben, außerdem drei Kontrollen aus Baumwollrohgewebe und bei fungizid ausgerüsteten Materialien auch neun Proben des nichtausgerüsteten Materials. Der Mineralsalzagar, auf den als Kohlenstoffquelle für den Pilz Filterpapier gelegt ist, wird nach dem beschriebenen Verfahren beimpft und ungefähr 14 Tage bebrütet, bis sich ein gut besporter Pilzrasen gebildet hat. Die Prüfkörper und Kontrollen legt man zunächst unter aseptischen Bedingungen 30 min in Leitungswasser von 20 °C, preßt sie zwischen Filterpapier ab und bringt sie auf den Pilzrasen. Nach erneuter Bebrütung für die Dauer von 14 Tagen (bei stark beanspruchten Geweben länger) wird nach Abspülen, Trocknen und Konditionieren die relative Minderung der Reißlast bestimmt.

ASTM D 684 schreibt als Methode 1 eine beschleunigte Schimmelbewuchsprüfung für Textilien aller Art vor, bei der wiederum die relative Minderung der Reißlast das Kriterium für die Schädigung ist. Als Prüforganismen dienen Chaetomium globosum und Aspergillus niger. Sie werden auf zwei verschiedenen Nährböden (vergl. Anhang Tabelle D, Ziffer 12 und 13) gezüchtet. Die beiden Sporensuspensionen werden durch Abschwemmen mit 10 ml sterilen destillierten Wassers gewonnen, denen 0,05% eines nichttoxischen Netzmittels zugesetzt sind. Nach Schütteln der Kulturröhrchen zum Ablösen der Sporen wird jede Abschwemmung in ungefähr 100 ml destilliertem Wasser gelöst. Die Prüfkörper haben die Form gebündelter Faserstränge in den Abmessungen, wie sie für die Bestimmung der Festigkeit von Textilien vorgeschrieben sind. Für die Prüfung der Veränderung des Aussehens werden 50 ml Agar (vergl. Anhang Tabelle D, Ziffer 12) in Petrischalen von 10 cm Durchmesser gebracht und für die Festigkeitsprüfung 65 ml des gleichen Agars in Flaschen mit quadratischem Querschnitt (Breite 6,35 cm, Höhe 20,32 cm) abgefüllt, deren Schraubkappen mit Bohrungen von 9 mm Durchmesser versehen und mit Glaswatte unterlegt werden. Anschließend sterilisiert man 30 min bei 121 °C. Für die Prüfung der mechanischen Eigenschaften sind drei Sätze zu je fünf Prüfkörpern erforderlich. Davon dient ein Satz als Kontrolle. Weiter ist für die visuelle Beurteilung ein Satz erforderlich. Da Aspergillus niger aus den meisten kein Eiweiß enthaltenden Fasern Kohlenstoff nicht zu assimilieren vermag, müssen die mit diesem Organismus zu beimpfenden Prüfkörper zuvor mit der Nährbodenflüssigkeit für Chaetomium globosum ohne Agarzusatz, in der man aber 3,0 g Dextrose aufgelöst hat, befeuchtet werden. Die nicht mit Nährlösung getränkten Prüfkörper werden in steriles destilliertes Wasser getaucht und nach vollständigem Abtropfenlassen, gegebenenfalls nachdem man sie 15 min bei 121 °C sterilisiert hat, auf die Agarschichten in die Flaschen gelegt. Die Beimpfung geschieht durch Verteilen von 2 ml der Sporensuspension mit der Pipette. Je ein Satz der Prüfkörper wird mit einer der beiden Pilzarten beimpft, während der dritte Satz als Kontrolle unbeimpft bleibt. Zur Kontrolle der Aggressivität der Pilzstämme legt man auf den Agar in je eine Quadratflasche ein Stück Filterpapier und beimpft mit je einer Pilzart. Mit den Prüfkörpern zur visuellen Beurteilung wird entsprechend verfahren. Nach 14tägiger Bebrütung bei 28 bis 30 °C spült man die Prüfkörper und Kontrollen unter fließendem Wasser, trocknet bei 100 bis 105 °C und konditioniert bei 20 bis 22 °C in einer Atmosphäre mit 65% relativer Luftfeuchtigkeit. Die Festigkeitsprüfung wird entsprechend der angegebenen Standardvorschrift ausgeführt. Die visuelle Beurteilung geschieht durch Einstufung als „gut, ausreichend, schlecht oder sehr schlecht".

NF X 41-503 gilt für textile Flächengebilde aus natürlicher oder regenerierter Zellulose. Die visuelle Beurteilung sowie die Reißfestigkeit vor und nach dem Einwirken der Organismen geben auch hier die Kriterien für die Beständigkeit der Textilien gegen Mikroorganismen ab. Außer dem Erdfaulversuch und der Prüfung in der Tropenkammer (siehe unten) ist die Prüfung durch direktes Beimpfen und Auflegen auf einen Pilzrasen vorgeschrieben. Vor der mikrobiologischen Prüfung können Vorversuche zur Kennzeichnung des Verhaltens fungizider Ausrüstungen und zwar die Prüfungen auf Beständigkeit gegen Auslaugen mit Wasser, auf Waschbeständigkeit, auf Beständigkeit gegen Extraktion mit organischem Lösungsmittel, wie es für die Trockenreinigung verwendet wird, auf Beständigkeit gegen trockene Hitze und gegen Alterung angestellt werden. Als Prüforganismen sind die in Tabelle 23 aufgeführten Prüforganismen vorgeschrieben. Sie werden nach einer anfänglichen Überpflanzung auf Karotten auf zwei verschiedenen Nährböden gezüchtet, und zwar Aspergillus amstelodami, Aspergillus flavus, Paecilomyces varioti, Sterigmatocystis nigra, Trichoderma viride auf einem Malzagar (vergl. Anhang Tabelle D, Ziffer 15) und Chaetomium globosum, Memnoiella echinata, Myrothecium verrucaria, Penicilium funicolusum, Stachybotrys atra auf einem Haferflockenagar (vergl. Anhang Tabelle D, Ziffer 14).

Zur Beimpfung dient eine Mischsporensuspension der zehn Pilzarten. Sie wird folgendermaßen hergestellt. Die gut besporten Kulturen werden in Schrägagarröhrchen mit einigen Milliliter sterilen destillierten Wassers abgeschwemmt, das 0,05% eines für die Pilze ungiftigen Netzmittels (möglichst das Natriumsalz des N-Methyltaurids oder der Laurylsulfonsäure) enthält. Die Oberfläche des Pilzrasens soll nach dieser Vorschrift mit dem sterilen Wolframdraht gestrichen werden, um die Sporen abzulösen.

Die Abschwemmungen der einzelnen Pilzkulturen werden aseptisch durch Gaze in einen Erlenmeyerkolben filtriert und zur Vermischung leicht geschüttelt. Die biologische Aktivität der Sporenmischsuspension prüft man mit gebleichtem Baumwollgewebe mit Leinenbindung von ungefähr

125 g/m² Flächengewicht, das eine Zugfestigkeit von 50 Dekanewton
(1 Dekanewton = 0,981 kp) besitzt. Es wird in gleicher Weise beimpft und
bebrütet wie die Versuchskörper. Nach 14tägiger Bebrütung müssen diese
Kontrollen jegliche Zugfestigkeit eingebüßt haben, und ihr Aussehen muß
der Stufe 4 der Bewertungsskala entsprechen. Die Prüfkörper haben die
Maße 150×20 mm. Sie werden zunächst mit 30 mm Breite ausgeschnitten
und dann durch Ausfasern auf die vorgeschriebene Breite von 20 mm gebracht, um zu gewährleisten, daß alle Prüfkörper die gleiche Anzahl von
Kettfäden erhalten. Aus dem zu prüfenden Material werden folgende drei
Serien zu je vier Prüfkörpern ausgeschnitten: 1. Kontrollprüfkörper, die
umbeimpft bleiben und den Versuch nicht durchlaufen; 2. Kontrollprüfkörper, die nicht beimpft werden, aber den Bedingungen der Prüfung unterworfen werden und 3. Versuchsprüfkörper, die beimpft werden und die
Prüfung durchlaufen. Die Kontrollprüfkörper der Serie 1 werden im Zug-

Tabelle 23. *Prüfpilze nach NF X 41-503*

Aspergillus amstelodami (MANG.) THOM und CHURCH
Aspergillus flavus LINK
Chaetomium globosum KUNZE
Memnoiella echinata (RIV.) GALLOWAY
Myrothecium verrucaria (ALB. u. SCHW.) DITMAR ex. FR.
Paecilomyces varioti BAINIER
Penicillium funicolosum THOM
Stachybotrys atra CORDA
Sterigmatocystis nigra VAN TIEGHEM
Trichoderma viride PERS. ex. FR.

versuch geprüft; die auf diesen gleich 100 gesetzten Wert bezogene Reißfestigkeit der Versuchskörper ist ein Maß für die durch die Einwirkung der
Mikroorganismen und der physikalischen Bedingungen der Prüfung bewirkten Minderungen der Reißfestigkeit. Die Kontrollprüfkörper der Serie 2
werden vor dem Einlegen in die Kulturgefäße dadurch sterilisiert, daß man
sie mit 1%iger Quecksilberchloridlösung 15 min im Vakuum und anschließend 45 min unter Atmosphärendruck bei Raumtemperatur imprägniert.
Die auf ihre Reißfestigkeit nach dem Versuch bezogene Reißfestigkeit der
Versuchskörper nach dem Einwirken der Mikroorganismen ist ein Maß für
die ausschließlich durch die biologischen Wirkungen hervorgerufene Minderung der Reißfestigkeit. Die Prüfkörper der Serie 3 werden vor dem Versuch in einem mit Wattebausch verschlossenem Erlenmeyerkolben von
250 ml Inhalt 15 min bei 120°C sterilisiert. Die vier Versuchsprüfkörper
werden zunächst in eine Petrischale von 14 cm Durchmesser gebracht und
mit 3 ml des Inokulums unter Benutzung einer sterilen Pipette beimpft.
In gleicher Weise beimpft man mit 150 ml Nährsalzagar (vergl. Anhang
Tabelle D, Ziffer 17) gefüllte Roux-Gefäße, in die man unter sterilen Kau-

telen Filterpapierquadrate von 10 cm Kantenlänge gelegt hat. Auch die nichtbeimpften Kontrollen der Serie 2 werden in diesen Gefäßen auf dem gleichen Nährmedium geprüft. Die Petrischalen mit den Versuchsprüfkörpern und die beiden zuletzt genannten Serien von Gefäßen hält man 4 Tage lang bei 30°C und einer relativen Luftfeuchtigkeit von 95% in dem Brutschrank. Auf den Filterpapierquadraten muß sich Myzel entwickelt haben, auf das man die Versuchskörper aus den Petrischalen so auflegt, daß sie mit dem Myzel in innige Berührung kommen. Anschließend werden die Gefäße weitere 3 Wochen bebrütet. Die visuelle Beurteilung wird entsprechend der folgenden Bewertungsskala vorgenommen:

0 = kein mit unbewaffnetem Auge erkennbarer Schimmelbewuchs,
1 = sehr geringer Bewuchs in verstreuten Kolonien,
2 = schwacher Bewuchs, der weniger als 25% der Oberfläche bedeckt,
3 = mittlerer Bewuchs, der 25 bis 50% der Oberfläche bedeckt, oder schwacher Bewuchs auf der gesamten Fläche,
4 = starker Bewuchs, der mehr als 50% der Oberfläche bedeckt.

Zur Bestimmung der Reißlast werden die Prüfkörper zunächst unter fließendem Wasser mit weicher Bürste von Myzel befreit, dann durch einstündiges Eintauchen in eine 1%ige Quecksilberchloridlösung sterilisiert und nach erneutem Abspülen mindestens 1 Std getrocknet und 24 Std bei 20°C und einer relativen Luftfeuchtigkeit von 65% konditioniert.

Bei der Prüfung fungizider Mittel wird das für die Kontrolle der Wirksamkeit der Sporensuspension vorgeschriebene Baumwollgewebe unter den für das betreffende Konservierungsmittel erforderlichen Bedingungen imprägniert und durch Beimpfen und Auflegen auf das Myzel geprüft. Falls mit fungiziden Mitteln schon ausgerüstete Textilerzeugnisse untersucht werden, ist auch eine Serie von Prüfkörpern des nichtausgerüsteten Textilmaterials zu prüfen. Eine fungizide Imprägnierung ist nach dieser Normvorschrift als befriedigend anzusehen, wenn die visuelle Beurteilung keine Anzeichen für Bewuchs ergibt und der Mittelwert der Reißlast nicht unter 80% derjenigen des nicht der Einwirkung von Mikroorganismen ausgesetzten Materials liegt.

HAUSAM und RUPP [149] stellten die Prüfmethoden nach DIN 53 930, 53 931 und 53 932 zur Debatte und verglichen sie mit anderen Vorschriften und Vorschlägen. DIN 53 932 und die dieser Norm entsprechenden holländischen Prüfmethoden nach Vitno Bio A 3 und C 1 müssen als sehr streng angesehen werden, weil der Prüfkörper mit einem vollentwickelten Pilzrasen in Berührung kommt. Eine Prüfmethode des Eidgenössischen Materialprüfamtes ist milder, denn nach dieser Vorschrift wird der Prüfkörper auf Mineralsalzagar gelegt und dann mit einer Mischsporensuspension beimpft. Hier ist der Prüfkörper die einzige Kohlenstoffquelle. Die entsprechenden Verfahren in den USA (MIL-T 11 293 [CE]) und die englische

Vorschrift des Ministry of Supply verzichten sogar ganz auf einen Nährboden. Nach Einsprühen mit der Sporensuspension werden große Prüfkörper in eine feuchte Kammer gehängt und 4 Wochen bei 30 °C bebrütet. Der Verzicht auf die Nährsalze muß durch längere Dauer der Prüfung ausgeglichen werden. Auch andere Autoren, unter ihnen NOPITSCH [260], schlagen Prüfungen ohne Nährmedien vor, weil in der Praxis selten die Voraussetzungen gegeben sind, daß Textilien mit üppig vorgebildetem Pilzrasen in Berührung kommen.

In neuerer Zeit beschäftigt sich KERNER-GANG [187] eingehend mit den Zellulose abbauenden Pilzen. Nach einem Überblick über die Prüfpilze in den Normen der verschiedenen Länder einschl. der indischen Norm und der Prüfmethode Vitno Bio A 3 werden die Ergebnisse eigener Prüfungen mit 50 Pilzarten mitgeteilt. Es wurde untersucht, ob sie auf einem Nährboden wachsen können, der als einzige Kohlenstoffquelle Zellulosepulver

Tabelle 24. *Bedingungen des Wässerns nach einigen Prüfvorschriften*

| | |
|---|---|
| AATCC 30: | 24 Std, für Temperatur und pH keine Vorschrift |
| ASTM D 684-54: | 24 Std, 21 bis 27 °C, pH 6,5 bis 7,5 |
| ASTM D 682-57: | 24 Std, 28 bis 32 °C, pH 6,5 bis 7,5 |
| DIN 53 930: | 24 Std, 20 °C, pH ungefähr 7 |
| EMPA: | 72 Std, 20 °C |
| MIL-T 11 293 (CE): | 24 Std, 23 °C, pH 6 bis 8 |
| NF X 41-503: | 48 Std, Versuch A bei 20 °C, Versuch B bei 45 °C, außerdem Prüfung auf Waschbeständigkeit |
| Vitno Bio C 1: | 24 Std, 24 bis 30 °C, pH 6 bis 8 |

enthält (Anhang Tabelle D, Ziffer 16). Für die Wahl der Prüforganismen wurden folgende sechs Forderungen aufgestellt: Die Pilze sollen leicht im Laboratorium zu züchten sein, optimales Wachstum bei den Prüfbedingungen, ständig gleichbleibenden Zelluloseabbau und Toleranz gegenüber Giften zeigen, auf verschimmelten Textilien vorkommen und sich gegen Fremdkeime durchsetzen. Es stellte sich heraus, daß die Prüftemperatur nach DIN 53 931 und DIN 53 932 mit 30 °C für die meisten Zellulosezersetzer zu hoch ist, deren Wachstumsoptimum auf Zelluloseagar meist bei 24 bis 27 °C liegt. Auf Grund der Ergebnisse wird empfohlen, die folgenden Pilze als Prüforganismen in die beiden genannten DIN-Vorschriften aufzunehmen: Humicola grisea, bestimmte Stämme von Penicillium funiculosum, Sepedonium xylogenum, Trichoderma spec., Trichoderma viride und Trichurus spiralis.

Auch hinsichtlich des Wässerns der Prüfkörper vor dem Versuch bestehen, wie Tabelle 24 zeigt, zwischen den einzelnen Vorschriften erhebliche Unterschiede.

Die Vorschrift des amerikanischen Verbandes der Textilchemiker und -färber, AATCC 30-1957 T „Fungizide Mittel, Prüfung auf Textilien: Schimmel- und Verrottungsbeständigkeit von Textilien" [1], ähnelt den Prüfverfahren nach ASTM D 684, ist aber in ASTM D 862 an die Stelle dieses Standards getreten, weil sie gegenüber ASTM D 684 einige Verbesserungen aufweist. Als Prüforganismen dienen wiederum Chaetomium globosum und Aspergillus niger; Kriterien für die Schädigung sind eine grobe visuelle Beurteilung und die Bestimmung der Reißlastminderung nach Methode 5104 der Federal Specification CCC-T 191 b. Die Prüfkörper haben die Maße 15,2 × 3,8 cm. Ihre Längsrichtung läuft der Kettrichtung parallel, und sie werden durch Ausfasern auf eine Breite von 2,54 cm gebracht, damit sie die gleiche Anzahl von Kettfäden enthalten. Bei Geweben mit weniger als 20 Kettfäden je 2,54 cm wird so ausgefasert, daß die Prüfkörper bei einer ungefähren Breite von 2,5 cm die gleiche Anzahl gezählter Kettfäden aufweisen. Probestücke, die vor der biologischen Prüfung bewittert werden, schneidet man in Größen von 45,7 × 15,2 cm mit der Längsrichtung parallel zum Schuß aus, um nach der Bewitterung quer zu dieser Richtung die für den Pilztest vorgeschriebenen Prüfkörper ausschneiden zu können. Die Zahl der Prüfkörper richtet sich nach der erforderlichen Genauigkeit der Ergebnisse und dem Streubereich der Einzelergebnisse. Sie wird nach der Größe des Variationskoeffizienten geschätzt, der entweder bekannt ist oder ermittelt wird. Der Variationskoeffizient v läßt sich aus den Ergebnissen der Reißprüfung von zehn Prüfkörpern mit dem Ausdruck

$$v = 100\,\frac{s}{X}$$

berechnen, worin X die mittlere Reißlast und s die Abweichung des jeweiligen Versuchsergebnisses von X bedeuten. Die Prüfung wird auf einem Mineralsalzagar ausgeführt, dem für den Versuch mit Aspergillus niger 0,75% Glukose zugesetzt sind. Zur Prüfung können Quadratflaschen oder Erlenmeyerkolben verwendet werden. Nach Einfüllen von 30 bzw. 40 ml des Agarmediums werden die Gefäße 15 min bei 1,4 atü = 126 °C sterilisiert. Auf die erstarrte Agarschicht legt man je ein 1 Std bei 71 °C sterilisiertes Stück Filterpapier, beimpft seine Fläche und bebrütet es bis zur Entwicklung eines gut besporten Pilzrasens. Die Sporensuspensionen werden auf die Weise gewonnen, daß man die bewachsenen Filterpapiere aus den Gefäßen herausnimmt und sie in 50 ml sterilen destillierten Wassers mit einigen Glasperlen kräftig schüttelt. Zur Prüfung wird der Mineralsalzagar (vergl. Anhang Tabelle D, Ziffer 33) oder der entsprechende Mineralsalz-Glukoseagar in die Gefäße gebracht und 15 min bei 121 °C (1,05 atü) sterilisiert. Man bereitet zwei Sätze von Prüfkörpern vor und befeuchtet sie, ohne zu reiben oder zu wringen, mit Wasser, das 0,05% eines nichtionischen Netzmittels enthält. Sie werden 10 min in leeren Kolben bei 121 °C sterilisiert, und nach dem Abkühlen wird aseptisch je ein Prüfkörper in die Kulturgefäße gelegt. Ein Satz Prüfkörper bleibt steril, der andere wird mit steriler Pipette, mit der man 1 ml des Inokulums auf der Oberfläche des Prüfkörpers verteilt, beimpft. Anschließend wird 14 Tage bei 28 °C bebrütet. Zur Bestimmung der Reißfestigkeit entfernt man den Pilzbewuchs von den Prüfkörpern durch leichtes Abwaschen, läßt 18 bis 24 Std bei Raumtemperatur trocknen und konditioniert 24 Std bei 21 bis 27 °C und einer relativen Luftfeuchtigkeit von 65%. Als Maß für die Schädigung dient beim Versuch mit Chaetomium globosum die Minderung der Reißlast, bezogen auf die Reißfestigkeit der unbeimpften Kontrollen. Bei der Prüfung mit Aspergillus niger wird dagegen durch visuelle Beurteilung mit unbewaffnetem Auge entschieden, ob Bewuchs vorhanden ist oder nicht. Weiter ist nach der Vorschrift AATCC 30 [1] der Erdfaulversuch (siehe unten, Abschnitt 4.2.2.2.) auszuführen.

Die Dauerwirkung des fungiziden Mittels wird durch den Auslaugetest, den Flüchtigkeitstest und durch Bewitterung ermittelt. Dem Auslaugeversuch dürfen in einem Gefäß jeweils nur qualitativ gleichartig ausgerüstete Gewebestücke unterworfen werden. Zum Auslaugen dient Leitungswasser, das mit einem Rohr senkrecht bis zum Boden der Gefäße geleitet wird und dort mit einer solchen Geschwindigkeit ausströmt, daß innerhalb von 24 Std ein dreimaliger vollständiger Wasserwechsel eintritt. Die Prüfkörper werden mit Gummibändern auf in die Gefäße eingestellte Drahtgazezylinder aufgespannt und 24 Std gewässert.

Die Flüchtigkeit des fungiziden Mittels wird in einem Wärmeschrank mit Luftzirkulation bei 100 bis 105 °C und einer Expositionszeit von 24 Std geprüft.

Die Bewitterung geschieht im Freien auf Gestellen, die auf der nördlichen Halbkugel um 45° gegen die Horizontale in Südrichtung geneigt sind. Die Prüfung muß in der Zeit vom 1. April bis 1. Oktober vorgenommen werden, und die Prüfkörper sind so zu befestigen, daß sie nicht flattern oder durchhängen.

Die Bewertung der Ergebnisse geschieht nach folgendem Schema:

1. Bestimmung der anfänglichen Schimmelbeständigkeit durch Prüfung der nichtbewässerten, gealterten oder bewitterten Textilien:

Klasse 0: erhebliche Festigkeitsminderung im Chaetomiumtest, sichtbarer Bewuchs im Aspergillustest (kennzeichnend für das Verhalten nichtgeschützter Gewebe),

Klasse 1: erhebliche Festigkeitsminderung im Chaetomiumtest, aber kein Bewuchs im Aspergillustest (kennzeichnend für das Verhalten nichtgeschützter Textilien, die Schimmelbewuchs nicht fördern, oder von Textilien, die ungenügend mit fungiziden Mitteln geschützt sind),

Klasse 2: keine wesentliche Festigkeitsminderung im Chaetomiumtest, aber sichtbarer Bewuchs im Aspergillustest und erhebliche Festigkeitsminderung nach Erdfaulversuch (kennzeichnend für Textilien, die schwach bis mäßig mit fungiziden Mitteln geschützt sind),

Klasse 3: keine Festigkeitsminderung im Chaetomiumtest und im Erdfaulversuch, zeigt aber Bewuchs im Aspergillustest (kennzeichnend für Textilien ohne fungizide Ausrüstung, die aus inerten Fasern bestehen und Pilzwuchs fördernde Bestandteile enthalten),

Klasse 5: keine merkliche Festigkeitsminderung im Chaetomiumtest und nach Erdfaulversuch, kein sichtbarer Bewuchs im Aspergillustest (kennzeichnend für mit fungiziden Mitteln gut geschützte Textilien).

2. Bestimmung der Auslaugebeständigkeit des fungiziden Mittels:

Klasse 0: erhebliche Festigkeitsminderung im Chaetomiumtest,

Klasse 1: keine merkliche Festigkeitsminderung im Chaetomiumtest, aber merkliche Festigkeitsminderung nach 2 Wochen Exponierung im Erdfaulversuch.

Klasse 3: keine merkliche Festigkeitsminderung im Erdfaulversuch.

In gleicher Weise werden auch die Ergebnisse der Flüchtigkeitsprüfung klassifiziert.

3. Bewertung der Bewitterungsbeständigkeit im Vergleich zu nichtbehandeltem, gleichartigem Gewebe oder Standard-8-Unzen-Zeltleinen:

Klasse 0: sichtbarer Schimmelbewuchs und erheblich größere Festigkeitsminderung als bei der Kontrolle,

Klasse 1: kein Schimmelbewuchs, Festigkeitsminderung aber erheblich größer als bei der Kontrolle,

Klasse 3: sichtbarer Schimmelbewuchs, Festigkeitsminderung aber nicht wesentlich größer als bei der Kontrolle,

Klasse 5: kein sichtbarer Schimmelbewuchs und Festigkeitsminderung nicht größer als bei der Kontrolle.

Entspricht die Wetterbeständigkeit des Materials der Klasse 5, so wird mit ihm der Chaetomiumtest und der Erdfaulversuch ausgeführt. Die Einstufungen dieser Ergebnisse entsprechend der Klassifizierung bei der Auslaugungs- und der Flüchtigkeitsprüfung ergeben die Klassen 5—0, 5—1 und 5—3.

Die fungizide Wirkung und die Permanenz eines Konservierungsmittels lassen sich mit den minimalen Standort-Schutzkonzentrationen und den verschiedenen Permanenzindizes erfassen. Zur Bestimmung der minimalen

Standardschutzkonzentration wird das gebleichte 8-Unzen-Zeltleinen, das zur Kontrolle der Aggressivität dient, so imprägniert, daß eine Reihe von Gewebeproben mit zunehmendem Gehalt an Konservierungsmittel entsteht. Die gegen Schädigung durch Chaetomium globosum schützende geringste Konzentration wird definiert als der geringste Gehalt an fungizidem Mittel in Prozent, bezogen auf das Trockengewicht des Gewebes, der ein Wachstum des Pilzes oder eine Festigkeitsminderung verhindert. Im Erdfaulversuch ist dies der geringste Gehalt, der eine Festigkeitsminderung nach 14 Tagen Bebrütung in der Prüferde verhindert. Zu den Permanenzindizes zählen 1. der Index der Beständigkeit gegen Auslaugen. Er wird berechnet als das 100fache des Quotienten von Mindestschutzkonzentration und derjenigen Konzentration, die das Mürbewerden nach 24stündigem Auslaugen im Chaetomiumtest verhindert. 2. Der Index der Beständigkeit gegen Verflüchtigung. Er wird berechnet als das 100fache des Quotienten aus Mindestschutzkonzentration und der Mindestkonzentration, die nach dem Flüchtigkeitstest das Mürbewerden im Chaetomiumtest verhindert. 3. Die Wetterbeständigkeitsindizes. Es sind a) der Index des durch die Bewitterung entstehenden Verlustes an Konservierungsmittel. Zu seiner Ermittlung wird das Gewebe mit der achtfachen Mindestschutzkonzentration imprägniert, 10 Wochen bewittert und der Restgehalt an Schutzmittel bestimmt. Der Index ist das 100fache des Quotienten der Restkonzentration und der ursprünglichen Konzentration. b) Der Index der Schädigung des Textilmaterials durch das Konservierungsmittel. Es werden wiederum mit der achtfachen Menge der minimalen Schutzkonzentration imprägnierte Gewebe und daneben unbehandelte Kontrollen 10 Wochen bewittert. Der Primärschädigungsindex errechnet sich als das 100fache des Quotienten der durchschnittlichen Reißfestigkeit des imprägnierten Gewebes und der mittleren Reißfestigkeit der Kontrollen nach der Bewitterung.

ASTM D 862 gibt Anweisungen für die „Untersuchung ausgerüsteter Textilien auf Permanenz der Beständigkeit gegen Mikroorganismen". Sie beziehen sich insbesondere auf die Extraktion mit Wasser, die Alterung, das Waschen und Belichten. Die anschließende Prüfung auf Beständigkeit gegen Mikroorganismen wird mit Aspergillus niger und Chaetomium globosum ausgeführt (früher gemäß ASTM D 684, ab 1957 nach AATCC 30-1957 T I B 1 und 2), und wenn das Material sich in dieser Prüfung als beständig erweist, wird es dem Erdfaulversuch (AATCC 30-1957 T I B 3) unterworfen. Außerdem wird empfohlen, in so weitem Umfang und so häufig wie möglich unter Gebrauchsbedingungen zu prüfen.

Bei der Extraktion mit Wasser werden die Prüfkörper mit Drahtgittern oder Glasstäben so unter Wasser gehalten, daß die Flüssigkeit in ihrer Umgebung frei zirkulieren kann. Das Verhältnis Wasser/Gewebe soll mindestens 300:1 betragen. Es wird Leitungswasser, dessen pH-Wert 9,5 nicht überschreiten darf, am Boden der Gefäße mit einer solchen Geschwindigkeit zugeleitet, daß der Inhalt im Laufe von 24 Std mindestens dreimal erneuert wird. Die Dauer der Prüfung beträgt mindestens 24 Std, und es ist streng darauf zu achten, daß in jedem Gefäß nur qualitativ und quantitativ gleichartig ausgerüstete Textilien gewässert werden.

Die flüchtigen Stoffe werden durch Erwärmen der Prüfkörper auf 100 bis 105 °C in einem Wärmeschrank mit Luftzirkulation für die Dauer von 4 Std ermittelt, und eine beschleunigte Alterung wird in der Weise vorgenommen, daß man Prüfkörper aus dem behandelten Material 48 Std unter diesen Bedingungen erwärmt und anschließend den pH-Wert entsprechend ASTM D 259 Abschnitt 15 B bestimmt. Als letzte Wärmebehandlungsprüfung nimmt man eine Dampfsterilisation nach den Vorschriften der AATCC-Methode vor. Weitere Prüfungen, denen das mit fungiziden Mitteln imprägnierte Material unterworfen wird, sind das Belichten in einem FDA-R-Fadeometer (Beschreibung in AATCC 16-1960 A) mit Kohlenbogenlampe und das Belichten mit Sonnenlicht gemäß AATCC 16-1960 B). Es wird mindestens 48 Std oder so lange exponiert, bis sich in der anschließend ausgeführten Prüfung auf Beständigkeit gegen die beiden Schimmelpilze eine merkliche Verschlechterung der Eigenschaften erkennen läßt. Als letzte der Prüfungen auf Permanenz der Wirkung des Konservierungsmittels wird ein Waschtest gemäß ASTM D 416 „Bestimmung der Maßänderungen beim Waschen von Textilien, die ganz oder teilweise aus organischen Synthesefasern gewebt sind" in einer Waschmaschine ausgeführt.

### *4.2.1.5. Nichtverarbeitete Rohstoffe und chemische Verbindungen in flüssiger und fester Form*

Im Prinzip bestehen zwischen den Prüfungen, die mit Erzeugnisse aus natürlichen Rohstoffen vorgenommen werden, und den Testen an chemischen Verbindungen oder synthetischen Materialien keine Unterschiede. Wegen der verschiedenen Aggregatzustände und Formen der Erzeugnisse sind aber zum Teil voneinander abweichende Arbeitsweisen erforderlich. Im folgenden sollen daher die geeigneten Prüfmethoden für Flüssigkeiten, Pulver, verformte Gebilde aus Kunststoff und kombinierte Materialien aus synthetischen Substanzen und Naturprodukten gesondert besprochen werden.

Die französische Norm NF X 41-513 beschreibt Prüfmethoden zur Bestimmung der Wirkung von Mikroorganismen auf nichtverarbeitete, feste Bestandteile von Kunststoffmaterialien, wie Rohharze, Füllstoffe, Pigmente oder Stabilisatoren, und flüssige Substanzen, wie Weichmacher oder Lösungsmittel. Als Prüforganismen dienen die in Tabelle 25 aufgeführten Pilzarten.

Zur Züchtung von Chaetomium globosum, Myrothecium verrucaria, Stachybotrys atra, Memnoiella echinata und Penicillium funiculosum dient ein Haferflockenagar (vergl. Anhang Tabelle D, Ziffer 20), für die Züchtung der übrigen Prüforganismen ein Malzagar (vergl. Anhang Tabelle D, Ziffer 19).

Die Aggressivität der Stämme wird mit gebleichtem Baumwollgewebe vom Flächengewicht 125 g/m² und einer Reißfestigkeit von 200 Newton (1 kp = 9,81 Newton) nachgewiesen. Beimpft wird mit je 1 ml einer Flüssigkeit, die entweder aus einer Mischsuspension der Sporen aller Pilzarten oder aus einzelnen Suspensionen der Sporen je einer Pilzart besteht. Es sind die folgenden fünf Versuche vorgeschrieben:

1. Prüfung der Beständigkeit fester Polymerer und monomerer Substanzen gegen Pilze,
2. Ermittlung des Grades der Einwanderung von Pilzmyzelien,
3. Prüfung der Beständigkeit von Weichmachern und anderen flüssigen Substanzen gegen Pilze,
4. Bestimmung der fungistatischen Wirkung von Substanzen und
5. Prüfung der Wirksamkeit eines antimykotischen Zusatzes.

Tabelle 25. *In den Normen NF X 41-513, 514 und 515 als Prüforganismen vorgeschriebene Pilzarten*

| |
|---|
| Aspergillus amstelodami (MANG.) THOM und CHURCH |
| Aspergillus flavus LINK |
| Chaetomium globosum KUNZE |
| Memnoiella echinata (RIV.) GALLOWAY |
| Myrothecium verrucaria (ALB. u. SCHW.) DITMAR ex. FR. |
| Paecilomyces varioti BAINIER |
| Penicillium brevi-compactum DIERKX |
| Penicillium cyclopium WESTLING |
| Penicillium funiculosum THOM |
| Stachybotrys atra CORDA |
| Sterigmatocystis nigra VAN TIEGHEM |
| Trichoderma T-1 |

1. Prüfung der Beständigkeit fester Polymerer und monomerer Substanzen gegen Pilze. Auf die Mitte der Schichten des in Petrischalen enthaltenen unvollständigen Nährbodens (vergl. Anhang Tabelle D, Ziffer 22) werden bei pulverförmigen Stoffen entweder 2 cm² in 4 mm dicker Schicht oder 20 g Substanz ebenfalls in 4 mm dicker Schicht aufgebracht. Bei Granulaten legt man ungefähr fünf Pastillen auf eine Fläche von 2 cm² in die Mitte der Agarschicht. Es wird mit der Mischsporensuspension beimpft und bei wöchentlicher Inspektion 4 Wochen bei 30 °C und einer relativen Luftfeuchtigkeit von 95% in drei Parallelbestimmungen bebrütet. Die Beurteilung geschieht visuell mit unbewaffnetem Auge und Binokularlupe (Vergrößerung 40fach) nach folgender Bewertungsskala:

0 = kein mit der Lupe erkennbares Wachstum auf der geprüften Substanz,
1 = kein mit unbewaffnetem Auge, aber mit der Lupe erkennbarer
 Bewuchs und Sporenbildung,
2 = Bewuchs in getrennten Kolonien oder geringer gleichmäßiger
 Bewuchs,
3 = stärkerer Bewuchs auf fast der gesamten Fläche der Probe,
4 = sehr starker Bewuchs der Probe.

2. Ermittlung des Grades der Einwanderung von Pilzmyzelien. Der feste,
vollständige Nährboden (vergl. Anhang Tabelle D, Ziffer 23) wird mit 1 ml
der Mischsporensuspension beimpft und 3 Tage in den Brutschrank gebracht. Er muß sich vollständig mit Myzel bedeckt haben. Die 15 min bei
120 °C sterilisierten Prüfkörper von 150 mm Länge und 20 mm Breite werden anschließend in der Mitte des Pilzrasens aufgelegt, und es wird in gleicher Weise verfahren wie unter 1. Die Bewertungsskala ist hier die folgende:

0 (x mm) = kein Bewuchs und Hemmzone, deren Durchmesser angegeben wird,
0 = kein mit Lupe erkennbarer Bewuchs, keine Hemmzone,
1 = Eindringen von sporulierendem Myzel am Rande des Prüfkörpers
 oder oberflächlicher Bewuchs mit nichtbesportem Myzel,
2 = erhebliches Eindringen an den Kanten oder mäßiges Eindringen an
 der Oberfläche des Prüfkörpers,
3 = Eindringen sporulierenden Myzels in mindestens die Hälfte des
 Prüfkörpers,
4 = Eindringen sporulierenden Myzels auf der gesamten Oberfläche des
 Prüfkörpers.

3. Prüfung der Beständigkeit von Weichmachern und anderen flüssigen
Substanzen gegen Pilze. In Erlenmeyerkolben werden 70 g des unvollständigen, flüssigen Nährbodens (vergl. Anhang Tabelle D, Ziffer 21) eingefüllt und 3,5 g (5%) der zu prüfenden Flüssigkeit zugegeben. Es wird
5 min bei 120 °C sterilisiert und mit 1 ml Mischsporensuspension beimpft.
Wenn die Substanz bei 120 °C nicht beständig oder flüchtig ist, muß der
Nährboden zunächst sterilisiert und die Probe in der Kälte hinzugefügt
werden. Anschließend setzt man die Kolben und drei Kontrollen, die
Rizinusöl als Prüfsubstanz enthalten, in eine hin- und hergehende Schüttel-
maschine und bebrütet bei 30 °C und einer relativen Luftfeuchtigkeit von
95% 6 Tage.

4. Bestimmung der fungistatischen Wirkung von Substanzen. Zunächst
werden durch Mischen zunehmender Gewichtsmengen der zu prüfenden
Substanz mit Rizinusöl Verdünnungsreihen angelegt, und dann wird, wie
unter 3. beschrieben, verfahren. Die Beurteilung erfolgt durch Vergleich

mit dem Bewuchs einer Kontrolle aus reinem Rizinusöl, die mindestens zu 50% bewachsen sein muß, nach dem unter 5. angegebenen Schema oder durch Sedimentation (siehe unten).

5. Prüfung der Wirksamkeit eines antimykotischen Zusatzes. Die Arbeitsweise entspricht dem unter 4. angegebenen Verfahren mit dem Unterschied, daß die Verdünnungsreihen in der zu schützenden Substanz angelegt werden. Die Auswertung geschieht nach folgender Skala:

0 = kein Bewuchs,
1 = Bewuchs auf einzelne getrennte Häufchen beschränkt,
2 = mäßiger Bewuchs mit in der ganzen Flüssigkeit verteilten Häufchen,
3 = reichlicher Bewuchs mit dichtem homogenen Myzel,
4 = sehr starker homogener Bewuchs, gleich oder stärker als der in der
      Kontrolle mit reinem Rizinusöl.

Eine genauere Bewertung ist mit dem sog. „Sedimentationskoeffizienten" möglich. Dazu bringt man 10 ml der Flüssigkeit aus den bebrüteten Kolben in je ein Reagenzglas. Die Röhrchen müssen 15 min bei 100°C sterilisiert werden, wenn man sie nicht sofort weiterverarbeitet. Man setzt zehn Tropfen konzentrierte Schwefelsäure hinzu und läßt nach einigen Sekunden kräftigen Schüttelns 1 Std bei Raumtemperatur stehen. Das Myzel sammelt sich in dichten Ringen an der Oberfläche. Seine Höhe wird gemessen und der Sedimentationskoeffizient 100 h/h' berechnet. Darin bedeuten h die Höhe der Myzelschicht in den die geprüfte Substanz enthaltenden Röhrchen und h' die Höhe der Myzelschicht in den Röhrchen, die nur den zu schützenden Stoff enthalten.

ASTM D 1286-57 beschreibt „Prüfmethoden zur Bestimmung der Wirkung von Verunreinigungen mit Fäulniserregern auf die Beständigkeit von Klebstoffpräparaten und Verklebungen". Als Prüforganismen dienen Aspergillus niger, Aspergillus flavus und Penicillium luteum. Das Kulturmedium ist Kartoffel-Dextroseagar (vergl. Anhang Tabelle D, Ziffer 18), der zu je 300 ml in die Kulturflaschen abgefüllt und 15 min bei 121°C sterilisiert wird. Für die Prüfung mit den drei Pilzstämmen und für eine Kontrolle füllt man je 600 g des frischen Klebstoffs (bei Zweikomponentenklebern nur von dem Teil, der nicht den Katalysator enthält) in vier runde Mason-Gefäße von 0,946 l Inhalt (Durchmesser 8,9 cm, Höhe 15,2 cm) mit dichtschließenden Schraubdeckeln ab und beimpft mit Sporenstaub, der durch Drehen von Wattebäuschen auf den in Petrischalen gezüchteten Kulturen und Abklopfen am Rande des jeweils zu beimpfenden Gefäßes erzeugt wird. Die 4. Flasche bleibt als Kontrolle unbeimpft. Wahlweise kann man auch mit je 1 ml der reinen Sporensuspensionen beimpfen, die durch Abschwemmen von Reinkulturen mit 10 ml sterilem destillierten Wasser, dem 0,5% eines für die Pilze nichttoxischen Netzmittels zugesetzt sind, gewonnen wurden. Vor dem Beimpfen werden die Suspensionen durch dreimaliges Zentrifugieren, Dekantieren und Resuspendieren gereinigt. Die Keimzahlen der Suspensionen werden so eingestellt, daß diese 0,8 bis 1,2 Millionen Keime pro ml enthalten. In die Kontrolle gibt man 1 ml steriles destilliertes Wasser. Anschließend werden die Gefäße 4 bis 6 Std bebrütet, damit sie eine Temperatur von 25 °C annehmen. Nach Rühren mit einem Glasrührer bestimmt man die Viskosität mit einem Brookfield-Viskosimeter; die Viskositätsmessungen werden nach Bebrüten bei 25 °C am 3., 7., 14., 21. und 28. Tage wiederholt. Sobald merkliche Änderungen eingetreten sind, ist der Versuch beendet.

### 4.2.1.6 *Erzeugnisse aus Kunststoff und Synthesekautschuk*

NF X 41-514 gibt Vorschriften für die Bestimmung der Wirkung von Mikroorganismen auf Kunststoffmaterialien, die keine weiteren Bestandteile oder Zusätze enthalten, und beschreibt im Anhang eine Methode zur Kontrolle industriell hergestellter Erzeugnisse. Es handelt sich um Agarplattenmethoden und den später zu behandelnden Erdfaulversuch. Die Beurteilung wird zunächst visuell vorgenommen und anschließend die Minderung von physikalischen Eigenschaften im Vergleich zu denjenigen steriler Kontrollen bestimmt. Als Prüforganismen dienen die gleichen Pilzarten, die auch in NF X 41-513 vorgeschrieben sind (siehe Tabelle 25), und sie werden auf den gleichen Nährböden (vergl. Anhang Tabelle D, Ziffer 19 und 20) gezüchtet. Für die Prüfkörper ist bei der Herstellung durch Gießen oder Pressen ein Querschnitt von $4 \times 10$ mm vorgeschrieben. Ihre Länge beträgt 110 mm. Es werden zehn Prüfkörper und zehn Kontrollen geprüft. Bei künstlicher Alterung sind weitere zehn Prüfkörper und zehn Kontrollen erforderlich. Die Beimpfung erfolgt mit Mischsporensuspension. Im Gegensatz zur oben beschriebenen Norm ist aber die wahlweise Beimpfung mit Sporen der Reinkulturen nicht vorgesehen. Die Kontrollen werden mit 1%iger $HgCl_2$-Lösung sterilisiert und unbeimpft in gleicher Weise behandelt wie die beimpften Proben. Die Aggressivitätsprüfung wird ebenso ausgeführt wie in NF X 41-513.

1. Bestimmung des Grades der Zersetzung. Die Prüfkörper werden vor dem Einlegen in Roux-Gefäße mit 95%igem Spiritus gereinigt, dann getrocknet und mit 3 ml der Mischsporensuspension beimpft. Im übrigen verfährt man so wie in der voraufgehenden Norm, und auch die Bewertung geschieht in entsprechender Weise.

2. Bestimmung des Eindringens. Der feste, vollständige Nährboden (vergl. Anhang Tabelle D Ziffer 23) wird mit der Mischsporensuspension beimpft (Legroux-Rohr 1 ml, Petrischale von 14 cm Durchmesser 2 ml, Roux-Gefäß 3 ml) und 3 Tage bebrütet, bis ein dichter Pilzrasen entstanden ist, auf den man die Prüfkörper legt. Anschließend wird 4 Wochen bei 30 °C und 95% relativer Luftfeuchtigkeit bebrütet und bei der visuellen Beurtei-

lung die Bewertung wie in NF X 41-513 vorgenommen. Zur Prüfung der physikalischen Eigenschaften werden die Prüfkörper wie folgt vorbehandelt: Man befreit das Material mit weicher Bürste von Myzel, spült es mit Wasser ab, taucht es 1 Std in 1%ige $HgCl_2$-Lösung, spült es erneut unter fließendem Wasser und dann mit destilliertem Wasser, tupft mit Fließpapier ab und konditioniert mindestens 24 Std bei 20°C und einer relativen Luftfeuchtigkeit von 65%. Welche Eigenschaften anschließend geprüft werden, hängt vom späteren Verwendungszweck ab.

ASTM D 1924 ist eine Vorschrift zur „Bestimmung der Beständigkeit von Kunststoffen gegen Pilze", bei der die Minderungen der mechanischen, optischen und elektrischen Eigenschaften von Halbfertig- und Fertigerzeugnissen ermittelt werden. Die Prüforganismen sind in Tabelle 26 aufgeführt.

Tabelle 26. *In ASTM D 1924 vorgeschriebene Prüforganismen*

| |
| --- |
| Aspergillus flavus |
| Aspergillus niger |
| Aspergillus versicolor |
| Penicillium funiculosum |
| Pullularia pullulans |
| Trichoderma sp. |

Die Stämme werden beispielsweise auf Kartoffel-Dextroseagar (vergl. Anhang Tabelle D, Ziffer 18) gezüchtet. Zur Herstellung der Sporenmischsuspension bringt man 10 ml steriles destilliertes Wasser, das gegebenenfalls 0,05 g eines nichttoxischen Netzmittels, wie Natriumdioctylsulfosuccinat, enthält, in die Kulturröhrchen und streicht mit der sterilen Öse über den Pilzrasen, um die Sporen loszulösen. Die Abschwemmungen gießt man anschließend in sechs Erlenmeyerkolben von 125 ml Inhalt, die 45 ml steriles destilliertes Wasser und 10 bis 15 Glasperlen von 5 mm Durchmesser enthalten. Nach kräftigem Schütteln der Kolben zum Herauslösen der Sporen aus ihren Fruchtkörpern werden die Suspensionen durch dünne Schichten von Glaswatte hindurch in die Kolben filtriert und die filtrierten Sporensuspensionen unter aseptischen Bedingungen zentrifugiert. Durch dreimaliges Dekantieren und erneutes Suspendieren in jeweils 50 ml sterilen destillierten Wassers reinigt man die Sporensuspensionen und nimmt die Rückstände nach dem dreimaligen Zentrifugieren jeweils mit steriler Nährsalzlösung (vergl. Anhang Tabelle D, Ziffer 27 ohne Agarzusatz) in solcher Menge auf, daß die erhaltenen Sporensuspensionen 0,8 bis 1,2 Millionen Sporen im ml enthalten. Nach Auszählen der Sporen mit der Zählkammer werden gleiche Mengen der Sporensuspensionen zur Mischsporensuspension zusammengegossen. Diese Beimpfungsflüssigkeit darf nicht länger als 4 Tage im Kühlschrank aufbewahrt werden. Die Aggressivität der einzelnen Stämme wird in drei Parallelversuchen mit Filterpapier auf dem Nährsalzagar (vergl. Anhang Tabelle D, Ziffer 27) geprüft.

Die Prüfkörper können in verschiedenen Formen hergestellt werden. Geeignet sind Quadrate von 5,1 cm Kantenlänge, Scheiben von 5,1 cm Durchmesser oder Stäbe und Röhren von 7,6 cm Länge. Für die Beurteilung des Aussehens werden drei, für die Prüfung der physikalischen Eigenschaften, wie beispielsweise im Zugversuch, fünf Prüfkörper benötigt, so daß man im letzten Falle durch Prüfung in verschiedenen Zeitabständen den Zeitpunkt der stärksten Minderung der betreffenden Eigenschaften feststellen kann. Nach Auflegen der Prüfkörper auf den Mineralsalzagar in Petrischalen von 18,2 cm Durchmesser werden die Oberflächen des Agars und der Prüfkörper mit der Mischsporensuspension mit Hilfe eines Zerstäubers so besprüht, daß die gesamten Oberflächen befeuchtet sind. Anschließend werden die Platten mindestens 21 Tage bei 28 bis 30 °C und einer relativen Luftfeuchtigkeit von mindestens 85% bebrütet. Die visuelle Beurteilung wird anhand der folgenden Skala vorgenommen:

0 = kein Bewuchs,
1 = Spuren von Bewuchs (weniger als 10%),
2 = leichter Bewuchs (10 bis 30%),
3 = mittlerer Bewuchs (30 bis 60%),
4 = starker Bewuchs (60 bis 100%).

Zur Bestimmung der mechanischen, optischen oder elektrischen Eigenschaften wäscht man die Prüfkörper von Bewuchs frei, taucht sie 5 min in eine wäßrige 0,1%ige Quecksilberchloridlösung, spült sie in Leitungswasser ab, läßt sie über Nacht bei Raumtemperatur an der Luft trocknen und konditioniert nach ASTM D 618 bei 23 °C und einer relativen Luftfeuchtigkeit von 50% 48 Std. Die Prüfung muß unter den gleichen Bedingungen ausgeführt werden wie die von entsprechend behandelten unbeimpften Kontrollen. Bei der Bestimmung einiger elektrischer Eigenschaften kann es auch nützlich sein, die Materialien in ungewaschenem, feuchten Zustand zu prüfen.

ASTM D 876 gibt Vorschriften für die Prüfung von Isolierschläuchen aus Weich-PVC, die in elektrischen Geräten und Anlagen verwendet werden. Außer Prüfungen der mechanischen, thermischen und elektrischen Eigenschaften sowie der Entflammbarkeit ist auch eine Methode zur Prüfung des Pilzbewuchses beschrieben, mit der festgestellt werden soll, ob das Material als Nährstoffe für Schimmelpilze geeignete Substanzen enthält. Als Prüfkörper werden bei Schläuchen geringen Durchmessers Längen von 3,8 cm oder bei Schläuchen größeren Durchmessers ausgeschnittene Quadrate von 3,8 cm Kantenlänge verwendet. Vor dem Test werden sie nicht gewaschen oder konditioniert. Als Prüfpilze sind vorgeschrieben: Aspergillus niger,

Aspergillus flavus, Penicillium luteum und Trichoderma T-1. Von ihnen werden Subkulturen auf einem geeigneten Nährmedium, wie Kartoffel-Dextroseagar angelegt und 7 bis 20 Tage bei 28 bis 30 °C bebrütet. Zur Herstellung der Beimpfungsflüssigkeit wird jede Kultur mit 10 ml destilliertem Wasser oder der Lösung eines nichttoxischen Netzmittels unter Schütteln abgeschwemmt, und die einzelnen Portionen werden zu einer Sporenmischsuspension vereinigt. Zur Kontrolle der Keimfähigkeit der Sporen werden drei Schrägagar-Röhrchen mit je einem Tropfen der Mischsuspension beimpft und gemeinsam mit den die Prüfkörper enthaltenden Petrischalen 21 Tage bebrütet. Die Beimpfungsflüssigkeit gilt als brauchbar, wenn alle drei Schrägagarkulturen mit Pilzrasen bedeckt sind. Das Nährmedium (z. B. Kartoffel-Dextroseagar) soll auf 1000 ml Wasser 20 g Agar enthalten. Es wird zu je 25 ml in Petrischalen abgefüllt, und die Prüfkörper werden auf die Mitte der Agarschicht gelegt. Die Beimpfung erfolgt durch Besprühen mit der Sporenmischsuspension. Nach der Beimpfung werden die Petrischalen und die Schrägagarkontrollen 21 Tage bei 28 bis 30 °C bebrütet. Die Beurteilung wird ausschließlich visuell nach folgender Bewertungsskala vorgenommen:

0 = kein Bewuchs,
1 = Spuren von Bewuchs,
2 = der Prüfkörper ist teilweise mit Bewuchs bedeckt, leichter bis mäßiger Bewuchs,
3 = mäßiger Bewuchs, der Prüfkörper ist bis zu einem beträchtlichen Grade mit Bewuchs bedeckt,
4 = reichlicher Bewuchs, der Prüfkörper ist vollständig mit Bewuchs bedeckt.

ISO TC 61 559 E gibt zwei Methoden zur Bestimmung der Beständigkeit von Kunststoffen gegen Schimmelpilze bei visueller Beurteilung an. Die erste Methode dient der Feststellung, ob das Kunststoffmaterial gegen die Mikroorganismen beständig ist oder als Nährstoffquelle das Wachstum von Mikroorganismen zu fördern vermag, während mit der zweiten Methode der Grad des Bewuchses bestimmt wird, wenn das Material mit Nährmedium angereichert ist. Im zweiten Falle wird die fungitoxische Wirkung von Kunststoffen ermittelt, die bei ihrer Anwendung Verunreinigungen ausgesetzt sein könnten, welche das Pilzwachstum fördern. In beiden Fällen dient die Intensität des Bewuchses an der Oberfläche als Maßstab. Die vorgeschriebenen Prüforganismen sind in Tabelle 27 aufgeführt.

Die Züchtung der Stämme kann auf Hafermehl-Malzagar und außer von Chaetomium globosum auch auf dem modifizierten Czapek-Dox-Agar (vergl. Anhang Tabelle D, Ziffer 24 und 25), der zur Prüfung benutzt wird, vorgenommen werden. Die Abschwemmung wird mit 5 bis 7 ml einer 0,01%igen Lösung eines geeigneten Netzmittels (z. B. N-Methyltaurid,

Natriumlaurylsulfat oder Polyglykoläther) in destilliertem Wasser hergestellt. Es ist vorgeschrieben, den Pilzrasen mit der Öse zu streichen und
das Kulturröhrchen leicht zu schütteln. Anschließend werden alle Abschwemmungen durch Glaswatte hindurch in den gleichen Kolben filtriert.
Diese Mischsuspension reinigt man durch dreimaliges Zentrifugieren, Dekantieren und Aufnehmen in 50 ml destilliertem Wasser unter aseptischen
Bedingungen. Schließlich wird in 100 ml Nährlösung (entsprechend Czapek-
Dox-Agar Anhang Tabelle D, Ziffer 24 ohne Saccharose und Agarzusatz)
aufgeschwemmt. Die Größe der Prüfkörper ist frei wählbar; doch wird
empfohlen, Stücke von $20 \times 20$ mm bei einer Maximaldicke von 4 mm zu
verwenden.

Tabelle 27. *In ISO TC
61 559 E vorgeschriebene
Prüforganismen*

Aspergillus niger
Chaetomium globosum
Paecilomyces varioti
Penicillium funicolosum
Trichoderma viride

Methode A. Die Prüfkörper werden auf Mineralsalzagar (Czapek-Dox)
in Sätzen zu je drei Probestücken aufgelegt, die Oberfläche von Prüfkörper
und Agar wird mit der gemischten Sporensuspension eingesprüht und bei
30 °C und einer relativen Luftfeuchtigkeit von 95 bis 100% mindestens
28 Tage bebrütet. Die visuelle Beurteilung wird anhand folgender Bewertungsskala vorgenommen:
0 = kein Bewuchs unter dem Mikroskop erkennbar,
1 = Bewuchs mit unbewaffnetem Auge kaum, unter dem Mikroskop
    aber gut zu erkennen,
2 = der mit unbewaffnetem Auge gut erkennbare Bewuchs bedeckt
    nicht mehr als 25% der Prüfkörperoberfläche,
3 = der Bewuchs bedeckt mehr als 25% der Prüfkörperoberfläche.
Bei dem Ergebnis 0 ist der Kunststoff fungitoxisch oder inert. Bei 1
enthält er in geringem Grade Pilznährstoffe oder ist geringfügig verunreinigt.
Das Ergebnis 2 oder 3 zeigt an, daß der Kunststoff assimilierbare Substanzen
enthält und gegen Pilze nicht beständig ist.
Methode B wird ausgeführt, wenn die Prüfung nach Methode A das
Ergebnis 0 oder 1 hatte. Im Prinzip wird wie bei Methode A verfahren,
doch stellt man die Sporensuspension statt mit sterilem destilliertem Wasser
mit Czapek-Dox-Nährlösung ohne Agar her. Auch die weitere Behandlung
der Sporensuspension entspricht dem Versuch A. Die auf dem Czapek-Dox-
Agar liegenden Prüfkörper werden bei Langzeitprüfungen alle 28 Tage

einmal mit der Czapek-Dox-Nährlösung ohne Sporen besprüht, um das Weiterwachsen auf der Nährsubstanz zu gewährleisten, und zwar das erste Mal 28 Tage nach der Beimpfung.

Bei beiden Methoden wird die Aggressivität der Prüfpilze durch Beimpfung von zwei Petrischalen nachgewiesen, die Agar, aber keine Prüfkörper enthalten. Wenn sich in diesen Kontrollschalen innerhalb von 2 bis 4 Tagen kein Pilzbewuchs entwickelt, wird die Prüfung mit neuen Prüfkörpern und einer Suspension frischer Sporen wiederholt. Bewertung der Ergebnisse bei Methode B:

0 = kein Schimmelbewuchs unter dem Mikroskop zu erkennen. Es ist anzugeben, ob eine sterile Zone vorhanden ist oder nicht. Bei Vorhandensein ist ihre Größe in mm im Ergebnis zu vermerken;

1 = Schimmelbewuchs mit unbewaffnetem Auge kaum zu erkennen, aber unter dem Mikroskop gut sichtbar (Anmerkung: Wenn ein mikroskopischer Bewuchs festgestellt wird, werden die Prüfkörper weitere 28 Tage bis zu 56 Tagen erneut bebrütet);

2 = leichter Bewuchs, der weniger als 25% der Prüfkörperfläche bedeckt;

3 = mittlerer Bewuchs, der 25 bis 50% der Prüfkörperfläche bedeckt;

4 = erheblicher Bewuchs, der 50% oder mehr der Prüfkörperfläche bedeckt;

5 = starker Bewuchs, der die gesamte Prüfkörperfläche bedeckt.

Die Ergebnisse bedeuten: 0 stark fungitoxische Wirkung, 0 und sterile Zone: starke fungitoxische Wirkung auf Grund von diffundierenden Substanzen, 1: keine vollkommen fungitoxische Wirkung, 2 bis 5: abnehmende Wirksamkeit bis zu vollkommenem Fehlen der fungitoxischen Wirkung.

Die in Tabelle 28 aufgeführten, von GARNIER und MAGNOUX [118] für die Prüfung von Kunststoffen vorgeschlagenen Organismen gehören zwar zum Teil zu den am häufigsten in Normen vorgeschriebenen Pilzarten; doch fällt auf, daß der wichtigste die Kunststoffe angreifende Pilz, Chaetomium globosum, fehlt. Das gleiche gilt für die von BASKIN und KAPLAN [6] vorgeschlagenen Prüforganismen: Penicillium piscarium, Penicillium luteum, Aspergillus flavus, Aspergillus niger und Trichoderma viride, die von diesen Autoren bei der Untersuchung von mit PVC beschichteten Geweben benutzt wurden.

Die von BURGESS und DARBY [60] beschriebenen Methoden (Gewichtsverlustmethode und Respirationsmethode) lassen sich nicht nur mit Bakterien als Prüforganismen, sondern auch mit Pilzen ausführen. Diese Autoren veröffentlichten 1964 die Ergebnisse ihrer Untersuchungen über die Beständigkeit von Folien aus Weich-PVC gegen verschiedene Schimmelpilze, den Grad des Abbaues von Weichmachern und die Aggressivität der einzelnen Pilzarten (siehe Tabelle 29).

Tabelle 28. *Von* GARNIER *und* MAGNOUX
*[118] für Kunststoffe vorgeschlagene Prüf-
organismen*

---

Aspergillus niger VAN TIEGHEM
Paecilomyces varioti BAINIER
Penicillium brevi-compactum DIERKX
Penicillium cyclopium WESTLING
Penicillium funiculosum THOM
Penicillium piscarium WESTLING
Trichoderma viride PERS. ex. FR.

---

Als Nährboden zur Züchtung der Reinkulturen diente Malzextraktagar, wie er beispielsweise unter den Ziffern 8, 9 oder 15 in Tabelle D des Anhangs beschrieben ist. Die Beimpfungsflüssigkeit wurde durch Abschwemmen der 10 bis 14 Tage bebrüteten Reinkulturen mit 7 ml steriler Mineralsalzlösung (vergl. Anhang Tabelle D, Ziffer 6 ohne Agarzusatz), Abstreichen des Pilzrasens mit sterilem Platindraht und Einbringen der Abschwemmung in einen Kolben, der Glasperlen enthält, gewonnen. Man schüttelt den Kolben zum Aufbrechen von Sporenagglomeraten und zentrifugiert unter sterilen Kautelen. Durch dreimal wiederholtes Dekantieren in 20 ml steriler Mineralsalzlösung und Zentrifugieren wird die Suspension gereinigt. Die auf diese Weise erhaltene vierte Suspension dient als Inokulum. Die Beimpfung wird mit einem Zerstäuber vorgenommen, wobei darauf zu achten ist, daß die Nährmedien gleichmäßig befeuchtet sind. Die von BURGESS und DARBY hergestellten Weich-PVC-Folien hatten eine Dicke von 0,18 mm; doch

Tabelle 29. *Von* BURGESS *und* DARBY
*[60] bei der Prüfung von Kunststoffolien
benutzte Pilze*

| | |
|---|---|
| Alternaria tenuis | Gew. |
| Aspergillus flavus | Gew., Resp. |
| Aspergillus oryzae | Gew. |
| Aspergillus niger | Gew. |
| Aspergillus versicolor | Gew. |
| Chaetomium globosum | Gew. |
| Cladosporium herbarum | Gew., Resp. |
| Metarrhizium glutinosum | Gew. |
| Paecilomyces varioti | Gew. |
| Penicillium chrysogenum | Gew. |
| Penicillium funiculosum | Gew., Resp. |
| Pullularia pullulans | Gew., Resp. |
| Stachybotrys atra | Gew. |
| Trichoderma viride | Gew., Resp. |

Gew. = Gewichtsmethode
Resp. = Respirationsmethode

können, wie sich herausstellte, auch dickere Folien nach beiden Verfahren geprüft werden. Für die Untersuchung beschichteter Trägermaterialien ist aber nur die Respirationsmethode geeignet.

1. Gewichtsverlustmethode. Als Prüfkörper dienen Folienstreifen von 1 cm Breite und 6 cm Länge. Nach Waschen in warmem Wasser, Trocknen zwischen Fließpapier, Konditionieren in einer Atmosphäre mit 65% relativer Luftfeuchtigkeit und 25 °C für die Dauer von 24 Std und Wägen werden die Prüfkörper in Petrischalen auf den Mineralsalzagar (vergl. Anhang Tabelle D, Ziffer 6) gelegt. Es wurde vorgeschlagen, mit einer von sechs Pilzarten gewonnenen Mischsporensuspension zu beimpfen. Nach 14tägigem Bebrüten bei 28 °C werden die Prüfkörper herausgenommen, unter leichtem Reiben mit den Fingerspitzen mit Wasser gereinigt, getrocknet, wie oben beschrieben konditioniert und erneut gewogen. Als Kontrollen dienen gleichartige Streifen, die auf Mineralsalzagar gelegt und mit 0,1%iger Quecksilberchloridlösung eingesprüht werden. Bei der Prüfung mit Reinkulturen könnte auch die Wärmesterilisation der Prüfkörper wünschenswert sein. Sie ist allerdings nur dann möglich, wenn dadurch das Gewicht nicht verändert wird.

2. Respirationsmethode. Dies schon oben für Bakterien als Prüforganismen beschriebene Verfahren benutzt als Maß für die Schädigung eines Materials den vom Prüforganismus verbrauchten Sauerstoff, der zur Oxydation des aus dem Prüfkörper entnommenen Kohlenstoffs zu Kohlendioxyd dient. Da dieses gasförmige Stoffwechselprodukt von starkem Alkali absorbiert wird, kann der Sauerstoffverbrauch als Druckminderung an einem Manometer abgelesen werden. Als Prüfgefäße dienen gasdicht verschließbare Erlenmeyerkolben, die einen Ansatz haben, um sie mit Hilfe von Polyäthylenschläuchen an ein Differenzmanometer anschließen zu können. In ihrem Inneren sind außerdem Glashäkchen vorhanden, an denen man mit Hilfe von Chromnickeldrähten Glasbecherchen anbringen kann, aus denen ein Filterpapierdocht 13 mm herausragt. Sie werden mit 1 ml 40%iger wäßriger Kaliumhydroxydlösung gefüllt. Die zu prüfenden Folien wäscht man zunächst mit warmem Wasser, um Fremdstoffe von ihrer Oberfläche zu entfernen, trocknet dann zwischen Fließpapier und schneidet als Prüfkörper Scheiben von 7 cm Durchmesser aus, in die in regelmäßiger Anordnung 28 kreisrunde Löcher von 5 mm Durchmesser eingestanzt werden. In die Prüfkolben pipettiert man je 25 ml des Mineralsalzagars ein und legt nach dem Erkalten die Prüfkörper darauf. Jeder Kolben mit Prüfkörper wird mit 7 ml Sporensuspension beimpft, wobei sowohl Mischsuspensionen als auch solche einer Art verwendet werden können. Der zweite Kolben dient als Kontrolle. Zur Sicherung seiner Sterilität wird er mit 1 ml einer 0,1%igen Quecksilberchloridlösung ausgesprüht. Man verbindet je einen beimpften und einen sterilen Kolben mit den beiden Anschlüssen des Differenzmanometers, das in einem Raum steht, dessen Temperatur thermosta-

tisch auf 28 °C reguliert ist. Vor dem Schließen der Manometerhähne überläßt man die Anordnung 24 Std sich selbst und liest den Druck anschließend in passenden Zeitabständen ab. Als Manometerflüssigkeit dient Brodie-Lösung (vergl. Anhang Tabelle D, Ziffer 7). Die Druckabnahme und ihr zeitlicher Verlauf sind für das Wachstum der Prüforganismen kennzeichnend.

Die Beimpfung der festen Nährböden und der Prüfkörper wird nach den Norm- und Standardvorschriften mit Sporensuspensionen in destilliertem Wasser oder in physiologischer Kochsalzlösung durch Transplantation eines Stückes Kulturrasens oder durch Aufpudern von Sporen vorgenommen. Das letztgenannte Verfahren der Beimpfung mit Trockensporen wurde 1962 von BOMAR [44] beschrieben, und in Versuchen, in denen diese Methode mit der Suspensionstechnik verglichen wird, konnte festgestellt werden, daß sich diese Aerosolmethode besser bewährte als die Beimpfung mit der Flüssigkeit. Als Prüforganismus diente Aspergillus niger, der auf einem Pepton-Glukoseagar (vergl. Anhang Tabelle D, Ziffer 28) gezüchtet wurde. Zur Vorbereitung der Aerosolbeimpfung wurden Reagenzgläser von 22 mm Durchmesser und 220 mm Länge einen Zentimeter von ihrem Boden entfernt mit einer Öffnung von 6 mm Durchmesser versehen. Nach Verstopfen der oberen Öffnung in üblicher Weise und Zukleben der ausgeblasenen Öffnung mit einem Klebestreifen wurden die Gläser sterilisiert und in Schräglage mit 5 ml Czapek-Dox-Agar, dem Sporen des Prüforganismus beigemengt waren, so gefüllt, daß sich die ausgeblasene Öffnung frei über dem unteren Ende der Schrägagarschicht befand. Nach erneutem Verschließen der Öffnung mit Klebestreifen und 10tägigem Bebrüten bei 30 °C und einer relativen Luftfeuchtigkeit von 95 bis 100% konnten die so vorbereiteten Röhrchen zur Beimpfung benutzt werden. Zur Herstellung der Prüfkörper wurde PVC-Folie auf ein sauberes Blatt Papier gelegt und mit einer Glasplatte in den Maßen $26 \times 76$ mm, die zuvor mit Bichromat-Schwefelsäure entfettet worden war, so bedeckt, daß die Folie daran haftete. Der Prüfkörper wurde dann mit scharfer Klinge entlang den Kanten der Glasplatte ausgeschnitten. Zur Beimpfung wurden die aus Glasplatten und Folie bestehenden Prüfkörper so in einen Vakuumexsikkator gehängt, daß die Folienseiten nach innen wiesen. Das die Kultur des Prüforganismus enthaltende Röhrchen schiebt man nach Entfernen des Klebestreifens von der unteren Öffnung durch die Öffnung im Deckel des Exsikkators. Nach Einschieben eines Wattebausches in den oberen Teil des Röhrchens wird mit Hilfe eines durchbohrten Gummistopfens an die Druckluftleitung oder eine Druckflasche so angeschlossen, daß bei Betätigung der Druckluft Sporen und Konidien gegen den Prüfkörper geblasen werden, wo sie haften bleiben. Die weitere Prüfung wird dann in üblicher Weise ausgeführt.

### 4.2.2.   Prüfung auf oder in natürlichem Milieu

Der Prüfung auf oder in natürlichem Humusboden werden sehr verschiedenartige Erzeugnisse unterworfen. Besondere Bedeutung haben diese Teste für die Ermittlung der Beständigkeit von Textilien, Bauisolierfolien, Kabelmänteln und Rohrleitungen sowie der Konservierungsmittel für diese Materialien. Man unterscheidet bei diesen Prüfungen drei Ausführungsformen: 1. Das Auslegen im Freien, 2. die Prüfung in der Tropenkammer und 3. das Eingraben in Humuserde.

Die Prüfung im Freien wurde in vielen Ländern, vor allem in den tropischen und subtropischen Klimazonen, ausgeführt, um die Verwendbarkeit der Erzeugnisse unter den für sie vorgesehenen Gebrauchsbedingungen zu prüfen. Die Methode besteht im Auflegen, Aufspannen oder Aufstellen von Probestücken der zu untersuchenden Materialien, wie Zeltbahnstoffe, Planen, Sandsäcke, Ausrüstungsgegenstände, Feldkabel, Geräte, oder der ganzen Erzeugnisse auf einer geeigneten Erdfläche.

Für die Prüfung in der Tropenkammer und den Erdfaulversuch gibt es verschiedene Normvorschriften. Bei ihnen handelt es sich im Gegensatz zu den unter 1. genannten Freilandtesten um Laboratoriumsprüfungen mit künstlich erzeugten Klimabedingungen, die standardisiert sind. Diese beiden Methoden werden in den folgenden Abschnitten behandelt.

Wenn die Versuche auf oder in natürlichem Milieu etwas über das Verhalten der Erzeugnisse bei ihrer späteren Verwendung aussagen sollen, müssen die Prüfungen bei Materialien mit hoher Beständigkeit gegen Mikroorganismen über viele Jahre ausgedehnt werden. Wie streng die Bedingungen bei einer bestimmten Prüfung zu wählen sind, hängt in erster Linie davon ab, wie groß die Beanspruchungen sind, denen das Erzeugnis bei seiner späteren Verwendung ausgesetzt ist. Die Anforderungen an die Beständigkeit eines Materials werden naturgemäß sehr gering sein, wenn es in einem Gebiet verwendet wird, in dem die Temperatur während des ganzen Jahres 15 °C nicht übersteigt und niemals relative Luftfeuchtigkeiten über 70% vorkommen. Dagegen werden die zerstörenden Wirkungen der Mikroorganismen in tropischen Zonen, in denen die Temperatur fast andauernd 30 °C erreicht und die Luft mit Feuchtigkeit gesättigt ist, sehr groß sein. Rychtera und Niederführowa [289] arbeiteten eine Weltkarte aus, in der die Zonen der vier Gefahrenstufen des Angriffs durch Mikroorganismen eingetragen sind. Die vorstehend als günstigster Fall genannten Bedingungen entsprechen der Gefahrenstufe 1. In der Zone 4, den Gebieten der stärksten Gefährdung, herrscht während mindestens 4 Monaten des Jahres eine Durchschnittstemperatur, die größer oder gleich 25 °C ist, und eine Luftfeuchtigkeit von 80% oder mehr. Die Verfasserinnen schlugen vor, die langwierigen Freilandteste durch Kurzprüfungen im Laboratorium nach folgendem Schema zu ersetzen: 1. Prüfungen unter kritischen Bedingungen bei 76% relativer Luftfeuchtigkeit, bei der sich die Pilze kaum noch vermehren, aber insbesondere Elektroisoliermaterialien noch schädigen. Bei dieser Luftfeuchtigkeit sollten Materialien, die für die Zone 2 bestimmt sind, 25 Tage und solche für die Zone 3 21 Tage bei 28 °C bebrütet werden. 2. Prüfungen bei einer relativen Luftfeuchtigkeit von 96%. Bei dieser Luftfeuchtigkeit sollten Materialien für die Zone 2 3 Tage, für die Zone 3 7 Tage und für die Zone 4 28 Tage bei 28 °C bebrütet werden. Die Verfasserinnen fanden, daß die Ergebnisse denen von Freilandversuchen besser entsprachen als die übrigen Laboratoriumsprüfungen.

### 4.2.2.1. *Prüfung in der Tropenkammer*

NF X 41-503 schreibt als Versuch C die Prüfung in der Tropenkammer vor. Obwohl dieser Prüfraum von Zeit zu Zeit durch Aussprühen mit der Suspension der in dieser Norm als Prüforganismen benutzten Pilze angereichert wird, handelt es sich doch um eine Prüfung in natürlichem Milieu, weil in der Kammer Schalen mit Humus und faulenden Blättern aufgestellt sind.

Die Tropenkammer ist ein abgeschlossener Raum, der mit Etageren oder Regalen ausgerüstet ist. Ihre Innenflächen und alle in ihrem Inneren befindlichen Gegenstände müssen aus Materialien bestehen, welche für die Mikroorganismen ungiftig sind. Die Temperatur wird in täglichem Zyklus thermostatisch 18 Std auf 30 °C und 6 Std auf 24 °C eingestellt, wobei die Temperaturänderungen in weniger als 2 Std erfolgt sein müssen. Die relative Luftfeuchtigkeit soll 90 bis 100% betragen. Die Luft muß ständig in solcher Weise erneuert werden, daß kein Luftzug entsteht. Die Erneuerung ist besonders dann erforderlich, wenn die geprüften Gegenstände mit fungistatischen Mitteln ausgerüstet sind, die sich verflüchtigen könnten. Die Beimpfung erfolgt vor der Inbetriebnahme und anschließend bei Kammern von weniger als 5 m³ Rauminhalt alle 3 Monate und bei größeren Kammern alle 6 Monate. Die mikrobiologische Aggressivität im Innern der Kammer ist mit vier Prüfkörpern, aus dem in dieser Norm (siehe Abschnitt 4.2.1.4) angegebenen Baumwollgewebe zu prüfen, die eine Größe von 15×2 cm besitzen. Wenn diese Kontrollen nach einem Monat nicht jegliche Zugfestigkeit eingebüßt haben, muß die Kammer mit frischen Stämmen neu beimpft werden. Konfektionierte Erzeugnisse sind in handelsüblicher Größe zu prüfen, während Halbfertigerzeugnisse dem Test in Form von Prüfkörpern unterworfen werden. Je nach dem Verwendungszweck legt man die zu prüfenden Gegenstände auf die Regale oder auf den Humusboden. Sie werden nach dem Einbringen in die Tropenkammer mit 1 ml des Inokulums je 100 cm² Oberfläche beimpft. Je nach den Lieferbedingungen beläßt man die geprüften Gebilde 1 bis 6 Monate in der Kammer und beobachtet alle Veränderungen des Aussehens oder andere Schädigungen. Die Beurteilung wird nach folgender Bewertungsskala vorgenommen:

0 = kein Bewuchs mit unbewaffnetem Auge erkennbar,

1 = Bewuchs mit einigen Kolonien gerade mit unbewaffnetem Auge erkennbar,

2 = Bewuchs auf Teilen oder der ganzen Oberfläche des geprüften Gegenstandes mit unbewaffnetem Auge erkennbar.

NF X 41-515 beschreibt eine Prüfmethode zur Bestimmung der Wirkung von Mikroorganismen auf Flächengebilde, beschichtete Trägerstoffe, Verpackungsmaterialien, Geräte oder Geräteteile aus Kunststoff unter nachgeahmten tropischen Klimabedingungen. Die Vorschrift entspricht der Norm NF X 41-503 Versuch C mit dem Unterschied, daß zur Beimpfung die Sporensuspension der in den Normen NF X 513 und 514 (siehe Abschnitt 4.2.1.5) vorgeschriebenen Prüfpilze benutzt wird. Die Ergebnisse werden zunächst visuell nach folgender Bewertungsskala beurteilt:

0 = kein Bewuchs mit der Binokularlupe erkennbar,

1 = Bewuchs mit der Binokularlupe erkennbar,

2 = Bewuchs auf Teilen oder der ganzen Oberfläche mit unbewaffnetem Auge erkennbar.

Anschließend wird die prozentuale Festigkeitsverminderung, bezogen auf die Festigkeit der nichtexponierten Kontrollen, bestimmt. Vor und nach dem Einwirken der Mikroorganismen kann eine Alterung vorgenommen werden.

Eine Prüfkammer zur Untersuchung fungizider Anstriche unter tropischen Bedingungen beschrieb HENDEY [151]. Die Einrichtung besteht aus einem mit Acrylglasplatten gebauten Klimaschrank, in den zur Aufnahme der Probeanstriche zehn Röhren eingebaut sind. Diese Röhren gestatten auch, Feuchtigkeit auf den Anstrichen zu kondensieren, wozu kaltes Wasser durch die Rohre geleitet wird.

### 4.2.2.2. *Erdfaulversuch*

Der Erdfaulversuch, auch Eingrabeprüfung oder Verrottungstest genannt, wird so ausgeführt, daß man streifenförmige Prüfkörper in vorgeschriebenem Abstand in senkrechter oder waagerechter Anordnung in Chargen entsprechend vorbereiteter Humuserde eingräbt und die Gefäße, in denen die mit den Prüfkörpern beschickte Erde enthalten ist, unter geregelten Temperatur- und Feuchtigkeitsbedingungen einige Wochen stehen läßt. Sämtliche Prüfmethoden schreiben die gleichzeitige Prüfung von nicht mit Konservierungsmitteln ausgerüsteten Gewebestreifen vor, die nach Ablauf der Prüfdauer oder in kürzerer Zeit vollständig verrottet sein müssen. Diese Kontrollen sind erforderlich, um die Aggressivität der Prüferde zu bestätigen. Hinsichtlich der Wahl der Prüferde, der Form, Vorbereitung und Anordnung der Prüfkörper unterscheiden sich die einzelnen Vorschriften aber zum Teil erheblich.

Wichtig ist die Vorbereitung der Prüferde, weil natürliche Böden sehr unterschiedliche Aggressivität besitzen können. Nach FROBISHER [*114*] enthält 1 g natürlicher Erdboden 0,1 bis 500 Millionen pflanzlicher Mikroorganismen (Bakterien, Aktinomyceten und Pilze), die sich vorwiegend in den oberen Erdschichten finden.

DIN 53 933 „Bestimmung der Widerstandsfähigkeit zellulosehaltiger Textilien gegen Erdfaulbakterien (Erdfaulversuch)", eine Norm, die ohne Ersatz am 3. Juli 1963 zurückgezogen wurde, soll hier trotzdem kurz besprochen werden, weil es sich um eine ältere, gut bekannte Vorschrift handelt. Als Prüfkörper werden 10 bis 20 mm breite, mit der Längsrichtung parallel zur Kettrichtung ausgeschnittene Streifen von 10 cm Länge benutzt, die einen ausgefaserten Rand von mindestens 2 mm aufweisen. Gurte, Litzen, Kordeln und Garne werden in Längen von 10 cm bei voller Breite geprüft. Es sind zehn Prüfkörper und außerdem zehn Kontrollen erforderlich, die den Erdfaulversuch nicht durchlaufen. Sie dienen der Ermittlung der ursprünglichen Reißfestigkeit des Textilmaterials. Zur Prüfung der Aggressivität der Prüferde benötigt man drei Prüfkörper aus gebleichtem Rohbaumwollgewebe und, falls mit fungiziden Mitteln ausgerüstete Textilien geprüft werden, sind nach Möglichkeit zehn weitere Prüfkörper des gleichen Materials, die nicht ausgerüstet sind, dem Erdfaulversuch zu unterwerfen. Die Prüferde besteht zu gleichen Teilen aus grobem Sand, Torf, gut verrottetem Pflanzenfressermist und abgelagerter Komposterde, z. B. Gärtner-Einheitserde II. Sie darf bei einem Feuchtigkeitsgehalt von 20 bis 40% nicht klumpen oder kleben. Vor der Verwendung wird die Abbauaggressivität der Erde geprüft. Nach Ablauf von 2 Wochen dürfen die Kontrollprüfkörper nur noch 20% der ursprünglichen Reißfestigkeit besitzen. Die Gefäße zur Aufnahme der Prüferde sollen aus Holz, Asbestzement oder unglasiertem Ton bestehen. Ihre Füllhöhe beträgt 15 cm. Die Prüfkörper dürfen gemäß dieser Vorschrift vor der Prüfung nicht sterilisiert werden, sind aber, wenn sie ein nichtauswaschbares Konservierungsmittel enthalten, nach DIN 53 930 zu wässern. Sie werden senkrecht so eingegraben, daß 10 bis 20 mm herausragen. Dabei soll der Abstand der Streifen nicht weniger als 5 cm betragen. In feuchtigkeitsgesättigter Atmosphäre und bei einer Temperatur von 29 °C beläßt man die besetzten Kästen 2 Wochen und bei Geweben, die voraussichtlich besonders starken Beanspruchungen ausgesetzt sein werden, bis zu 4 Wochen in der Klimakammer. Als Kriterium für die Zersetzung dient die relative Minderung der Reißlast, zu deren Bestimmung man die Prüfkörper kurz unter fließendem Wasser abspült, an der Luft trocknet und bei 20 °C und 65% relativer Luftfeuchtigkeit 4 Tage konditioniert.

ASTM D 684 gibt außer der schon besprochenen Methode eine Vorschrift für den Erdfaulversuch. Auf Grund der Feststellung, daß es unmöglich sei, eine Prüferde bestimmter Zusammensetzung vorzuschreiben, wird empfohlen, Blumenerde, Gartenerde oder Felderde von hohem Humusgehalt zu verwenden. Im Gegensatz zu der zuvor beschriebenen Norm sind auch Kästen aus undurchlässigem Material, wie Glas, zugelassen, und die Füllhöhe beträgt in diesem Falle 12,7 cm. Die Behälter werden in einem Raum aufgestellt, in dem die Temperatur der Prüferde auf 29 bis 32 °C und die Feuchtigkeit des Bodens auf 25 bis 30%, bezogen auf das Gewicht der lufttrockenen Erde, eingestellt werden kann. Die Prüfkörper, beispielsweise in Form von Faserbündeln, sind 15,2 cm lang. Sie können senkrecht oder waagerecht eingegraben werden. Im zweiten Falle bis zu einer Tiefe von 12,7 cm. Es werden vier Serien zu je fünf Prüfkörpern hergestellt. Drei der Serien gräbt man für die Dauer von zwei, vier und sechs Wochen ein, während man die vierte Serie 3 min kräftig mit einer Mischung aus 100 Gewichtsteilen der feuchten Erde und 900 Gewichtsteilen Wasser (1 Gew.-Tl. Prüfkörper auf 30 Gew.-Tl. Erdsuspension) schüttelt. Dann werden die Prüfkörper von anhaftender Erde freigewaschen und bei 100 bis 105 °C getrocknet. Sie dienen als Kontrollen zur Bestimmung der ursprünglichen Reißfestigkeit. Die nach 2, 4 und 6 Wochen aus der Erde genommenen Prüfkörper werden wie diese Kontrollen behandelt und vor der Prüfung nach ASTM D 618 konditioniert. Zur Prüfung der Aktivität des Bodens stellt man sowohl unbehandelte als auch behandelte Prüfkörper aus einem vorgeschriebenen Baumwollgewebe mit Leinenbindung vom Flächengewicht 198 g/m² her und gräbt sie wie die Prüfkörper aus dem zu untersuchenden Material ein. Zur Ausrüstung wird das Gewebe mit Kupfernaphthenat in solcher Menge imprägniert, daß das ausgerüstete Gewebe 1 Gew.-% Cu enthält. In beiden Serien beträgt die Zahl der Prüfkörper 14. Fünf Prüfkörper jeder Serie schüttelt man mit Erdsuspension und verfährt, wie dies bei den Kontrollen beschrieben wurde. Die restlichen neun Prüfkörper der unbehandelten Serie werden in Sätzen zu je drei gleichzeitig mit den Prüfkörpern aus dem zu untersuchenden Material zu Beginn der ersten, dritten und fünften Woche eingegraben, jeweils nach einer Woche wieder ausgegraben, gewaschen, getrocknet und vor dem Bestimmen der Reißfestigkeit konditioniert. Die restlichen neun behandelten Prüfkörper werden entsprechend den Prüfkörpern des zu untersuchenden Materials eingegraben und nach 2, 4 und 6 Wochen ausgegraben. Ihre weitere Behandlung bis zur Bestimmung der Reißfestigkeit entspricht dem bei den nichtausgerüsteten Kontrollen aus Baumwollgewebe angewandten Verfahren. Die nichtausgerüsteten Kontrollen dürfen nach einer Woche nur noch 10%, die ausgerüsteten sollen 50 bis 80% ihrer ursprünglichen Reißfestigkeit besitzen. In Methode B ist eine zweite Möglichkeit zur Bestimmung der Wirksamkeit der Prüferde beschrieben. Sie besteht darin, aus dem zu prüfenden Material oder einem entsprechenden textilen Material drei Serien zu je 14 Prüfkörpern auszuschneiden, von denen eine unbehandelt bleibt, während die zweite mit einem zu vereinbarenden Konservierungsmittel und die dritte wiederum mit Kupfernaphthenat bis zu einem Kupfergehalt von 1% imprägniert wird. Die Einteilung in Sätze, ihre Prüfung und Behandlung vor der Bestimmung der Reißfestigkeit entspricht den Verfahren der Methode A.

Die Vorschrift nach AATCC 30.3 ähnelt ASTM D 684. Die Prüferde wird wiederum auf einen Feuchtigkeitsgehalt von 25 bis 30%, bezogen auf das Trockengewicht, gebracht und nach 24stündigem Stehenlassen durch ein Sieb der Maschenweite 6,35 mm gesiebt. Als Prüferde kann jede aggressive Oberflächenerde, wie Gartenerde oder Humuserde, verwendet werden. Die Prüfkörper besitzen in Kettrichtung eine Länge von 15,2 cm und werden durch Ausfasern auf eine Breite von 2,54 cm mit der gleichen Anzahl Kettfäden gebracht. Die Anzahl der Prüfkörper richtet sich nach der Genauigkeit, die verlangt wird, und der Streuung der Einzelergebnisse bei der Reißfestigkeitsprüfung. Sie werden in senkrechter oder waagerechter Lage eingegraben und je nach Gewebegewicht und späterer Beanspruchung 1 bis 6 Wochen bei 28 °C bebrütet, wobei die Gefäße aus beliebigem Material mit passenden Deckeln zugedeckt werden, um die Feuchtigkeit aufrecht zu erhalten. Zur Kontrolle der Aggressivität durchlaufen Prüfkörper aus 8-Unzen-Zeltleinwand (8 Unzen = 226,8 g) den Versuch. Sie dürfen nach 7 Tagen höchstens 10% der ursprünglichen Reißfestigkeit besitzen.

Nach ASTM D 2020-62T Methode 2 wird Papier, das lange Zeit mit dem Erdboden in Berührung kommt, im Erdfaulversuch geprüft. Die Prüferde besteht aus gleichen Teilen guter Oberflächenerde, Blatthumus, Mist und grobem Sand. Ihr Feuchtigkeitsgehalt soll 25%, bezogen auf das Trockengewicht, und der pH-Wert 5,5 bis 7,0 betragen. Die Lagerung geschieht so, daß die Feuchtigkeit bei einer Temperatur von 30 °C erhalten bleibt. Zum Nachweis ihrer Aggressivität werden Proben unbehandelten Papiers eingegraben, die nach 14 Tagen vollkommen zerfallen sein müssen. Die Erdbehälter aus Holz, Glas, Porzellan oder Kunststoff haben bei entsprechender Größe eine Tiefe von 12,7 cm. Je zwei Prüfkörper werden in den Maßen 2,54 × 25,4 cm aus fünf Bogen ausgeschnitten und sämtlich mit dem zu prüfenden Mittel imprägniert. Eine dieser Serien wird eingegraben, während die andere als Kontrolle dient. Das Eingraben geschieht in der Weise, daß man die Prüfkörper in einem Abstand von 5,08 cm auf die Oberfläche der Erde legt und ihre Mitte mit einem Spatel so weit in die Erde hineindrückt, daß an jedem Ende noch 5,1 cm herausragen. Die beschickten Behälter werden bei 30 °C 14 Tage in die Brutkammer gestellt und die Prüfkörper dann ausgegraben. Wenn sie nicht vollständig zerfallen sind, wäscht man sie vorsichtig, um sie von anhaftender Erde zu befreien, trocknet sie in einem Wärmeschrank mit Luftzirkulation bei 60 °C 4 bis 6 Std, konditioniert sie bei 23 °C und einer relativen Luftfeuchtigkeit von 50% 24 Std und verfährt mit den Kontrollen in gleicher Weise. Anschließend wird die Zug-Reißfestigkeit der Prüfkörper und Kontrollen nach ASTM D 828 bestimmt und die prozentuale Verminderung der Festigkeit, bezogen auf diejenige der nichteingegrabenen Kontrollen, berechnet.

NF X 41-503, eine „Methode zur Prüfung des Schutzes natürlicher oder synthetischer Zellulosetextilien gegen den Abbau durch Mikroorganismen", sieht außer den schon beschriebenen Methoden, bei denen mit einer Mischsporensuspension beimpft wird, auch den Erdfaulversuch vor. Die Prüferde besteht aus einem gesiebten Gemisch von Gartenerde, Blatthumus, Pflanzenfressermist und Sand. Es ist ein Vorrat von mehreren Kubikmetern anzulegen, der unter gleichmäßigen Temperatur- und Feuchtigkeitsbedingungen gelagert wird. Die Prüferde soll einen pH-Wert von 6 bis 7,5, ein Verhältnis Kohlenstoff zu Stickstoff von 8 bis 15 und 30% Feuchtigkeit besitzen. Für die Bestimmung und Einstellung der Feuchtigkeit der Prüferde, die elektrometrische pH-Messung mit der Glaselektrode, die titrimetrische Stickstoffbestimmung nach KJELDAHL und die Bestimmung des organischen Kohlenstoffs enthält der Anhang nichtgenormte Anweisungen. Die Prüfbehälter aus Holz haben eine Grundfläche von $10 \times 17$ cm und eine Höhe von 17 cm. Vor Beginn der Prüfung kontrolliert man die zellulolytische Wirksamkeit der Erde. Die Erdgefäße werden mit Platten aus Fensterglas abgedeckt. Während der Kontrolle der Aggressivität bereitet man die Roux-Gefäße und die Erde vor, die für die Kontrollprüfkörper benötigt wird. Die zellulolytische Wirkung bestimmt man mit fünf Prüfkörpern im Format $2,5 \times 25$ cm, die aus dem Baumwollgewebe geschnitten sind, das in dieser französischen Norm bei der Kontrolle der Aggressivität vorgeschrieben ist (siehe oben). Die Prüfkörper werden sterilisiert, 15 min im Vakuum mit Wasser getränkt, um einen Spatel herumgefaltet, mit dem man sie bis zur Tiefe der Marke am Spatel in die Erde einsenkt. Der die Kontrollen enthaltende Behälter wird zusammen mit den beschickten Behältern für den Erdfaulversuch 8 Tage bei 30 °C und einer relativen Luftfeuchtigkeit von 90 bis 100% in die Dunkelbrutkammer gebracht. Wenn die Kontrollen nach dieser Zeit nicht jegliche Zugfestigkeit eingebüßt haben, muß eine andere Prüferde hergestellt werden.

Für den Versuch werden vier weitere Serien von Prüfkörpern hergestellt, nämlich:

1. Fünf Kontrollprüfkörper im Versuch (erste Zeit),
2. fünf Kontrollprüfkörper im Versuch (zweite Zeit),
3. fünf Versuchsprüfkörper (erste Zeit),
4. fünf Versuchsprüfkörper (zweite Zeit).

Zur Aufnahme der Kontrollprüfkörper im Versuch werden die Roux-Gefäße bis zu halber Höhe mit der Versuchserde gefüllt und an drei aufeinanderfolgenden Tagen je 30 min bei 130 °C im Autoklaven sterilisiert. Vor dem Einlegen in die Gefäße, das mit sterilem Spatel ausgeführt wird, sterilisiert man die beiden Serien der Kontrollprüfkörper im Versuch mit Quecksilberchloridlösung. Die Prüfkörper aus dem zu untersuchenden Material behandelt man in gleicher Weise wie die Kontrollen und bringt die Behälter mit je einer Serie der Prüfkörper sowie die Roux-Gefäße 14 (erste Zeit) und 28 Tage (zweite Zeit) in die Brutkammer. Bei Kombinationen des Erdfaulversuchs mit der Alterungsprüfung wird nur eine Prüfzeit von 14 Tagen angewandt. Es wird keine visuelle Beurteilung vorgenommen, sondern nur die Reißfestigkeit gemäß NF G 07-001 (bei Garnen und Strängen NF G 07-003 und 36-007) bestimmt. Die Prüfkörper werden vorsichtig ausgegraben bzw. mit langen Zangen aus den Roux-Gefäßen entnommen, unter fließendem Wasser mit weicher Bürste gereinigt, durch einstündiges Eintauchen in Quecksilberchloridlösung sterilisiert, unter fließendem Wasser und dann mit destilliertem Wasser abgespült, mit Fließpapier abgetupft und im Wärmeschrank mit Luftzirkulation mindestens eine Stunde bei 60 °C getrocknet. Die durchschnittliche Minderung der Reißfestigkeit im Vergleich zu derjenigen der Kontrollprüfkörper im Versuch gibt ein Maß für die Zerstörung der Zellulosefasern.

NF X 41-514 sieht ebenfalls außer der Bestimmung des Grades der Zersetzung und des Eindringens des Myzels den Erdfaulversuch vor. Als Prüferde wird wiederum eine zuvor gesiebte Mischung aus Gartenerde, Blatthumus, Pflanzenfressermist und Sand benutzt, deren Feuchtigkeitsgehalt in der angegebenen Weise auf 30% und deren pH auf 6,0 bis 7,5 eingestellt werden. Weiter ist vorgeschrieben, die Behälter (Grundfläche $10 \times 17$ cm, Tiefe 17 cm) mit Glasplatten zuzudecken. Es werden fünf Prüfkörper aus gebleichtem Baumwollgewebe, das ein Flächengewicht von 125 g/m² und eine Reißfestigkeit von 200 Newton (1 kp = 9,81 Newton) besitzt, zum Nachweis der Aggressivität der Prüferde 15 min im Vakuum mit Wasser getränkt und mit Hilfe des Spatels zu dreiviertel in die Versuchserde eingegraben. Diese Kontrollen und auch die übrigen Prüfkörper haben die Maße $15 \times 2$ cm. Der Behälter mit den Streifen zur Kontrolle der Aggressivität wird zusammen mit den noch nicht beschickten Behältern 8 Tage in den Brutraum gestellt. Anschließend müssen die Kontrollstreifen jegliche Zugfestigkeit eingebüßt haben, anderenfalls ist neue Prüferde anzusetzen. Für den Erdfaulversuch werden zwei Serien zu je zehn Prüfkörpern angelegt, die man zunächst ebenfalls 15 min im Vakuum mit Wasser tränkt und dann in zwei Gefäßen zu je Dreiviertel ihrer Länge in senkrechter Stellung eingräbt. Für die erste Serie ist eine Bebrütungsdauer von 2 Wochen, für die zweite von 4 Wochen vorgeschrieben. Als Kontrollen, auf deren Eigenschaften gleich 100% die späteren Prüfungen der Resteigenschaften bezogen werden, bringt man je zehn Prüfkörper in ein Roux-Gefäß, das 10 cm hoch mit ungefähr 500 g Erde gefüllt und an 3 aufeinanderfolgenden Tagen je 30 min bei 120 °C sterilisiert wurde. Diese Kontrollen tränkt man vor dem Eingraben 15 min im Vakuum mit Quecksilberchloridlösung (1%ig) und bebrütet sie ebensolange wie die Versuchsprüfkörper. Bewertet wird visuell mit unbewaffnetem Auge und dem Mikroskop gemäß der für den Versuch 1 dieser Norm angegebenen Bewertungstabelle. Anschließend bestimmt man die Resteigenschaften der Versuchsprüfkörper. Vor der Prüfung kann eine natürliche oder künstliche Alterung vorgenommen werden.

Der Erdfaulversuch stellt besonders für Flächengebilde, wie Gewebe, eine sehr strenge Prüfung dar. Hinsichtlich der Stärke der Einwirkung besteht aber insofern Unsicherheit, als sich die Prüferden schwer standardisieren lassen. HAUSAM und RUPP [150] veröffentlichten Untersuchungen über die Aggressivität verschiedener Böden, wie Ackererden, Walderden, Gartenerden und Mischerden. Sie fanden, daß insbesondere der Boden von Nadelholzwald hohe Aggressivität besaß. Sie kritisierten die Prüferden der inzwischen zurückgezogenen DIN-Vorschrift 53 933 wegen ihres Gehaltes an Torf. Obwohl sich Unterschiede in der Flora und Aggressivität der Böden zeigten, hielten sie eine Standardisierung der Prüferde für unnötig, weil ihr Ergebnis zweifelhaft bleiben müsse. Sie stimmen darin mit NOPITSCH [260] überein, der eine Einigung über das Gewebe, mit dem die Aggressivität der Erde kontrolliert wird, für wichtiger hält. PITTIS [275], der verschiedene mit Pilzen, mit Pepton oder mit Pilzen und Pepton angereicherte Erden untersuchte, schlägt für die Prüfung von PVC die mit Pilzen angereicherte Prüferde nach ISO TC 61 vor.

# 5. Bakterizide und fungizide Mittel

Als bakterizide und fungizide Mittel für organische Werkstoffe finden außer organischen Stickstoff- und Schwefelverbindungen, Phenolen und chlorierten Phenolen vor allem Salze der Metalle Ag, Hg, Cu, Cd, Ni, Pb, Co, Zn und Fe mit organischen Säuren Verwendung, deren Wirkung etwa im Sinne dieser Reihenfolge abnimmt. Besondere Bedeutung als Schutzmittel für Anstriche und Kunststoffe haben metallorganische Verbindungen des Quecksilbers, Zinns und Bleis vom Typus des Tributylzinnoxyds oder des Trialkylbleiazetats erlangt.

Wie aus den Tabellen A und B des Anhangs hervorgeht, üben organische Säuren zum Teil selbst erhebliche bakterizide und fungizide Wirkung aus. Sie hängt, wie die folgenden Angaben von ZDRALEK [373] über die totale Hemmung von Staphylococcus aureus zeigen, auch stark vom pH-Wert des Mediums ab:

| | | |
|---|---|---|
| Pelargonsäure | pH 3 | 1:12000 |
| Caprinsäure | pH 6 | 1:13000 |
| Laurinsäure | pH 3 | 1:48000 |
| Caprinsäure | pH 3 | 1:65000 |
| Undecansäure | pH 3 | 1:88000 |

Bei einem pH-Wert von 6 liegen die Säuren schon weitgehend neutralisiert in Form ihrer Alkalisalze vor, von denen einige ebenfalls erhebliche

bakterizide Wirkung besitzen. Beispielsweise tötet Natriumpalmitat Bact.
coli noch in einer Konzentration von 0,72%, was der Wirkung einer 1%igen
Phenollösung entspricht.

In den 30er Jahren kamen Substanzen wie die Alkylsulfate und Alkylsulfonate in den Handel. Über die bakterizide Wirkung dieser oberflächenaktiven Substanzen auf hämolytische Streptokokken, Staphylococcus aureus,
Diphtherie-, Typhus- und Colibakterien berichtete HALDENWANGER [144].
Die Ergebnisse dieser Untersuchungen sind auszugsweise in Tabelle 30
wiedergegeben.

Sehr wirksam können kationenaktive Detergentien sein. Diese Verbindungen sind mit langkettigen Alkylresten substituierte Ammoniumsalze
[89], aber auch der Stickstoff in Ringsystemen vermag solche quarternären
Salze, wie das in Tabelle 30 aufgeführte N-Dodecylpyridiniumchlorid, zu
bilden.

Tabelle 30. *Bakterizidie oberflächenaktiver Substanzen*

| Substanz | Grenzkonzentration der totalen Hemmung % | | |
|---|---|---|---|
| | häm. Strept. | Staph. aureus | Bact. Coli |
| n-Octylsulfat | 1,0 | 1,0 | 1,0 |
| n-Dodecylsulfat | 0,1 | 1,0 | größer als 1,0 |
| n-Tetradecylsulfat | 0,01 | 0,1 | größer als 1,0 |
| n-Hexadecylsulfat | 0,01 | 0,1 | größer als 1,0 |
| ω-Octansulfonat | 1,0 | größer als 1,0 | größer als 1,0 |
| ω-Decansulfonat | 1,0 | 1,0 | größer als 1,0 |
| N-Dodecylpyridiniumchlorid | 0,001 | 0,001—0,01 | 0,01 |

Auch die entsprechenden Arsonium-, Phosphonium-, Sulfonium- und
Jodoniumsalze wirken auf Mikroorganismen außerordentlich giftig. Sie
werden daher wie das bekannte „Zephirol" — ein Alkyldimethylbenzylammoniumchlorid — als Desinfektionsmittel benutzt, und sie sind auch zur
antimykotischen Ausrüstung von Textilien geeignet. Die bakterizide Wirkung der mit Alkylresten unterschiedlicher Kettenlänge substituierten
Dimethylbenzylammoniumchloride ist in Tabelle 31 aufgeführt. Ein deut-
liches Wirkungsmaximum ist bei einer Kettenlänge des Substituenten von
14 Kohlenstoffatomen zu erkennen. Das stimmt auch mit den Beobachtungen an anderen oberflächenaktiven Mitteln überein.

Außer der Bakterizidie quarternärer Ammoniumverbindungen untersuchten diese Autoren die Änderung der fungiziden Wirkung bei Einführung
von Halogen-, Hydroxyl- und Nitrogruppen am Chinon und am Benzol.
Legt man die Wirkung der Chloranilsäure (2,5-Dichlor-3,6-dihydroxy-1,4-
benzochinon) als Einheit zugrunde, so besitzt Chloranil (Tetrachlorbenzo-

chinon-p) die 100fache und das 2,3-Dichlor-1,4-naphthochinon die 800fache Wirkung. Die Schwellenwerte der Hemmung von Schimmelpilzen durch Halogen- und Halogen-Nitroderivate des Benzols sind in Tabelle 32 aufgeführt.

Die Grenzkonzentrationen der absoluten Hemmung von Trichophyton mentagrophytes und Microsporon gypseum durch quarternäre Ammoniumverbindungen und zahlreiche weitere Verbindungen finden sich in einer von KIMMIG und RIED [191] veröffentlichten Tabelle, die auszugsweise als Tabelle A im Anhang wiedergegeben ist.

Auch Stickstoffverbindungen vom Typus des N-Methylpyrrolidon-2-tetraphenylborates sind nach ZIFF und WOODSIDE [376] gegen Pilze und Gram-positive Bakterien ähnlich wirksam wie Cetylpyridiniumchlorid, und in neuerer Zeit entdeckten KÖNIG u. Mitarb. [197] in den Tetrahydro-1,4-oxazinen eine neue Klasse hochwirksamer fungizider Mittel.

Tabelle 31. *Bakterizidie N-alkylsubstituierter Dimethylbenzylammoniumchloride nach* GARNIER *und* MAGNOUX [118]

| Alkylrest | Grenzkonzentration der totalen Hemmung |
|---|---|
| Octyl- | 1: 170 |
| Decyl- | 1: 900 |
| Dodecyl- | 1:20000 |
| Tetradecyl- | 1:21000 |
| Hexadecyl- | 1:14000 |
| Octadecyl- | 1: 5000 |

Die Wirkung der keimtötenden Substanzen beruht auf unterschiedlichen Mechanismen, wie der Störung des Stoffwechsels, der Hemmung der Biosynthese von Proteinen, der Inaktivierung von Enzymen, der Lahmlegung von Redoxsystemen, der Zerstörung der Zytoplasmahülle der Zelle oder der Fällung des Zelleiweißes.

Es gibt zahlreiche Substanzen, die gleichzeitig bakterizide und fungizide Wirkung ausüben, aber diese beiden Funktionen sind nicht zwangsläufig miteinander gekoppelt. In der Praxis wird man Konservierungsmittel bevorzugen, deren Wirkung sich gegen eine möglichst große Zahl verschiedenartiger Organismen richtet, oder die nötige Wirkungsbreite durch Verwendung von Substanzgemischen zu erreichen suchen. Die bakterizide und fungizide Wirkung allein genügt aber nicht, um eine Substanz zur antimykotischen Behandlung von Holz, Kautschukmaterialien, Textilien oder Kunststoffen als geeignet erscheinen zu lassen. Ihre Verwendbarkeit für diese Zwecke hängt vielmehr auch von der chemischen Natur und der Form

Tabelle 32. *Schwellenwerte der totalen Hemmung von Schimmelpilzen durch Halogen- und Halogen-Nitroverbindungen des Benzols nach* GARNIER *und* MAGNOUX [118]

| | | | | | | |
|---|---|---|---|---|---|---|
| $F$ oben, $NO_2$ links, $NO_2$ unten | $F$ oben, $NO_2$ links, $Cl$ rechts, $NO_2$ unten | $F$ oben, $NO_2$ links, $Br$ rechts, $NO_2$ unten | $F$ oben, $NO_2$ links, $F$ rechts, $NO_2$ unten | $Cl$ oben, $NO_2$ links, $Cl$ rechts, $NO_2$ unten | $F$ oben, $Cl$ rechts, $Cl$ links, $Cl$ unten | $F$ oben, $Cl$ rechts |
| $S = 5.10^{-4}$ | $2,5.10^{-4}$ | $2,5.10^{-4}$ | $5.10^{-3}$ | $5.10^{-3}$ | $10^{-2}$ | $8.10^{-2}$ |

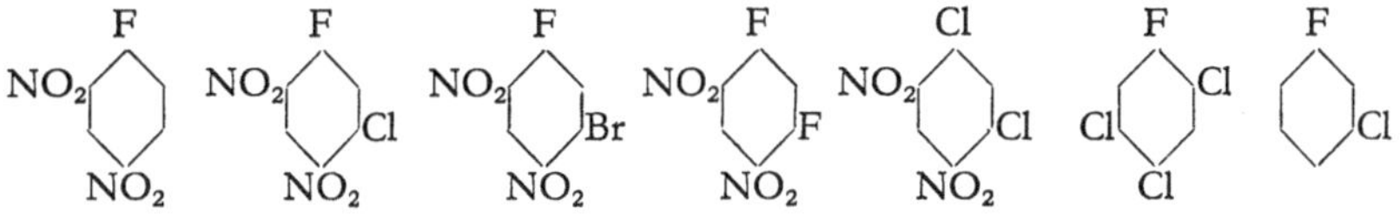

eines Erzeugnisses ab, ferner von den Bedingungen, unter denen es herge-stellt, verarbeitet und verwendet wird. Es ist deshalb eine gesonderte Be-trachtung der für die einzelnen Werkstoffe geeigneten Konservierungsmittel erforderlich.

## 5.1.  Schutzmittel für Holz

GÖHRE [127] führt die folgenden Holzschutzmittel auf:
1. Steinkohlenteeröle, 2. Braunkohlenteeröle, 3. andere ölige Mittel, 4. Chlornaphthalinpräparate, wie „Xylamon", 5. Öl-Salzgemische oder -emulsionen, wie beispielsweise Gemische aus Teeröl und Natriumfluorid mit einem Zusatz von Emulgiermitteln und Leim, 6. Alkalifluoride, 7. aus Natriumfluorid und Kaliumbichromat, gelegentlich mit einem Zusatz von Dinitrophenolen bestehende U-Salze, 8. U,A-Salze (U-Salze mit Arsenanteil) und 9. Zinkverbindungen, wie Zinkchlorid.

Als bestes und gleichzeitig billigstes Imprägniermittel für Holz nennen GARNIER und MAGNOUX [118] eine 5%ige Lösung von Pentachlorphenol in einem geeigneten Lösungsmittel.

Die Wirksamkeit zahlreicher wasserlöslicher Holzschutzmittel gegen Moderfäulepilze und Braunfäulepilze untersuchte BECKER [22]. Als Grenzen der Schutzwirkung gegen Braunfäule ergaben sich folgende Konzentratio-nen in kg/m³ Kiefern- bzw. Buchenholz nach einer Feuchtlagerung von meist 4 Wochen:

Quecksilberchlorid (Q) 0,7, Chrom-Kupferverbindungen mit Arsenat (CKA) 1,0, Chromverbindungen-Fluorid-Arsenat (CFA) 0,7 und 1,5, Chrom-verbindungen-Fluoride (CF) 1,5, Chrom-Kupferverbindungen (CK) 15.

Das Auswaschen nach DIN 52 176 Blatt 2 machte wesentlich höhere Anfangskonzentrationen erforderlich, um die Schutzwirkung zu erreichen. Die Reihenfolge blieb aber bis auf die letzten beiden Präparate erhalten. In kg/m³ Holz ergaben sich die folgenden Konzentrationen:

Q 0,7, CKA 7, CFA 7 und 1,0, CF 15 und 30, CK 20.

Die Schutzkonzentrationen gegen Moderfäule wurden nur nach Aus-waschen ermittelt. Sie lagen wesentlich höher:

CK 8 bis 20, Q > 40, CKA 10 bis 50, CFA > 60, CF > 60.

Die Chrom-Kupferverbindungen, die gegen Braunfäule am wenigsten wirksam waren, sind hier an die erste Stelle gerückt.

Folgende Methoden zur Holzimprägnierung sind bei Göhre [127] aufgeführt: Das Tauchverfahren, das Trogverfahren, das Saftverdrängungsverfahren, das Osmoseverfahren, das Kesseldruckverfahren und die Nachbehandlungsverfahren des verbauten Holzes.

Wie man auch frischfeuchtes Hartholz in nichtverstocktem Zustand mit Schutzmitteln konservieren kann, beschrieb Broese van Groenou [53].

In neuerer Zeit gelang es, innerhalb der Zellen des Holzes unlösliche Arsenate des Chroms und Zinks zu erzeugen. Bei diesem „Boliden-Verfahren" wird das Holz bei 50 °C in Gegenwart von Zinksulfat mit einer wäßrigen Lösung von Natriumbichromat, Natriumarsenat und Arsensäure behandelt. Diese Imprägnierung gewährt einen dauerhafteren Schutz als andere Konservierungsverfahren.

Eine weitere neuartige Methode zur Holzkonservierung wurde vom deutschen Forschungsdienst angegeben. Die Hölzer werden im Vakuum mit einer geeigneten monomeren Verbindung getränkt und dann einer Energiestrahlung ausgesetzt. Dadurch wird das Monomere an den Zellstoff des Holzes angelagert, und die Zellulosemoleküle werden miteinander verknüpft. Für diesen Vorgang wurde der Begriff „Propfpolymerisation" geprägt. An der Oberfläche des Holzes entsteht durch diese chemische Reaktion eine für Feuchtigkeit undurchlässige Schicht, die das Eindringen von Mikroorganismen verhindert.

Über das Spezialgebiet des Holzschutzes liegt eine umfangreiche Literatur vor. Zu eingehenderem Studium können die Veröffentlichungen von Bosz [47], Cartwright-Findlay [63], Flügge [109], Knorr [195] sowie die Handbücher von Langendorf [209] und Mahlke-Troschel-Liese [221] empfohlen werden.

## 5.2.  Schutzmittel für Anstriche

Manche Holzschutzmittel sind gegen Bläuepilze unwirksam. Die Möglichkeiten zur Verhütung des Verblauens von frischem Holz untersuchte Zycha [384]. Als sehr wirksames Schutzmittel empfahl er Pentachlorphenol-Natrium, das in Form genügend tief eindringender Grundieranstriche aufzutragen ist. Auf Grund von Laboratoriumsprüfungen hält Hirschfeld [158] geringe Zusätze von Phenyl-Hg-8-hydroxychinolat und Phenylmercurioleat für die besten Mittel, um die Schimmelpilzbeständigkeit, besonders von pigmentierten Anstrichen, zu verbessern.

In Kanada stellte die bakteriologische Abteilung des Ackerbauministeriums in Ottawa Versuche über den Schutz von Anstrichmitteln gegen Bakterien, Hefen und Schimmelpilzen an, über deren Ergebnisse Jones, Desmarais und Winfield [176] berichteten. In jedem Falle erwies sich

Diphenylmercuridodecenylsuccinat in Zusätzen von 0,25 Gew.-% dem Cu-8-hydroxychinolat überlegen. Gute Wirkung zeigte auch das Mercurinaphthenat.

Über die Bläue an lackiertem Holz und ihre Bekämpfung berichtete REISDORF [282]. Danach haben die tiefwirkenden Grundierungen auch heute noch Bedeutung, aber nicht zur Abtötung vorhandenen Bläuemyzels, sondern zur Verhütung von Sekundärbefall. Als ein in dieser Hinsicht gefährlicher Pilz wurde Sclerophoma pityophila genannt, der seine Fruchtkörper zwischen der Holzoberfläche und der Lackschicht ausbildet. Bläuepilze vermögen auch durch ungeschützte Lackschichten bis zum Holz vorzudringen, da sie sich von Ölen, Eiweißstoffen und anderen in der Lackschicht enthaltenen Substanzen zu ernähren vermögen. Von den als Lackschutzmittel verwendeten Cu-, Zn-, Hg-, Sn-, Pb- und As-Präparaten sollen besonders Quecksilber- und Bleiverbindungen gute Wirkung zeigen; doch haben sie die Nachteile, für Warmblütler sehr toxisch zu sein und leicht Farbänderungen zu verursachen. Als für die empfindlichen Alkydharze geeignete Mittel nennt BASEMAN [5] ebenfalls die Organomercuriverbindungen.

Als besonders wirksame fungizide Mittel für Polyvinylazetat-Dispersionen gibt PÖGE [276] Tributylzinnhydroxyd, Chlorazetamid und Natriumsilicofluorid an. GENTH [121], der darauf hinwies, daß Anstrichfarben auf der Grundlage von Polyvinylazetat, Methylzellulose oder Carboxymethylzellulose zu plötzlichem Verschimmeln neigen oder durch sulfatreduzierende Bakterien in kurzer Zeit schwarz werden können, kommt nach einer kritischen Wertung gebräuchlicher bakterizider und fungizider Mittel zu dem Ergebnis, daß p-Chlor-m-kresol das beste Präparat zur Konservierung von Emulsions- und Dispersionsfarben dieser Art sei.

Mit der Prüfung von Tri-n-butyl-zinnoxyd (TBTO) als fungizides und Bewuchs von Meerestieren verhinderndes Mittel für Anstriche beschäftigte sich ZEDLER [375]. Weiter berichteten BENNETT und ZEDLER [31] über die Verwendung von Organozinnverbindungen in der Lackindustrie und stellten fest, daß TBTO die besten Gebrauchseigenschaften bei relativ niedrigem Preis bietet.

Die chlorierten Phenole und die metallorganischen Verbindungen, wie Kupfernaphthenat und Kupfer-8-hydroxychinolat, besitzen nach RAMP, MANCUSO und HUIG [277] Eigenschaften, die ihre Verarbeitung erschweren. Die chlorierten Phenole bewirken Fleckbildung in den Anstrichen. Die Quecksilberverbindungen sind sehr toxisch und, wie E. HOFFMANN u. Mitarb. [161, 162, 163, 164] nachwiesen, auch sehr flüchtig. Cu-8-hydroxychinolat ist nicht toxisch, verfärbt den Anstrich aber, beeinträchtigt die Verarbeitungseigenschaften und ist zudem sehr teuer.

Die bakterizide und fungizide Wirkung einiger Organomercuri- und Organobleiverbindungen sowie zahlreicher Organozinnverbindungen als

Schutzmittel in Dispersionsfarben und Alkydharzlacken untersuchte GIESEN [124]. Es ergab sich, daß im allgemeinen Zusätze in Konzentrationen von 0,25 bis 0,50 Gew.-% ausreichen. Lediglich die Diorganobleiverbindungen erwiesen sich als weniger wirksam.

Da mit Bakterien und Pilzen bewachsene Anstriche in Betrieben der Nahrungsmittelbranche und in Kliniken eine gefährliche Infektionsquelle darstellen, prüfte PAULI [272] Lackbiozide der verschiedensten Stoffklassen auf ihre fungizide Wirkung. Die Ergebnisse ließen deutlich erkennen, daß die Verbindungen als Schutzmittel für verschiedene Bindemittel in unterschiedlichem Maße geeignet waren. Die Eignung bestimmter Schutzmittel für die üblichen Bindemittel gibt PAULI wie folgt an:

Dispersionsfarben. Sehr gut geeignet: Organozinnverbindungen, Dithiocarbamate; geeignet: Organomercuriverbindungen und Verbindungen mit der Gruppierung -NSCCl$_3$.

Öl- und Alkydharzlacke. Sehr gut geeignet: Organomercuriverbindungen und Verbindungen mit der Gruppierung -NSCCl$_3$; bedingt geeignet: Organozinnverbindungen; ungeeignet: Dithiocarbamate.

Physikalisch trocknende Lacke. Sehr gut geeignet: Organomercuriverbindungen, Dithiocarbamat; geeignet: Organozinnverbindungen und Verbindungen mit der Gruppierung -NSCCl$_3$.

Einbrennlacke. Sehr gut geeignet: Verbindungen mit der Gruppierung -NSCCl$_3$; bedingt geeignet: Organozinnverbindungen; ungeeignet: Organomercuriverbindungen.

Er gibt auch die bei jedem Schutzmittel erforderlichen Konzentrationen in Abhängigkeit vom Verhältnis Bindemittel/Pigment an.

Über Bemühungen, die Quecksilberpräparate durch neue Fungizide für Öl-, Alkyd- und Kunststofflacke vollwertig zu ersetzen, berichtete PAULI [271] ebenfalls. Unter sechs halogensubstituierten Triazin-, Benzoxazolon-, Thiophthalimid- und Thiosulfamidverbindungen wurden die beiden folgenden als Bayer-Versuchsprodukte Ue 5931 und Ue 5933 ausgewählt. Sie hatten folgende Struktur: N-Fluordichlormethylthiophthalimid und N-Dimethyl-N'-p-methylphenyl-N'-(fluordichlormethylthio)-sulfamid (Farbenfabriken Bayer AG [107]). Diese Verbindungen können im Gegensatz zu den Quecksilberpräparaten auch in Einbrennlacken verarbeitet werden; doch sind sie für Isolierlacke nur beschränkt geeignet.

Eine Verbindung, die nach den Untersuchungen von RAMP, MANCUSO und HUIG [277] gegenüber Pullularia pullulans in Konzentrationen von 1% in Acrylharz- und Polyvinylazetat-Außenanstrichen bessere Wirkung zeigt als Organomercuriverbindungen, hat folgende Struktur: Alkyl-dimethyl-äthylbenzyl-ammonium-cyclohexylsulfamat. TORGESON [336] nennt als Lackfungizid N-(Trichlormethylthio)-4-cyclohexenyl-1,2-dicarboximid. Dieser Autor beschäftigte sich auch mit dem Wirkungsmechanismus der Lackfungizide. Die chlorierten Phenole, deren Wirkung mit dem Grade der Chlorierung zunimmt, sind vermutlich unspezifische Protoplasmagifte. Bei den Quecksilberfungiziden nehmen zahlreiche Autoren eine Anlagerung an die Sulfhydryl-Gruppen der Enzyme an. Diese Erklärung scheint aber nicht auszureichen, weil auch solche Enzyme gehemmt werden, die keine HS-Gruppe enthalten. Bei den Organozinnverbindungen wird vermutet, daß ihre Wirkung auf einer Inhibierung der oxydativen Phosphorylierung beruht.

## 5.3. Schutzmittel für Papier

Besonders anfällig für Mikroorganismen ist naturgemäß Holz in feinverteilter Form, wie es als Holzschliff gemeinsam mit Zellulose und Leimen zu Zeitungspapier und anderen billigen Papiersorten verarbeitet wird. In den Wannen und auf den Sieben der Papiermaschinen bilden sich rasch schleimige Überzüge von Mikroorganismen, zu deren Bekämpfung Desinfektionsmittel angewandt werden müssen. Hierzu sind Natriumhypochlorit, chlorierte Phenole, Phenylmercuriverbindungen, quarternäre Ammoniumsalze oder Trialkylzinnverbindungen geeignet. Zur Konservierung

Tabelle 33. *Giftwirkung handelsüblicher, für die Verwendung in der Papierindustrie vorgeschlagener Konservierungsmittel nach* CONKEY *und* CARLSON [73]

| Präparat | (ppm) Grenzkonzentration der totalen Hemmung | | | |
|---|---|---|---|---|
| Busan 90 | 250 | 50 | 250 | 150 |
| Nalcon 243 | 650 | 60 | 550 | 250 |
| Nalcon 246 | 400 | 40 | 600 | 300 |
| Tin-san | 20 | 9 | 20 | 20 |

der fertigen Papiere können die chlorierten Phenole, vor allem aber die Organomercuri- und -zinnverbindungen, gegebenenfalls unter Zusatz von Hydrophobierungsmitteln, dienen.

Zur Verwendung in der Papierindustrie wurden auch die folgenden Konservierungsmittel vorgeschlagen:

2-Brom-4'-hydroxyacetophenon (Busan 90),
3,5-Dimethyl-1,3,5-tetrahydrothiadiazin-2-thion (Nalcon 243 und 246),
Tributylzinnchlorid-Komplexe (Äthylenoxyd-Additionsprodukte des Abietylamins) (Tin-san).

Die Giftwirkung dieser Präparate auf Aerobacter aerogenes (1), Bacillus mycoides (2), Aspergillus niger (3) und Penicillium expansum (4) wurde von CONKEY und CARLSON [73] untersucht. Die dabei festgestellten Grenzkonzentrationen der totalen Hemmung sind in Tabelle 33 wiedergegeben.

## 5.4. Schutzmittel für Textilien

Die Verbesserung der Beständigkeit von Textilien, die in feuchter Umgebung oder in Berührung mit dem Erdboden verwendet werden, hat man durch folgende Verfahren zu erreichen versucht:

1. Imprägnieren mit bakteriziden und fungiziden Mitteln,
2. Modifikation des Zellulosemoleküls durch Verestern, Veräthern, Vernetzen, Pfropfpolymerisation oder Bildung von Polymeren in und auf der Faser und
3. Überziehen der Fasern mit einer Hülle aus inertem Material.

Die zum Imprägnieren von Zellulosetextilien verwendeten Bakterien- und Pilzgifte sind sehr verschiedenartige Verbindungen, wie organische Säuren, Phenole, chlorierte Phenole, Chlorkresole und Chlorxylenole, die Natriumsalze dieser Verbindungen sowie die Salze des Zinks, Kupfers und Quecksilbers, die Anilide aromatischer Säuren, Chinone, Formaldehyd abspaltende Substanzen und quarternäre Ammoniumverbindungen. Diese und andere Konservierungsmittel, die unter zahlreichen Phantasienamen im Handel sind, finden sich, soweit ihre chemische Zusammensetzung bekannt ist, in Tabelle C im Anhang.

Für Grobtextilien, wie Sandsäcke und Planenstoffe, wird vorzugsweise Kupfernaphthenat (Soligen-Kupfer) angewandt. Die in Deutschland und seinen Nachbarländern meist benutzten Imprägniermittel für Feintextilien sind das 2,2'-Methylen-bis-(4-chlorphenol) (Preventol GD) und Kupfer-8-hydroxychinolat (Preventol C8, Toralit). Auch die Phenylmercuriverbindungen sind für diesen Zweck geeignet. Außer diesen Substanzen nennen GARNIER und MAGNOUX [118] als ein in Frankreich viel benutztes Präparat Laurylpentachlorphenol. Nach CHAPIN [66] werden in den Vereinigten Staaten 2,2'-Methylen-bis-(3,4,6-trichlorphenol) (Hexachlorophen, Gamophen, Hexosan), o-Phenylphenol, TBTO, Phenylmercurilactat, quarternäre Ammoniumverbindungen und Antibiotika, wie Neomyzin, als Konservierungsmittel für Textilien häufig angewandt.

HOCH, WAGNER und VULLO [159] stellten fest, daß Tetrakis-(hydroxymethyl)-phosphoniumchlorid (THPC), ein flammhemmendes Mittel, Baumwolltextilien auch Verrottungsbeständigkeit verleiht. Die Substanz wird als THPC-Melaminfinish aufgebracht.

Zwei der genannten Substanzen, das Phenylmercurilactat und das Tributylzinnoxyd, die sehr häufig verwendet werden, sind auch für den Menschen starke Gifte. Trotzdem werden sie sogar zur Imprägnierung von Bekleidungstextilien benutzt, die mit der Haut in innige Berührung kommen, denn man braucht sie wegen ihrer sehr hohen Wirksamkeit nur in geringen Konzentrationen aufzubringen. Außer der Wirksamkeit und der Giftigkeit müssen bei der Auswahl eines Konservierungsmittels für Faserstoffe aber weitere Eigenschaften, wie Beständigkeit, Farbe und Geruch, in Betracht gezogen werden. Eine allgemeine Beurteilung des Verhaltens von bakteriziden und fungiziden Mitteln wurde von YEAGER [369] vorgenommen. Sie ist in Tabelle 34 wiedergegeben.

In jüngster Zeit haben CONNER, ISAACSON u. a. [75] die Schutzwirkung fungizider Mittel auf Zirkongrundlage geprüft, die durch Umsetzung von

Tabelle 34. *Eigenschaften einiger fungizider Mittel nach* YEAGER [*369*]

| Konservierungsmittel | Beständigkeit | Wirksamkeit | Giftigkeit | Geruch | Farbe |
|---|---|---|---|---|---|
| Kupferammonium-karbonat | gut | zieml. gut | gering | keiner | blau |
| Kupfernaphthenat | gut | gut | gering | stark unangenehm | grün |
| Kupfer-3-phenylsalizylat | gut | zieml. gut | gering | keiner | braun |
| Kupfer-8-hydroxy-chinolat | hervorragend | hervorragend | sehr gering | keiner | grünlich-gelb |
| Dihydrodichlorphenyl-methan | zieml. gut | gut | gering | keiner | schwach |
| Salizylanilid | zieml. gut | schlecht | gering | keiner | schwach |
| Zinkdimethyldithio-carbamat und Zink-2-mercaptobenzothiazol | gut | gut | sehr gering | keiner | schwach |
| o-Phenylphenol | schlecht | zieml. gut | stark | etwas phenolisch | schwach |
| Pentachlorphenol | schlecht | sehr gut | stark | etwas phenolisch | schwach |
| Natriumpentachlor-phenolat | schlecht | gut | stark | etwas phenolisch | schwach |
| Tetrachlorphenol | schlecht | sehr gut | stark | etwas phenolisch | schwach |
| Phenyl-Quecksilbersalze | sehr schlecht | gut | sehr stark | keiner | schwach |

Kupfer- und Silbersalzen mit Zirkonylazetat oder Zirkonylammonium-carbonat gewonnen wurden. Diese Verbindungen sind wärmehärtend und verleihen der Baumwolle eine erheblich bessere Widerstandsfähigkeit gegen Mikroorganismen als Kupfer- oder Silberionen in gleichen Konzentrationen. Die in Erdfaulversuchen mit schwerem Baumwollgewebe (8-Unzen Army-Duck) bestimmten Grenzkonzentrationen, bei denen die Reißfestigkeit der Prüfkörper noch nach 5 Wochen Exposition in der Erde zu 100% erhalten geblieben war, sind die folgenden:

1. Reine Cu-Zr-Verbindung: 0,6 Cu und 3,6 $ZrO_2$,
2. Reine Ag-Zr-Verbindung: 0,08 Ag und 4,8 $ZrO_2$,
3. Gemischte Cu-Ag-Zr-Verbindung: 0,4 Cu, 0,04 Ag und 2,4 $ZrO_2$ (Angaben in Gramm je 227 g Gewebe).

CONNER, DANNER u. a. [74] stellten durch 24stündiges Wässern der mit den verschiedenen Zirkonverbindungen imprägnierten, entschlichteten Zeltleinwand mit destilliertem Wasser gemäß der AATCC-Prüfmethode die Extrahierbarkeit fest. Die folgenden Verbindungen erwiesen sich als vollkommen extraktionsbeständig: Kombinationen von Kupferborat mit Zirkonylazetat und Zirkonammoniumcarbonat sowie von Phenylquecksilberazetat und -propionat mit Zirkonylazetat.

Das Imprägnieren der Textilien kann im einfachsten Falle durch Tränken und Trocknenlassen geschehen. Bei Pentachlorphenol und anderen chlorsubstituierten Phenolen wird mit der alkalischen Lösung des Natriumsalzes getränkt und angesäuert oder das Material anschließend durch ein saures Bad geführt. Häufig ist es auch möglich, das Mittel in einer Wasserfest-Imprägnierflotte aufzubringen. Da das Einatmen des von den Textilmaterialien losgelösten Staubes der Präparate für den Menschen äußerst gesundheitsschädlich ist, müssen die Mittel in üblicher Weise mit Aluminiumsalzen auf der Faser fixiert werden.

Die Modifikation des Zellulosemoleküls durch Acetylierung, Formylierung, Phosphorylierung oder Cyanoäthylierung verleiht der Faser erheblichen Schutz gegen Verrottung und Schimmelbewuchs, doch werden dadurch häufig ihre Eigenschaften nachteilig beeinflußt. Früher nahm man

Tabelle 35. *Minimaler Substitutionsgrad, der Baumwolle ausreichende Beständigkeit gegen Mikroorganismen verleiht (nach* GASCOIGNE [*119*])

| Behandlungsart | minimaler Substitutionsgrad pro Anhydroglukoseeinheit |
| --- | --- |
| Methylierung | 0,7 |
| Acetylierung | 0,5—0,7 |
| Formylierung | 0,2—0,3 |
| Cyanoäthylierung | 0,5 |
| Phosphat und Harnstoff | 0,25 |
| Phenylhydrazin (mit $HJO_4$ voroxydiert) | 0,004 |

an, daß ein Substituent je Anhydroglukoseeinheit des Zellulosemoleküls erforderlich sei, um die Faser genügend gegen den Abbau durch Mikroorganismen zu schützen. Aber die in Tabelle 35 nach GASCOIGNE [*119*] wiedergegebenen Zahlenwerte für den minimalen Substitutionsgrad, der ausreicht, um Baumwolle gegen Verschimmeln zu schützen, zeigen, daß eine wesentlich geringere Zahl von Substituenten in das Zellulosemolekül eingebracht zu werden braucht, um diese Wirkung zu erreichen. Eine mit Perjodat oxydierte Baumwollfaser, die mit Phenylhydrazin umgesetzt worden war, unterhielt das Schimmelwachstum, selbst wenn nur ein Substituent auf je 270 Anhydroglukoseeinheiten entfiel, kaum noch. Eine etwas schwächere Wirkung hatte die Modifikation mit Hydrazin und Hydroxylamin.

Über die verschiedenen Anlagerungsreaktionen, durch die man Baumwolle verrottungsbeständig, flammhemmend und knitterfest ausrüsten oder chemisch mit Farbstoffen verbinden kann, berichtete RATH [*281*]. Baumwollfasern lassen sich mit Reaktivpolymeren, mit Dichlorverbindungen, mit quarternären Stickstoffverbindungen, mit Hexamethylendiisozyanat oder Acrylonitril umsetzen. Bei der Anlagerung von 1,3-Dichlorpropanol-2 tritt auch Vernetzung der Zellulosemoleküle untereinander ein. Möglichkeiten zu Reaktionen der Zellulose von Baumwollgeweben in der Dampfphase untersuchten GAGLIARDI, JUTRAS und SHIPPEE [117]. Es sind dabei folgende Formen von Umsetzungen möglich: 1. Vernetzung, 2. Bildung von Polymeren in und auf der Faser, 3. Pfropfung, 4. Veresterung und 5. Alkylierung.

Das Aufpfropfen von Acrylonitril auf Zellulosefasern beschrieben KULKARNI und MEHTA [200]. Über die Pfropfpolymerisation auf Wolle wurden beim Department of Scientific and Industrial Research von New Zealand [85] Versuche angestellt, bei denen es gelang, verschiedene Monomere mit Hilfe von energiereichen Strahlen auf die Wollfasern aufzupolymerisieren. Das Material wird dadurch vor Feuchtigkeit geschützt und den Mikroorganismen die wichtigste Voraussetzung für ihren Stoffwechsel entzogen.

Eine weitere Möglichkeit, Zellulosefasern gegen den Angriff von Mikroorganismen zu schützen, besteht darin, sie mit thermoplastischen oder wärmehärtenden Polymeren so zu überziehen, daß die Faserstruktur erhalten bleibt. Üblicherweise dienen dazu Harnstoff- oder Melamin-Formaldehydharze. Da diese Verrottungsfestausrüstungen von Textilien und Papieren aber viel zu wünschen übrig lassen, schlug GASCOIGNE [119] vor, auf die Zellulosefasern Phenol-Formaldehydharz möglichst von chlorierten Phenolen aufzubringen. Ein Nachteil dieser Imprägnierung ist aber ihre Färbung. PAWLOWSKA, CZERWINSKA und KOWALIK [273] versuchten die Wirkung derartiger Ausrüstungen durch Zusatz von fungiziden Mitteln zu verbessern und kamen zu dem Ergebnis, daß unter den verschiedenen von ihnen erprobten Kombinationen eine Imprägnierung mit N,N-Dimethyl-dithiocarbaminsaurem Zink und Melaminharz die beste fungizide Wirkung hatte. Einen hochwirksamen Melaminfinish beschrieb auch BOYLE [48]. Zu seiner Herstellung wurde dimethyliertes Trimethylolmelamin in Gegenwart eines Härtungsmodifikators, wie Thioharnstoff, unter Zusatz eines sauren Katalysators auf das Gewebe aufgebracht und 1 bis 3 min bei 177 °C gehärtet. Die Reißfestigkeit des Gewebes stieg durch die Behandlung auf 110%, und es behielt diese Reißfestigkeit auch nach langdauerndem Wässern und einer 24 Wochen dauernden Prüfung im Erdfaulversuch gemäß AATCC 30.

Schimmelpilzmyzelien wachsen, wie schon erwähnt, auch in Textilien aus inerten Fasern ein, wenn sie auf ihnen oder in ihrer Umgebung assimilierbare Substanzen, wie Schlichten, Staub, organische Verunreinigungen, Holz oder ungeschützte Zellulosefasern, vorfinden. Es kann sich daher auch als notwendig erweisen, aus Synthesefasern bestehende Textilien fungizid auszurüsten. Hierzu wurden bei Polyamidfasern Phenylmercurisalze (Weco) und bei Polyesterfasern o-Phenylphenol (vergl. hierzu SUMMER [326]) vorgeschlagen.

## 5.5. Schutzmittel für Leder

Gegerbtes Leder ist im Gegensatz zu ungegerbten Tierhäuten ein gegen bakteriellen Abbau oder den Bewuchs mit Schimmelpilzen verhältnismäßig beständiges Material; doch bilden hier die Finishe und Schmiermittel eine Gefahrenquelle. In feuchter Umgebung und in den Tropen kommt es aber auch bei Erzeugnissen aus gegerbtem Leder leicht zu Stockfleckenbildung und Schimmelbewuchs, über deren Verhinderung das U.S. Army Quartermaster Corps [338] umfangreiche Untersuchungen anstellen ließ. Es wurden dabei vor allem Nitro- und Halogennitroverbindungen geprüft und zwei dieser Substanzen, die sich als besonders wirksam erwiesen, als Konservierungsmittel für das Lederzeug der U.S. Army empfohlen. Es sind Bis-(4-nitrophenyl)-carbonat und Bis-(2-chlor-4-nitrophenyl)-carbonat. (vergl. hierzu auch die Tabelle 32, in der die Schwellenwerte der totalen Hemmung von Schimmelpilzen durch Halogen- und Halogennitroverbindungen des Benzols aufgeführt sind).

## 5.6. Schutzmittel für Kautschuk und Gummi

Erzeugnisse aus vulkanisiertem Kautschuk besitzen, wie NOPITSCH und MÖBUS [261] bei Untersuchungen über das Bakterienwachstum auf Schaumgummi und Polyurethanschaum zeigen konnten, bakterizide Wirkung, was diese Autoren auf das Vorhandensein von Vulkanisationsbeschleunigern zurückführten. Ähnliche Beobachtungen machte BIERI [35] bei der mykologischen Prüfung von Isolierstoffen. Er stellte fest, daß Kabelummantelungen aus Butylkautschuk, die von Mikroorganismen nicht bewachsen wurden, als Vulkanisationsbeschleuniger Tetramethylthiuramdisulfid (TMTD) enthielten. Diese Substanz wird auch als fungizides Mittel (z. B. Pomarsol, Bayer) angeboten. ADELHEID SCHWARTZ [304] untersuchte eine Anzahl von Beschleunigern dieser und ähnlicher chemischer Struktur und stellte fast übereinstimmend starke Wirkung auf Bakterien und das Ausbleiben von Schimmelbewuchs fest.

Die Synthese eines Beschleunigers mit verzögerter Vulkanisationswirkung, der gleichzeitig Kautschukerzeugnissen antimykotische Eigenschaften verleiht, beschrieben VAN BIRO und PARKANY [36]. Es handelt sich um das 10-(2'-Mercaptobenzthiazolyl)-5,10-dihydrophenarsazin.

Manche gummielastische Materialien, insbesondere solche Polymerisate, die nicht vulkanisiert werden, sind zwar gegen Mikroorganismen beständig, bedürfen aber eines Zusatzes von Schutzmitteln, damit sie nicht zu Verbreitern von Krankheitskeimen werden. Dies ist besonders wichtig, wenn aus den Materialien Erzeugnisse hergestellt werden, die in der Säuglings- oder Krankenpflege Verwendung finden. Bei diesen Verwendungszwecken und bei Materialien, die mit Nahrungsmitteln in Berührung kommen könnten, muß die Auswahl bakterizider oder fungizider Mittel auch unter dem Gesichtspunkt der Unbedenklichkeit für Mensch und Tier getroffen werden.

Die meisten der genannten bakteriziden und in Tabelle C im Anhang aufgeführten fungiziden Mittel kommen für Erzeugnisse aus Kautschuk nicht in Betracht, weil sie im Vulkanisationsprozeß bei Temperaturen von 140 bis 150 °C in Gegenwart von Schwefel ihre Wirkung ganz oder teilweise einbüßen oder weil sie die Eigenschaften der Vulkanisate in sehr ungünstiger Weise verändern würden. Es besteht weiter die Gefahr von Reaktionen mit anderen Mischungsbestandteilen und mit dem polymeren Material selbst.

Tabelle 36. *Mit einigen für Kautschukmaterialien geeigneten Schutzmitteln auf Nähragar erhaltene Hemmzonen nach* W. HOFMANN [*165*]

| Präparat | % | 1 | 2 | 3 | 4 | 5 | 6 | 7 |
|---|---|---|---|---|---|---|---|---|
| Tetramethylthiuramidsulfid | 0,5 | 10 — | 4 — | 3 — | 5 — | 2 — | 0 — | 8 + |
| o- und p-Benzylphenol | 2 | 1 — | 0 — | 0 — | 1 — | 1 — | 1 — | 12 + |
| Salicylanilid | 0,75 | 2 — | 0 — | 0 — | 1 — | 0 — | 0 — | 7 + |
| o- und p-Benzylphenol<br>Salicylanilid | 2<br>0,5 | 2 — | 0 — | 0 — | 1 — | 3 — | 1 — | 13 + |
| o- und p-Benzylphenol<br>Salicylanilid<br>Tetramethylthiuramidsulfid | 2<br>0,5<br>0,5 | 10 + | 6 — | 3 + | 8 + | 6 — | 1 + | 13 + |

Mit Keimabtötung  = +  Ohne Keimabtötung = —

Aus diesem Grunde darf Kupfernaphthenat nicht in Kautschukmaterialien verarbeitet werden, weil Kupfersalze den oxydativen Abbau katalytisch beschleunigen.

Welche Verbindungen für die Verarbeitung in Kautschuk in Betracht kommen, untersuchte HOFMANN [*165*]. Er prüfte ihre keimtötende Wirkung gegenüber Staphylococcus aureus (1), Streptococcus glycerinaceus (2), Bacterium coli (3), Bacterium fluorescens (4), Bacterium mesenthericum (5), Torula (6) und Trichophyton mentagrophytes (7). Die mit den geprüften Verbindungen erhaltenen Hemmzonen sind in Tabelle 36 wiedergegeben.

## 5.7.  Schutzmittel für Kunststoffmaterialien

### 5.7.1.  Allgemeines

Die zu Erzeugnissen aus Kunststoff verarbeiteten Rohharze haben, auch wenn sie nicht von Mikroorganismen angegriffen werden, keine keimtötende oder -hemmende Wirkung. Diese Tatsache bestätigten WALTER, BEADLE, RODRIGUEZ und CHAFFEY [344, 345] bei der Untersuchung von 23 Polymeren, darunter Polyäthylen, Polyvinylchlorid, Acrylharz, Polyamid 6, Polytrifluorchloräthylen, Polytetrafluoräthylen, Polystyrol, Äthylzellulose und Zelluloseazetobutyrat, mit aus Milch isolierten Stämmen von Staphylococcus aureus, Bact. coli sowie weiteren Mikrokokken und Staphylokokken.

Besonders anfällig sind Erzeugnisse, in denen die Kunststoffe mit Materialien verbunden sind, die das Wachstum von Mikroorganismen fördern. Dazu gehören organische Füllstoffe, Zellulose enthaltende Trägermaterialien, Stabilisatoren, Gleitmittel und vor allem bestimmte Weichmacher. Über die Unbeständigkeit dieser Substanzen bei der Einwirkung von Mikroorganismen wurde oben schon berichtet.

Wiederholt ist versucht worden, antimykotische Weichmacher aufzufinden. Beispielsweise wurde die Verwendung der Dimethylester von Dicarbonsäuren, wie Phthalsäure, Adipinsäure oder Sebazinsäure, vorgeschlagen, doch wird man sie nur in Ausnahmefällen als Weichmacher für PVC verwenden können, weil sie zu flüchtig und zu leicht aus dem Material extrahierbar sind. Eine weitere Schwierigkeit bei der Synthese antimykotisch wirkender Weichmacher ist die, daß man den Verbindungen durch Modifikationen ihrer Molekülstruktur häufig nur entweder fungizide oder bakterizide Eigenschaften verleihen kann. Diese Tatsache stellten STAHL und PESSEN [319] bei ihren Untersuchungen einer Reihe homologer Sebazinsäureester fest, die sie mit Pseudomonas aeruginosa und Aspergillus versicolor prüften. Aus diesen Gründen sind auch nur wenige antimykotische Weichmacher im Handel. Als fungizider Weichmacher wurde u. a. das Tri-(2-chlormethyl)-phosphat, das als flammhemmendes Plastifizierungsmittel unter zahlreichen Handelsnamen, vor allem in Deutschland und in den USA, angeboten wird, vorgeschlagen (S.A. Consortium de Produits Chimiques [290]). In der Gruppe der Epoxydweichmacher, die gleichzeitig stabilisierende Wirkung haben, ist als fungizider Typ besonders das „Flexol PEP" der Union Carbide zu nennen, das chemisch ein Di-(isodecyl)-4,5-epoxytetrahydrophthalat ist. Freilandversuche mit PVC-Folien, die diesen Weichmacher enthielten, ergaben, daß das Material 17 Monate bewuchsfrei blieb, während die mit anderen Weichmachern hergestellten Kontrollen in kurzer Zeit verschimmelten [243]. BARSTEIN und AKOPDZANIAN [4] konnten zeigen, daß Dicarbonsäureester mit endständigen Epoxydgruppen fungizide Weichmacher sind.

Hier verdient auch die Tatsache Erwähnung, daß die Natriumsalze von Alkylsulfonaten mit verzweigter Kette bei der Emulsionspolymerisation von Vinylchlorid als Emulgiermittel (Mersolat) dienen. Sie können dadurch im fertigen Erzeugnis in Konzentrationen bis zu ungefähr 1% enthalten sein. Da sie mit den Polymeren schlecht verträglich sind, wandern sie an die

Oberfläche und können hier beim Befeuchten des Erzeugnisses schäumende Lösungen bilden. Vermutlich besitzt auch dieses Alkylsulfonat keimtötende Wirkung.

Auch in der Gruppe der Alterungsschutzmittel und UV-Absorptionsmittel gibt es Verbindungen, die starke fungitoxische Wirkung haben. Als Beispiel kann das von BIERI [35] untersuchte Di-o-kresylpropan, ein Alterungsschutzmittel für Polyäthylen, genannt werden.

Da von den Kunststofferzeugnissen außer Beständigkeit gegen Bakterien und Pilze eine Anzahl weiterer Eigenschaften, wie Flexibilität bei tiefen Temperaturen, Licht- und Wetterbeständigkeit, gutes Haften des Aufdruckes, feste Bindung an einen Textilträger oder physiologische Unbedenklichkeit, verlangt werden, ist die Verarbeitung von gegen Mikroorganismen unbeständigen Mischungsbestandteilen in vielen Fällen nicht zu vermeiden. Um Beständigkeit gegen diese Art der biologischen Zerstörung zu erreichen, ist man deshalb gezwungen, dem Material antimykotische Mittel zuzusetzen. Ähnlich wie bei der Verarbeitung in Kautschuk müssen diese Präparate bestimmte Voraussetzungen erfüllen, zu denen die folgenden gehören: genügende Hitzebeständigkeit, so daß sich die Substanzen bei den Verarbeitungstemperaturen der Kunststoffmaterialien nicht zersetzen; chemische Verträglichkeit mit dem Polymeren und den Mischungsbestandteilen, so daß keine chemischen Reaktionen eintreten, als deren Folge Verfärbungen, unangenehmer Geruch, Blasen- oder Porenbildung, Verformungen oder sonstige Veränderungen der Eigenschaften den Wert des Erzeugnisses mindern; ausreichende physikalische Verträglichkeit mit dem Polymeren und dessen Mischungsbestandteilen, so daß die Konservierungsmittel oder andere Zusätze nicht ausschwitzen, ausbluten oder ausblühen; anhaltende Wirkung, d. h. geringe Flüchtigkeit und geringe Extrahierbarkeit durch Wasser, Öle, Fette, Seifenlösungen usw.; außerdem werden häufig Geruch- und Farblosigkeit verlangt.

Auf die Bedeutung einer hohen Wirksamkeit giftiger Präparate wurde oben schon hingewiesen. Wirksame Konservierungsmittel vermögen schon in geringer Konzentration einen ausreichenden Schutz zu verleihen. Vor allem dann, wenn diese günstige Eigenschaft bei gleichzeitig geringer Extrahierbarkeit vorhanden ist, können zuweilen sogar sehr giftige Substanzen gefahrlos Verwendungszwecken zugeführt werden, bei denen die physiologische Unbedenklichkeit Vorbedingung ist.

Falls Erzeugnisse mit Nahrungsmitteln oder längere Zeit mit der menschlichen Haut in Berührung kommen, wie dies bei Verpackungsmaterialien, Küchengerät, Spielzeug oder Säuglingspflege- und Krankenpflegematerialien der Fall ist, muß die Unbedenklichkeit der darin enthaltenen bakteriziden und fungiziden Mittel zuvor festgestellt werden. Dabei sind die in den einzelnen Ländern geltenden Bestimmungen der Gesetzgebung zu beachten. M. v. SCHELHORN [294] führt folgende fungizide Mittel an, die nicht in Materialien für die Nahrungsmittelverpackung verarbeitet werden dürfen: Pentachlorphenol, Pentachlorphenolnatrium, Zink-, Cadmium- und Kupfersalze, Trichlorphenol, p-Nitrophenol und p-Chlor-m-xylenol. Dagegen sollen Folien aus Kautschukhydrochlorid und Mischpolymerisaten des Vinylchlorids für die Nahrungsmittelverpackung o-Oxydiphenol, o-Oxydiphenyl und Phenylphenol zur Konservierung zugesetzt werden dürfen.

Nach der äußeren Art der Anwendung der Mittel unterscheidet man Oberflächenschutz und Tiefenschutz. Beim Oberflächenschutz werden die Präparate in Form eines antimikrobiell wirkenden Schlußanstriches oder Lackes aufgebracht. Da die Wirkung dieser Deckschichten aber durch Einflüsse der Witterung, durch mechanisches Brechen oder durch chemische Einflüsse stark beeinträchtigt werden kann, bevorzugt man heute im allgemeinen den Zusatz der Mittel zum Kunststoffmaterial selbst. Zur Erzielung dieses Tiefenschutzes müssen die mikrobiziden Substanzen in die polymeren Materialien eingearbeitet werden. Das geschieht im allgemeinen beim Mischen oder Fluidisieren. In einigen Fällen ist auch eine Nachbehandlung möglich.

### 5.7.2.  Chemische Natur und Eigenschaften der Wirkstoffe

Die in den Vereinigten Staaten gebräuchlichen Schutzmittel für Kunststoffe hat BASEMAN [5] eingehend beschrieben. Es sind in der Mehrzahl metallorganische Verbindungen oder Substanzen, deren wirksame funktionelle Gruppen Halogen, Stickstoff oder Schwefel enthalten. Stickstoffverbindungen, die weitere wirksame Substituenten tragen können, sind z. B. die quarternären Ammoniumverbindungen, Anilide oder Carbamate. Der Schwefel liegt häufig in der Konfiguration substituierter Mercaptane vor.

Erzeugnisse, die mit der Kennzeichnung „sanitized" versehen sind, enthalten ein bestimmtes bakterizides Mittel. Sie war einem 1933 von L. D. CLEEMENT gefundenen Präparat gegeben worden, das ursprünglich dazu bestimmt war, die den menschlichen Schweiß zersetzenden Bakterien abzutöten. Heute setzt man dieses Mittel, eine basische Quecksilberverbindung, auch den zur Herstellung von Kunststofferzeugnissen bestimmten Materialien zu. Nach SCHEUERMANN [296] genügen Konzentrationen von 0,062 bis 0,125 Gew.-Tln. je 100 Tle. Harz, um Erzeugnissen aus PVC und Polyäthylen bakterizide und fungizide Eigenschaften zu verleihen.

Die metallorganischen Mikrobizide sind Verbindungen der Metalle Cu, Zn, Hg, Sn, Pb und As. Die wichtigste Kupferverbindung ist das Cu-8-hydroxychinolat. Sie gehört in Deutschland, Frankreich, England und in den Vereinigten Staaten zu den gebräuchlichsten fungiziden Mitteln. Auch das Zn-8-hydroxychinolat wird als fungizides Mittel benutzt, weiter aber auch Zn-Dimethyldithiocarbamat, Zn-Pentachlorphenolat, Zn-1-hydroxy-pyridin-2-thion und das Zn-Salizylanilid (MELNIKOW u. Mitarb. [228]). Die

Organomercuriverbindungen gehören zu den wirksamsten fungiziden Mitteln, aber sie haben Nachteile, die ihre Verwendbarkeit einschränken. Dazu gehört, daß man sie nicht gemeinsam mit schwefelhaltigen Pigmenten verarbeiten kann, weil dann Verfärbungen eintreten. Sie sind auch nicht in Überzügen auf Aluminium anzuwenden, und größere Weichmachermengen setzen ihre Wirkung herab. Bei ihrer Zersetzung rufen sie Verfärbungen hervor, und sie sind außerdem für Warmblütler sehr toxisch. Trotz dieser Nachteile gehören sie zu den bevorzugt verwendeten bakteriziden und fungiziden Mitteln. Die für Kunststoffe geeigneten Substanzen sind Phenylmercuriazetat, Phenylmercurioleat, Phenylmercuridodecenylsuccinat, Phenylmercurisalicylat, Phenylmercuri-o-benzolsulfimid, Phenylmercuristearat und Phenylmercurinaphthenat.

Die Organozinnverbindungen besitzen eine hohe Wirksamkeit, die nicht wie bei den Quecksilberverbindungen durch größere Mengen von Weichmachern herabgesetzt wird. Sie sind aber viel weniger toxisch und in den ausreichenden Konzentrationen mit Kunststoffen gut verträglich. Die bekannteste dieser Verbindungen ist das Bis-(tri-n-butylzinn)-oxyd (TBTO). Es ist gegen Bakterien, Pilze, Algen und Bewuchsorganismen wirksam und besitzt für Warmblütler eine verhältnismäßig geringe Toxizität ($LD_{30} =$ 200 mg/kg Körpergewicht beim Menschen). Darauf, daß TBTO als Schutzmittel für Anstrichstoffe Bedeutung hat, wurde schon hingewiesen. Weitere Organozinnverbindungen sind Tributylzinnhydroxyd und in neuerer Zeit das Bis-(tri-n-butylzinn)sulfosalicylat.

Unter den Organobleiverbindungen fanden sich, wie Untersuchungen von VAN DER KERK [188] zeigten, nur wenige mikrobizid wirkende Substanzen. Einige Di- und Trialkylderivate erwiesen sich als fungizide Mittel. Bei der Prüfung homologer Reihen der trisubstituierten Pb-Azetate ergaben sich die niedrigsten Grenzkonzentrationen der totalen Hemmung bei den Tri-n-butyl-Pb- und Tri-n-pentyl-Pb-azetaten. Sie betrugen in ppm (= mg/l) für B. allii, P. italicum, A. niger und Rh. nigricans jeweils 0,1 bis 0,5. Bei Gram-positiven Bakterien entsprachen die Konzentrationen denjenigen bei den Schimmelpilzen. Gegenüber B. coli und anderen Gram-negativen Keimen erwies sich die n-Propylverbindung als die wirksamste. Das Triphenylderivat war bei etwas höheren Konzentrationen gleichfalls gegen Pilze und Gram-positive Bakterien wirksam. Zu den kurz- und langkettigeren aliphatischen Substituenten hin nahmen die minimalen Konzentrationen der Hemmung in raschem Anstieg auf 500 ppm oder mehr zu.

Umfangreiche Untersuchungen über die bakterizide und fungizide Wirkung zahlreicher metallorganischer Verbindungen stellte GIESEN [124] an. Außer einigen Quecksilber- und Bleiverbindungen gehörten dazu zahlreiche Organozinnverbindungen; es handelte sich um die Trialkyl- und Triphenyl-Sn-oxyde, -chloride, sulfide, -borate, methylsulfonate und -diphenylarsinate. Die Organozinnverbindungen mit 9 bis 12 C-Atomen in den drei Resten erwiesen sich als die wirksamsten Mikrobizide. Wie schon erwähnt, genügen als Zusätze zu Dispersionsfarben und Alkydharzlacken Konzentrationen von 0,25 bis 0,50% des Schutzmittels, und nur bei den Organobleiverbindungen sind zum Schutz etwas höhere Konzentrationen erforderlich. In vielen Fällen ist die niedrige Toxizität der Verbindungen ein entscheidender Faktor. Den niedrigsten Giftwert besaß unter acht geprüften Sn-Verbindungen das Trioctyl-Sn-azetat mit einer $LD_{50}$ von 1000 mg/kg Körpergewicht. Das Bis-(tri-n-butyl-Sn)-oxyd hat eine $LD_{50}$ von 194 mg/kg Körpergewicht bzw. 178 in Öl. Diese Toxizitätswerte sind im Vergleich zu den $LD_{50} = 4$ bei Triäthyl-Sn-azetat und 5 bei Phenyl-Hg-azetat recht niedrig.

Die äußerst giftigen Arsenverbindungen haben trotz ihrer ausgezeichneten bakteriziden und fungiziden Wirkung bei Kunststoffen nur begrenzte Anwendung gefunden.

Die Stickstoff enthaltenden fungiziden Mittel weisen sehr mannigfaltige Strukturen auf. Die quarternären Ammoniumsalze sind auch für Kunststoffmaterialien geeignet. Eine wichtige Gruppe der fungiziden Mittel für Kunststoffe bilden das Salizylanilid und seine Substitutionsprodukte, wie das 5,4'-Dibromsalizylanilid und das 3,5,4'-Tribromsalizylanilid. Das Zinksalizylanilid wurde schon erwähnt.

Schwefel und Stickstoff sind in einer der schon besprochenen Phenylquecksilberverbindungen und in zwei der Organozinnverbindungen enthalten. Weitere S und N enthaltende Verbindungen haben die Konfiguration von Mercaptanen. Es sind wichtige fungizide Mittel, wie z. B. N-(Trichlormethylthio)-phthalimid und N-(Trichlormethylthio)-4-cyclohexenyl-1,2-dicarboximid. Auch Derivate des halogensubstituierten Diphenylthioharnstoffs wurden als antimikrobielle Wirkstoffe vorgeschlagen (Ciba AG [70]).

### 5.7.3. Mikrobizide Schutzmittel für bestimmte Kunststoffe

Die Eignung der einzelnen Verbindungen für bestimmte Kunststoffmaterialien hängt in erster Linie von den Verarbeitungstemperaturen, der Verträglichkeit, der Färbung und vor allem von der späteren Verwendung der Erzeugnisse ab. Viele Polymere sind gegen Mikroorganismen beständig. Zusätze von Schutzmitteln sind außer in den wenigen Fällen, in denen die Polymeren selbst ungenügende Beständigkeit besitzen, immer dann erforderlich, wenn die hochmolekularen Harze Weichmacher, Stabilisatoren, Gleitmittel oder organische Füllstoffe enthalten oder mit Trägermaterialien aus Zellulosefasern verbunden sind.

Der Zusatz antimykotischer Mittel hat für die Polymerisate und Mischpolymerisate des Vinylchlorids die größte Bedeutung, weil die daraus gefertigten Waren wegen ihres häufig hohen Weichmachergehaltes für Mikroorganismen besonders anfällig sind. Da aus diesen Polymeren die größte Menge aller Kunststofferzeugnisse hergestellt wird, kommt diesen Zusätzen auch wirtschaftlich eine beachtliche Rolle zu.

Für PVC-Materialien wurde von den Farbenfabriken Bayer das „Preventol K 1" entwickelt, dessen wirksame Bestandteile chlorierte Phenole sind. In den Vereinigten Staaten wurde als fungizides Mittel für Erzeugnisse aus Weich-PVC, die in kalten Klimaten verwendet werden, das 1-Fluor-3-brom-4,6-dinitrobenzol entwickelt (JACKSON [175]), das in Zusätzen von 0,25% sicheren Schutz verleihen soll. Als Konservierungsmittel für PVC sind in den USA weiter Isodekansäuren, wie Trimethylheptancarbonsäure oder Dimethyloktancarbonsäure und auch das Zinksalz des 1-Hydroxypyridin-2-thions im Handel.

Als sich herausstellte, daß Autopolster aus PVC-Kunstleder bei Lieferungen ins tropische Ostasien stark von Schimmelpilzen befallen wurden, erwies sich ein Zusatz von Pentachlorphenyllaurat als wirksamer Schutz [242].

SCULLIN, GIRARD und KODA [306], die zahlreiche Weichmacher in PVC auf ihre Zersetzlichkeit durch Bodenmikroorganismen prüften und sich mit der Verhütung der in warmen Ländern durch Schimmelpilze hervorgerufenen Rosafärbung beschäftigten, nannten als die in England gebräuchlichsten Konservierungsmittel für PVC quarternäre Ammoniumsalze von Carbonsäuren und die auch in anderen Ländern häufig angewandten Verbindungen Cu-8-hydroxychinolat, N-(Trichlormethylthio)-phthalimid und Äthylester der p-Oxybenzoesäure.

Für Erzeugnisse aus Weich-PVC werden nach A. L. BASEMAN [5] in den Vereinigten Staaten folgende Schutzmittel angewandt:

Cu-8-hydroxychinolat. In erster Linie für PVC-beschichtete Trägermaterialien, Draht- und Kabelisolierungen sowie Rohre. Das Mittel wird, in Weichmacher gelöst, in Konzentrationen von 2,5 bis 10% zugesetzt. Die Präparate sind Lösungen in DOP, Dibutylsebazat, Dioctylsebazat, Trikresylphosphat oder Trioctylphosphat. In Frankreich werden auch Phenylmercurisulfimid-o-benzoat und Phenylmercurisalizylat bei Weich-PVC angewandt.

Organozinnverbindungen. Bis-(tri-n-butyl-zinn)-oxyd wird den Materialien für Weich-PVC-Folien in einer Menge von 1%, für Spielzeug oder Katheter in einer Konzentration von 0,03% zugesetzt. Ein neueres Präparat, das Bis-(tri-n-butylzinn)-sulfosalizylat, wird in Weichmacher als Träger geliefert und den Materialien für flexible PVC-Folien in einer Menge von 0,5% beigemischt oder direkt auf die Walzen des Kalanders gegeben.

Arsenverbindungen werden fast ausschließlich bei PVC-Materialien angewandt, bei denen ihre Toxizität nicht von Bedeutung ist. Nach BASEMAN [5] wurde für diese Zwecke ein stabilisierender Weichmacher mit eingebauter antimykotischer Wirkung synthetisiert, dessen Struktur aber nicht angegeben wurde. Als Zusatz werden 3 bis 5% empfohlen.

Quarternäre Ammoniumverbindungen sind im allgemeinen nur zur Verarbeitung in Plastisolen und Organosolen für beschichtete Trägermaterialien geeignet, weil sie sich bei höheren Temperaturen verfärben und schließlich ihre Wirkung einbüßen. Verbindungen, wie quarternäres Ammoniumnaphthenat, werden in Mengen von 2 bis 4%, bezogen auf den Weichmacher, eingesetzt.

Nach SUMMER [*326*] vermögen Quecksilberverbindungen und quarternäre Salze PVC nur ungenügend gegen Mikroorganismen zu schützen. Als befriedigend erwiesen sich nach diesen Untersuchungen dagegen mit Ba-Cd-Zn stabilisierte Trichlormethylmercapto-Verbindungen, und vollkommenen Schutz schien das schon genannte 1-Fluor-3-brom-4,6-dinitrobenzol noch in Konzentrationen von 0,25% zu verleihen.

Mercaptoverbindungen sollen bei den normalen Temperaturen der Verarbeitung am Kalander und in der Strangpresse hitzebeständig sein. Für PVC-Materialien kommen vor allem N-(Trichlormethylthio)-phthalimid und N-(Trichlormethylthio)-4-cyclohexenyl-1,2-dicarboximid in Betracht. Bezogen auf den Weichmacher, betragen die Konzentrationen bei DOP 0,25 bis 0,50, bei empfindlicheren Weichmachern 0,50 bis 0,75%. Die Mittel verhindern die durch Schimmelpilze hervorgerufene Rosafärbung und werden in Erzeugnissen für die verschiedenartigsten Verwendungszwecke eingesetzt.

Polyäthylen ist, wenn es sich nicht um niedermolekulare Produkte handelt, gegen Bakterien und Pilze beständig. Wo eine antimikrobielle Konservierung erforderlich ist, empfiehlt BASEMAN [*5*] eine 1:1-Mischung aus 5,4'-Dibromsalizylanilid und 3,5,4'-Tribromsalizylanilid. Das Mittel darf aber nur in Polyäthylenfolie verarbeitet werden, die nicht zur Nahrungsmittelverpackung dient. Es wird in Konzentrationen von 0,1 bis 0,3%, meist 0,2%, angewandt.

Für die übrigen thermoplastischen Polymeren, wie Polyvinylidenchlorid, Polyvinylazetat und die Acrylharze werden Organomercuriverbindungen empfohlen. Die für Polyvinylbutyrat geeigneten Mittel sind Cu-8-hydroxychinolat und Phenylmercuriazetat.

Zellulosederivate müssen, wenn sie Weichmacher enthalten, geschützt werden. Hierzu sind nach BASEMAN [*5*] die folgenden Mittel geeignet: Pentachlorphenol, Cu-8-hydroxychinolat, Zn-pentachlorphenolat, Zn-8-hydroxychinolat, Zn-dimethyldithiocarbamat, Phenylmercuri-o-benzolsulfimid, Salizylanilid und 2-Mercaptobenzthiazol.

Alkydharze werden von Mikroorganismen angegriffen und müssen mit fungiziden Mitteln geschützt werden. Dazu sind außer den Organoquecksilberverbindungen Cu-8-hydroxychinolat und N-(Trichlormethylthio)-phthalimid geeignet.

Phenol-Formaldehydharze und Anilin-Formaldehydharze werden von Mikroorganismen angegriffen, wenn sie unbeständige Füllstoffe enthalten. In diesen Fällen wendet man ebenfalls die Organomercuriverbindungen an. Für die weniger beständigen Melaminharze wird in den USA Salizylanilid als Schutzmittel benutzt.

Obwohl mit Schwefel vernetzte Polyester- und Polyätherurethane bis zu einem gewissen Grade inert sind, ist das bei den mit Peroxyden vernetzten Polyurethanen nicht der Fall. Um den aus diesen Materialien hergestellten Erzeugnissen fungistatische Resistenz gegen Bewuchs mit Mikroorganismen zu verleihen, ist der Zusatz von fungiziden Mitteln besonders dann erforderlich, wenn sie z. B. als Schaum zu Matratzenpolstern für Kliniken verarbeitet werden. Solchen Schaummaterialien wird TBTO in einer Konzentration von 0,13% zugesetzt. BASEMAN [5] erwähnt ein neueres Präparat, das in Amerika den biostatischen Polstermaterialien aus Polyurethanschaum bei der Verarbeitung im Polyol beigemischt wird. Es handelt sich um das Bis-(tri-n-butylzinn)-sulfosalizylat [257].

Über die Entwicklung mikrobizider Organozinnverbindungen und besonders über die Wirkung von TBTO berichtete BENNETT [30]. Eine nicht näher bezeichnete Organozinnverbindung ist auch als ein gegen zahlreiche Mikroorganismen und gegen Bewuchs in Meerwasser wirkendes Schutzmittel („Advastab 540" [245]) für Holz, Papier, Kunststoffe und Anstrichmaterialien entwickelt worden. Die konservierende Wirkung einiger speziell als Zusatz zu Polyuretanmaterialien geeigneter Substanzen untersuchten KANAVEL, KOONS und LAUER [183, 184] in Prüfungen mit A. niger. Sie fanden, daß u. a. die folgenden Verbindungen Bewuchs verhinderten:

1. Bis-(tri-n-butylzinn)-oxyd                 0,15 phr
2. 6-Acetoxy-2,4-dimethyl-n-dioxan       0,2  phr
3. Bis-(5-chlor-2-hydroxyphenyl)-methan    2,0  phr
4. organischer Ätherweichmacher         10,0  phr
5. 2,2-Thio-bis-(4,6-dichlorphenol)        0,5  phr
6. trans-1,2-Bis-(n-propylsulfonyl)-äthylen   0,5  phr
7. N-Trichlormethyl-mercapto-4-cyclohexenyl-1,2-dicarboximid 0,5 phr

Nur bei den Präparaten 2 und 3 zeigte sich leichter Bewuchs.

Die Menge, in der ein fungizides Mittel den polymeren Materialien zugesetzt wird, ist insofern von Bedeutung, als hohe Konzentrationen naturgemäß die Eigenschaften eines Erzeugnisses stärker verändern als niedrige Konzentrationen. Dieser Gesichtspunkt kann dafür entscheidend sein, ob ein Präparat angewandt werden kann oder nicht. Die Konzentrationen, in denen einzelne Verbindungen bei PVC-Materialien angewandt werden müssen, betragen nach den obigen Angaben:

Cu-8-hydroxychinolat 2,5 bis 10%,
Arsenverbindungen 3 bis 5%
quarternäres Ammoniumnaphthenat 2 bis 4%,
TBTO 1%,
1-Fluor-3-brom-4,6-dinitrobenzol 0,25%,
N-(Trichlormethylthio)-phthalimid je nach Art und Menge des Weichmacher 0,03 bis 0,50%.

GARNIER und MAGNOUX [*118*] geben die folgenden hiervon abweichenden Konzentrationen an:

Salicylanilid 5 bis 10%,
Cu-8-hydroxychinolat 1,0%,
Phenylmercurisalizylat oder ähnliche Quecksilberverbindungen 0,05 bis 1,5%.

Selbstverständlich strebt man aus den angegebenen Gründen danach, möglichst wirksame Substanzen und möglichst geringe Konzentrationen anzuwenden. Es ist aber gefährlich, sich dem Schwellenwert der absoluten Hemmung stark zu nähern, weil es bei geringer Unterschreitung der absolut hemmenden Konzentration zu einer erhöhten Vermehrung der Keime durch „Reizwachstum" kommen kann. WEUFFEN und ORTEL [*351*] stellten diese Erscheinung bei 10% von 200 untersuchten, als fungizide Mittel verwendeten oder empfohlenen Präparaten fest. Diese Ergebnisse wurden mit hautpathogenen Pilzen erzielt, und sie bewiesen, wie vorsichtig man bei der Dosierung von fungiziden Mitteln sein muß, wenn man nicht Gefahr laufen will, das Gegenteil der erstrebten Wirkung zu erreichen. Eingehender beschäftigte sich CLIFTON [*72*] mit dem Reizwachstum der Mikroorganismen. In den über das Verhalten von Bakterien in Abhängigkeit von der Konzentration der dem Nährmedium zugesetzten antimykotischen Mittel aufgenommenen Diagrammen sind die vier Zonen, in denen das bakterizide Mittel unwirksam ist, das Wachstum fördert, das Wachstum hemmt und die Mikroorganismen abtötet, gut zu erkennen.

# 6. Hydrobiologische Schädlinge organischer Werkstoffe

Mikroorganismen gedeihen nur im Wasser oder in einer genügend feuchten Umgebung, denn sie nehmen alle Nahrungsstoffe durch die Zellwand hindurch in ihren Körper auf. Höher entwickelte Organismen mit eigenem Wasserhaushalt vermögen ihr Leben auch in Trockenzonen zu erhalten, wenn sie von Zeit zu Zeit ihren Wasservorrat ergänzen können.

Ein besonders reichhaltiges Leben hat sich im Wasser, besonders im Meer, entwickelt. In dieser Umgebung tritt der Einfluß weiterer Faktoren, wie der Unterschiede in den Temperaturen und Salzgehalten, auf die Verbreitung der Tierarten stark in Erscheinung. Die Temperaturen des Oberflächenwassers bis zu ein Meter Tiefe hängen im freien Ozean in erster Linie von der geographischen Breite ab, sie werden aber durch Meeresströmungen und klimatische Faktoren sehr beeinflußt (Zahlenwerte siehe bei DIETRICH und KALLE [*87*]). Die höchsten Sommertemperaturen erreicht das Oberflächenwasser nach GAGEL [*116*] im Roten Meer und im Persischen Golf mit 35 bzw. 36°C.

Die tiefsten Wintertemperaturen des Wassers richten sich in den kalten
Meeren nach der Gefriertemperatur und hängen daher vom Salzgehalt des
Meerwassers ab. Nach Bruns [57] betragen die Minima und Maxima der
Oberflächentemperaturen des Meerwassers beispielsweise in der Arktis
—1,9 und 0°, im südlichen Teil des Tartarischen Sundes —1,6 und +10,4°C,
in der eisführenden Ostsee —0,42 und +20°C.

Angaben über die Salzgehalte der Meere bringt Gagel [116], zur Meeresbiologie vergl. das Werk von Friedrich [112].

## 6.1. Mikroorganismen

Die Zahl der Bakterien ist im Bodenschlamm und in den Uferzonen der
Gewässer am größten. Während diese Mikroorganismen aber bis in große
Wassertiefen absteigen, finden sich die auf Sauerstoff angewiesenen Pilze
vorwiegend im flachen Wasser und in der Nähe der Wasseroberfläche. Im
Süßwasser und dessen Faulschlamm treten die gleichen oder ähnliche
Mikroorganismen auf wie im Humusboden. Von den Festlandformen unter-
scheiden sich die Meeresbakterien aber nach ZoBell und Morita [383]
morphologisch erheblich.

Schon im flachen Wasser können wenige Zentimeter tief in den Boden-
sedimentschichten und unter Bewuchs die Voraussetzungen für das Wachstum von anaeroben Bakterien vorhanden sein. Ubiquitär und in allen
Wassertiefen verbreitete Anaerobier sind die Sulfat reduzierenden Bakterien,
bei deren Stoffwechsel als Nebenprodukt Schwefelwasserstoff entsteht.
Ideale Lebensbedingungen finden diese Mikroorganismen vor allem unter
der kalkigen Bewuchsschicht, die sich im Meer auf allen Gegenständen
bildet und in der die aeroben Bakterien den Sauerstoff rascher verbrauchen,
als er durch Diffusion von außen nachdringt.

Zwischen dem Vorkommen von Meeresbakterien und dem starken Auftreten von Diatomeen besteht nach Steinberg [320] ein ursächlicher Zusammenhang. Die Kieselalgen bauen nämlich aus den von den Bakterien
bei der Verarbeitung organischer Sinkstoffe ins Wasser abgegebenen Verbindungen zu ihrer Ernährung geeignete Substanzen auf. In Gewässern, in
denen man zahlreiche Diatomeen antrifft, wird man daher auch größere
Mengen von Bakterien finden.

Meeresbakterien bauen organische Werkstoffe in Abhängigkeit von der
Wassertemperatur verschieden schnell ab. Steinberg [320], die zahlreiche
Materialien mit aeroben Meeresbakterien prüfte, gibt an, daß bei 20°C Jute
zweimal, PVC fünfmal und Kautschukmaterialien zehnmal so rasch abgebaut werden wie bei 5°C. Hierbei muß aber berücksichtigt werden, daß für
den tatsächlichen Umfang der Zerstörungen durch Mikroorganismen im
Meer weniger die durchschnittlichen Jahrestemperaturen als vielmehr die
mittleren Temperaturen in der warmen Jahreszeit ausschlaggebend sind,

die selbst in der Ost- und Nordsee, Meeren mit Durchschnittstemperaturen von 5 und 8 °C, im Sommer Werte von 20 °C erreichen.

Die Wassertemperatur in der Tiefsee ist der in den arktischen Gewässern herrschenden ähnlich und auf einen ziemlich einheitlichen und engen Bereich begrenzt. In größeren Tiefen als 1000 m liegen die Temperaturen zwischen $+5$ und $-1,5$ °C, aber selbst bei $-5$ °C sind die Lebensvorgänge der in diesen Tiefen vorkommenden kälteliebenden Meeresbakterien noch nicht lahmgelegt. Eine Temperatur von $+30$ °C tötet sie jedoch innerhalb von 10 min. Hohe Drücke ertragen Tiefseebakterien dagegen in ungewöhnlichem Maße (bis zu 6000 kp/cm²). ZoBELL und MORITA [383] züchteten solche hohe Drücke liebenden (barophilen) Bakterien aus dem Webertief bei 700 atü und 3 bis 4 °C.

Tabelle 37. *Von* KOHLMEYER *[196] beschriebene*
*Meerespilze*

---

Ascomyceten:
    Antennospora caribbea MEYERS
    Arenariomyces quadri-remis (HÖHNK.) MEYERS
    Ceriosporopsis halima LINDER
    Lulworthia sp.
    Peritrichospora integra LINDER

Deuteromyceten:
    Helicoma macrocephala KOHLMEYER
    Helicoma maritimum LINDER
    Speira pelagica LINDER

---

Die dauernd im Meer lebenden Pilze gehören zu den Algenpilzen (Phycomycetes) und zu den Schlauchpilzen (Ascomycetes) einschließlich der Fungi imperfecti oder Deuteromyceten. Nur diese Pilze sind zum Abbau von Holz befähigt; die Tatsache, daß es im Meer holzabbauende Pilze gibt, ist erst seit 1941 bekannt.

Über die holzzerstörenden Meerespilze gab KOHLMEYER [196] einen umfassenden Bericht, der sich aber auf die Ascomyceten und Deuteromyceten beschränkt, weil noch kein holzzerstörender Basidiomycet im Meer nachgewiesen wurde. Hier findet man auch die bis 1958 erschienene Literatur über Systematik und Biologie der Holz und Tauwerk bewohnenden Meerespilze. Die von KOHLMEYER [196] beschriebenen Meerespilze sind in Tabelle 37 aufgeführt.

Meerespilze vermögen sich wechselnden Salzgehalten gut anzupassen. Obwohl sie in Wasser mit dem dreifachen Salzgehalt der Ozeane zu leben vermögen, können die meisten von ihnen sogar in Süßwassernährböden gezüchtet werden. Auf künstlichen Nährböden wurden die Maximaltempe-

raturen ihres Wachstums zu 22 bis 25 °C bestimmt, aber selbst bei 5 °C wuchsen sie noch in erheblichem Maße. Der günstigste pH-Wert liegt im schwach
alkalischen Gebiet bei ungefähr 7,6 und ausnahmsweise bei 8,4.

MEYERS und REYNOLDS [231] stellten Untersuchungen über holzabbauende Meerespilze an, die sie von Holzteilen in den Küstenzonen der den
nordamerikanischen Subkontinent umgebenden Meere isoliert hatten (vergl.
Tabelle 38). Diese Ascomyceten und Deuteromyceten kamen auch in See-
gebieten mit sehr niedrigen Wassertemperaturen vor. Vertreter der Gattungen Lulworthia und Ceriosporopsis wurden sogar bei weniger als 5 °C
gefunden.

Tabelle 38. *Meerespilze, die von* MEYERS *und* REYNOLDS [231]
*zum Nachweis der zellulolytischen Wirkung gezüchtet wurden*

Ascomyceten:
   Torpedospora radiata MEYERS
   Lulworthia floridana MEYERS
   Ceriosporopsis halima LINDER
   Antennospora quadricornuta (CRIBB und CRIBB) JOHNSON
   Lignincola laevis HÖHNK.
   Peritrichospora integra LINDER
   Peritrichospora sp.
   Halosphaeriopsis sp.

Deuteromyceten:
   Culcitalna achraspora
   Humicola alopallonella
   Piricauda arcticoceanorum MOORE
   Helicoma sp.
   Alternaria sp.
   Cremasteria cymatilis
   Pestalotia sp.
   Nicht bestimmte Meerespilze

## 6.2. Weichtiere

Die Mollusken zeichnen sich durch das Fehlen eines stützenden Skelettes
und einer verhärteten Außenhaut, wie man sie bei den Krebstieren antrifft,
aus. Zum Schutz des Körpers scheiden die meisten Arten Kalkschalen
(Muscheln), Gehäuse (Schnecken) oder Stacheln in der Außenhaut (See-
igel) ab. Da die überwiegende Mehrzahl der Spezies im Wasser lebt, sind die
meisten Weichtiere Kiemenatmer, und nur bei den Landschnecken ist dieses
Organ zur Lunge umgebildet.

Im Stamm der Weichtiere finden sich nur in der Klasse der Muscheltiere
(Lamellibranchiata) und hier nur in der Familie der Pholadidae Schädlinge
für organische Werkstoffe. Zu ihr zählen die als Bohrmuscheln bekannten
Gattungen Teredo und Pholas.

Alle Bohrmuscheln vermögen selbst in den härtesten Hölzern zu bohren, und es gibt nur einige wenige tropische Hartholzarten, die ihrem Angriff widerstehen. Dazu gehören nach BECKER [15] Greenheart (Ocotea rhodiaei) und bis zu einem gewissen Grade auch Teakholz (Tectona grandis). Auch ein hoher Kieselsäuregehalt, wie in Kokos, soll besonders auf die Teredinidae abschreckend wirken (vergl. hierzu die bei CLAPP und KENK [71] aufgeführte Literatur).

Die Teredinidae sind diejenigen Bohrmuscheln, die an Küstenbauten aus Holz den meisten Schaden anrichten. Sie haben einen langgestreckten Körper, von dessen Kopfende die kleinen zum Bohren dienenden Schalen wegstehen. Aus dem kleinen Bohrloch, durch das die Tiere in das Holz eindringen, ragen zwei ungleiche Siphone (kontraktile Röhren) heraus, mit denen das zur Atmung nötige Wasser eingesogen und ausgestoßen wird. An ihrer Basis befinden sich zwei kleine Kalkplättchen (Paletten), mit denen

Tabelle 39. *Maße der Bohrgänge einiger Bohrmuscheln der Familie Pholadidae*

| Art | Fundort | Durch-messer mm | Länge mm | Literatur |
|---|---|---|---|---|
| Teredo navalis | Nordsee | 5 bis 15 | | BECKER [15] |
| Teredo navalis | USA, Atlantikküste | 9,5 | 150 | CLAPP und KENK [71] |
| Teredo norvegica | North-Carolina | 25 | 1220 | CLAPP und KENK [71] |
| Bankia setacea | San Franzisko | 22 | 760 | CHELLIS [67] |

die Röhren zum Schutz gegen eindringende Feinde oder Fremdkörper und bei ungünstigen Veränderungen des Salzgehaltes im Meerwasser verschlossen werden.

Die Bohrmuscheln sind Zwitter, bei denen die männlichen und die weiblichen Geschlechtsorgane mehrmals hintereinander abwechselnd zur Reife gelangen (protandrische Hermaphroditen). In einem Jahr vermag Teredo navalis 100 Millionen Eier zu erzeugen. Die Larven des gemeinen Schiffsbohrwurms (T. navalis) haben anfangs eine Größe von 0,05 bis 0,06 mm und wachsen bis zu einer Länge von 0,25 bis 0,30 mm heran. Ins Holz dringen sie erst nach einer Metamorphose, bei der sie einen Fuß entwickeln. Die Eintrittsöffnungen sind ihrer Größe entsprechend sehr klein und meist unter Bewuchs verborgen. Der Befall ist deshalb trotz der beträchtlichen Größe der ausgewachsenen Tiere nur beim Zersägen des Holzes festzustellen oder am Zerbrechen nach dessen Zerstörung durch den Bohrwurm zu erkennen. Die Bohrlöcher verlaufen zunächst quer zur Maserung des Holzes, wenden sich aber, nachdem sie einige Zentimeter Länge erreicht haben, in die Längsrichtung des Holzes. Der rasch an Dicke zunehmende Bohrwurm erweitert den Gang bald zum vollen Querschnitt. Länge und Durchmesser der die Gänge ausfüllenden Tiere sind bei den einzelnen Arten, wie Tabelle 39 zeigt, sehr verschieden. Bei Hawaii und anderen Inseln des tropischen Pazifiks fand man sogar Riesenexemplare, die bei entsprechender Länge einen Durchmesser von 76 mm aufwiesen.

Die abgeschliffenen Holzpartikeln durchlaufen den Verdauungskanal, und die Tiere gewinnen durch ihre teilweise enzymatische Verdauung notwendige Nahrungsstoffe. Da Holz aber nur 0,5% Eiweißbestandteile enthält, reichen die neben den Kohlehydraten aus dem Holz gewonnenen Proteine nicht aus, um den Aufbau der Körpersubstanz des Bohrwurms zu bestreiten. Nach BECKER [*12, 15*] wird diese Lücke durch eine Zusatzernährung mit den im eingesogenen Wasser enthaltenen Mikroorganismen ausgefüllt. Die Ernährung mit Holzzellulose ist aber notwendig, da die Tiere, wenn ihnen nur Mikroorganismen zur Verfügung stehen, verkümmern.

Die Pholadidae sind in der überwiegenden Mehrzahl Bewohner von Salzwasser; doch gibt es auch Arten, die ins Brackwasser gehen. In Indien, Australien und einigen Teilen Südamerikas wurden Teredoarten gefunden, die in Süßwasser leben. Eine Gattung, die auch bei niedrigstem Salzgehalt zu existieren vermag und durch höhere Salzgehalte geschädigt wird, ist Nausitora. Dieser große Bohrwurm kommt in den Gezeitenregionen einiger australischer Flüsse vor, in denen andere Arten dieser Familie nicht mehr zu leben vermögen. Welche Mindestsalzgehalte die Bohrmuscheln benötigen, geht aus Tabelle 40 hervor, wobei aber berücksichtigt werden muß, daß zur Fortpflanzung höhere Salzgehalte nötig sind.

Der europäische Schiffsbohrwurm (T. navalis), der vom Nordkap bis Italien und im Schwarzen Meer verbreitet ist, kommt auch an der atlantischen und pazifischen Küste Nordamerikas vor. Er erträgt Temperaturen bis +30 °C und wird erst bei +5 °C inaktiv. Kürzere Zeit überdauern die Tiere auch Gefriertemperaturen und vermögen daher an manchen Orten im Holz zu überwintern.

Die Gattung Bankia ist in den Tropen mit vielen Arten verbreitet. Bankia setacea bohrt schneller als Teredo navalis und erzeugt längere Gänge; doch ist der Abstand der einzelnen Bohrungen größer, so daß die Holzteile nicht vollständig zerstört werden. Nächst Teredo ist Bankia diejenige Bohrmuschelart, die den größten Schaden an den im Meer verwendeten Hölzern anrichtet. Bankia setacea, auch „Riesenbohrwurm" oder „nordwestlicher Bohrwurm" genannt, ist an der pazifischen Küste Nordamerikas bis Alaska und im Nordatlantik verbreitet. Nach CHELLIS [*67*] griff dieser Bohrwurm in nordatlantischen Häfen sogar mit Kreosot gestrichene Pfähle durch Astlöcher und Beschädigungen hindurch an. Eine weitere von New Jersey bis zum Golf von Mexiko verbreitete Art, die stärkere Zerstörungen anrichten soll als Teredo navalis und die wie diese Bohrmuschel in den letzten Jahren weiter nach Norden vordrang, ist Bankia gouldi.

Die in der Literatur häufig erwähnte Gattung Xylotrya ist nach Becker und Schulze [13] gleichbedeutend mit Bankia.

Die zur Gattung Xylophaga gehörenden Arten kleiden ihre Gänge nicht mit Kalk aus. Sie bohren seltener in festem Holz, werden aber häufig in Treibholz angetroffen. Sie verdauen vermutlich Holzzellulose. Nach Chellis [68] verursachte Xylophaga dorsalis in Europa erhebliche Schäden; doch ist diese Art in den Häfen an der Neu-England-Küste in den letzten Jahren nicht so gefährlich gewesen, weil sie dort nur im tieferen Wasser auftrat.

Zur Gattung Pholas gehören Holz, Fels und Muscheln anbohrende Arten. Die Tiere ernähren sich nicht vom angebohrten Material, sondern bohren nur, um Schutz zu suchen. Die Pholaden sind kräftige Bohrer, die sogar bleiummantelte Kabel oder die Ummauerungen von Hafenpfählen zu

Tabelle 40. *Mindestsalzgehalte des Meerwassers, bei denen bohrende Meeresorganismen zu überleben vermögen*

| Art | Literatur | % |
| --- | --- | --- |
| Teredo navalis L. | Becker [12] | 7 |
| Teredo navalis L. | Clapp und Kenk [71] | 9 |
| Teredo pedicellata Qutrf. | Becker [12] | 20 bis 25 |
| Teredo utriculus Gmelin | Becker [12] | 20 bis 25 |
| Bankia setacea Tryon. | Becker [12] | 18 |
| Bankia setacea Tryon. | Clapp und Kenk [71] | 16 |
| Bankia gouldi Bartsch | Clapp und Kenk [71] | 7 |
| Nausitora G. | Clapp und Kenk [71] | 1 |
| Xylotrya setacea Tryon. | Clapp und Kenk [71] | 20 |
| Limnoria lignorum Rathke | Becker [12] | 15 |
| Limnoria lignorum Rathke | Clapp und Kenk [71] | 17 |
| Sphaeroma destructor Richardson | Clapp und Kenk [71] | 1 |
| Chelura terebrans Philippi | Becker [12] | > 15 |

durchdringen vermögen. Durch diese von Pholaden in den Zement gebohrten Löcher sind in der Bucht von San Franzisko Teredomuscheln in das Holz von ummauerten Hafenpfählen eingedrungen. Ihre birnenförmigen Bohrlöcher sind nur ungefähr 40 mm tief. Diese Bohrmuscheln sind, da sie ihre Bohrlöcher nicht mit Paletten verschließen können, an unterschiedliche Salzgehalte des Meerwassers stärker anpassungsfähig als die Teredinidae und in den Weltmeeren daher weit verbreitet.

Die Muscheln der auf die tropischen und subtropischen Meeresgewässer beschränkten Gattung Martesia bohren Höhlen von 25 mm Durchmesser, gewöhnlich aber nicht tiefer als 50 bis 70 mm. Sie dringen im Holz nicht so schnell vor wie Teredo navalis, da sie aber in großer Zahl angreifen, trägt jede Generation eine Schicht von der Tiefe des Bohrloches ab, so daß ein Hafenpfahl auch von dieser Bohrmuschel in zwei Jahren zerstört werden kann. Eine Art, die im tropischen Pazifik bei Hawaii, den Philippinen, in der Karibischen See und an den Küsten Floridas vorkommt, ist Martesia striata. Die ähnliche, aber kleinere Gattung Hiata verursachte gleichfalls im Süden der Vereinigten Staaten Schäden.

Die im Nordatlantik verbreitete, zur Familie der Venusmuscheln (Veneridae) gehörende Petricola pholadiformis trifft man in ihren Jugendformen selten in Holz und mehr in festem Ton an. Die verwandte Art Petricola carditoides bewohnt wahrscheinlich als Einnister die von anderen Muscheln gebohrten Höhlen, und Petricola lithophaga, eine Bewohnerin der europäischen Gewässer, die wie die meisten in Stein bohrenden Muscheln keine mechanischen Bohrwerkzeuge besitzt, bohrt mit Hilfe eines die mineralische Substanz auflösenden Sekretes. Auch diese Lithophagen findet man zuweilen in Holz.

## 6.3. Krebstiere

Im Stamm der Gliederfüßer (Arthropoda) stellen die Krebstiere die Kiemenatmer. Sie sind in allen Gewässern in zahlreichen Arten verbreitet [247]. Nur in wenigen Ordnungen der Crustaceen, nämlich unter den Asseln (Isopoda) und den Flohkrebsen (Amphipoda), finden sich echte Schädlinge, die organische Werkstoffe angreifen.

Doch gehören auch die wichtigsten Bewuchsorganismen, die Seepocken (Balaniden) zu den Krebstieren. Die Seepocken bilden auch in unseren heimischen Meeren einen festhaftenden, kalkigen Überzug auf allen ins Salzwasser gebrachten Gegenständen, und sie wandern sogar bis ins Brackwasser hinein. Das einzelne Tier hat bei einer Höhe von 6 bis 10 mm an der Basis einen Durchmesser von 10 bis 20 mm. Die Tiere sind mit der Vorderseite des Kopfendes an der Unterlage festgeheftet. Den hinteren Teil des Kopfes und den Rumpf umgibt eine mantelförmige Kalkschale, aus der die zum Herbeistrudeln der Nahrung dienenden Extremitäten hervorragen.

Die Rankenfüßer (Cirripedia), zu denen die Seepocken gehören, sind mit wenigen Ausnahmen Zwitter. Die Naupliuslarven durchlaufen nach FREIBERGER und COLLOGER [110] sechs Larvenstadien, bis sie sich in die Cyprisform (Puppenform) verwandeln. In diesem Stadium der Entwicklung setzen sich die Tiere an Gegenständen fest und bilden ihre Kalkschale aus.

Echte Schädlinge für Holz und Tauwerk sind die zur Ordnung der Asseln (Isopoda) gehörenden Bohrasseln (Limnoria). Die von ihnen hervorgerufenen Schäden haben besonders in den gemäßigten und subtropischen Zonen Bedeutung, in denen tropischen Meeren dagegen kaum. Die Art Limnoria lignorum, in den angelsächsischen Ländern „Gribble" oder „Meerlaus" genannt, ist das am weitesten verbreitete Krebstier. Die maximalen Wassertemperaturen, bei denen Limnoria lignorum vorkommt, liegen bei ungefähr 20 °C, für Limnoria tripunctata MENZIES, eine in den wärmeren Meeresgebieten und auch im Mittelmeer verbreitete Art, bei ungefähr 30 °C.

Nördlich von der letztgenannten Art, z. B. an der französischen und an der niederländischen Küste, kommt Limnoria quadripunctata HOLTHUIS vor. Nach BECKER [12] wurden die Bohrasseln 1868 zuerst in Brest und Cherbourg beobachtet, 1906 waren sie bis Wilhelmshaven und 1926 bis Kiel vorgedrungen.

Der grau bis gelblichgrau gefärbte Körper der Bohrassel Limnoria lignorum hat eine Länge von 3,2 bis 6,4 mm und das Verhältnis von Körperlänge zu -breite beträgt 3:1 bis 2:1. Sie ist das kleinste Meeresbohrtier. Das Tier nagt mit seinen hornigen Mandibeln in die Oberfläche von Holzteilen gewundene Gänge, die häufig mehr als das 50fache seiner Körperlänge erreichen. Um dem zur Atmung nötigen Frischwasser Zutritt zu verschaffen, sind die Wandungen des Bohrganges in Abständen nach außen durchlöchert. Ihre Bohrtätigkeit entfalten diese Krebse auf allen Niveaus vom Schlamm bis zur Hochwassermarke; doch ist ihre Wirkung gewöhnlich unterhalb Niedrigwasser oder an der Schlammgrenze am stärksten. Die Gänge folgen den weicheren Holzringen, und es bleiben papierdünne Scheidewände stehen, die schließlich wegbrechen, so daß eine neue Fläche für den weiteren Angriff freigelegt wird. Nach CHELLIS [7] bohrt Limnoria in den weicheren Hölzern, wie Kiefer oder Rottanne, im Jahr bis zu einer Tiefe von 2,5 cm, was bedeutet, daß sich der Durchmesser von Hafenpfählen pro Jahr um 5 cm verringert. Nach BECKER [12] nimmt der Durchmesser der Pfähle in deutschen Häfen pro Jahr durchschnittlich um 1 bis 3 cm und seltener um bis zu 6 cm ab.

RAY [281] wies mit zellfreien Extrakten der Verdauungsorgane von Limnoria nach, daß Holzzellulose enzymatisch verdaut wird, und BECKER [15] zeigte, daß sich Limnoria nur am Leben zu erhalten vermag, wenn bestimmte Meerespilze das Holz befallen haben. Zwischen diesen Ascomyceten und Limnoria besteht eine Symbiose, die für die Bohrasseln lebensnotwendig ist, während die Pilze von ihr den Vorteil haben, daß ihre unverdaulichen Sporen auf dem Wege über den Darmkanal der Krebse tiefer in das Holz gelangen und mit den wandernden Asseln auch auf andere Holzteile übertragen und auf diese Weise weiter verbreitet werden.

Die Bohrgänge der Limnoria enthalten meist ein Pärchen. Die heranwachsenden Jungen bohren zunächst vom Gang des Muttertieres aus. Gegen Wasserverschmutzungen sind die Bohrasseln weniger empfindlich als Bohrmuscheln. Einen Übersichtsbericht über die holzbohrenden Asseln der Gattung Limnoria, ihre Entwicklung, Lebensweise und Umweltabhängigkeit gaben BECKER und KAMPF [14].

Sphaeroma und Exosphaeroma ähneln Limnoria, sind aber größer und dicker. Die Sphaeromaarten können in Salz- und Brackwasser bis fast ins Süßwasser hinein leben (vergl. Tabelle 40). Obwohl die Sphaeromaarten im allgemeinen mehr die tropischen Meere bevölkern und bei Indien, Australien sowie im Pazifischen Ozean vorkommen, gibt es doch auch

Spezies, wie Sphaeroma pentodon, die in kälteren Gewässern, wie an der Westküste Alaskas, heimisch sind. Andere Arten, z. B. Sphaeroma destructor, leben im Brackwasser. (Zu Körperbau und Verhalten der Sphaeromaarten vergl. die Arbeit von PILLAI [274].) Die Bohrgänge, die nur das 2- bis 3fache der Körperlänge erreichen, besitzen bei einem Durchmesser von 13 mm auf der ganzen Länge kreisrunden Querschnitt. Sphaeroma pentodon bohrt in allen Tiefen der Hafenbecken, vorzugsweise aber zwischen den Gezeitenwasserständen. Die Tiere dringen horizontal in das Holz ein, wenden sich dann in die Richtung der Maserung und verleihen der Oberfläche des befallenen Holzes mit großen dunklen Löchern ein narbiges Aussehen. Diese Asseln bohren nur, um Schutz zu suchen, und verdauen Holz nicht, aber sie greifen ungeschütztes Holz in großer Zahl an.

Der Scherenschwanz (Chelura terebrans), ein zur Ordnung der Flohkrebse (Amphipoda) gehörendes Krebstier ist etwas größer als die Bohrasseln der Gattung Limnoria. Er ist weit verbreitet. Nach CHELLIS [68] trifft man diese Art von Norwegen bis zum Schwarzen Meer, am Kap der guten Hoffnung und bei Neuseeland. Vor kurzem ist sie an der nordamerikanischen Atlantikküste von Florida aus bis Labrador vorgedrungen, wobei sie die Limnoria aus ihren Bohrlöchern vertrieb. Die Bohrgänge sind etwas weiter und häufiger nach außen durchlöchert als bei Limnoria. Erst in neuerer Zeit hat man nachgewiesen, daß dieser Flohkrebs ein sekundärer Holzschädling ist, der lediglich nach dem Vertreiben der Bohrasseln deren Gänge erweitert.

Alle Bohrkrebse arbeiten so schnell, daß sich andere Bohrorganismen nicht auf den von ihnen befallenen Holzteilen anzusiedeln vermögen.

## 7. Beständigkeit organischer Werkstoffe gegen hydrobiologischen Angriff

Die in den Gewässern an Tauwerk aus Naturfasern oder an Holzteilen von den pflanzlichen oder tierischen Schädlingen angerichteten Schäden sind beträchtlich. In den letzten Jahrzehnten gelangten auch synthetische Werkstoffe in zunehmendem Maße in die Gewässer. Schwimmkörper, wie Bootsrümpfe, Pontons und Bojen, Gehäuse für Unterwasseranlagen, Teile von Bohrinseln, Tauchgeräte, Schleppcontainer, Tauwerk sowie Klebstoffe für Sperrholz und Teile aus Beton werden heute aus Kunststoff hergestellt oder mit Schichten aus synthetischem Material überzogen. Rohrleitungen aus PVC oder Polyäthylen werden in den Meeren verlegt, und die Mäntel der Transozeankabel bestehen aus Synthesekautschuk oder Polymerisaten. Die Erforschung der Beständigkeit dieser Materialien gegen hydrobiologische Zerstörung und der Möglichkeiten zum Schutz der aus ihnen hergestellten Erzeugnisse gegen den Angriff von Meeresorganismen hat nicht nur wegen der Suche nach neuen Verwendungszwecken für die modernen synthetischen Materialien, sondern auch deshalb große Bedeutung, weil der Betrieb von Rohrleitungen, Kabeln und anderen Unterwasseranlagen schon durch geringfügige Beschädigungen empfindlich gestört wird. Außerdem müssen die Materialien den Einwirkungen der höchst aggressiven Umgebung möglichst Jahrzehnte lang standhalten.

Die durch biologischen Angriff an organischen Werkstoffen entstehenden Schäden lassen sich, wenn man von den Nachteilen absieht, die der Bewuchs mit sich bringt, in die folgenden beiden Gruppen einteilen:

1. chemischer Abbau der Materialien durch pflanzliche Organismen (Bakterien und Pilze) und
2. physikalische Zerstörung durch tierische Organismen (Bohrmuscheln und Bohrkrebse).

Die durch Bakterien und Pilze im Süßwasser, vor allem im Faulschlamm und in Ufernähe, eintretenden Schädigungen entsprechen den im Erdboden beobachteten Zersetzungserscheinungen (Verfaulen, Verrotten). Physikalische Zerstörungen kommen im Süßwasser nur in unbedeutendem Maße, z. B. durch Insektenlarven, vor. Die Betrachtung kann deshalb auf die durch Meeresorganismen hervorgerufenen Schäden beschränkt bleiben.

## 7.1. Holz und Zellulosefasern

Mikroorganismen schädigen große Holzteile wenig, weil ihre Wirkung nur bis in eine Tiefe von wenigen Millimetern reicht. Sie tragen aber indirekt zur raschen Zerstörung von Holz im Meer bei, weil Bohrmuscheln und Bohrkrebse das Holz erst dann befallen, wenn Mikroorganismen sich darauf angesiedelt haben. Zwischen Limnoria und Meerespilzen besteht, wie schon erwähnt, sogar eine für die Bohrasseln lebensnotwendige Symbiose, aus der aber auch die Pilze Nutzen ziehen, weil sie dadurch tiefer in das Holz hineingelangen und von den wandernden Bohrasseln weiter verbreitet werden.

Die Zerstörung des Holzes durch Meerespilze vollzieht sich nach MEYERS und REYNOLDS [*231*] in den folgenden Stufen:

1. Erweichung und Zerteilung des äußeren Holzgewebes, oft bis zu einer Tiefe von mehreren Millimetern,
2. Entwicklung der Pilzhyphen im Holz und
3. Eindringen der Pilze durch die Zellwandungen des Holzes in das Innere der Zellen, in denen sich das Myzel ausbreitet.

Diese dritte Phase beschrieb KOHLMEYER [*196*] genauer. Danach werden die Zellwände mit dünnen Fäden durchbohrt, die der Spiralform der Zellulosefibrillen ebenfalls spiralig folgen. Die Zerstörungen treten vorzugsweise in den Sekundärwänden der Spätholztracheiden ein.

Die Pilze bauen die Holzzellulose mit Hilfe von Enzymen ab. Auch die Zellulose der Manilafaser, eines Materials, das in seiner Zusammensetzung dem Holz sehr ähnlich ist, wird in entsprechender Weise abgebaut. MEYERS und REYNOLDS [231] entwickelten auf Grund der großen Ähnlichkeit der beiden Materialien eine Prüfmethode zur Ermittlung der Aggressivität von Meerespilzen (vergl. Abschnitt 8.1.).

Erhebliche Schäden an ungeschütztem Holz richten Bohrmuscheln und Bohrkrebse an. Wirtschaftliche Bedeutung haben aber nur die Gattungen Teredo, Bankia, Martesia, Limnoria und Sphaeroma. Während die Teredinidae die Holzteile von innen aushöhlen und einen Hafenpfahl in 2 bis 4 Jahren vernichten können, tragen die Pholaden und Bohrasseln das Holz von außen ab. Immerhin ist die Verringerung des Durchmessers der Pfähle durch Martesia mit 10 bis 14 cm pro Jahr so beträchtlich, daß auch von ihnen ein Pfahl in 2 Jahren zerstört werden kann. Die langsamer vordringenden Bohrasseln erreichen diese Wirkung erst in 5 bis 10 Jahren, in Ausnahmefällen in 4 Jahren.

Erzeugnisse aus Naturfasern, wie Leinen, Tauwerk, Netze oder Segel, werden durch Mikroorganismen in unverhältnismäßig größerem Ausmaß zerstört als massives Holz, weil die einzelne Faser im Vergleich zu ihrer Oberfläche einen sehr geringen Rauminhalt besitzt. Bei Laboratoriumsversuchen mit Bohrasseln in künstlichem Meerwasser (Salzgehalt $35^0/_{00}$), das mit Erdsuspension an Mikroorganismen angereichert worden war, beobachteten BECKER und KÜHNE [17] auch bakterielle Schäden an Tauwerkproben aus Naturfasern, die sie nach diesen im Laufe eines Jahres erzielten Ergebnissen in die folgende Reihe steigender Beständigkeit gegen Bakterien einstuften: Hanf, Manila, Sisal, Baumwolle, Jute, Kokos.

Pilze konnten bis auf wenige Hyphen nicht festgestellt werden; doch wurde dies auf die Überwucherung mit Bakterien zurückgeführt. Hanf war schon in kurzer Zeit mit einem dicken Belag geruchverbreitender Bakterien überzogen, und die Seilstücke hatten nach 6 Monaten ihre Festigkeit eingebüßt. Nach einem Jahr ließen sie sich mühelos mit der Hand zerfasern. Auch auf Manila war ein dünner, schleimiger Überzug festzustellen. Manila und Sisal strömten in den ersten Monaten Schwefelwasserstoffgeruch aus. Bei Baumwolle war Geruch nur anfangs festzustellen, doch schien das Material seine Festigkeit schon nach einem halben Jahr weitgehend verloren zu haben, da es sich plastisch verformen ließ. Nur Kokos erwies sich als beständig und zeigte auch nach einer Expositionszeit von 1 Jahr noch die volle Festigkeit.

Nach den Ergebnissen von STEINBERG [320] werden Jutefasern von aeroben und anaeroben Meeresbakterien als Nährstoffe verwertet.

Der Abbau von Folien aus regenerierter Zellulose verläuft ähnlich wie das Eindringen der Meerespilze in die Zellwände von Holz. Nach KOHLMEYER [196] geht es so vor sich, daß dünne Hyphenfäden, wendelförmig der Form der Zellulosefibrillen folgend, in das Material, d. h. parallel zur Folienoberfläche, einwachsen.

Die Bohrmuscheln der Gattung Teredo greifen außer Holz auch Zellulosetextilien an, und es ist bekannt, daß in Kabelmänteln hauptsächlich die Zellulosebestandteile, wie Hanf und Jute, von ihnen zerstört werden. Nach LAWTON [213] werden Teredomuscheln durch Jutereste, die von einer während des Transportes um die Kabel gelegten Schutzumhüllung zurückbleiben, zum Angriff auf die Polyäthylenhülle verlockt. Diese anlockende Wirkung stützt die Annahme, daß die Teredinidae Zellulose zu ihrer Ernährung benötigen. Die Angriffslust der Pholaden richtet sich dagegen nicht auf bestimmte Materialien, da sie lediglich Schutz suchen. Zerstörungen an Tauwerk aus Naturfasern müssen daher ebenso wie die an synthetischen Materialien und Elastomeren als von der chemischen Natur dieser Stoffe unabhängig angesehen werden.

Die Anfälligkeit von Tauwerk aus Naturfasern gegen den Angriff von Limnoria, die BECKER und KÜHNE [17] in den schon erwähnten Laboratoriumsprüfungen untersuchten, ergab eine von der Beständigkeit gegen Mikroorganismen abweichende Reihenfolge der Beständigkeit. Hier war das anfälligste Material Jute. Ihm folgten Sisal, Hanf, Baumwolle und schließlich Kokosfasern, die nicht befallen wurden. Jute, Manila und Sisal wiesen nach einem halben Jahr deutlich sichtbare Zerstörungen auf und hatten ihre Festigkeit eingebüßt. Die Widerstandsfähigkeit der Kokosfasern führten diese Autoren auf die darin enthaltene Kieselsäure zurück (Asche 1,49%). Auch das Holz der Kokospalme soll im Gegensatz zum Holz anderer Palmenarten gegen Meeresbohrtiere beständig sein.

## 7.2.  Kautschuk und Gummi

Untersuchungen über die Beständigkeit von Kabelmaterialien aus Natur- und Synthesekautschuk gegen aerobe und anaerobe Meeresbakterien stellte STEINBERG [320] an. Die Ergebnisse sind in Tabelle 41 zusammengestellt. Die Materialien sind darin nach steigender Beständigkeit gegen aerobe Meeresbakterien geordnet, gegen die aber keines der geprüften Erzeugnisse ganz beständig war. Gegen Anaerobier erwiesen sich die Butadien-Styrol- und Butadien-Akrylnitril-Mischpolymerisate sowie Chlorkautschuk und Silikonkautschuk als beständig, während Naturkautschuk und Butylkautschuk abgebaut wurden. Auch SNOKE [313] teilte mit, daß die Wirkung von sulfatreduzierenden Bakterien an einigen Tiefseekabeln deutlich zu erkennen war; doch ließen die Ergebnisse von Laboratoriumsversuchen mit Kabelisolationsmaterialien den Schluß zu, daß auch Butadien-Styrol- material von Meeresbakterien angegriffen wird.

Nach CONOLLY [76] ließen sich bei den unten beschriebenen Prüfungen im Meer keine Anzeichen für eine Schädigung von Kabelmaterialien durch Bakterien erkennen; doch soll es nach diesem Autor einige Tiefseebakterien

geben, die Kohlenwasserstoffe und Kautschukmaterialien oxydativ abzubauen vermögen.

Über die Besiedelung von Kautschuk mit Bewuchsorganismen berichtete
SUBKLEW [325]. Er beschrieb, daß Seepocken (Balanus improvisus DARW.)
in einem Brackwasserzufluß der Ostsee (Salzgehalt 0,5 bis 0,6⁰/₀₀, Temperaturen 0 bis 20 °C) als festanhaftende Krusten Autoreifen, die als Fender an
Anlegestegen ins Wasser gehängt worden waren, und andere Gegenstände
aus schwarzem, vulkanisiertem Kautschuk überzogen. Eine Ansiedlung auf
rotem Gummi konnte dagegen nicht beobachtet werden.

Tabelle 41. *Beständigkeit einiger Kautschukarten gegen den Abbau durch aerobe Meeresbakterien bei 20°C (1) und bei 5°C (2) sowie durch anaerobe Meeresbakterien bei 20°C (3)*

| Material | Form | 1 | 2 | 3 |
|---|---|---|---|---|
| Butadien-Styrol-Mantel | Folie | 19,9 | 1,2 | 0 |
| Naturkautschuk | Folie | 17,8 | 1,8 | 3,0 |
| Butylkautschuk | Folie | 17,6 | 0,3 | 9,3 |
| Neoprene-Mantel (CLAY) | Folie | 13,3 | 1,6 | 0,1 |
| Neoprene-Mantel | Folie | 12,0 | 1,4 | 0 |
| Naturkautschuk | Isolation | 11,7 | 1,5 | 1,7 |
| Butadien-Styrol | Folie | 11,6 | 1,7 | 0,4 |
| Silikonkautschuk | Folie | 9,7 | 1,4 | 0 |
| Butadien-Akrylnitril-Mantel | Folie | 6,4 | 0,3 | 0,1 |
| Neoprene-Mantel (ZnO, MgO) | Folie | 2,8 | 0,1 | 0,4 |

*(1)* und *(2)* Hier sind die Indizes des Sauerstoffverbrauches (% pro Tag) im BOD-
Test bei 20 und bei 5°C angegeben. (BOD = biological oxygen demand).
*(3)* Gesamte $H_2S$-Erzeugung nach 16 Wochen.

CLAPP und KENK [71] teilen mit, daß Bohrmuscheln außer den Zellulose-
bestandteilen von Kabelmänteln zuweilen auch Guttapercha angreifen.

Da über die Beständigkeit von Kautschukmaterialien, Kunststoffen und
Synthesefasern gegen den Angriff durch die Meeresflora und -fauna um die
Mitte unseres Jahrhunderts nur ungenügende Erfahrungen vorlagen, stellten
die Bell Telephone Laboratories in zwei Meeresbuchten der subtropischen
Atlantikküste Untersuchungen an, bei denen die Materialien 7 Jahre lang
exponiert wurden. Über die Ergebnisse dieser Prüfungen berichtete CONOLLY
[76] (vergl. auch Abschnitt 7.3.). Von den zehn Kautschukmaterialien
wiesen drei Beschädigungen durch Meeresbohrtiere auf. In Silikonkautschuk
waren Pholaden nach 2 Jahren eingedrungen. Auf die mit MgO und ZnO
gefüllten Neoprene-Materialien unternahmen Pholaden vergebliche Angriffe.
Bei keinem der Kautschukmaterialien konnte nach 5 Jahren eine Veränderung der Härte festgestellt werden; doch zeigte sich bei Butylkautschuk eine
geringe Neigung zur Spannungsrißbildung.

## 7.3.  Kunststoffe und Synthesefasern

Zahlreiche Kunststoffe sind gegen Mikroorganismen inert. Nach den Ergebnissen der schon erwähnten Laboratoriumsprüfungen von Steinberg [320] wurden die folgenden Materialien von aeroben Bakterien bei 20°C und bei 5°C sowie von anaeroben Meeresbakterien bei 20°C nicht angegriffen:

Weichmacherfreie Polymerisate und Mischpolymerisate des Vinylchlorids; Polyäthylen von normalem Molekulargewicht (Schmelzindex 2,0), Polyäthylen von hohem Molekulargewicht (Schmelzindex 0,2), Polyäthylen (Schmelzindex 0,2) mit Antioxydans, Polyäthylen (Schmelzindex 0,2) mit 5% Butylkautschuk und Antioxydans, Polyäthylen hoher Dichte (Schmelzindex 0,7) mit Antioxydans, Polyäthylen mit Ruß gefüllt und mit Antioxydans; Polypropylen mit Antioxydans; Polyamide von drei verschiedenen Bezugsquellen; Polyäthylenglykolterephthalat; Polytrifluorchloräthylen; Polytetrafluoräthylen; Polyäther; Zelluloseazetat; Zellulosetriazetat; Polycarbonat; Epoxydharz; ungesättigter Polyester mit Styrol (mit Kieselsäurefüllstoff); sowie von den in Faserform geprüften Materialien: Acrylonitril-Vinylchlorid-Mischpolymerisat und Polyamid 6.6.

Eines der Hart-PVC-Materialien in Form von Granulat erwies sich aber als gegen aerobe und anaerobe Meeresbakterien bei 20°C nicht beständig (Index des Sauerstoffverbrauches 2,7% pro Tag; Gesamt-$H_2S$ nach 16 Wochen $= 5,0$). Weich-PVC-Materialien wurden von Meeresbakterien, wie Tabelle 42 zeigt, stark abgebaut. Während Monomerweichmacher von Anaerobiern meist nicht oder nur in geringem Grade angegriffen werden, zeigt sich bei den Polymerweichmachern starke $H_2S$-Entwicklung, was dem Befund bei Jutefasern entspricht, der zum Vergleich mit aufgeführt ist. PVC-Materialien mit innerer Weichmachung erwiesen sich naturgemäß als inert.

Snoke [314] sowie Conolly [76] stellten fest, daß PVC-Materialien, die basische Bleisalze als Stabilisatoren enthielten, dort, wo sich die Prüfkörper im Bodenschlamm oder unter Bewuchs befanden, durch den von den anaeroben Meeresbakterien entwickelten Schwefelwasserstoff infolge Bildung von schwarzem Bleisulfid dunkel gefärbt worden waren. Die Festigkeit hatte sich aber an den verfärbten Stellen nicht verringert. Die in Bandform im Meer geprüften Materialien (orientiertes Polystyrol, Polytetrafluoräthylen, Polytrifluorchloräthylen und Polyäthylenglykolterephthalat) ließen keine Anzeichen für eine Schädigung durch Mikroorganismen erkennen. Prüfergebnisse von Snoke [314] zeigten aber, daß manche Zelluloseazetatfasern starke Oberflächenkorrosion durch Meeresbakterien erleiden. Auch die Prüfungen, über die Conolly [76] berichtete, erwiesen, daß die Zelluloseazetatfasern in zwei Kategorien der Beständigkeit gegen Mikroorganismen des Meeres eingeteilt werden können, nämlich in solche, die schon nach einem Jahr zerstört waren, und andere, die erst nach vier Jahren erhebliche Abbauerscheinungen zeigten. BECKER [17] stellte an den von ihm in Laboratoriumsversuchen geprüften Tauwerkproben aus synthetischem Material (Polyamid 6, verschiedene Äthylenglykolterephthalate, Polyacrylnitril, Polyäthylen hoher Dichte, Glasseide) weder Bewuchs mit Bakterien noch mit Pilzen fest. Das Fehlen von Pilzbewuchs wurde aber auf die Tatsache zurückgeführt, daß möglicherweise nicht genug Sauerstoff zur Verfügung stand, weil das eigentliche Ziel dieser Untersuchung die Prüfung auf Beständigkeit gegen Bohrasseln war, gegen die sich die geprüften Synthesefasern aber gleichfalls als beständig erwiesen (Prüforganismen: Limnoria tripunctata MENZIES).

Tabelle 42. *Abbau von Weich-PVC durch Meeresbakterien (BOD-Test bei 20°C (1), bei 5°C (2) und unter anaeroben Bedingungen bei 20°C (3)*

| Weichmacher | Erzeugnisform | 1 | 2 | 3 |
|---|---|---|---|---|
| Di-2-äthylhexylphthalat I | Granulat | 1,9 | — | 0 |
| Di-2-äthylhexylphthalat III | Granulat | 1,7 | 0,3 | 0 |
| Di-2-äthylhexylphthalat | Folie | 3,0 | 0,6 | 1,5 |
| Tri-2-äthylhexylphosphat | Folie | 2,0 | 0,3 | 0,4 |
| Trikresylphosphat | Folie | 1,8 | 0,2 | 0 |
| Trikresylphosphat | Granulat | 2,3 | — | 0 |
| Polyester E | Folie | 17,3 | 5,1 | 82,3 |
| Polyester C | Granulat | 10,3 | 2,2 | 47,1 |
| Nitrilkautschuk-Polyester C | Folie | 2,0 | 0,4 | 18,0 |
| Nitrilkautschuk | Folie | 1,8 | 0,3 | 10,9 |
| Jute, unbehandelt | Fasern | 2,0 | 1,0 | 51,6 |

*(1)* und *(2)* Hier sind die Indizes des Sauerstoffverbrauches (% pro Tag) im BOD-Test bei 20 und bei 5°C angegeben.
*(3)* Gesamt-$H_2S$ nach 16 Wochen.

Erzeugnisse aus Kunststoff werden, wie SUBKLEW [325] bei Versuchen in einem Brackwasser der Ostsee zeigen konnte, von Balaniden besiedelt. Von PVC-Platten und -Schildchen waren die 10 bis 15 mm dicken Bewuchskrusten nur mit Mühe zu entfernen. Auf den Kunststoffmaterialien kamen aber keine Abdrücke der Basalplatten vor, wie sie auf älterem Holz und weichen Anstrichschichten entstehen. Auch Perlonleinen wiesen auf allen Seiten starken Bewuchs auf, wenn sie längere Zeit in das Brackwasser versenkt worden waren. Interessant ist auch die Mitteilung, daß 1,5 m lange Perlonfäden von 0,8 bis 1,0 mm Dicke in Abständen von einigen Zentimetern mit den Seepocken bewachsen waren, die ihre Basalplatten entsprechend umgebildet hatten.

A. v. BRANDT [49] untersuchte Tauwerk aus Manila und Perlon auf Bewuchs und stellte bei Exponierung an der „Alten Liebe" von Cuxhaven fest, daß Perlon etwas langsamer und zunächst nur in den Rillen von Balanus improvisus DARW. und auch von Miesmuscheln (Mytilus edulis L.), schließlich aber doch auch wie das Manilatauwerk ganz überkrustet wurde. In diesem artenarmen Bewuchs fehlten Algen. An weiteren hier im Meerwasser auftretenden Bewuchsorganismen wurden genannt: Polychaeten, Moostierchen (Bryozoa) der Familie Membraniporidae und Leptomedusen. BARNES und POWELL [3] stellten fest, daß Glasgewebe aus endlosen Fäden von Balanus crenatus BORG. und anderen Bewuchstieren besiedelt wurde, Glasgewebe aus Stapelfasern dagegen nicht.

Nach CONOLLY [76] drangen Bewuchstiere auch zwischen die zur Prüfung im Meer auf Acrylglasstäbe gewickelten Bänder und Fäden vor, die sie mechanisch zerrissen. Von den vier in Bandform geprüften Kunststoffen (orientiertes Polystyrol, Polytetrafluoräthylen, Polytrifluorchloräthylen und Polyäthylenglykolterephthalat) blieb nur das Polytrifluorchloräthylenband unbeschädigt. Alle anderen wiesen starke mechanische Beschädigungen auf und waren nach 7 Jahren vollkommen unbrauchbar geworden. Bewuchsorganismen hatten sich an den Überlappungsstellen unter die Bänder geschoben und sie zerrissen. In diesem Zusammenhang ist auch die Mitteilung von SNOKE [313] interessant, daß Seepocken eine mehrere Millimeter dicke Bitumenschicht durchdringen, um sich an ihrem Untergrund festzusetzen.

Daß Kabelmäntel aus Polyäthylen von Bohrmuscheln der Gattung Teredo angegriffen werden, wenn Reste von Zellulosefasern, die von während des Transportes herumgelegten Jutehüllen zurückgeblieben waren, die Tiere anlocken, wurde oben schon erwähnt. Bohrmuscheln der Gattung Martesia drangen sogar in runde Acrylglasstäbe ein, die mit Jutegewebe umwickelt waren, in dem sie Halt finden konnten. Unter den von CONOLLY [76] geprüften Erzeugnissen aus thermoplastischem Material waren Stäbe und Röhren aus ABS-Harz, Polypropylen, Polytetrafluoräthylen und Polyäthylen (außer einem Polyäthylen-Prüfkörper) frei von Beschädigungen durch bohrende Meeresorganismen.

Von den elf PVC-Materialien zeigten fünf auch außerhalb der Fläche, auf die als Köder ein Stück Holz aufgebunden worden war, keine Beschädigungen. Es handelte sich um flexible mit Di-2-äthylhexylphthalat (DOP) oder Trikresylphosphat oder um halbstarre mit DOP weichgemachte Materialien. Von den sechs PVC-Materialien, die auch außerhalb der Köderzone merkliche Beschädigungen aufwiesen, enthielten drei keinen Weichmacher, während die anderen drei mit Polyester weichgemacht worden waren. In gefärbte und ungefärbte Röhren aus Polyamid 6 waren Pholaden schon nach einem Jahr eingedrungen, während Polyamid 6.6 und Polyamid 6.10 nach 2 Jahren nur oberflächliche Einkerbungen in der Köderzone aufwiesen.

In der Gruppe der duromeren Materialien zeigten sich sowohl bei den mit Epoxydmassen als auch den mit Quarz gefüllten Styrol-Polyestern Beschädigungen durch Bohrorganismen außerhalb der Köderzone. Das erste Eindringen von Pholaden wurde nach 3 Jahren festgestellt, und von diesem Zeitpunkt ab ereigneten sich bei den schon befallenen und auch bei anderen Prüfkörpern weitere Fälle des Eindringens dieser Muschel. Bei den mit Quarz gefüllten Styrol-Polyestern trat ein solcher Fall nur einmal ein, und zwar nach 7 Jahren. Es ist erstaunlich, daß es der Bohrmuschel überhaupt gelang, in ein so hartes Material, das außerdem mit einem sehr harten Füllstoff gefüllt war, einzudringen; doch nimmt man an, daß die Tiere auch in einem Material zu bohren vermögen, das härter ist als ihre Schalen, weil sie Teilchen des angebohrten Substrates als Schleifmittel verwenden. In diesem Falle mögen die Verhältnisse ähnlich liegen wie beim Schleifen von Stahl mit Kautschuk, wenn sich zwischen beiden Körpern ein Schleifmittel befindet. Bei diesem Versuch erweist sich das weichere Material als abriebfester, weil es im Gegensatz zum spröden Stahl die Verformungen elastisch aufnimmt (zum Problem der Härte und Abriebfestigkeit vergl. HALDEN-WANGER [*145, 146*]).

Die Härte der Polyester nahm innerhalb von 4 Jahren um 20% ab, und die Materialien zeigten Verfärbungen bis zu violetten Tönungen. Die Epoxydmassen veränderten ihre Härte und Färbung nicht.

Nach Angaben von RICHARDS und CLAPP [*285*] werden auch die synthetischen Sperrholzklebstoffe, die chemisch Aminoplaste oder Phenoplaste sind, von Teredo und Martesia stark angegriffen. Die mit diesen Kunstharzen verklebten Platten waren in kurzer Zeit durchbohrt. Rückschlüsse auf die Beständigkeit der massiven Kunststoffmaterialien sind aber nicht möglich, weil die Schichten dünn sind und in Holz eingebettet liegen. Wenn Teredo-Muscheln im Laufe der Prüfungen im Meer durch die als Köder dienenden Holzklötze bis zur Oberfläche der massiven Kunststoffkörper vorgedrungen waren, kehrten sie zwar um und zogen sich in das Holz zurück, hinterließen aber im Kunststoff eine flache Mulde. Sobald die Klebstoffschichten also keine größere Dicke besitzen als die Tiefe dieser oberflächlichen Einkerbungen, gelangen sie beim Sperrholz wieder in Holz und bohren weiter.

# 8. Prüfmethoden mit Meeresorganismen

Es ist sehr schwierig, die Umweltbedingungen eines marinen Milieus so nachzuahmen, daß das biologische Gleichgewicht des pflanzlichen und tierischen Lebens der Natur erreicht wird. Auch die Aufzucht der tierischen Schädlinge des Meeres ist ungewöhnlich schwierig.

## 8.1. Prüfung mit Mikroorganismen

A. v. BRANDT [*49*] entwickelte eine einfache Versuchsanordnung zur Prüfung von antimykotisch ausgerüsteten Zwirnen für Fischnetze. Als Prüfgefäße dienten Pulverflaschen von 1 l Inhalt, die bis zur Hälfte mit schwarzem, fettigem, eisen- und ölfreiem Faulschlamm (Sapropel) und bis zur

Schulter des Glases mit Flußwasser gefüllt waren. Zur Prüfung der Aggressivität dieses Milieus wurden Bündel nichtimprägnierten Baumwollmaterials in die Gefäße gebracht und bei 35 bis 38 °C bebrütet. Diese Kontrollprobe wurde nach einer Woche gegen eine neue ausgetauscht, und die Gefäße wurden zur Prüfung verwendet, sobald mindestens zwei dieser Kontrollen nacheinander 90% ihrer Festigkeit oder mehr eingebüßt hatten. Die imprägnierten Materialien wurden vor dem Test solange in heißem Wasser gewässert, bis diese keine wesentlichen Mengen des Konservierungsmittels mehr enthielten. Zur Prüfung wurden je ein Faserbündel des imprägnierten und gewässerten Materials und ein Bündel der Kontrollfäden in die Flaschen gebracht und unter häufigem Schütteln bei der angegebenen Temperatur bebrütet.

Über die Prüfung organischer Werkstoffe mit Meeresbakterien berichtete STEINBERG [320]. Die Versuche wurden unter aeroben Bedingungen bei 20 und bei 5 °C und mit anaeroben Bakterien bei 20 °C ausgeführt. Die Prüfkörper aus Kunststoffolien hatten, wenn möglich, eine Dicke von 0,10 mm und ein Format von 25,4 mm im Quadrat, d. h. eine Gesamtoberfläche von 12,9 cm². Die elastomeren Materialien waren 1,9 mm dick und zu Quadraten von 23,8 mm Kantenlänge geschnitten. Jutefasern oder Granulat wurden in Mengen von je 0,05 g in die Prüfflaschen gebracht. Bei der Prüfung mit aeroben Meeresbakterien ist der Sauerstoffverbrauch das Maß für die Verwertung des Materials, das den Mikroorganismen als einzige Kohlenstoffquelle angeboten wird. Als Prüfgefäße dienten Flaschen von 60 ml Inhalt mit Glasstopfen. Zur Gewinnung der Beimpfungsflüssigkeit wurden mit Meerwasser und Bodensediment von der Atlantikküste der Vereinigten Staaten gefüllte Kulturgefäße mit verschiedenen Kunststoff- und Kautschukmaterialien beschickt und mit den von einem ozeanographischen Institut bezogenen, schon adaptierten Meeresbakterien beimpft. Nach einer Bebrütungszeit von mindestens 6 Wochen bei 25 °C wurde eine Mischsuspension der verschiedenen Meeresbakterien hergestellt, der jeweils einige Tropfen der Flüssigkeit aus den Kulturen der entsprechenden Stoffgruppe hinzugefügt wurden, wodurch maximale Aktivität der Prüforganismen bei geringem Gehalt an organischer Substanz erreicht wird. Inzwischen war schon 8 Wochen vor Beginn der Prüfung das für die Versuche mit den zu prüfenden Materialien erforderliche gealterte Seewasser in größerer Menge hergestellt worden. Dazu wurde das Meerwasser filtriert und in einer Korbflasche im Dunkeln stehengelassen, bis sein Gehalt an organischer Substanz auf 1 ppm (1 mg/kg) oder weniger abgesunken war. Anschließend wurde das gealterte Meerwasser 16 Std mit Sauerstoff gesättigt und mit der Beimpfungsflüssigkeit in einer Konzentration von 1 ml auf je 10 l Meerwasser beimpft. Um die Sättigung mit Sauerstoff bis zum Einfüllen in die Prüfgefäße zu gewährleisten, mußten die Korbflaschen unter leichtem Sauerstoffüberdruck gehalten werden. Je eines der von jedem Material zu prüfenden zehn Quadrate wurde in je eine der 60-ml-Flaschen gebracht und in einem thermostatisch auf 20 °C eingestellten Wasserbad bebrütet. Durch Entnahme von je zwei Gefäßen zu Beginn des Versuches sowie nach 1, 2, 4 und 6 Wochen zur analytischen Bestimmung des Restsauerstoffs wurde der Sauerstoffverbrauch in Abhängigkeit von der Zeit verfolgt. Zehn dem Versuch in gleicher Weise unterworfene Kontrollen enthielten nur beimpftes Meerwasser, aber keine Materialproben. Bei starkem Abbau können diese Bebrütungszeiten auch verkürzt werden. Die Sauerstoffbestimmung geschah nach einer abgewandelten Winkler-Methode, bei der zunächst $Mn(OH)_2$ in stark alkalischer Lösung oxidiert und das nach Zusatz von Jodid in Freiheit gesetzte Jod nach Ansäuern unter Zugabe von Stärke als Indikator mit Thiosulfatlösung titriert wird. Der Sauerstoffverbrauch läßt sich unter Berücksichtigung der in den Kontrollflaschen nach der längsten Bebrütungszeit und in den Prüfflaschen zu Beginn ermittelten Sauerstoffmengen berechnen.

Das Verfahren der Prüfung mit sulfatreduzierenden Bakterien unter anaeroben Bedingungen bei 20 °C ist dem beschriebenen BOD-Test mit Ausnahme der Behandlung des gealterten Meerwassers ähnlich. In diesem Falle erhitzt man das Wasser 10 min lang zu kräftigem Sieden und füllt es sofort in eine große Korbflasche ab, die bis zum Erkalten und Beimpfen unter leichtem Stickstoffüberdruck gehalten wird. Auch während des Füllens der Prüfflaschen hält man den Überdruck aufrecht. Da die Einwirkung der anaeroben Bakterien viel langsamer vor sich geht als die der Aerobier, verbleiben die Prüf- und Kontrollgefäße 4, 8, 12 und 16 Wochen im thermostatierten Wasserbad. Zu Anfang der Prüfung und zu den angegebenen Zeitpunkten wird der Schwefelwasserstoffgehalt des Meerwassers durch Titrieren mit Jodlösung unter Zusatz von Stärke als Indikator bestimmt. Die über den Gehalt der Kontrollflaschen hinausgehende Schwefelwasserstoffmenge in den Prüfgefäßen liefert das Maß für die Verwertung der geprüften Materialien durch die sulfatreduzierenden Bakterien.

SNOKE [314] beschrieb die gleichen Methoden der Laboratoriumsprüfungen mit dem BOD-Test und der Bestimmung des erzeugten Schwefelwasserstoffs bei Anaerobiern, außerdem aber ein Prüfverfahren, das zwischen dem BOD-Test und der Exponierung im Meer steht. Dabei wird ein zu prüfendes Kautschuk- oder Kunststoffmaterial als Überzug auf einen 16 100 m langen Leiter aufgebracht und zu einer Spule aufgewickelt. Während der Prüfung ist je eine Spule in einem Prüfgefäß von 454 ml Inhalt so angeordnet, daß sie sich zur Hälfte im Bodensediment und zur Hälfte im Meerwasser befindet. Als Kontrollen dienen entsprechende Spulen in mit Bodensediment und Meerwasser gefüllten Gefäßen, die vorher sterilisiert worden sind. Das Ausmaß der Veränderung des Materials wird durch Messen der Kapazität des Leiters festgestellt; zu diesem Zwecke sind die Enden des Drahtes durch den Verschluß des Prüfgefäßes nach außen

9*

geführt. Diese ebenfalls bei 20 °C vorgenommenen Prüfungen können auf eine Zeitspanne von mehreren Jahren ausgedehnt werden.

Über die Prüfung von Textilien mit holzabbauenden Meerespilzen und über die Züchtung dieser Mikroorganismen berichteten MEYERS und REYNOLDS [231]. Um welche Pilzarten es sich dabei handelte, kann man aus Tabelle 38 entnehmen. Als Medium für die Züchtung dieser Organismen diente ein mit 0,1% Hefeextrakt versetztes Meerwasser, in das Streifen von Balsaholz eingehängt waren. Als Prüfkörper zur Ermittlung der enzymatischen Aktivität der Pilze wurden 305 cm lange Schnüre oder Gewebestreifen aus Manila, einer dem Holz chemisch sehr ähnlichen Faser verwendet, weil sich die Zugprüfung mit dieser Form des Materials sehr einfach standardisieren läßt. Die Schnurabschnitte wurden zu Spulen aufgewickelt und zu je fünf in mit 1100 ml 0,1%igem Hefeextrakt-Meerwasser gefüllte Fernbach-Flaschen so eingebracht, daß sich in jeder Flasche die erste Spule an der Oberfläche des Nährmediums und die übrigen in größeren Tiefen bis hinab zum Boden des Gefäßes befanden. Vor dem Einbau in die Gefäße wurden die Prüfkörper 20 min bei 121 °C sterilisiert. Die Beimpfungsflüssigkeit bestand aus einer Sporen- und Myzelsuspension, die durch Abschwemmen der Schrägagarkulturen mit sterilem Meerwasser gewonnen worden war. Nach Beimpfen mit je 5 bis 10 ml dieser Suspension pro Flasche wurden die Gefäße bei 20 bis 25 °C 23 bis 78 Tage bebrütet und die Prüfkörper herausgenommen, sobald Pilzbewuchs im ganzen Gefäß zu beobachten war. Außer einer visuellen Beurteilung nahmen diese Autoren Bestimmungen der zellulolytischen Wirkung des zellfreien Filtrates der Nährlösung, der Menge der darin enthaltenen reduzierenden Zucker und der Reißfestigkeit des Prüfkörpers vor, nachdem dieser 8 Std oder über Nacht bei 67 °C getrocknet worden war.

Anmerkung: B. S. 838:1961 schreibt als Prüforganismen für die Bestimmung der Giftigkeit von Holzschutzmitteln, die den Abbau von Holz durch Pilze im Meer verhindern sollen, Polystictus versicolor (LIN.) FR. und Coriolus versicolor (LIN.) QUÉL. vor.

## 8.2.  Prüfung mit Bohrmuscheln

Das Züchten von Bohrmuscheln der Gattung Teredo für Prüfzwecke im Laboratorium beschrieben BECKER und SCHULZE [13]. Als Prüforganismen kommen die an den deutschen Küsten verbreiteten Arten Teredo navalis L. und Teredo megotara HANLEY nicht in Betracht, weil sie ihre Larven schon in einem verhältnismäßig frühen Stadium ins Wasser ausstoßen und es schwierig ist, sie längere Zeit vor dem Versuch am Leben zu erhalten. Als Prüforganismen wurden daher die im Mittelmeer vorkommenden Arten Teredo utriculus GMELIN und Teredo pedicellata QUTRF. ausgewählt, weil deren Larven später ausgestoßen werden und nur wenige

Stunden im Wasser bleiben, ehe sie sich am Holz festsetzen. Im Mittelmeer laicht Teredo utriculus im Sommer und Teredo pedicellata im Winter. Da die für das Laichen günstigsten Temperaturen bekannt sind und Teredo pedicellata die Larven kurz vor Vollmond ausstößt, hat man die Möglichkeit, den Befall des Holzes zu regeln.

Zur Zucht und Prüfung ist künstliches Meerwasser (Salzgehalt 35⁰/₀₀, vergl. Anhang Tabelle D, Ziffer 36) geeignet, falls nicht natürliches Meerwasser zur Verfügung steht, das in den Aquarien laufend erneuert werden kann. Zur Versorgung mit der nötigen Zusatznahrung in Form von Mikroplankton wurden Flagellatenzuchten angelegt, für die ein Zusatz von Erdabkochung zum Meerwasser günstig ist. Wie bei anderen Aquarienzuchten ist auch bei der Züchtung von Teredo-Larven gute Belüftung und Filtration des Wassers erforderlich. Als Wassertemperatur wird 20 °C empfohlen.

Die Bohrmuscheln können in befallenem Holz von einem Hafen beschafft werden und müssen nach Entfernen vorhandener toter Tiere in den Holzstücken mehrere Wochen unter den angegebenen Bedingungen im Aquarium bleiben. Falls nicht strömendes natürliches Meerwasser benutzt wird, setzt man die Holzklötze in ein anderes Gefäß um und filtert 1 bis 2 Wochen das Wasser des Aquariums, aus dem sie entnommen wurden. Als Holz zur Züchtung der Tiere hat sich Kiefernsplintholz bewährt. Um störende Bestandteile des frischen Holzes zu entfernen und um es im Wasser zum Untersinken zu bringen, werden die Klötze zunächst 2 Wochen in destilliertem Wasser oder Leitungswasser und anschließend 2 Wochen in Meerwasser gewässert, das nach einer Woche zu erneuern ist. Falls die Klötze, die mindestens 10 cm lang, aber nicht zu groß sein sollen, im Meerwasser nicht untersinken, tränkt man sie mit Meerwasser bei Minderdruck. Sie werden in den Behältern mit Glashaken befestigt, die in ein zuvor in den Klotz gebohrtes Loch fassen und die eine solche Länge besitzen, daß die Oberkante des an der Glaswand aufgehängten Holzstückes sich 2 bis 5 cm unter der Wasseroberfläche befindet. Zur Schwärmzeit müssen die Klötze häufig umgesetzt werden, damit sich der Befall gut verteilt. Das in den Aquarien zu Boden sinkende Bohrmehl ist mit dem Stechheber zu entfernen. Sorgfältig muß auch darauf geachtet werden, daß die Bohrmuschelzuchten keine Bohrasseln enthalten.

Um die Larven fangen zu können, läßt man den Sauerstoffgehalt im Wasser etwas absinken. Die Larven sammeln sich dann an der Wasseroberfläche, wo man sie einfach abschöpfen kann. Hinsichtlich genauerer Angaben über Zucht und Haltung von Teredo utriculus und Teredo pedicellata wird auf ROCH [287] verwiesen.

Weil sich Bohrmuscheln schwieriger züchten lassen als Bohrasseln und weil sie gegen Verschmutzung und gegen giftige Schutzmittel empfindlicher sind als Limnoria, empfahlen BECKER und SCHULZE [13] die Prüfungen von

Konservierungsmitteln auf ihre Wirkung zur Verhinderung des Befalles durch Meeresbohrtiere mit den Bohrasseln Limnoria lignorum vorzunehmen.

## 8.3. Prüfung mit Bewuchs- und Bohrkrebsen

Als Laboratoriumsprüfung für Meeresbohrtiere abweisende Holzschutzmittel schlugen BECKER und SCHULZE [13] einen Aquariumtest mit der Bohrassel Limnoria lignorum RATHKE vor. Es läßt sich damit die Wirkung der Präparate im Vergleich zu bekannten Mitteln beurteilen. Zahl und Umfang der langwierigen und schwierigen Prüfungen im Meer werden dadurch erheblich verringert.

Die bei der Prüfung verwendeten Bohrasseln präpariert man aus befallenem Holz vorsichtig heraus oder sammelt sie von den Teilen ab, nachdem man die Tiere durch Senken des Sauerstoffgehaltes im Wasser zum Herauskriechen aus ihren Bohrgängen veranlaßt hat. Zunächst bringt man sie unter den für die Bohrmuscheln angegebenen Bedingungen in ein Gefäß mit künstlichem Meerwasser (vergl. Anhang Tabelle D, Ziffer 36), indem man ihnen die Möglichkeit gibt, sich an Holzspänen festzusetzen, und beobachtet sie, um verletzte Tiere auszuscheiden. Für die Prüfung werden mindestens 2 mm lange Tiere verwendet und die kleineren Tiere wieder in die Zucht zurückgesetzt, bis sie diese Größe erreicht haben.

Als Prüfgefäße dienen Glasbehälter von 25 cm Länge, 15 cm Breite und 15 cm Tiefe, die mit 3 l Wasser gefüllt sind. Die Prüfkörper nach DIN 52 176 haben die Abmessungen $5 \times 2,5 \times 1,5$ cm. Die Maserung soll in Richtung der größten Kantenlänge verlaufen. Als Material wird mittel- bis grobjähriges Kiefernsplintholz empfohlen, das nach Lagerung in Normklima (20 °C und 65% relative Luftfeuchtigkeit) unter Minderdruck gemäß DIN 52 176 mit abgestuften Konzentrationen des Schutzmittels getränkt wird. Pro Verdünnungsstufe des Präparates werden zwei Klötzchen bei 110 bis 160 Torr getränkt, und nach Aufheben des Minderdruckes läßt man sie sich mindestens 30 min vollsaugen. Die Menge des aufgenommenen Konservierungsmittels läßt sich nach Abtupfen der Klötzchen und Wägen aus den Gewichtszunahmen und Konzentrationen der Imprägnierlösungen berechnen. Die Holzklötzchen sind dann wiederum 4 Wochen bei 20 °C und einer relativen Luftfeuchtigkeit von 65% zu lagern, wobei sie in der ersten Woche täglich, später wöchentlich einmal gewendet werden. Bei Imprägnierungen mit Salzen in wäßriger Lösung geschieht diese Lagerung nach DIN 52 176 in feuchter Atmosphäre. Anschließend sind alle Klötzchen 8 Wochen in destilliertem Wasser (100 ml je Klötzchen), das täglich zweimal erneuert wird, zu wässern, wobei sie im Laufe einer jeden Woche einmal 2½ Tage getrocknet werden. An diese Prozedur schließt sich eine Lagerung in künstlichem Meerwasser für die Dauer von 4 Wochen an, bei der das Meerwasser einmal wöchentlich erneuert wird. Nach einer letzten Tränkung mit Meerwasser unter Minderdruck bringt man je ein Klötzchen in die Prüfgefäße, von denen jedes an zwei aufeinanderfolgenden Tagen mit je fünf Bohrasseln besetzt wird. Falls man nicht mit ständig erneuertem natürlichen Meerwasser arbeitet, muß das künstliche Meerwasser im Gefäß einmal im Monat erneuert werden. Zur Kontrolle belegt man weitere Gefäße mit Klötzchen, die nicht mit Konservierungsmittel imprägniert, sonst aber gleichzeitig behandelt wurden. Bei der Inspektion, die zunächst wöchentlich zweimal, später einmal in der Woche vorgenommen wird, zählt man die Anzahl der eingedrungenen und der toten Tiere. Der Versuch ist nach 12 Wochen beendet. Während der Prüfung läßt sich die Zahl der lebenden Tiere ungefähr abschätzen, weil die Bohrasseln dunkel und durch die dünne Decke der Fraßgänge hindurchschimmern. Nach Beendigung des Versuches werden die Gänge vorsichtig aufgeschnitten, und es wird die Anzahl der lebenden und toten Tiere, eventuell vorhandene Nachkommenschaft und die Beschaffenheit des Holzes festgestellt. Die Ergebnisse wurden vorläufig in den folgenden vier Befallstufen ausgedrückt:

0 = kein Befall,
I = Bohrlöcher von höchstens 2- bis 3facher Länge des Tierkörpers,
II = längere Fraßgänge vorhanden, aber Absterben aller Versuchstiere innerhalb von mindestens 3 Monaten ohne Nachkommenschaft,
III = starker Fraß und Vermehrung der Versuchstiere.

Es konnte noch nicht entschieden werden, ob die für die Verhältnisse im freien Meer festzulegende Grenze zwischen 0 und I oder zwischen I und II zu ziehen sei.

BECKER und KÜHNE [17] prüften, wie schon erwähnt, im Laboratorium auch Tauwerk aus Natur- und Synthesefasern auf ihre Beständigkeit gegen die Bohrassel Limnoria tripunctata MENZIES. Die Tiere wurden in dauernd belüftetem und filtriertem künstlichen Meerwasser (vergl. Anhang Tabelle D, Ziffer 36) bei einer Temperatur von 22 °C in diffusem Tageslicht gehalten. Das Wasser, dem zuvor eine Erdaufkochung zugesetzt worden war, enthielt praktisch kein Phytoplankton, dagegen aber reichlich Zooplankton, Meerespilze und Bakterien. Das Futter bestand aus Kiefernholz. Als Prüfkörper dienten 1 bis 2 cm dicke und 13 bis 15 cm lange Abschnitte von Schnüren und Seilen, deren Enden mit Klebband zusammengehalten wurden. Sie wurden für den Versuch in folgender Weise vorbereitet:

20 min Wässern in destilliertem Wasser bei 100 Torr,
2 Tage Lagerung in destilliertem Wasser bei Atmosphärendruck,
20 min Wässern in destilliertem Wasser bei 100 Torr,
2 Tage Lagerung in destilliertem Wasser bei Atmosphärendruck,
20 min Wässern in Meerwasser bei 100 Torr,
2 Tage Lagerung in Meerwasser bei Atmosphärendruck.

Das Verhältnis Material zu Wasser betrug sechs Prüfkörper pro Liter. Das Wasser wurde einmal täglich gewechselt. Nach dieser Vorbereitung wurden die Prüfkörper in stark mit Bohrasseln besetzte Gefäße von 30 l Inhalt gehängt, wozu bei Materialien, die spezifisch leichter als Wasser sind, eine Beschwerung erforderlich ist. Bei diesen Versuchen bildeten die Prüfkörper nicht die ausschließliche Nahrung der Tiere, da die als Futter dienenden Holzklötzchen gleichmäßig zwischen den Prüfkörpern verteilt lagen. Es handelte sich also um Fraßwahlversuche. Die Untersuchung erstreckte sich bei den in jedem Monat mit der Binokularlupe vorgenommenen Inspektionen der Prüfkörper auf das Vorhandensein von Bohrasseln und Fraßbeschädigungen über insgesamt ein Jahr. Gleichzeitig wurden der Geruch und das Vorhandensein von Überzugsschichten geprüft, weil diese für den Befall mit Bakterien kennzeichnend sind.

Die Züchtung der Nauplius-Larven von Seepocken bis zur Cyprisform, die sich an Gegenstände anheftet, haben FREIBERGER und COLOGER [111] beschrieben. Als Zuchtbehälter dienten Batteriegläser von 2 l Inhalt. Ihre Böden waren mit einem Loch versehen, durch das die Behälter entleert werden konnten und in das ein Rohr eingedichtet war, mit dem der Wasserstand so eingestellt wurde, daß die Gefäße bis 2,5 cm unterhalb des Randes gefüllt waren. Den Boden bedeckte eine Schicht groben Flußsandes, auf der eine Lage feinmaschigen Glasgewebes und schließlich als Oberschicht sterilisierter feiner Sand lagen. Das Wasser im Gefäß war gefiltertes, belüftetes Meerwasser, das mit einer Geschwindigkeit von ungefähr 50 l je Tag zufloß. Die Temperatur wurde thermostatisch auf 19 °C gehalten; zur Belüftung der Aquarien diente durch Watte gefilterte und mit Wasser gewaschene Luft. Die mit steriler Pipette aus dem seitlich im Körper des Muttertieres liegenden Membransack abgezogenen Embryonen wurden zunächst in Meerwasser gebracht, dem Penicillin zugesetzt worden war. Die Überführung in andere Gefäße erleichterte der Umstand, daß die Larven im ersten Stadium phototrop sind. Sobald man eine Punktlichtquelle an die eine Wand des Gefäßes bringt, schwimmen sie auf das Licht zu und können hier mit der Pipette entnommen werden. Als Futter erhielten die Tiere vier Arten gezüchteter Diatomeen (Nitzschia aseicularis, Nitzschia closterium, Cyclotella nana und Cryptomonas sp.), die in jedes Gefäß als Kulturlösung mit einer Geschwindigkeit von ungefähr 2 l pro Tag durch Eintropfen zugeführt wurden. Wahrscheinlich ist es weiter erforderlich, proteinreiche Nahrung in Form von getrocknetem Leberpulver oder Ei-Albumin zuzufüttern; doch wird noch untersucht, ob diese Zusatzkost unbedingt erforderlich ist. Unter diesen Bedingungen dauert die Entwicklung bis zum Cypris-Stadium 15 bis 20 Tage.

Zur Prüfung von Antifouling-Anstrichen wurden entsprechend vorbereitete Gefäße benutzt, bei denen das Wasser unten eintrat und mit einer Geschwindigkeit von ungefähr einem Knoten (1 Knoten = 1 Seemeile pro

Stunde = 1,852 km/h) nach oben zu einem Überlauf strömte. Um zu verhindern, daß die Cypris-Puppen aus dem Gefäß geschwemmt werden oder sich am Glas festsetzen, wurde vor die Innenwand der Gefäße, vom oberen Rande des Behälters aus, feinmaschiges Nylongewebe eingehängt. Den zu prüfenden Unterwasseranstrich trugen Holzbrettchen von quadratischer Form mit 10 cm Kantenlänge, die vor Beginn des Versuches und von Zeit zu Zeit während der Prüfung in einem Gefäß auf einem Drehgestell befestigt und gewässert wurden. Nach dem Einbau der Prüfbrettchen in die Behälter setzte man 50 bis 100 Cypris-Puppen ein und beobachtete, wieviele Tiere sich auf den Anstrichen festsetzten. Je kleiner diese Zahl im Vergleich zur Anzahl von Organismen ist, die sich auf entsprechend behandelten Brettchen ansiedeln, deren Anstrich kein Schutzmittel enthält, um so besser ist die Schutzwirkung des bewuchshemmenden Mittels.

Da das Züchten von Balaniden und Bryozoen eine sehr schwierige Aufgabe ist, die außerdem großen Aufwand an Laboratoriumshilfsmitteln verlangt, schlug RATHSACK [280] vor, zur Prüfung von bewuchshemmenden Mitteln und Antifouling-Anstrichen die einzellige Grünalge Chlorella pyrenoidosa zu verwenden. Dieser Prüforganismus wird in einem flüssigen, modifizierten Nährmedium nach KNOP (vergl. Anhang Tabelle D, Ziffer 35) gezüchtet. Die Chlorella-Stammsuspension, die alle 2 bis 3 Wochen frisch angesetzt werden muß, wird in der gleichen Weise bebrütet und beleuchtet wie in der Prüfung. Als Versuchsgefäße dienen Erlenmeyer-Kolben mit eingeschliffenem Glasstopfen und Belüftungseinsätzen von 200 ml Inhalt. Nach Beschicken mit 75 ml Nährlösung sterilisiert man sie 10 min bei 1 atü im Autoklaven. Beleuchtet wird mit Leuchtröhren, die im Tag-Nacht-Zyklus ein- und ausgeschaltet werden. Die zur Belüftung eingeleitete Luft enthält 2% $CO_2$. Während der Bebrütung beträgt die Temperatur des Mediums 30°C. Als Träger für die Anstriche dienen passend zugeschnittene Objektträger, deren eine Seite gerauht ist. Auf dieser Seite werden sie grundiert und mit dem Anstrich versehen. Man hängt sie in die Kolben ein und beimpft mit 2 ml Chlorella-Suspensionen. Zur Kontrolle beimpft man entsprechend vorbereitete Kolben, die keine Anstrichplättchen enthalten. Um eventuelle Hemmwirkungen üblicher Mischungsbestandteile zu berücksichtigen, empfiehlt es sich, auch einen Kolben zu prüfen, der ein Plättchen mit einem Anstrich ohne Schutzmittel enthält. Als Maß für die Antifouling-Wirkung ist die photometrische Bestimmung des Rohchlorophyllgehaltes im Vergleich zu der in den Kontrollkolben ermittelten Chlorophyllmenge geeignet. Die Versuche lieferten gut mit den Befunden im Meer übereinstimmende Ergebnisse.

## 8.4.  Prüfung im Meer

Die Prüfung von Kunststoffen, Kautschuken, Natur- und Synthesefasern, über die CONOLLY [76] berichtete und deren Ergebnisse oben schon behandelt wurden, erstreckte sich über einen Zeitraum von 7 Jahren. Den Einwirkungen der Mikroorganismen und Bohrtiere des Meeres wurden die mehr als 70 Prüfkörper in zwei Meeresbuchten an der Südostküste der Vereinigten Staaten bei Wrightsville Beach, N.C., und Daytona Beach, Fla., ausgesetzt. Diese Örtlichkeiten waren gewählt worden, weil Bohrtiere hier eine besonders aggressive Tätigkeit entfalten. Die Prüfkörper von Rohr- oder Stabform besaßen bei 2,54 cm Durchmesser eine Länge von 91,5 cm. Fasern und Bänder wurden auf Acrylglasstäbe von 1,9 cm Durchmesser, welche gleichlang wie die stab- und rohrförmigen Proben waren, gewickelt. Diese Prüfkörper wurden entweder auf Gestelle gelegt, die unter Wasser errichtet und zur Konservierung mit Kreosot angestrichen waren, oder in die Sedimentationszone hineingesteckt, wo die Mikroorganismen besonders stark einwirken. Auf jedem Prüfkörper befestigte Holzklötze dienten als Köder zum Anlocken der Bohrtiere. Mindestens einmal im Jahr wurden visuelle Beurteilungen und mikroskopische Untersuchungen an gefärbten Präparaten vorgenommen. Als weitere Kriterien für den Abbau der Materialien dienten die Änderungen der Härte und Dichte.

In dem die Prüfkörper überkrustenden oder faserig überziehenden Bewuchs konnten folgende Gruppen von Organismen festgestellt werden: Moostierchen (Bryozoa), insbesondere aus der Ordnung der Kreiswirbler (Bugula) und Seepocken (Balaniden), außerdem aber alle übrigen Bewuchstiere an Schiffen und Hafenanlagen am Meer, wie Seerosen (Actiniaria), Schwämme (Porifera) und weitere Muscheltiere, wie Kammuscheln (Anomia) oder Austern (Ostrea).

Um die Ergebnisse einfacher ausdrücken zu können, wurde eine Einteilung in die folgenden vier Klassen vorgenommen:

Klasse I: „Keine Schädigung". Keine Veränderung des Grundmaterials als Folge der Exponierung, wobei oberflächliche Einwirkungen, wie Farbänderungen, flache, durch Bohrorganismen erzeugte Eindrücke und rein mechanische Beschädigungen, wie Zerreißen oder Anheben von Bändern und Fäden, unberücksichtigt bleiben.

Klasse II: „Geringe Bohrwirkung, ausschließlich unter dem Köder". Bohrmuscheln der Gattung Teredo sind durch das Köderstück vorgedrungen und nach Erreichen des Kunststoffs, in dem sie eine flache Mulde hinterlassen haben, wieder in das Köderholz zurückgekehrt.

Klasse III: „Nicht auf die unmittelbare Umgebung des Köders beschränkter Angriff von Bohrtieren oder anderen Organismen", eine Art der Beschädigung, die häufig durch Pholaden verursacht wird.

Klasse IV: „Zerstörung des Prüfkörpers". Nach der Exponierung ist der gesamte Prüfkörper durch Bakterien, Pilze, Bohrorganismen oder eine kombinierte Wirkung dieser Organismen zerstört.

SNOKE [314] wies darauf hin, daß Erdfaulversuche ähnliche Ergebnisse liefern wie die Exponierung im Meer, wenn man von den Schäden durch

Bohrtiere absieht. Beispielsweise läßt sich also die Beständigkeit der Mäntel von Seekabeln gegen Mikroorganismen durch die einfacheren Versuche auf dem Festland verhältnismäßig gut abschätzen.

# 9. Schutzmaßnahmen gegen den Angriff von Meeresorganismen

Die Schutzmaßnahmen gegen biologische Korrosion im Wasser lassen sich im Prinzip in die beiden Gruppen: 1. Umhüllen mit inertem Material und 2. Überziehen mit abschreckende Gifte enthaltenden Schichten einteilen. In der Praxis hat die zweite Kategorie die weitaus größere Bedeutung.

Eine einfache und häufig angewandte Form der inerten Umhüllung ist das Ummauern hölzerner Hafenpfähle mit Beton. Diese Vorkehrung gewährt aber keinen absoluten Schutz, denn Bohrmuscheln der Gattung Teredo können durch die Löcher der in Stein bohrenden Pholaden in die Ummauerung eindringen. Dem gleichen Zweck dient das Umwickeln der Hafenpfähle mit Sackleinwand, die mit Teer oder Kiefernpech getränkt ist; doch schützt dieses Verfahren nur sehr unvollkommen. Eine Umhüllung mit der „Pile guard" genannten PVC-Folie, die von einer Firma in Kalifornien auf den Markt gebracht wurde, scheint sich besser bewährt zu haben [244]. Das 0,76 mm dicke Material ist zur Verbesserung seiner Wetterbeständigkeit schwarz pigmentiert. Es wird mit Hilfe von Stiften am Pfahl befestigt. Dies Verfahren bietet im Vergleich zu den früher angewandten Maßnahmen zum Schutz der Hafenpfähle auch den Vorteil eines verhältnismäßig geringen Kostenaufwandes. Zur gleichen Kategorie der gegen den Angriff von Meeresorganismen schützenden Umhüllungen gehört auch ein in England auf den Markt gebrachter Überzug für Holzboote [246]; mit einem Spezialklebstoff wird ein Nylongewebe auf die Außenwand des Bootes aufgebracht, das man mit einer in vielen Farben erhältlichen PVC-Masse imprägniert. Weiter verdient hier auch die Beobachtung von RICHARDS und CLAPP [285] Erwähnung, daß eine Kaschierung mit Glasgewebe Sperrholz sicheren Schutz gegen Meeresbohrtiere gibt.

Auch die Modifikation der Holzzellulose durch Verestern, Veräthern oder Propfpolymerisation dürfte eine geeignete Methode zur Abwehr der im Meer lebenden pflanzlichen und tierischen Schädlinge sein. CONOLLY [76] teilte nämlich mit, daß cyanoäthylierte Jute nach einer Expositionszeit von 5 Jahren im Meer noch einen relativ guten Zustand bewahrt hatte, obwohl Anzeichen für die Einwirkung von Mikroorganismen zu erkennen waren. Für die Konservierung von Wasserbauholz dürften diese Verfahren aber zu kostspielig sein.

Schutz gegen Teredo, Bankia und Limnoria gewährt Kunststoffschichten der Zusatz von Quarzmehl oder anderen Kieselsäure enthaltenden Stoffen.

Es genügt, diese Füllstoffe in der obersten Schicht anzuwenden; doch schützt diese Maßnahme nicht gegen das Eindringen von Pholaden, obwohl deren Anzahl im Vergleich zu der Zahl, die in Sperrholzplatten eindringt, deren Schichten nicht mit einem diese Füllstoffe enthaltenden Klebstoff versehen sind, geringer war. Auch entwickelten sich die eingedrungenen Tiere nicht zur vollen Größe.

Von den Meeresbohrtiere abweisenden Überzügen für Holzteile wird das Einstreichen mit Kreosot häufig angewandt. In den USA versucht man, die Giftwirkung durch einen Zusatz von Steinkohlenteeröl zu erhöhen. Solche Oberflächenbehandlungen schützen aber Holz und Zellulosefasern nicht auf die Dauer. In der mehrfach erwähnten Untersuchung der Bell Telephone Laboratories war mit Katechu behandelte Jute schon nach 6 Monaten durch Bakterien, Pilze und Limnoria zerstört. Mit einem Gemisch aus Straßenteer, Kreosot und Kupfernaphthenat imprägniertes Jutegewebe überdauerte trotz einer Schädigung, die sich schon nach 2 Jahren zu zeigen begann, 5 Jahre. Wenn die Tränkung mit Teerölen tief genug eindringt, gewährt sie ausreichenden Schutz gegen Teredo-Muscheln. Das Gewebe wird aber trotzdem zuweilen von Martesia, Limnoria und Sphaeroma angegriffen. Besonders Limnoria ist gegen Teeröle recht widerstandsfähig.

Steinkohlenteeröle, einzelne höhersiedende Fraktionen derselben und den Destillationsrückstand untersuchten BECKER und SCHULZE [13] auf ihre Wirkung als Holzimprägnierungsmittel gegen Limnoria lignorum. Zur Tränkung der Prüfkörper dienten 10%ige Lösungen in Chloroform. In das mit unzerlegtem Teeröl imprägnierte Holz vermochten nur 5% der Tiere einzudringen. Die in Temperaturstufen von 10 oder 20° geschnittenen Fraktionen im Siedebereich von 130 bis 170°C hatten keine genügende Wirkung, dagegen erwiesen sich die mit Teerölfraktionen im Siedebereich von 240 bis 360°C und mit dem Rückstand imprägnierten Holzklötzchen als gut geschützt. Es drangen keine Asseln in sie ein. Die stärkste Giftwirkung zeigte die von 280 bis 300°C siedende Fraktion. Sie enthält $\beta$-Naphthol (Kp. 285°C), Diphenylenoxyd (Kp. 287°C) und Fluoren (Kp. 294°C). Fluoren hatte aber nur geringe Wirkung. Wirksame Substanzen sind auch Acridin, Anthracen und Pyren, insbesondere wenn diese Verbindungen im Gemisch vorliegen.

Um langdauernden Schutz des Holzes zu erreichen, setzt man den Teerölen Kontaktinsektizide zu, von denen nach BECKER [15] das Dichlordiphenyltrichloräthan, bestimmte Isomere des Hexachlorcyclohexans, andere chlorsubstituierte Verbindungen und Phosphorsäureesterpräparate die wirksamsten sind.

Eine ältere Aufstellung von YONGE [370] über die Giftwirkung verschiedener Metallverbindungen auf Teredo-Larven ist in Tabelle 43 wiedergegeben. Er teilt mit, daß eine praktisch unlösliche Arsenverbindung, das

Chlordihydrophenarsazin, die Larven selbst dann abtöten, wenn dieser Stoff nur in Spuren in das die Tiere beherbergende Gefäß gebracht wird. Die Giftwirkung der Substanzen im geschlossenen Gefäß läßt aber nicht ohne weiteres Rückschlüsse auf die Eigenschaften von Schutzüberzügen, in denen sie als Bestandteil enthalten sind, im offenen Meer zu.

Die Wirkung mancher Kontaktinsektizide richtet sich gegen das Nervensystem der Arthropoden, sie versagen daher bei Bohrmuscheln. Als bei der Abwehr von Teredo-Muscheln und Bohrasseln erfolgversprechend haben sich die durch Enzymblockierung wirkenden wasserlöslichen Salze des Kupfers, Silbers und Zinns und Kupferchromat sowie Kupfer, Chrom und Arsen enthaltende Verbindungen erwiesen. Silberverbindungen wirken schon in sehr geringen Konzentrationen auf das Carbohydrase-Enzymsystem

Tabelle 43. *Giftkonzentrationen, durch die Teredo-Larven in 24 Std abgetötet werden (nach* YONGE *[370])*

| | |
|---|---|
| Quecksilber(II)-chlorid | 0,000312% |
| Arsensäure | 0,000875% |
| Zinksulfat | 0,00375% |
| Antimonylkaliumtartrat | 0,00745% |
| Kupfer(II)-chlorid | 0,0125% |
| Quecksilber(I)-chlorid | 0,015% |
| Zinnchlorid, Bleinitrat und Natriumfluorid | selbst in gesättigter Lösung unwirksam |

der Limnoria; doch verteuert der Zusatz solcher Giftstoffe die Präparate, und es ist eine Frage der Dauer des erzielten Schutzes, ob sich der Aufwand lohnt.

Obwohl man heute kaum noch größere Schiffe aus Holz auf den Weltmeeren antrifft, spielen die bewuchsabweisenden Unterwasseranstriche eine große Rolle, weil der durch den Bewuchs eintretende Mehrverbrauch an Treibstoff und die Verringerung der Fahrgeschwindigkeit Kosten verursachen. Anstriche für Schiffsböden, Küstenbauten, Bohrinseln und Boote müssen aber sowohl Bewuchs verhindern als auch vor Korrosion schützen. Es hat sich aber als unvorteilhaft erwiesen, einer Anstrichschicht beide Eigenschaften gleichzeitig zu verleihen, denn das in den Antifouling-Anstrichen enthaltene Kupferoxyd und andere Metallverbindungen fördern die Korrosion der Stahlwand, und sie müssen daher auf eine korrosionsverhindernde Grundierung aufgebracht werden. Im Prinzip unterscheidet man Antifouling-Anstriche aus unlöslichem Material von solchen, die in geringem Grade löslich sind. Beginnend mit den alten Teer-Harzanstrichen beschrieb NOWACKI [265] die verschiedenen Typen moderner Kunstharzanstriche, unter denen sich auch die seit den 40er Jahren in Gebrauch gekommenen PVC-Anstriche finden, die, wenn sie gut aufgetragen werden, den dauerhaftesten Schutz verleihen. In aggressiver Umgebung erstreckt er sich auf eine Zeitspanne von 18 bis 27 Monaten. Den PVC-Anstrichen sind nur die besten Epoxydharzanstriche überlegen; doch scheint es, daß ihnen diese führende Rolle durch die in jüngster Zeit erprobten Polyisobutylen-Anstriche streitig gemacht wird. Diese Überzugsmaterialien, die außerordentlich stark gefüllt werden können, gaben selbst in Miami, Fla., wo sie experimentell erprobt wurden, für die Dauer von 5 Jahren Schutz. An dieser Stelle finden sich auch Angaben über die Zusammensetzung der einzelnen Schichten und über die Schichtdicken.

Über einen „Telsys-System" genannten Bewuchs und korrosionsverhindernden Anstrich für Schiffsböden berichteten SIEDENTOPF und ZACH [308]. Es handelt sich um fünf in einer Gesamtdicke von 0,15 mm aufgetragene Schichten, von denen die drei unteren antikorrosive Grundierungen sind. Ihnen folgen nach außen eine Isolierdickschicht und schließlich die Antifouling-Schicht. Die Rostschutzgrundierungen werden auf die mit einem Washprimer vorbehandelte Stahlfläche aufgetragen. Diese nur 0,01 mm dicke Schicht steigert die korrosionsverhindernde Schutzwirkung und verbessert das Haftvermögen der folgenden Schichten. Diese Wirkungen werden durch eine Kombination von Phosphorsäuren mit Zinkchromat und Polyvinylbutyral als Filmbildner erreicht. Die antikorrosiven Schichten enthalten rosthemmende Pigmente, wie basische Chromate und Zinkoxyd. Der Filmbildner der Isolierdickschicht unterscheidet sich von den Polymeren in den Antikorrosivschichten, und die Antifouling-Schicht ist ein Material auf der Grundlage Vinylharz und Chlorkautschuk mit sehr kurzer Trockenzeit. Einen Antifouling-Anstrich in Kombination mit kathodischem Korrosionsschutz beschrieb WISELY [359]. Die Grundschicht besteht hier aus lösungsmittelfreiem Epoxydharz, auf die eine Kupfer(I)-oxyd enthaltende Außenschicht aufgetragen ist.

Die Verwendung von Bis-tributylzinnoxyd (TBTO) als bewuchsverhinderndes Mittel in Unterwasseranstrichen für Schiffe beschrieb ZEDLER [375]. Das Mittel wirkt auf eine große Zahl von Bakterien, Pilzen, Algen und Bohrorganismen äußerst giftig und bietet den weiteren Vorteil, daß es auf Grund der Stellung des Zinns in der Spannungsreihe die Korrosion des Eisens im Meerwasser nicht wie andere Metallverbindungen fördert. Die Erprobung von Antifouling-Anstrichen, in denen TBTO in Konzentrationen von 15% mit PVC, Acryl- und Alkydharz als Filmbildner verarbeitet wurde, zeigte, daß diese Überzüge bessere Bewuchshemmung ergaben als herkömmliche Antifouling-Anstriche, die Kupferoxyd enthielten. Daß eine nicht genauer definierte Trialkylzinnverbindung (ADVASTAB 540) auch als bewuchsverhinderndes Mittel für Antifouling-Anstriche empfohlen wurde, ist schon erwähnt worden. Doch verdient der Hinweis Beachtung, daß diese Substanz bei den hohen Konzentrationen, in denen sie bei dieser Art der Verwendung dem Material zugesetzt werden muß, in manchen Polymeren zum Ausschwitzen neigt.

# 10. Organische Werkstoffe schädigende Insekten

Die Insekten sind eine außerordentlich artenreiche Klasse kleiner Festlandtiere. Von den schätzungsweise mehr als 1,5 Millionen Insektenarten wurde bisher aber nur ungefähr die Hälfte beschrieben.

Die zum Kauen, Bohren oder Stechen eingerichteten Mundwerkzeuge bestehen aus drei Paaren von Gliedern. Die Versorgung mit Sauerstoff geschieht von seitlich am Körper liegenden Atemöffnungen (Stigmen) aus durch ein alle Organe des Körpers überziehendes Netz feiner Luftröhren (Tracheen). Das Nervensystem befindet sich an der Bauchseite. Bei den Hemimetabolen (Ohrwürmer, Schaben, Heuschrecken, Läuse und Wanzen) schlüpft aus dem Ei das Ebenbild der Elterntiere, das unter zahlreichen Häutungen heranwächst. Bei den Holometabolen (Flöhe, Zweiflügler, Schmetterlinge, Netzflügler, Käfer, Hautflügler) schlüpft aus dem Ei eine Larve, deren Form sich so stark von der des Muttertieres unterscheidet, daß man nicht einmal das Ziel der Entwicklung zu erkennen vermag. Diese „Raupe" oder „Made" lebt meist in einer vollkommen anderen Umwelt als das fertige Insekt (Imago). Nach raschem Wachstum und zahlreichen Häutungen verpuppt sich die Larve. In der Puppe geht eine radikale Umwandlung und Neubildung aller Organe vor sich, ehe das fertige Insekt aus der Hülle schlüpft.

Organische Werkstoffe schädigende Insekten findet man in den Ordnungen der Borstenschwänze (Thysanura), Ohrwürmer (Dermaptera), Heuschrecken (Saltatoria), Zweiflügler (Diptera), Termiten (Isoptera), Schaben (Blattaria), Schmetterlinge (Lepidoptera), Käfer (Coleoptera), Stechimmen (Aculeata) und Blattwespen (Symphyta). Die Schäden werden vorwiegend durch Larven verursacht; doch greifen besonders bei den Käfern auch die fertigen Insekten Materialien an. Nur sehr wenige Insekten ernähren sich von Zellulose oder Keratin. Manche Arten sind auf das Vorhandensein einer Pilzflora angewiesen. BECKER [15] vergleicht einige Insekten in ihrer Lebensweise mit Meeresbohrtieren und kommt dabei zu folgenden Gruppierungen:

1. Klopfkäfer in altem Holz, Holzwespen in frischem Holz sowie Hylecoetuskäfer ernähren sich wie Bohrasseln (Limnoria) von enzymatisch abgebauter Holzzellulose und abgeweidetem Pilzmyzel.

2. Holzbrütende Borkenkäferlarven (Scolytiden) weiden wie Sphaeroma nur das Pilzmyzel ihrer Fraßgänge ab, und

3. Holzameisen und Holzbienen benutzen wie Martesia-Bohrmuscheln Holz nur als Behausung oder Bruthöhle.

Die Beißwerkzeuge vieler Insekten und ihrer Larven, insbesondere der Termiten, einiger Käfer und der Holzwespen sind sehr wirksam. Sie vermögen nicht nur Pflanzenfasern und Holz, sondern sogar weichere Metalle zu durchnagen. Besonders Blei erlitt in vielen Fällen Schäden durch Insekten; Aluminium- und Kupferfolien sowie Silber- und Quecksilberbeläge von Spiegeln wurden ebenfalls von Insekten beschädigt. Selbst Zinkbleche und -platten sind nach Angaben von BECKER [12] von Larven des Hausbockkäfers (Hylotrupes bajulus L.) und der Holzwespen (Siricidae) durchlöchert. Nach ESSIG [110] haben Angehörige der folgenden Insektenfamilien Schäden an Metallen verursacht: Lyctidae (Splintholzkäfer), Anobiidae (Klopfkäfer), Ptinidae (Diebskäfer), Bostrychidae (Kapuzinerkäfer), Cerambycidae (Bockkäfer), Curculionidae (Rüsselkäfer), Dermestidae (Speckkäfer), Cossidae (Holzbohrer), Siricidae (Holzwespen), Xylocipidae (Holzbienen) und Isoptera (Termiten).

Die von Insekten verursachten Schäden hängen von zahlreichen Zufälligkeiten ab. Es ist deshalb schwierig, die schädlichen Arten gegen die unschädlichen abzugrenzen. Auch können als harmlos bekannte Insektenarten bei Einführung neuer Erzeugnisse, neuer Formen von Verpackungen, des Transportes und der Lagerung von Waren oder bei Veränderungen der Umweltbedingungen in der Natur oder durch die Technik überraschend zu Schädlingen werden. Kenntnisse der Morphologie, der Ökologie und des Verhaltens der Insekten sind daher besonders bei den Käfern von großem Wert. Zum eingehenderen Studium der Entomologie können hier die Lehr- und Bestimmungsbücher von BROHMER [54], DÖDERLEIN [88] und EIDMANN [94] empfohlen werden. Ein von BECKER verfaßter Artikel über die Morphologie und Lebensweise der holzzerstörenden Insekten findet sich im Handbuch von MAHLKE-TROSCHEL-LIESE [221].

## 10.1. Insekten mit unvollkommener Verwandlung

### 10.1.1. Borstenschwänze, Ohrwürmer, Heuschrecken und Schaben

Zu den Insekten mit unvollständiger Verwandlung gehören außer den gesondert behandelten Termiten die Borstenschwänze (Thysanura), die Ohrwürmer (Dermaptera), die Heuschrecken (Saltatoria) und die Schaben (Blattaria). Die von ihnen angerichteten Schäden sind unbedeutend oder wenig auffällig.

Das zur Ordnung der Borstenschwänze gehörende Silberfischchen (Lepisma saccharina L.) ist weit verbreitet. Als Nahrung dienen Zucker (daher auch der volkstümliche Name „Zuckergast"), Stärke und andere Polysaccharide. Sie werden auch an manchen Textilien schädlich. Eine eingehende Darstellung der Biologie und Lebensgewohnheiten des Silberfischchens findet sich bei LAIBACH [206], und das Fraßverhalten dieses Insekts wurde von WOLF [367] beschrieben.

Thermobia domestica PACK., ein in den angelsächsischen Ländern „Firebrat" genannter Verwandter des Silberfischchens, ist in seiner Verbreitung auf Europa, Nordamerika und Asien beschränkt.

Die Ohrwürmer (Dermaptera) besitzen kräftige Kauwerkzeuge, mit denen auch Löcher in Textilien genagt werden.

Die Heuschrecken (Saltatoria) besitzen ebenfalls ein kräftiges Gebiß, mit dem sie Werkstoffe beschädigen könnten. Bislang sind aber nur wenige Fälle bekannt geworden, in denen Grillen (Gryllidae) Schäden verursachten.

Die Schaben (Blattaria) kommen mit mehr als 2000 Arten hauptsächlich in den warmen Ländern vor. Sie sind Allesfresser und ernähren sich von den Lebensmitteln des Menschen, vor allem wenn diese feucht oder verdorben sind.

Die amerikanische Küchenschabe (Periplaneta americana L.) erreicht im ausgewachsenen Zustand eine Länge von 38 mm. Sie ist ein starker Fresser und kann in kurzer Zeit großen Schaden anrichten. Nach BLOCK [42] benagt sie besonders Papier und Textilien, wie Flaschenetiketten und Bucheinbände, vor allem wenn der Aufdruck oder die Schlichte der Fasern Stärke enthält.

## 10.1.2. Termiten

In der Überordnung Schabenartige (Blattoidea) findet sich gemeinsam mit den Schaben eine Ordnung stark holzzerstörender Insekten, die Ter-

Tabelle 44. *Ungefähre Maße der Arbeiter einiger Termitenarten nach* BECKER [20]

| Art | Länge mm | größte Breite mm |
| --- | --- | --- |
| Kalotermes flavicollis FABR. | 7 | 1,6 |
| Heterotermes indicola WASMANN | 3,2 | 0,8 |
| Reticulitermes lucifugus Rossi var. santonensis DE FEYTEAUD | 4,4 | 1,0 |
| Odontotermes transvaalensis SJÖSTEDT | 4,2 | 1,6 |
| Nasutitermes ephratae HOLMGREN | 4,6 | 1,2 |

miten (Isoptera). Die ungefähr 2000 in den tropischen und subtropischen Zonen der Erde vorkommenden Arten richten an lebendem, totem und verbautem Holz erhebliche Schäden an. Sie leben zu meist volkreichen Staaten vereinigt, in denen die Aufgaben der Nahrungsbeschaffung, der Vermehrung und der Verteidigung von den Angehörigen einzelner mit den für diese Zwecke besonders ausgebildeten Werkzeugen und Organen ausgerüsteten Gruppen übernommen werden.

Die Arbeiter bilden in jedem Staat die überwiegende Mehrzahl der Bevölkerung. Sie sind bei einigen Arten nur 2 mm lang, bei anderen erreichen sie eine Länge von mehr als 1 cm. In Tabelle 44 sind die ungefähren Maße der Arbeiter einiger Termitenarten nach BECKER [20] aufgeführt, wobei als Länge die Körperlänge einschließlich des Kopfes ohne Fühler angegeben ist.

Die Nester werden in alten Baumstämmen, in der Erde oder in Baumkronen als „Kartonnester" oder auch auf dem Erdboden stehende, an Bergformen erinnernde Bauten errichtet, die bis zu 4 m hoch werden können. Die Termitenhügel bestehen aus Holzteilchen, Erde, Speichel und Kot. Die im Erdboden angelegten Bauten sind mit Kammern, Gängen, Schächten bis zum Grundwasser versehen und durch überdachte Gänge mit den Futterplätzen verbunden.

Termiten sind sehr wärmeliebend. Die meisten Arten findet man daher in den Tropen; im allgemeinen vermögen sie sich bei Temperaturen von

Tabelle 45. *Grad der Zerstörung heimischer Hölzer durch Termiten nach* SCHULTZE-DEWITZ *[303]. Abnahme des Darrgewichtes in % bei Kernholz* (1) *und Splintholz* (2) *durch Kalotermes flavicollis und Kernholz durch Reticulitermes lucifugus* (3)

|               | 1  | 2  | 3    |
|---------------|----|----|------|
| Kiefer        | 17 | 40 | 3,2  |
| Traubeneiche  | 19 | 19 | 3,0  |
| Douglasie     | 21 | 27 | 4,0  |
| Robinie       | 25 | 33 | 4,0  |
| Bergulme      | 30 | 34 | 3,75 |
| Stieleiche    | 30 | 27 | 3,9  |
| Roteiche      | 32 | 27 | 4,2  |
| Lärche        | 41 | 43 | 5,3  |
| Esche         | 47 | 52 | 4,5  |
| Pappel        | 66 | 58 | 7,0  |

weniger als 20 °C nicht zu halten. Einige Arten überdauern aber Kälteperioden in ihren Verstecken. Sie haben sich deshalb in Portugal, Spanien, Südfrankreich einnisten können. Zu ihnen gehören die Gelbhalstermite und die lichtscheue Feuchtholztermite (Reticulitermes lucifugus ROSSI). Unter besonderen Voraussetzungen vermochte sich auch die gelbfüßige Bodentermite (Reticulitermes flavipes KOLLAR), die aus den USA in europäische Hafenstädte eingeschleppt worden war, sogar im Hamburger Stadtgebiet zu halten, wo sie im Winter die nötige Wärme von Heizungsanlagen erhielt (vergl. SCHMIDT [299]). Einige bei Laboratoriumsprüfungen von Werkstoffen benutzte Termitenarten sind in Tabelle 54 aufgeführt.

Die Ernährungsphysiologie der Termiten ist nach HERFS [154] noch nicht vollkommen geklärt. Die ursprünglichen Termiten verdauen die Zellulose und das Lignin des Holzes mit Hilfe von symbiontisch in ihrem Darm lebenden Geißeltierchen (Flagellata). Den Mechanismus dieser Art der Verdauung untersuchte LAVETTE [212] eingehend. Die evoluierten Termitenarten sind nach HERFS [154] Eiweißfresser, denn sie züchten Pilze in ihren

Bauten. Alle Termiten bevorzugen aber schon von Pilzen befallenes Holz sowie auch andere zellulosehaltige Materialien und Getreide. Am Holz ist das Zerstörungswerk der Termiten deshalb so heimtückisch, weil die lebenden Stämme, das gefällte oder verbaute Holz immer auf unterirdischen oder verdeckten Wegen angegriffen und von innen ausgehöhlt werden. Termiten durchnagen aber auch Materialien, die nicht als Nahrung geeignet sind, wenn sie ihnen als Hindernis im Wege stehen. Ihre Zerstörungskraft ist ungewöhnlich. Alle Holzarten, soweit sie nicht abschreckende Stoffe enthalten, und sogar weiche Metalle werden von ihnen durchnagt [248]. Nach HERFS [153] sind die einzigen wirklich termitenfesten Werkstoffe Stein, Beton, Eisen und Glas. Aber es wurden sogar Fälle bekannt, in denen gemauerte Gebäude durch die sauren Ausscheidungen der Termiten baufällig geworden sind.

Stehen den Termiten verschiedene Holzarten zur Wahl, so ergeben sich naturgemäß deutliche Unterschiede im Grade der Anfälligkeit. Über diese relative Fraßresistenz einiger einheimischer Laub- und Nadelholzarten stellte SCHULTZE-DEWITZ [303] Untersuchungen in Fraßwahlversuchen mit der Gelbhalstermite und der lichtscheuen Bodentermite an. Die mit Kern- und Splintholz erzielten Ergebnisse sind in Tabelle 45 aufgeführt.

NOIROT und ELLIOT [258] führen 44 tropische Holzarten an, die termitenbeständig sein sollen; doch ergaben Nachprüfungen, die HERFS [154] erwähnt, daß dies durchaus nicht immer zutrifft. Zum Teil hängt die Resistenz lediglich von den Umweltbedingungen ab, unter denen die Hölzer verwendet werden. Beispielsweise wurde das als resistent angesehene Eukalyptusholz im tropischen Versuchsklima zerstört. Hier lag die beobachtete Beständigkeit lediglich daran, daß dieses Holz in Australien, wo es im Freien verwendet wird, stark ausgetrocknet war, so daß sich Termiten nicht in ihm halten konnten. Andere Hölzer, die in frischem Zustand termitenabschreckende Stoffe enthalten, werden nach langjähriger Lagerung termitenanfällig. BECKER [12] führt als termitenfeste Holzarten tropischer Länder vor allem das Kernholz der afrikanischen Eiche (Chlorophora excelsa), weiter Teakholz (Tectona grandis), Sequoia (Sempervirens) und Sarcocephalus Diderichii an und zählt zahlreiche weitere tropische Holzarten aus Afrika, Südamerika und Asien auf, die mehr oder weniger termitenfest sind. Als einziges wirklich termitenbeständiges Hartholz wird Mahagoni bezeichnet [250], was darauf zurückzuführen sein soll, daß es ein die Termiten abschreckendes wachsartiges Estergemisch enthält. Auch der harzreiche Kern nordischer Nadelhölzer wird von Termiten nicht gern angegriffen, was wirtschaftlich von Bedeutung ist, weil viele nordische Hölzer in die Tropen eingeführt werden, wo fehlende Transportwege im Urwald eine Nutzung der dort heimischen Hölzer erschweren. Auf Grund der Beobachtung, daß Nasutitermes-Arten frisches Kiefernholz meiden, untersuchte BECKER [24] Kiefernholz und fand darin eine Termiten abschreckende Substanz, die sich mit

10*

Wasser oder Methylalkohol, nicht aber mit Petroläther extrahieren ließ. Keines der bekannten, in Kiefernholz vorkommenden Kohlenhydrate übte diese Wirkung aus. Die Substanz konnte aber noch nicht identifiziert werden.

Außer an Holz richten Termiten auch an Naturfasern, wie Baumwolle, Leinen, Hanf, Jute, Seide und Wolle, sowie an Leder und Papier großen Schaden an, wenn diese Materialien nicht durch Termitenschutzmittel vor ihrem Angriff geschützt sind.

Aus dem umfangreichen Schrifttum über die Termiten können die Werke von HERFS [154], von MARAIS [223] und von SCHMIDT [298] empfohlen werden.

## 10.2.   Insekten mit vollkommener Verwandlung

In der großen Gruppe der eine vollständige Metamorphose vom Ei über die Larve und Puppe zum fertigen Insekt (Imago) durchlaufenden Insekten finden sich Schädlinge für organische Werkstoffe haupsächlich in den Ordnungen der Schmetterlinge (Lepidoptera) und der Käfer (Coleoptera) und in der Überordnung Hautflügler (Hymenoptera). Unter bestimmten Voraussetzungen können aber auch Larven von Zweiflüglern (Diptera) die Oberfläche von Kunststoffmaterialien beschädigen, und A. VON BRANDT [49] berichtete darüber, daß die Larven von Köcherfliegen (Trichoptera) an in Süßwasser verwendeten Textilien, wie Fischnetzen aus Natur- und Synthesefasern, schädlich geworden sind. Diese Schäden kommen aber selten vor und sind unbedeutend.

### 10.2.1.   Schmetterlinge

Die Schmetterlinge gehören zu den kurzlebigen Insekten. Einige Arten leben nur so kurze Zeit, daß sie nicht einmal zur Nahrungsaufnahme geeignete Mundwerkzeuge besitzen. Die Nahrung der Raupen besteht meist aus frischen Pflanzenteilen, nur sehr wenige Arten besitzen räuberische Larven. Die Raupen der schädlichen Kleinschmetterlinge ernähren sich auch von totem verarbeiteten Material. Durch die ungeheuer rasche Nahrungsaufnahme werden zahlreiche Arten an Kulturpflanzen schädlich.

Nur wenige der sehr zahlreichen Schmetterlingsarten sind Werkstoffschädlinge. Unter den in Tabelle 46 aufgeführten Schmetterlingen, richten Angehörige der Familie Cossidae (Holzbohrer) Zerstörungen an Hölzern an. Der Weidenbohrer Cossus cossus L. ist ein großer brauner Falter, der seine Eier im Frühsommer an Weiden ablegt. Die Raupen leben nach dem Schlüpfen zunächst zusammen, trennen sich dann aber und dringen in das Holz ein. Die Fraßgänge sind groß und unregelmäßig. Das Blausieb (Zeuzera pyrina L.) hat eine Spannweite von ungefähr 40 mm. Die Raupen fressen sich von der Rindenzone aus bis in die Stammitte vor und bohren nach oben weiter, wobei sie die Nagespäne und ihren Kot aus dem Gange stoßen. Die durch Holzbohrer in Europa entstehenden Schäden sind nicht bedeutend, doch richtet das Blausieb in Afrika erhebliche Schäden an und Prionoxystus obiniae in Ostasien.

Bekannte Schädlinge für Textilien, Papier und Pelzwerk sind die echten Motten (Tineidae). Die Falter der Kleidermotte (Tineola biselliella Hum.) leben nur sehr kurze Zeit und sind nicht auf Nahrungsaufnahme angewiesen. Schäden entstehen nur durch die Larven, die ihre Fraßgänge mit Gespinst überziehen, wodurch der Befall eines Materials leicht erkennbar wird. Zu diesem Gespinst werden auch nicht als Nahrung geeignete Fasern verarbeitet. Deshalb können auch an synthetischen Fasern Schäden eintreten. Die

Tabelle 46. *Schädliche Schmetterlinge*

---

Familie Tineidae (echte Motten):
 Tinea pellionella L., Pelzmotte
 Tineola biselliella Hum., Kleidermotte (Wolf [*364*])

Familie Gelechidae
 Hofmannophila pseudospretella Stainton (Whalley [*352*])

Familie Cossidae (Holzbohrer)
 Cossus cossus L., Weidenbohrer (Becker [*12*], Göhre [*127*])
 Zeuzera pyrina L., Blausieb (Becker [*12*], Göhre [*127*])

Familie Pyralidae (Zünsler)
 Ephestia cautella Walker
 Ephestia elutella Hbn., Kakaomotte (Davey und Amos [*81*])
 Ephestia Kühniella Zell., Mehlmotte (Schelhorn [*295*], Gerhardt und Lindgreen [*123*])
 Nymphula nympheata L. (Whalley [*352*])
 Plodia interpunctella Hbn. (Schelhorn [*295*], Gerhardt und Lindgreen [*123*])

---

Kauwerkzeuge der Mottenlarven sind sehr funktionstüchtig, wie die Mitteilung von Lapkamp und Körner [*210*] beweist, denn Mottenraupen beschädigten sogar den Bleimantel eines Kabels.

Der Kleidermotte nahe verwandt und von ungefähr der gleichen Größe ist die Pelzmotte (Tinea pellionella L.). Ebenso wie diese Arten kann auch die braune oder falsche Kleidermotte (Hofmannophila pseudospretella Stainton) an Kunststoffolien und Synthesefasern schädlich werden.

Eine Familie, in der sich mehrere Vorratsschädlinge finden, die in gleicher Weise, wie die genannten Kleinschmetterlinge, an Faserstoffen und Verpackungsmaterialien Schäden anrichten können, sind die mit ungefähr 10 000 Arten in allen Kulturländern der Erde verbreiteten Zünsler (Pyralidae). Zu ihnen gehört die Mehlmotte (Ephestia Kühniella Zell.). Sie ist ebenfalls weit verbreitet, fehlt aber in den Tropen. Über ihre Vermehrung berichtete Wolf [*363*] 1953. Ihre Larven, die größer sind als die der Kleidermotte, schädigen in Mühlenbetrieben Mehlsiebe und andere Textilien. In den Tropen kommen ähnliche Arten, beispielsweise die indische Mehlmotte oder Dörrobstmotte (Plodia interpunctella Hbn.) oder die Kakaomotte

(Ephestia elutella HBN.) vor. Zahlreiche weitere tropische Mottenarten sind von KALSHOVEN [*180*] beschrieben.

## 10.2.2. Käfer

Die Ordnung der Käfer oder Deckflügler ist eine der größten im Tierreich. Bis jetzt sind ungefähr 300 000 Arten bekannt geworden; doch ist ihre Zahl in Wirklichkeit wesentlich größer, denn viele tropische Käfer sind noch nicht benannt worden.

Schäden an Werkstoffen entstehen durch Larven der holzbohrenden Käfer, bei anderen Arten geht den Larven die Fähigkeit zur Beschädigung

Tabelle 47. *Werkstoffe schädigende Dermestidae (Speckkäfer)*

Anthrenus fasciatus HRBST., Teppichkäfer (BECKER [*18*])
Anthrenus flavipes LEC., Möbelbezugkäfer (MALLIS, MILLER und HILL [*222*])
Attagenus pellio L., Pelzkäfer (WOLF [*365*])
Attagenus piceus OL., Teppichkäfer (WESSEL [*350*])
Dermestes lardarius L., gewöhnlicher Speckkäfer (BAUER und VOLLENBRUCK [*7*])
Dermestes maculatus DE GEER (DAVEY und AMOS [*81*])
Dermestes peruvianus (BAUER und VOLLENBRUCK [*7*])
Dermestes vulpinus F., Dornspeckkäfer (SCHELHORN [*295*])
Trogoderma granarium EVERTS, Khaprakäfer (HERFS [*153*])
Trogoderma parabile BEAL. (GERHARDT und LINDGREEN [*123*])

der Materialien ab. Schließlich gibt es aber auch Spezies, bei denen Käfer und Larven schädlich werden.

*Dermestidae, Speckkäfer.* Es ist eine Familie kleiner Käfer, die ursprünglich in der Natur Aas, Tierhäute und verrottetes Holz fraßen, heute aber als Vorratsschädlinge Nahrungsmittel befallen. Besonders die Larven werden schädlich; doch richten die Käfer bei Befreiungsversuchen ebenfalls Schäden an, die sowohl natürliche Werkstoffe wie auch Kunststoffe betreffen können. Wenn die Nagekraft dieser Käfer auch nicht so groß ist wie diejenige der Termiten oder Holzwespenlarven, so sind sie doch in der Lage, weiche Metalle, wie Blei, zu durchnagen. BAUER und VOLLENBRUCK [*7*] berichteten über einen Schaden an Wasserleitungsrohren, bei dem die beiden Arten Dermestes lardarius L. und Dermestes peruvianus CAST. die 5 mm dicken Bleiwandungen durchnagten. Bei Versuchen konnte festgestellt werden, daß härtere Metalle, wie Aluminium, nicht mehr durchnagt wurden und daß als härtestes Metall, aber wesentlich mühsamer als Blei, Zinn durchbohrt wurde.

ESSIG u. Mitarb. [*99*] berichteten darüber, daß Larven des Dermestes vulpinus F. eine Verpackungsfolie durchnagten, die aus asphaltiertem Packpapier bestand, auf das eine Bleifolie kaschiert war. Die Larven des Attagenus pellio L., des Pelzkäfers, befallen vor allem Teppiche, Polstermöbel und Pelze. Weitere Arten, die an natürlichen und synthetischen organischen Werkstoffen Schäden angerichtet haben, sind in Tabelle 47 aufgeführt.

Darunter befindet sich auch der aus Indien nach England eingeschleppte Khapra-Käfer, der jetzt auch in Deutschland heimisch geworden ist.

*Lymexylidae, Werftkäfer.* Die Werftkäfer befallen saftfrisches Holz. Die Larven von Hylecoetus dermestoides L. ernähren sich nicht von befallenem Holz, sondern weiden einen an den Wänden der Bohrgänge wachsenden Bläuepilz (Endomyces hylecoeti NEG.) ab. Das bei der Herstellung des Ganges anfallende Bohrmehl wird ins Freie befördert. Eine seltenere Art ist Hylecoetus flabelliformis SCHN. Die Larven der Schiffswerftkäfer (Lymexylon navale L.), deren Fraßgänge mit dem Bohrmehl gefüllt bleiben, haben wiederholt an Eichenholz für die verschiedensten Verwendungszwecke erhebliche Schäden angerichtet.

*Bostrychidae, Kapuzinerkäfer.* Es sind Käfer, die in tropischen Ländern an feuchtem und trockenem Laubholz zuweilen recht erhebliche Schäden anrichten. Auch in Furnieren findet man ihre Fraßgänge. Der Getreidekapuziner (Rhyzopertha dominica F.) wird in den Vereinigten Staaten zur Prüfung von Packstoffen benutzt (vergl. DAVEY und AMOS [81]), und zwar nicht die Larve, sondern der Käfer selbst. Er ist ein kräftiger Nager. Nach SCHMIDT [300] werden diese Käfer mit importierten Hölzern aus Südamerika, Afrika und Ostasien nach Deutschland eingeschleppt.Auf diesem Wege kamen zu uns auch aus dem Sudan die Art Tetrapriocera longicornis OL. und in Tonkingrohr Dinoderus brevis HORN sowie Heterobostrychus hamatipennis LESNE. Weiter wird an dieser Stelle Xyloperthella crinitarsis IMHOFF erwähnt.

*Lyctidae, Splintholzkäfer.* Diese schlanken, braunen, 3 bis 5 mm langen Käfer legen ihre Eier in angeschnittene Gefäße von Laubhölzern, soweit deren Öffnungen groß genug sind, oder in unbenutzte Fluglöcher. Die Larven bohren in Faserrichtung und füllen ihre Gänge mit sehr feinem, dicht gepacktem Holzmehl aus. Sie vermögen von allen Käferlarven bei der geringsten Holzfeuchtigkeit (7 bis 23%, Optimum 16%) zu leben. Zellulose oder Hemizellulose verdauen sie nicht, sondern sie ernähren sich von der Stärke des Holzes. Stärkereiche Holzarten, wie Eiche, werden nach BECKER [12] daher besonders stark befallen. Die Larven richten allerdings ausschließlich im Splintholz von Laubhölzern Schäden an. Auch der Käfer benagt Holz. Der braune Lyctus-Käfer (Lyctus brunneus STEPH.) ist heute weltweit verbreitet. Er hat sich auch in Deutschland eingebürgert, und SCHMIDT [300] weist darauf hin, daß man bei Holzimporten aus tropischen Ländern gerade den Lyctiden besondere Aufmerksamkeit widmen sollte, weil sie über eine weite physiologische Funktionsbasis verfügen und deshalb an veränderte Klimabedingungen sehr anpassungsfähig sind. Besonders Holzlager werden von den Schäden, die diese Käfer und ihre Larven anrichten, betroffen. BECKER [12] erwähnt als weitere in Deutschland lebende Art Lyctus linearis GOEZE. In vielen außereuropäischen Ländern richten diese Käfer an Laubholz erheblichen Schaden an.

*Anobiidae, Klopfkäfer, Pochkäfer, Nagekäfer.* Es sind kleine, zum Teil weit verbreitete Käfer, die an lufttrockenem Nadel- und Laubholz erhebliche Schäden anrichten. Sie tragen ihren Namen wegen eines tickenden oder klopfenden Geräusches, das sie im Holz erzeugen. Ihre Fraßgänge und die Fluglöcher besitzen kreisrunden Querschnitt. Arten, die an Werkstoffen schädlich werden, sind in Tabelle 48 aufgeführt. Einige dieser Spezies beschädigen Nadel- und Laubholz. Dazu gehören Anobium punctatum, A. thomsoni, Ptilinus pectinicornis und Xestobium rufovillosum; dagegen befällt Ernobius mollis nur Nadelholz und Dendrobium pertinax vorwie-

Tabelle 48. *Werkstoffe schädigende Anobiidae (Klopfkäfer)*

Anobium emarginatum DETSCH. (BECKER [12])
Anobium fulvicorne STRM. (BECKER [12])
Anobium punctatum DE GEER, gewöhnlicher Nagekäfer (BECKER [12])
Anobium striatum OL., Holzwurm (HERZOG und WÄLCHLI [145])
Anobium thomsoni KR. (BECKER [12])
Dendrobium pertinax L., Trotzkopf (BECKER [12])
Ernobius mollis L., weicher Nagekäfer (BECKER [12])
Gibbium psylloides CZEMPINSKI (BECKER [18])
Lasioderma serricorne FABR., Zigarettenkäfer (DAVEY und AMOS [81])
Ptilinus pectinicornis L., gekämmter Nagekäfer (BECKER [12])
Stegobium paniceum L., Brotkäfer (SCHELHORN [297], KALSHOVEN [182], GER-
    HARDT und LINDGREEN [123])
Xestobium rufovillosum DE GEER, bunter Nagekäfer (BECKER [12])

gend Nadelholz. Den weichen Nagekäfer (Ernobius mollis L.), der ziemlich harmlos ist, weil seine Larven nur 1 bis 2 mm tief in das Holz eindringen, erwähnt BECKER [12], weil bei der Verarbeitung von befallenem Holz an Sperrholz und Verkleidungen durch die Käferfluglöcher starke Schäden entstehen, die in entsprechender Weise auch Überzüge mit Lackschichten oder Kunststoffolien betreffen können.

Der Brotkäfer oder „Drug-store beetle" (Stegobium paniceum L.) ist in Europa, Amerika und in tropischen Ländern verbreitet. Er wird von vielen Autoren erwähnt, weil er auch an Werkstoffen schädlich wird und der aus-gewachsene Käfer als Prüfinsekt für Packstoffe dient.

*Cucujidae (Silvanidae).* Diese flachen, langgestreckten und feinbehaarten Käfer und ihre Larven finden sich an den verschiedensten Örtlichkeiten, wie beispielsweise in Kornspeichern, unter Baumrinde oder im Gras nasser Wiesen. Der Getreideplattkäfer (Oryzaephilus surinamensis L.), ein schma-ler, brauner, 3 mm langer Käfer, findet sich in Getreidespeichern, an Tabak und in Feigenladungen. Er wurde vor allem in amerikanischen Häfen mit Reis eingeschleppt. Über sein Vorkommen in Lade- und Vorratsräumen von Schiffen berichteten EVANS und PORTER. Der Käfer lebt von anderen Vorratsschädlingen, kann aber auch Packstoffe beschädigen. Er wurde daher von Essig u. Mitarb. [99] als Prüfinsekt vorgeschlagen. Davey und Amos [81] benutzten dagegen den verwandten Oryzaephilus mercator Fauvel als Insekt zur Prüfung von Verpackungen.

*Temnochilidae (Ostomidae).* Ähnlich wie die Cucujidae leben diese Käfer in Reis, altem Brot, aber auch unter der Rinde abgestorbener Bäume und in Baumschwämmen. Als Schädling an Verpackungen ist Tenebroides mauretanicus L., der schwarze Getreidenager, bekannt. Packstoffe können von den Käfern und von den Larven beschädigt werden. Die Larven dieses Käfers sind außerordentlich kräftige Nager. Essig u. Mitarb. [99], die dieses Insekt zur Prüfung von Packstoffen verwendeten, stellten fest, daß diese Larven im Vergleich zu zahlreichen anderen Insektenlarven und Käfern die kräftigsten Nager waren und daß die Larven von T. mauritanicus eine Packfolie durchlöcherten, die aus asphaltiertem Packpapier bestand, auf das eine Bleifolie kaschiert war. Nach M. v. Schelhorn [295] dürfte das Klima in Deutschland für eine stärkere Vermehrung dieses Schädlings aber zu kühl sein.

*Oedemeridae, Scheinbockkäfer.* In dieser Familie finden sich zwei Nadelholz beschädigende Arten. Nacerda melanura L. zerstört mit seinen Larvenfraßgängen Holzteile, die regelmäßig durchfeuchtet werden, wie Planken von Wasserfahrzeugen und Hafenpfähle, auch wenn diese von Meerwasser bespült werden. Auf den britischen Inseln wurde feuchtes, mit Pilzen bewachsenes Holz in Gebäuden befallen. Die bis zu 30 mm langen Larven erzeugen verhältnismäßig große, mit langen, groben Nagespänen und in unregelmäßigen Abständen mit Kotausscheidungen gefüllte Fraßgänge. Eine zweite Art, Calopus serratiformis L., dringt mit ihren Larven in frisch gefälltes oder anbrüchiges Holz ein. Außerdem soll dieser Scheinbockkäfer auch in verbautem Holz gefunden worden sein. Befallen wird Nadelholz, und zwar Tanne und Fichte. Die verhältnismäßig kurzen Fraßgänge der Larven haben kreisrunden Querschnitt und sind fest mit Bohrmehl gefüllt. Die Larven, deren Entwicklung anscheinend 1 bis 3 Jahre dauert, können mit befallenem Bauholz in Gebäude eingeschleppt werden.

*Melandryidae, Düsterkäfer.* In dieser Familie findet sich als Schädling in frisch gefälltem Tannen- und Fichtenholz der Schwarzkäfer (Serropalpus barbatus Schall). Die Larven erzeugen Fraßgänge, die denjenigen der Anobiiden- oder Holzwespenlarven ähnlich sind. Sie haben einen geschlängelten Verlauf. Die Entwicklung erstreckt sich über einen Zeitraum von 2 Jahren. Becker [12] erwähnt weiter die in Finnland vorkommende Art Xylita buprestoides Payk.

*Tenebrionidae, Schattenkäfer, Dunkel- oder Schwarzkäfer.* Diese mit ungefähr 1500 Arten über die ganze Erde verbreitete Käferfamilie ist in Deutschland durch den Mehlkäfer (Tenebrio molitor L.) vertreten. Seine Larven, die bekannten „Mehlwürmer" können sich nicht nur von Mehl, sondern auch von frischem Fleisch, Aas und Abfallstoffen ernähren.

Eine Gattung, die als Vorratsschädling in warmen Ländern auch an Werkstoffen, insbesondere Verpackungsmaterialien, Schäden anrichtet, ist die der Reismehlkäfer, von denen DAVEY und AMOS [81] Tribolium castaneum HBST. als Prüfinsekt für Packstoffe vorschlagen. Tribolium confusum DUVAL gehört zu den Insekten, mit denen GERHARDT und LINDGREN [122] die Widerstandsfähigkeit von Verpackungsfolien gegen das Eindringen von Insekten prüften, die als Vorratsschädlinge bekannt sind, und OFFHAUS [267] untersuchte den Vitaminbedarf dieses Käfers. Bei den Tribolium-Arten werden Käfer und Larven an Packstoffen schädlich.

*Cerambycidae, Bockkäfer.* Die bei BECKER [12] beschriebenen oder erwähnten Arten dieser mittelgroßen bis großen Käfer sind in Tabelle 49 aufgeführt.

Nur die Scheibenböcke (Gattung Callidium) (5, 6, 7) und die Zangenböcke der Gattung Rhagium (23, 24) leben als Larven in Nadel- und Laubhölzern. Die Mehrzahl lebt ausschließlich in Nadelholz (1, 3, 7, 10, 11, 12, 14, 16 bis 21 und 27 bis 30), während die acht restlichen Arten (2, 8, 9, 13, 15, 22, 25, 26) nur in Laubholz zu finden sind.

Der Hausbockkäfer (Hylotrupes bajulus L.), der ausschließlich totes Nadelholz befällt, hat als Schädling in Dachstühlen, Holz auf Lagerplätzen, Leitungsmasten, Zaunpfählen und sogar in den aus dem Wasser ragenden Holzteilen von Hafenbauten große wirtschaftliche Bedeutung. Die übrigen in Tabelle 49 aufgeführten Bockkäfer treten dagegen als Schädlinge für verbautes Holz weniger oder gar nicht in Erscheinung. Der Befall von Dachstühlen hat seit dem ersten Weltkrieg ständig zugenommen. Als Ursachen hierfür sind vor allem die Verwendung von Holzteilen mit geringeren Abmessungen und größerem Splintholzanteil, das zum Teil baumkantig, nicht lange genug gelagert und von schlechter Qualität ist, zu nennen. Auch einige mit den Kriegsfolgen zusammenhängende Umstände haben die Verbreitung des Hausbockkäfers gefördert, wie beispielsweise die Wiederverwendung von Holz aus zerstörten Gebäuden. Außer in Europa kommt der Hausbockkäfer auch in Nordamerika und Südafrika als schädliches Insekt vor.

Die Junglarven bohren sich nach dem Schlüpfen in der Nähe der verlassenen Eihüllen in Trockenrissen in das Holz ein. Die Fraßgänge haben ovalen Querschnitt und enthalten ein Gemisch aus feinen Nagespänen und Kot, das von den Larven fest zusammengedrückt wird. Die Bohrgänge finden sich im Splintholz und gehen fast nie ins Kernholz hinein, reichen aber bis nahe an die Oberfläche heran, die häufig nur als papierdünne Schutzschicht stehen bleibt. Der Grad der Zerstörung ist also von außen nicht zu erkennen. Die Fraßaktivität und das Wachstum der Larven hängen stark von den Umweltbedingungen ab. Temperaturen von 28 bis 30 °C und mit Feuchtigkeit gesättigte Luft sind am günstigsten. Bei einer Holzfeuchtigkeit von weniger als 8 bis 10% können sich die Larven nicht mehr entwickeln, und bei Temperaturen unterhalb 10 °C verfallen sie in Kältestarre,

in der sie auch Winterfröste überstehen. In unseren Breiten entwickeln sich
die Hausbockkäferlarven daher in Bodenräumen und in Dachstühlen, wo
im Sommer die für sie günstigen Temperaturen herrschen. In tiefer gelege-
nen Geschossen findet man sie fast nie. Nach BECKER [9] verwerten die
Larven außer Zuckern, Stärke und Hemizellulose sogar einen Teil der
Holzzellulose. Wichtig für ihre Entwicklung sind ferner Eiweißstoffe, die

Tabelle 49. *Werkstoffe schädigende Cerambycidae (Bockkäfer) (nach* BECKER *[12])*

 1. Acanthocinus aedilis L., Zimmermannsbock
 2. Aromia moschata L., Moschusbock
 3. Asemum striatum L., Düsterbock
 4. Caenoptera minor L., Wespenbock
 5. Callidium aeneum DE GEER, erzfarbener Scheibenbock
 6. Callidium sanguineum L., roter Scheibenbock
 7. Callidium violaceum L., blauer Scheibenbock
 8. Cerambyx cerdo L., großer Eichenbock
 9. Cerambyx scopolii LEH., Spießbock
10. Criocephalus polonicus M.
11. Criocephalus rusticus L., Grubenhalsbock
12. Ergates faber L., Mulmbock
13. Gracilia minuta L., Weidenböckchen
14. Hylotrupes bajulus L., Hausbock
15. Leptidea brevipennis MULS., Fliegenböckchen
16. Leptura rubra L., Rothalsbock
17. Monochamus galloprovincialis OL., Kiefernbock
18. Monochamus pistor, Bäckerbock
19. Monochamus sartor F., Schneiderbock
20. Monochamus sutor L., Schusterbock
21. Phymatodes testaceus L., veränderlicher Scheibenbock
22. Plagionotus arcuatus L., Eichenwidderbock
23. Rhagium bifasciatum Pos., zweigebänderter Zangenbock
24. Rhagium sycophanta SCHRNK., Eichenzangenbock
25. Saperda carcharias L., großer Pappelbock
26. Saperda populnea L., kleiner Aspenbock
27. Spongylis buprestoides L., Waldbock
28. Tetropium castaneum L., Art der Fichten- oder Fichtensplintböcke
29. Tetropium fuscum FABR., Art der Fichten- oder Fichtensplintböcke
30. Tetropium gabrieli WSE., Lärchenbock

sich in der Nähe der Rinde in höherem Maße finden. Harze, Öle und Fette
wirken hemmend auf das Wachstum der Larven, und bestimmte alkalilös-
liche Bestandteile von Laubhölzern bringen sie durch Giftwirkung zum
Absterben.

Die westafrikanischen Bockkäfer der Gattung Cordylomera erwähnt
SCHMIDT [300], weil sie zuweilen nach Deutschland eingeschleppt werden
und an importiertem Holz Schaden anrichten. Zahlreiche außereuropäische
Bockkäfer führt BECKER [12] auf, darunter die in Nordamerika und in
Indien vorkommenden Werkstoffschädlinge.

Die Larven der Bockkäfer können auch an synthetischen Materialien Schäden anrichten, weil sie sehr kräftige Mundwerkzeuge besitzen. Nach BECKER [12] sind sie sogar imstande, Blei und dünne Zinkbleche zu durchnagen.

*Bruchidae, Samenkäfer.* Diese gedrungenen, rundlichen Käfer sind mit rund 800 Arten auf der ganzen Erde verbreitet. Der aus Amerika eingeschleppte Speisebohnenkäfer (Acanthoscelides obtectus SAY.) ist ein Vorratsschädling, weil seine Larven in geernteten trockenen Bohnen bohren. Über sein Verhalten im Freien in Norddeutschland berichtete ZACHARIAE [371], und BECKER [18] erwähnt diesen Schädling im Zusammenhang mit Zerstörungen an Kunststoffverpackungsmaterialien, weil er von amerikanischen Autoren als Prüfinsekt vorgeschlagen wurde.

*Curculionidae, Rüsselkäfer.* Diese mit einer rüsselartigen Verlängerung des Kopfes ausgestatteten Käfer (vgl. Tabelle 50) zernagen und fressen nicht

Tabelle 50. *Werkstoffe schädigende Curculionidae (Rüsselkäfer)*

---

Calandra granaria L., Kornkäfer (BECKER [18], SCHELHORN [295])
Caulotrupis aeneopiceus BOH. (BECKER [12])
Cogiosoma spadix HRBST. (BECKER [12])
Cossonus parallelepipedus HBST. (BECKER [12])
Eremotes ater L. (BECKER [12])
Eremotes elongatus GYLL. (BECKER [12])
Eremotes porcatus GRM. (BECKER [12])
Rhyncolus culinaris GRM., Grubenholzkäfer (BECKER [12])
Rhyncolus truncorum GRM. (BECKER [12])
Sitophilus granarius L. (ESSIG u. Mitarb. [99], GERHARDT und LINDGREEN [122[)
Sitophilus oryzae L. (DAVEY und AMOS [81]) nach BECKER [18] = Calandra granaria L.

---

nur im Larvenstadium, sondern auch als Imagines genügend befeuchtetes Holz, auf dem sich holzzerstörende Pilze angesiedelt haben. Sie schädigen daher in Gebäuden verbautes Holz, vor allem in den unteren Geschossen und Kellern sowie auch das Holz in Gruben und Teile hölzerner Hafenanlagen. Die Rüsselkäferlarven hinterlassen korkzieherartig gewendelte Bohrspäne und perlschnurartig aneinander gereihte Kotausscheidungen. Der Grubenholzkäfer (Rhyncolus culinaris GRM.) kann vor allem in Bergwerken gefährliche Schäden anrichten. In Gebäuden befällt er Fußbodenbretter, Balken und Verkleidungen aus Sperrholz. Rhyncolus truncorum GRM. und Eremotes porcatus GRM. verhalten sich ähnlich. Eremotes elongatus GYLL. und Eremotes ater L. sind zwei Arten, die in Schweden und Finnland verbautes Holz befallen und E. elongatus trat in größerer Zahl in Pfählen des Hafens von Swinemünde auf. Caulotrupis aeneopiceus BOH.

wurde im Eichenholz von Faßdauben und Stützen in Weinkellern gefunden. BECKER [*18*] und v. SCHELHORN [*295*] erwähnen den schwarzen Kornwurm oder Kornkäfer (Calandra granaria L.) als Werkstoffschädling, und ebenso wird Sitophilus granarius L. von ESSIG u. Mitarb. [*99*] (1944) sowie von GERHARDT und LINDGREN [*122*] als Schädling an Packstoffen aufgeführt. Als Prüfinsekt für Packstoffe dient der ausgewachsene Käfer. Der von DAVEY und AMOS [*81*] als Prüfinsekt vorgeschlagene Sitophilus oryzae L. ist nach BECKER [*18*] mit Calandra granaria L. identisch.

*Scolytidae (Ipidae), Borkenkäfer.* Die Borkenkäfer sind bei uns fast ausschließlich Forstschädlinge, die nicht einmal Holz als Werkstoff gefährlich werden können, weil ihre fußlosen Larven nur in der Rinden- und Bastschicht abgestorbener oder kränkelnder Bäume leben. BECKER [*12*] führt zahlreiche einheimische Arten auf, erwähnt aber 1962, daß Scolytiden bei der Eiablage, zu der sie abgestorbene Äste anbohren, auch an Kunststoffen schädlich werden können [*18*]. SCHULZE [*302*] gibt Fälle an, in denen Bleiluftkabel in Deutschland, in Südeuropa und in der Türkei von Synoxylon sexdendatum beschädigt wurden. Dieser Autor sowie BAUER und VOLLENBRUCK [*7*] erwähnen den kalifornischen Bleikabelbohrer (Scobicia declivis LEC.). Nach BECKER [*12*] zerstören die Scolytiden mit zahlreichen Arten in Südeuropa, Amerika, Afrika und Asien trockenes Holz.

Eine Anzahl dieser Käfer lebt als Larve in Gängen im Holz von Pilzen, die nach EIDMANN [*94*] von den Eltern kultiviert werden. Wegen dieses Unterschiedes in der Lebensweise wird die letzte Gattung von manchen Autoren als selbständige Familie der „Kernholzkäfer" (Platypodidae) aufgefaßt, während EIDMANN [*94*] die Familie Scolytidae in die Unterfamilien Scolytinae und Platypodinae aufgliedert. Zu den Kernholzkäfern gehört beispielsweise die Art Platypus cylindrus FABR. In Mitteleuropa spielen die Kernholzkäfer als Schädlinge keine bedeutende Rolle; doch sind sie in Nordamerika und Australien gefürchtete Laubholzschädlinge, deren Larven auch in sehr hartem Splint- und Kernholz saftfrischer Laubbäume minieren.

### 10.2.3. Hautflügler

Die Hautflügler sind die am höchsten entwickelten Insekten. In dieser Überordnung, die in die Ordnungen Stechimmen (Aculeata), Schlupwespenverwandte (Therebrantes) und Blattwespen (Symphyta) eingeteilt wird, kennt man heute fast ebenso viele Arten wie bei den Käfern. Zu den Stechimmen gehören die Ameisen, Bienen und Wespen. In der Ordnung der Blattwespen sind vor allem die Holzwespen wichtig.

Schädlinge für Holz und andere Werkstoffe sind Holzwespen, Holzbienen und Ameisen. Andere Arten erweisen sich dagegen als nützlich. Dazu gehören vor allem die Schlupfwespen, die als natürliche Feinde vieler schädlicher Insekten deren Larven töten. Auch Ameisen (Formicidae) stiften durch Vernichten von Holzschädlingen Nutzen.

Eine ausführliche Beschreibung der Lebensweise und der sozialen Struktur der Ameisenvölker findet sich in dem Werk von GOETSCH [126]. An Werkstoffen, insbesondere Holz können Ameisen, wie beispielsweise die in Deutschland vorkommende Roßameise (Camponotus ligniperda LATR.), Schäden anrichten. Sie bewohnt die Wälder des Flachlandes und baut ihre Nester in die Erde oder in morsches Holz; doch dringt sie auch in die Häuser ein, wo sie Balken und andere Holzteile zerstören kann.

Die Riesenameise (Camponotus herculeanus L.), eine in Mittel- und Nordeuropa vorkommende Art, bewohnt die Nadelwälder der Gebirge. Sie legt ihre Nester in Bäumen an, die sie bis zu einigen Meter Höhe zwischen den Jahresringen zu dünnen, freistehenden Zylindern aushöhlt. Häufig befällt sie auch lebende Bäume. In Nord- und Südamerika zerstörten Camponotus-Arten auch verbautes Holz.

Die Holzwespen (Siricidae) sind unterschiedlich gefärbte Fluginsekten, deren Weibchen einen langen Legebohrer besitzen, mit dem sie ihre Eier bis zu 20 und 30 mm tief ins Holz legen. Die nicht sehr langen, etwas gekrümmten Fraßgänge der Larven haben kreisrunden Querschnitt und sind mit Nagespänen fest vollgestopft. Der Inhalt alter Fraßgänge wird häufig noch einmal gefressen, wobei Bewuchs mit Pilzen eine Rolle zu spielen scheint. Der Durchmesser dieser Gänge und derjenige der etwas engeren Fluglöcher beträgt im allgemeinen 4 mm, und nur die Bohrungen der Riesenholzwespe sind größer (7 mm).

Die Riesenholzwespe oder große, gelbe Fichtenholzwespe (Sirex gigas L.) erreicht eine Größe von 45 mm. Die Larven dieser Art sind in Fichte und Tanne, seltener in Kiefer und Lärche zu finden. Die dunkelgefärbte, bis 35 mm lange Tannenholzwespe oder schwarze Fichtenholzwespe (Xeres spectrum L.) befällt Tannen und Fichten. Die stahlblaue, glänzende Kiefernholzwespe (Paururus juvencus L.) legt ihre Eier dagegen in Kiefern und Fichten. Laubholz befallen die Gattungen Tremex und Xiphydria.

Da die Larvenentwicklung 1 bis 3 Jahre dauert und älteres oder trockenes Holz nicht befallen wird, sind die in Wohnhäusern beobachteten Holzwespen für deren Holzteile ungefährlich. Sie befallen nur frisches oder anbrüchiges Holz kränkelnder Stämme.

Die Kauwerkzeuge der Holzwespen sind sehr wirksam. Blei- und Zinkplatten werden durchlöchert. An Kabelrollen und Textilballen entstanden nach BECKER [12] Schäden durch Holzwespen. Selbst in Schwefelsäurefabriken wurden Betriebsstörungen durch Holzwespen verursacht, weil sie die Bleikammern durchbohrten. GREFF und LÖHBERG [141] berichteten über einen durch eine Holzwespe verursachten Bleikabelschaden. Auch in außereuropäischen Ländern richten Holzwespen an Werkstoffen Schäden an, und holzbewohnende Bienen und Hummeln, die allerdings nicht zu den Hautflüglern, sondern zu den Stechimmen gehören, beschädigten in Afrika und Indien trockenes verbautes Holz.

# 11. Beständigkeit von Synthesefasern und Kunststoffen gegen Insekten

Nur wenige der schätzungsweise 1,5 Millionen Insektenarten fügen Werkstoffen Schäden zu. MICHELBACHER [233] gibt die Zahl der bekannten Lagerschädlinge mit 1500 an. Von ihnen haben aber nur ungefähr 50 Arten als Werkstoffschädlinge Bedeutung. Außer diesen Insekten, die vor allem Packstoffe angreifen, beschädigen die holzbohrenden Kerbtiere Baumaterialien, Kabel und Rohrleitungen sowie Überzüge und Deckschichten auf verarbeitetem Holz, wie Möbelfurnierfolien, Fußbodenbeläge, Wandbekleidung oder Lackschichten, und schließlich können als dritte Gruppe die Faserstoffe zerstörenden Insekten genannt werden, zu denen die Motten und verschiedene andere Bewohner von menschlichen Behausungen zählen. Doch ist diese Einteilung insofern gewaltsam, als sich die Tiere nicht auf die Materialgruppe beschränken, denen sie hier zugewiesen wurden.

Unter den Beweggründen für den Angriff der Insekten auf organische Werkstoffe haben außer dem Fressen der Materialien zur Ernährung, dem Anlegen von Bruthöhlen und der Schutzsuche zahlreiche weitere Motive, wie das Durchfressen von Hindernissen, um zur Nahrung oder zu Artgenossen vorzudringen, das Zerfasern oder Zerstückeln von Materialien, um mit den Teilchen Nester oder Laufgänge zu bauen, Bedeutung. Auch Reize, wie Rauheit der Oberfläche eines Körpers oder sich vom Untergrund sichtbar abhebende Flecken, können die Nagetätigkeit auslösen. Der Freßtrieb wird zuweilen auch an ungewohnten Materialien befriedigt, und besonders bei den staatenbildenden Insekten macht sich der Nachahmungstrieb für die Werkstoffe nachteilig bemerkbar; denn nachfolgende Stammesgenossen pflegen dort weiterzuknabbern, wo ein Einzeltier aus einem der genannten Gründe mit dem Benagen begonnen hatte.

In den meisten Fällen von Beschädigungen durch Insekten handelt es sich nicht um eine Aufnahme der Substanzen als Nahrung. Die Schäden sind daher weniger stoffspezifisch als die durch chemischen Abbau bewirkte Zerstörung von Werkstoffen durch Mikroorganismen. Die Beständigkeit oder Unbeständigkeit der Materialien gegen Insekten hängt vielmehr in erster Linie von der Struktur der Körper und Gebilde sowie von ihren physikalischen Eigenschaften, wie Härte, Dicke, Oberflächenbeschaffenheit und Dichte, ab. Beispielsweise zeigte sich bei Laboratoriumsversuchen, die GÖSSWALD [131] mit Termiten ausführte, daß schon geringe Härteunterschiede bei Duromeren für den Grad ihrer Beschädigung entscheidend waren. Dickenunterschiede wirkten sich bei Polystyrolfolien in gleicher Weise aus. Nach GERHARDT und LINDGREN [123] (1955) ist nämlich die relative Zahl der in Packungen aus Polyäthylenfolie eingedrungenen Insekten der Stärke des Folienmaterials direkt proportional.

Neben anderen Faktoren sind Dickenunterschiede der Materialien, wie Folien, Platten, Rohre, Profile und Formkörper, oder der sie aufbauenden Elemente, wie Textilfasern oder die Zellwandungen der Schaumstoffe, für die Beständigkeit der Erzeugnisse von entscheidender Bedeutung. Da diese Strukturunterschiede der Erzeugnisformen von weit größerem Einfluß auf die Beständigkeit der Materialien gegen Insekten sind als ihre mechanischen Eigenschaften, sollen die Erzeugnisse, soweit es sich nicht um ganz oder teilweise verdauliche Substanzen handelt, nach Formen zusammengefaßt betrachtet werden.

Eine Literaturzusammenstellung über die Beständigkeit von Kunststoffen gegen Insekten findet sich im Government Research Report AD 601 309 [*138*].

## 11.1. Erzeugnisse aus ganz oder teilweise verdaulichen Stoffen

Die Fähigkeit, Zellulose zu verdauen und als Nahrung auszunutzen, besitzen nur verhältnismäßig wenige Insektenarten, wie beispielsweise die Borstenschwänze (Thysanura) und die Termiten (Isoptera).

Das Silberfischchen (Lepisma saccharina L.) frißt nach LAIBACH [*204*] regenerierte Zellulose in Form von Viskose- und Kupferkunstseide und verdaut die weitgehend aufgeschlossene Zellulose zum Teil. WOLF [*367*] untersuchte das Freßverhalten des Silberfischchens und teilte mit, daß Zellulosetextilien besonders dann von ihnen gefressen werden, wenn Verschmutzungen mit Zucker oder stärkehaltigen Substanzen einen Freßreiz auf die Tiere ausüben. Die Hemizellulose reicht aber zur Ernährung dieses Insekts nicht allein aus.

Daß Viskosereyon stark von Termiten angefressen wird, stellte GÖSSWALD [*131*] fest. HERFS [*154*] bestätigte diese Beobachtung und kam zu dem Ergebnis, daß alle natürlichen Zellulose- und Keratinfasern und in noch stärkerem Maße die aus regenerierter Zellulose bestehenden Fasern von Termiten gefressen werden. Das entspricht auch der Beobachtung von BECKER [*20*], daß Zellulosehydratfolie und Kasein-Formaldehydharz in kurzer Zeit von allen fünf Termitenarten, mit denen dieser Autor die Materialien prüfte, vollständig aufgefressen wurden.

MALLIS, MILLER und HILL [*222*] prüften eine Anzahl von Natur- und Synthesefasern auf ihre Beständigkeit gegen die folgenden vier Insekten bzw. Larven: Kleidermotte (Tineola biselliella HUM.), Möbelbezugkäfer (Anthrenus flavipes LEC.), schwarzer Teppichkäfer (Attagenus piceus OL.) und einem Verwandten des Silberfischchens (Thermobia domestica PACK.). An den in Tabelle 51 wiedergegebenen Befunden fällt auf, daß die drei ersten Insekten im Fraßverhalten einander sehr ähnlich sind. Dies zeigt sich besonders bei der starken Schädigung von Wolle. Während die Thermobia Wolle nicht schädigt, greift sie aber gerade die Fasern an, die von den ersten

drei Insektenarten nicht beschädigt werden. Baumwollperkal war gegen
alle vier Prüfinsekten beständig. Viskosereyon wurde von Mottenlarven
und den beiden Käfern nicht, wohl aber von Thermobia beschädigt.

## 11.2.  Synthesefasern

Synthesefasern werden von zahlreichen Insekten beschädigt. Wie Tabelle 51 zeigt, verhalten sich die verschiedenen Spezies den einzelnen Faser-
materialien gegenüber aber sehr unterschiedlich. Die Lepismatiden greifen
nur solche Materialien an, die sie mindestens teilweise zu verdauen vermögen, beachten aber die für sie unverdaulichen Fasern aus Zelluloseazetat
nicht. Termiten verhalten sich hierin anders. Sie zernagen auch Azetatkunst-
seide, wenn auch in etwas geringerem Maße als Fasern aus regenerierter
Zellulose. Ergänzend muß hier erwähnt werden, daß Schaben nach HERFS
[152] Kunstseiden fressen, und WOLF [368] zeigte, daß auch Ohrwürmer
der Gattung Forficula Löcher in Gewebe aus Synthesefasern nagen. Sie
fressen dabei auch für sie unverdauliche Faserstücke, selbst wenn daran
keine für sie als Nahrung geeigneten Verunreinigungen haften, und sie
zerbeißen Fäden, wenn sie ihnen als Hindernis im Wege stehen. HERFS [152]
teilte mit, daß auch Grillen (Gryllidae) gelegentlich synthetische Textilien
und andere Kunststoffmaterialien benagen, wenn diese nicht für ihre Beißwerkzeuge zu hart sind.

Nach den von HERFS [154] veröffentlichten Ergebnissen der Prüfungen
von Synthesefasern in der Termitenstation der Farbenfabriken Bayer in
Leverkusen sind die Polyamidfasern Nylon und Perlon nicht termitenfest.
Dagegen erwiesen sich die folgenden Fasern als gegen Termiten beständig:
Vinyon (Fasern der Union Carbide, bestehend aus 40% Polyacrylnitril und
60% Vinylchlorid-Vinylazetat-Mischpolymerisat), Saran (Vinylidenchlorid-
Vinylchlorid-Mischpolymerisat der Dow), Orlon (Polyacrylnitrilfaser der
Du Pont) und Dacron (Polyäthylenglykolterephthalatfaser der Du Pont).

Die Beständigkeit von Natur- und Synthesefasern gegen die Larven der
Kleidermotte (Tineola biselliella HUM.) ist im allgemeinen gut, denn nur
Wolle wird beschädigt. Das entspricht auch den Angaben von WOLF [363,
364], daß Synthesefasern mottenfest seien; doch werden Faserstoffe aus den
folgenden Materialien, wenn sie in Mischung mit Wolle vorliegen, von den
Mottenraupen bereitwillig gefressen: regenerierte Zellulose, synthetische
Eiweißfasern, Polyamide, Polyacrylnitril und PVC. Nach WOLF [364] nimmt
die Beständigkeit gegen Mottenfraß bei Fasern vergleichbarer Stärke in
folgender Reihenfolge zu:
Kupferseide — Azetatreyon — Viskosereyon — Polyvinylchlorid —
Polyamide — Polyacrylnitril — Polyäthylenglykolterephthalat.

Das folgende Material ist jeweils gleich oder besser beständig als das
voraufgehende. Die Mehlmotte (Ephestia Kühniella ZELL.) beschädigt

dagegen nur Perlonfasern und verhält sich den anderen synthetischen Textilien gegenüber wesentlich inaktiver. Synthesefasern und selbst Glasfasern werden von den Raupen der Kleidermotte auch zum Köcherbau verwendet. Die letzteren naturgemäß in etwas geringerem Maße. Da die Zerstörungen an synthetischen Textilien also aus zwei unterschiedlichen Beweggründen erfolgen und die Fasern unterschiedliche Festigkeiten und verschiedene

Tabelle 51. *Beständigkeit von Natur- und Synthesefasern gegen die vier Schädlinge: 1. Kleidermotte, 2. Möbelbezugkäfer, 3. schwarzer Teppichkäfer, 4. Thermobia domestica nach* Mallis, Miller *und* Hill [222]

| Fasermaterial | 1 | 2 | 3 | 4 |
|---|---|---|---|---|
| Baumwollperkal | 0 | 0 | 0 | 0 |
| Leinen | 0 | 0 | 0 | 1 |
| Wolle | 2 | 2 | 2 | 0 |
| Seidenkrepp | 0 | 0 | 0 | 1 |
| Viskosereyon | 0 | 0 | 0 | 2 |
| Azetatreyon | 0 | 2 | 0 | 0 |
| Dynel | 0 | 0 | 0 | 0 |
| Orlon | 0 | 0 | 0 | 0 |
| Dacron | 0 | 0 | 0 | 0 |
| Nylon | 0 | 1 | 1 | 0 |
| Vicara | 0 | 0 | 0 | 0 |

0 = keine Beschädigung
1 = leichtere Beschädigung
2 = starker Fraß

Dicken aufweisen, haben Aussagen über die Reihenfolge der Beständigkeit gegen Mottenfraß nur dann Wert, wenn sie mit Materialien gleicher Stärke und unter übereinstimmenden Bedindungen ermittelt werden.

## 11.3. Schaumstoffe

Die synthetischen Schaummaterialien haben in der jüngsten Vergangenheit erhebliche wirtschaftliche Bedeutung erlangt. Die Weichschäume, wie Schaumgummi oder Polyurethanschaum, werden in zunehmendem Maße zu Polstern von Sitzmöbeln, Autositzen oder zu Bettmatratzen verarbeitet, und sie dienen als stoßdämpfende Füllungen in Automobilen oder Verpackungsbehältern. Die Hartschäume, vor allem der Polystyrolschaum, dienen in erster Linie zur Wärmeisolierung von Bauten und Fahrzeugen.

Die Struktur der Schaumstoffe mit ihren dünnen, zwischen zahlreichen Zellen stehengebliebenen Scheidewänden macht sie gegen Insekten wenig widerstandsfähig. Dazu tragen die meist geringen Abmessungen der Poren und die unregelmäßige Dicke der Trennwände bei, die den Tieren das Herauslösen von Teilchen erleichtert. Die von HERFS [154] untersuchten Schaumstoffe: Schaumgummi, Moltopren (Polyurethanschaum der Farbenfabriken Bayer) und der Hartschaum „Iporka" (ein Harnstoff-Formaldehydschaum der BASF) wurden von Termiten in kurzer Zeit vollkommen zerfressen. Nach BECKER [20] war Polyurethanschaum ebenfalls stark benagt und von Gängen durchsetzt, und auch nach GAY und WETHERLY [120] wird der Polyurethanschaum von Termiten stark beschädigt. Über das Verhalten von Polystyrolschaum gegenüber Termiten liegt eine Untersuchung des Ministry of Supply vor, über die HUECK [168] berichtete. Danach wies dieser Hartschaum bei der Prüfung mit Termiten innerhalb von 6 Monaten große Höhlungen auf.

## 11.4.  Kautschuk und Gummi

Die Kautschukmaterialien, wie vulkanisierter Naturkautschuk, verhalten sich anders als die kautschukelastischen Kunststoffe, wie Weich-PVC. GAY und WETHERLY [120] teilten mit, daß vulkanisierter Naturkautschuk von Termiten nur wenig beschädigt wird. Übereinstimmend hiermit stellte BECKER [20] fest, daß Naturkautschuk von Termiten nur geringfügig benagt wurde, jedenfalls weniger als die geprüften Synthesekautschukmaterialien. Hartgummi erlitt etwas stärkere Beschädigungen. Das weichere Material ist in diesem Falle also beständiger als das harte, spröde Material. Dieses Verhalten entspricht dem schon bei der Betrachtung der Beständigkeit synthetischer Werkstoffe gegen Bohrmuscheln erwähnten Zusammenhang mit ihrer Ritz-, Kratz- und Abriebfestigkeit. Die Feststellung, daß sich Materialien bei der Abriebprüfung entsprechend verhalten, wie unter der Einwirkung der Mundwerkzeuge von Insekten, überrascht nicht, weil auch diese die Oberfläche des angegriffenen Körpers einer ritzenden, kratzenden und abreibenden Beanspruchung aussetzen.

HERZOG und WÄLCHLI [156] berichteten von der Beschädigung eines Fußbodenbelages aus vulkanisiertem Kautschuk durch Larven des Holzwurms (Anobium striatum OL.), die — aus der Holzunterlage kommend — den Belag trotz der insektiziden Wirkung der Mischungsbestandteile des Kautschukmaterials durchbrachen. Beschädigungen dieser Art können nur durch stark wirkende Insektizide verhindert werden.

Alle synthetischen Kautschukmaterialien sind nach GAY und WETHERLY [120] gegen Termitenfraß weniger beständig als Naturkautschuk. Das gilt besonders für Butylkautschuk und Neopren. Auch BECKER [20] gibt an, daß Styrol-Butadien-Mischpolymerisate stärker benagt wurden als Naturkautschuk. In noch höherem Maße wiesen Polychloropren und Butadien-Acrylnitril-Mischpolymerisate Schäden auf.

Auch wo Kabel in den Tropen im Freien liegen, sind häufig Schäden durch Termiten eingetreten. Über solche Bechädigungen von Kabeln durch

11*

Coptotermes formosanus auf Hawaii berichtete W‍ILLIAMS [*357*], und B‍ECKER [*12*] teilte mit, daß Bostrychiden in den überseeischen Ländern dafür bekannt sind, daß sie Kabel beschädigen.

## 11.5.  Folien und Schichten aus Kunststoff

Die als Verpackungsmaterial verwendeten Kunststoffolien sind besonders der Beschädigung durch Insekten ausgesetzt. Die Tiere werden durch das Aroma oder den Anblick der darin verpackten Nahrungsmittel angelockt; aber es kommen auch zahlreiche Fälle vor, in denen die Packungen ohne erkennbaren Anreiz durchlöchert werden. Folien können, auch wenn sie auf Holz kaschiert sind, in gleicher Weise wie der schon erwähnte Gummibodenbelag beschädigt werden. Das Gleiche gilt für Lackschichten, und es wurde schon erwähnt, daß selbst Metalle, besonders wenn sie in Form von Blechen auf Holz aufliegen, von den Larven einiger Insekten durchbohrt werden.

H‍ERFS [*152*] berichtet, daß Schaben (Blattaria) Kunststoffolien benagen, wenn sie für ihre Kauwerkzeuge nicht zu hart sind. Es werden dabei auch solche Materialien beschädigt, die für die Tiere keinerlei Wert als Nahrung haben. Außerdem ist die Beschmutzung eine lästige Begleiterscheinung.

B‍ECKER [*18*] teilte mit, daß Scolytiden und Bostrychiden bei der Eiablage, für die normalerweise Zweige angebohrt werden, besonders an Freileitungen in den Tropen Schäden anrichten. Auf Holz kaschierte Folien und andere Überzüge können durch schlüpfende Larven von holzzerstörenden Cerambyciden und Anobiiden perforiert werden. An anderer Stelle berichtete B‍ECKER [*12*], daß Larven der Holzwespen (Siricidae), die mit verarbeitetem Holz in Gebäude eingeschleppt worden waren, beim Schlüpfen auf dem Holz befindliche Schichten, wie Anstriche, aufkaschierte Folien auf Möbelplatten, Wand- und Fußbodenbeläge, durchlöcherten. Schließlich mag noch erwähnt werden, daß K‍ALSHOVEN [*181*] Schäden beschrieb, die von der kleinen Ameise Monomorium destructor J‍ERG. auf Java und Celebes angerichtet wurden, wo sie Draht- und Kabelisolierungen aus Kunststoff durchnagten, wenn größere Völker auf ihren Wanderungen zu Futterplätzen in Limonadekiosken, Pfefferminz- oder Süßwarenfabriken auf elektrische Leitungen stießen. Als eine Ameise, die in Australien ähnliche Schäden verursachte, nennt B‍ECKER [*18*] die Art Pheidolo megacephala F.

Es sind zahlreiche vergleichende Prüfungen von Verpackungsmaterialien vorgenommen worden. Besondere Aufmerksamkeit ist dabei der Beständigkeit gegen Termitenfraß gewidmet worden, weil diese Schädlinge als die wirksamsten Zerstörer von Kunststoffmaterialien gelten. Als größere Arbeiten zu diesem Thema sind die Veröffentlichungen von S‍NYDER [*315*], W‍OL-C‍OTT [*360*], H‍ERFS [*154*], des Ministry of Supply [*235*], G‍AY und W‍ETHERLY

[*120*] sowie von BECKER [20] zu nennen. Die Ergebnisse dieser Prüfungen sind in einigen Fällen, beispielsweise bei Polyäthylen-, PVC-, Polyvinylazetat-, Polystyrol- und Polyamidfolien, nicht frei von Widersprüchen. Dies liegt daran, daß nicht einander entsprechende Materialien geprüft wurden und andererseits die Stärke der von den Termiten auf das Material unter-

Tabelle 52. *Termitenbeständigkeit von Verpackungsfolien*

| Material | Bestän-digkeit | Literatur |
|---|---|---|
| Zellulosehydrat | — — | BECKER [20] |
| Zellulosenitrat | — | BUDIG [*58*], BECKER [20] |
| Zelluloseazetat | — | WOLCOTT [*360*], Min. Supply [*233*], BECKER [20] |
| Zelluloseazetat sek. | — | GAY und WETHERLY [*120*], BECKER [20], BUDIG [*58*] |
| Zellulosetriazetat | — | BUDIG [*58*], BECKER [20] |
| Zelluloseazetobutyrat | — | GAY und WETHERLY [*120*], BECKER [20] |
| Polyäthylen | — | LIGHTBODY [*215*], BECKER [20] |
| Polypropylen | + — | GAY und WETHERLY [*120*] |
| Hart-PVC | — | BECKER [20] |
| Weich-PVC | — | HERFS [*154*], BUDIG [*58*], BECKER [20] |
| Polyvinylidenchlorid | + | GAY und WETHERLY [*120*] |
| Polymethylmethacrylat | — | WOLCOTT [*360*] |
| Polystyrol | — | BUDIG [*58*] |
| Polystyrol | + — | BECKER [20] |
| ABS-Harz | — | GAY und WETHERLY [*120*] |
| Polycarbonat | + | GAY und WETHERLY [*120*] |
| Polyäthylenglykolterephthalat | — | BECKER [20] |
| Polyamid | — | BECKER [20] |
| Phenolharz-Laminat | + | GAY und WETHERLY [*120*] |
| Lackschichten | — | BUDIG [*58*] |
| Polyurethan | — | GAY und WETHERLY [*120*] |

nommenen Angriffe auch davon abhängt, ob es nur auf seine Eignung als Nahrung oder als Baumaterial für die Galerien neben anderen zur Verfügung stehenden Stoffen geprüft oder als im Wege stehendes Hindernis von den Tieren unbedingt weggeräumt werden mußte. In Tabelle 52 ist die Beständigkeit von Folienmaterialien gegen Termiten nach Literaturangaben zusammengestellt. Da die Prüfkörper in manchen Fällen aus ungeklärten Gründen unbeschädigt blieben und so eine Beständigkeit der Materialien vorgetäuscht wurde, ist den Mitteilungen über Beschädigungen der größere Aussagewert beigelegt worden.

GERHARDT und LINDGREN [*122, 123*] stellten mit zehn verschiedenen Prüfinsekten (vergl. Tabelle 56) Untersuchungen über die Beständigkeit von Verpackungsfolien an, deren Ergebnisse in Tabelle 53 wiedergegeben sind. Die Prüfungen wurden in großen 23-kg-Schmalzkanistern vorgenommen, die 7,5 cm hoch mit Kulturmedium gefüllt waren, auf das jeweils drei größere mit Walnußfleisch gefüllte Verpackungsbeutel gelegt worden waren. In der Tabelle sind die Zeitspanne bis zum ersten Eindringen und der Prozentsatz der Beschädigungen angegeben.

Zellulosehydratfolien werden von zahlreichen Insekten oder ihren Larven durchnagt. Wolf [363] gab an, daß Zellophan in Stärke von 0,022 mm

Tabelle 53. *Prüfung von Verpackungsfolien nach* GERHARDT *und* LINDGREN [*122, 123*]

| Material | Dicke mm | durchlöcherte Packungen % | in n Wochen |
|---|---|---|---|
| Zellulosehydrat | 0,023 | 76,5 | 3,0 |
| Zellulosehydrat | 0,036 | 73,7 | 3,0 |
| Zellulosehydrat | 0,041 | 78,4 | 3,8 |
| Polyäthylen | 0,038 | 60,5 | 2,9 |
| Polyäthylen | 0,051 | 47,4 | 3,2 |
| Polyäthylen | 0,102 | 13,1 | 3,0 |
| Vinylidenchloridmischpolymerisat | 0,038 | 34,5 | 3,2 |
| Vinylidenchloridmischpolymerisat | 0,051 | 35,1 | 3,9 |
| Kautschukhydrochlorid | 0,036 | 37,3 | 5,5 |
| Zellulosehydrat/Wachs/Zellulosehydrat | 0,075/0,023/0,075 | 34,2 | 2,8 |
| Zellulosehydrat beidseitig mit Saran beschichtet | 0,0013/0,036/0,0013 | 55,3 | 3,8 |
| Saran/Kautschukhydrochlorid | 0,038/0,031 | 13,8 | 5,5 |
| Polyäthylen/Aluminium | 0,025/0,025 | 8,1 | 4,3 |
| Kautschukhydrochlorid/Alu/Zelluloseazetat | 0,02/0,025/0,025 | 0 | 0 |

von Larven der Kleidermotte durchlöchert wurde, und nach M. v. SCHELHORN [295] fraßen sich die Raupen der Dörrobstmotte (Plodia interpunctella HBN.) von außen nach innen durch Zellophan hindurch, während der Brotkäfer (Stegobium paniceum L.) das Material nur von innen nach außen durchbohrte. Auch beidseitig mit Saran beschichtetes Zellophan wurde in einer Dicke von 0,0356 mm selbst von schwächeren Insekten durchnagt. Daß auch der Kornkäfer (Calandra granaria L.) Zellulosehydratfolien durchlöchert, teilten ESSIG u. Mitarb. [99] mit, und nach GERHARDT und LINDGREN [122] durchbohrt dieser Schädling die Zellglasfolie bis zu einer Dicke von 0,0706 mm. Auch bei einem amerikanischen Großversuch, bei dem Verpackungsbeutel in einen Raum mit zahlreichen verschiedenen Schadinsekten gebracht worden waren, wurden sämtliche Zellglasbeutel durchlöchert. Die Beutelfolie hatte eine Stärke von 0,03 mm. Auch der Zigarettenkäfer (Lasioderma serricorne F.) drang in 2% der Fälle und seine Larven in 16% der angebotenen, mit zwei Zigaretten beschickte Beutel ein [249]. Schließlich muß noch erwähnt werden, daß WOLF [366] Prüfungen mit Ohrwürmern an Beuteln aus Zellulosehydratfolie vornahm. Es ergab sich, daß die Tiere die Beutel bei Befreiungsversuchen durchbrachen, und bei Fraßzwangsversuchen waren schon nach einem Tag Nagespuren zu erkennen.

Bei dem erwähnten amerikanischen Großversuch wurden auch Beutel aus Zelluloseazetatfolie von verschiedenen Schädlingen stark durchlöchert. GERHARDT und LINDGREN [123] stellten fest, daß Zelluloseazetatfolie von allen Prüfinsekten durchlöchert wurde, und ESSIG [100] gibt an, daß mit Diäthylphthalat weichgemachtes Zelluloseazetat in seiner Beständigkeit gegen Käfer den schlechteren Folien aus Hydratzellulose entspricht.

Polyäthylenfolie ist, wie Tabelle 52 zeigt, gegen Termiten nicht beständig; aber auch andere Insekten sind in der Lage, dieses Folienmaterial zu durchnagen. M. v. SCHELHORN [295] teilte mit, daß Larven der Dörrobstmotte (Plodia interpunctella HBN.) 0,006 mm dicke Polyäthylenfolie von außen nach innen durchnagten und daß Polyäthylenfolie in dieser Stärke allgemein als nicht insektendicht angesehen werden muß. WHALLEY [352] berichtete von Schäden, die von den Raupen der braunen Hausmotte oder falschen Kleidermotte (Hofmannophila pseudospretella STAINTON) an Polyäthylenfolie angerichtet wurden, und daß die Larven der braunen China-Markmotte eine 0,125 mm dicke Polyäthylenfolie durchnagten, um sich an der rauheren Papierunterlage zu verpuppen. Nach M. v. SCHELHORN [295] durchnagt der Brotkäfer (Stegobium paniceum L.) die 0,060 mm dicke Polyäthylenfolie aber nur in Richtung von innen nach außen. LOWIG und BROOCKMANN [219] berichteten darüber, daß Getreidekäfer Polyäthylenfolie von 0,10 mm Dicke und sogar Kombinationen von je 0,020 mm dickem Polyäthylen und Aluminiumfolie durchlöcherten. Nächst diesem Käfer hat sich nach DAVEY und AMOS [81] der Käfer Rhyzopertha dominica F. als der wirksamste Nager erwiesen. Nach GERHARDT und LINDGREN [122] war dieser Getreidekapuziner und auch der schwarze Getreidenager (Tenebroides mauretanicus L.) in der Lage, 0,10 mm dicke Polyäthylenfolie zu durchlöchern. Schwächere Insekten vermochten das Material in dieser Dicke nicht mehr zu durchdringen. Erst wenn die Folien stärker sind als 0,13 mm, bieten sie einen gewissen Schutz gegen das Eindringen von Insekten.

Polystyrolfolie ist nicht termitenfest und ein Material, das nach WHALLEY [352] von den Larven der braunen Hausmotte durchnagt wird. Auch das Acrylnitril-Butadien-Styrol-Mischpolymerisat wird nach GAY und WETHERLY [120] von Termiten beschädigt.

PVC-Folien werden von Termiten in unterschiedlichem Grade angegriffen. BECKER [20] stellte fest, daß Hartfolien aus Vinylchloridmischpolymerisat nur von einer Termitenart schwach benagt wurden. Sie beschädigten auch Hart-PVC-Folie nur wenig. Dies entspricht auch den Befunden anderer Autoren, wie LIGHTBODY, ROBERTS und WESSEL [215] oder GAY und

WETHERLY [120]. Weich-PVC ist dagegen unbeständig. Nach den zuletzt genannten Autoren nimmt seine Beständigkeit gegen Termiten mit zunehmendem Weichmachergehalt ab, wobei aber mit Trikresylphosphat weichgemachte Folien beständiger sind als solche, die Dioctylphthalat enthalten.

Hart-PVC-Folie von 0,0385 mm Dicke wurde, wie M. v. SCHELHORN [295] berichtete, von außen nach innen von den Raupen der Dörrobstmotte durchlöchert. Ebenso war der Brotkäfer in der Lage, die Folie zu durchnagen. Er tat dies aber nur bei Befreiungsversuchen in Richtung von innen nach außen.

Folien aus dem Vinylidenchloridmischpolymerisat Saran und aus Kautschukhydrochlorid (Pliofilm) sind nach LOWIG und BROOCKMANN [219] gegen das Eindringen von Insekten beständiger als Folien aus Hydratzellulose oder Polyäthylen. Sie nehmen aber eine Zwischenstellung zwischen diesen Materialien und den wirklich insektendichten Folien ein. Die Ergebnisse der an Polyvinylidenchlorid- und Kautschukhydrochloridfolien von GERHARDT und LINDGREN [123] vorgenommenen Prüfungen sind in Tabelle 53 wiedergegeben. ESSIG u. Mitarb. [99] stellten fest, daß Kautschukhydrochloridfolien von Käfern und Larven des schwarzen Getreidenagers (Tenebroides mauretanicus L.) sehr leicht durchnagt wurden. Der Rüsselkäfer Sitophilus granarius L. und Larven der Mehlmotte (Ephestia Kühniella ZELL.) brauchten dazu etwas länger; doch ist die Folie als nicht insektendicht zu betrachten.

Polycarbonatfolie ist nach GAY und WETHERLY [120] termitenfest, und auch in dem erwähnten US-Großversuch mit Folienbeuteln, die mit Mühlenprodukten gefüllt und in einem Raum mit zahlreichen Vorratsschädlingen ausgelegt waren, erwiesen sich die Polycarbonatbeutel (Foliendicke 0,07mm) als insektendicht.

Polyäthylenglykolterephthalatfolie wird nach BUDIG [58] von Termiten nicht beschädigt; doch stellte BECKER [20] fest, daß dieses Material von Termiten deutlich angegriffen wird. In den Versuchen von GERHARDT und LINDGREN [123] wurde diese Folie in einer Dicke von 0,0254 mm ebenfalls beschädigt, aber nur von den kräftigsten Insekten.

Polyamidfolie ist gegen Insekten offenbar recht beständig. Die schon zitierten Autoren haben mehrfach darüber berichtet, daß Polyamid termitenfest sei oder nur geringfügig benagt wird, und WOLF [363] teilte mit, daß Polyamidband von 0,07 mm Dicke und 20 mm Breite von Raupen der Kleidermotte nicht durchnagt wird.

## 11.6.  Platten, Rohre, Profile und Formkörper aus Kunststoff

Obwohl GAY und WETHERLY [120] auf Grund widersprechender Ergebnisse bei der Termitenprüfung von Zelluloseazetat, Polyäthylen, Polyvinylchlorid und Polyvinylazetat zu der Vermutung kamen, daß es wahrscheinlich kein vollkommen termitenfestes Kunststoffmaterial gibt, so macht die gegenüber Folien größere Dicke oder Wandstärke von Platten, Rohren, Profilen und Formkörpern diese doch viel beständiger gegen Insekten als Folien, Fasern und Schaumstoffe aus polymerem Material. Neben der Dicke sind vor allem die Härte und die Glattheit der Oberfläche weitere die Beständigkeit der Körper verbessernde Eigenschaften.

Zellulosederivate werden auch in Form von Körpern größerer Dicke oder größerer Wandstärke von Insekten beschädigt. GAY und WETHERLY [120] stellten fest, daß Rohre aus Zelluloseazetobutyrat leicht von Termiten durchnagt werden, eine Beobachtung, die BECKER [20] bestätigte.

Polyäthylen niedriger Dichte ist nach den gleichen Veröffentlichungen in Form von Rohren gegen Termiten sehr unbeständig, während das Polyäthylen hoher Dichte beständiger sein soll. Nach GAY und WETHERLY [120] wird Polypropylen stark angegriffen.

Bei Polystyrol hatten die Untersuchungen unterschiedliche Ergebnisse. Während dieses Material nach Angaben des Ministry of Supply [235] sowie nach GAY und WETHERLY [120] als gegen Termiten beständig bezeichnet wurde, war dies bei den Prüfungen von BECKER [20] nicht immer der Fall. Die Termitenfestigkeit muß aber schon aus dem Grunde vorsichtig beurteilt werden, weil andere Insekten Polystyrol beschädigen. So teilten EGGERT und HOPF [93] mit, daß Fliegenmaden auf Polystyrol Ätzgruben hinterlassen, die eine ganz andere Form haben als Lösungsmittelätzungen. Nach SY [327] durchlöchern die Larven des Teppichkäfers Gefäße aus Polystyrol.

Hart-PVC kann nach den Veröffentlichungen des Ministry of Supply [233], nach GAY und WETHERLY [120] und nach BECKER [20] bei ausreichender Härte und glatter Oberfläche als termitenfest oder praktisch termitenbeständig angesehen werden. Das gleiche gilt nach BECKER [20] für ein von ihm untersuchtes Vinylchlorid-Vinylazetat-Mischpolymerisat. Weich-PVC-Materialien werden dagegen von Termiten stark beschädigt. Nach GAY und WETHERLY nimmt die Beständigkeit mit steigendem Weichmachergehalt in stetiger Progression ab. PVC-Materialien zeigen also ein demjenigen der Kautschukvulkanisate entgegengesetztes Verhalten. Wie schon erwähnt, ist Hartgummi gegen Termiten und auch gegen Abrieb weniger beständig als Weichgummi. Hart-PVC erweist sich dagegen als termitenfester als Weich-PVC, was den Ergebnissen der Abriebprüfung entspricht (vergl. HALDENWANGER [146]). Möglicherweise läßt sich diese Erscheinung damit erklären, daß die Fadenmoleküle des weichgemachten PVC-Materials nicht miteinander verknüpft in der einer Lösung vergleichbaren Form vorliegen, während die Kohlenstoffketten des vulkanisierten Kautschuks durch Schwefelbrücken miteinander vernetzt sind.

Über Polytetrafluoräthylen sind die Meinungen geteilt. Während BUDIG [58] dieses Material unter die termitenfesten Substanzen einordnet, gibt BECKER [20] an, daß es von Termiten beschädigt wurde.

Das klare, harte Acrylglas ist termitenbeständig. Es wies in den Prüfungen von BECKER [20] höchstens minimale Spuren von Nageversuchen der Tiere auf.

Polycarbonat ist nach GAY und WETHERLY [120] termitenbeständig.

Polyamide wurden von diesen Autoren als beständig, von BECKER [20] aber, obwohl das Material nicht sehr stark benagt worden war, als unzweifelhaft nicht termitenfest bezeichnet.

Die Phenolharze sind im allgemeinen gegen Insekten recht beständig. GAY und WETHERLY stuften sie als vollkommen oder fast vollkommen termitenfest ein. Auch in den Versuchen von BECKER [20] waren mit Gesteinsmehl oder Asbestfasern gefüllte Phenolharzmaterialien vollkommen beständig. Sie zeigten keinerlei Nagespuren. Andere Phenolharzpreßmassen wiesen dagegen deutliche Beschädigungen auf, und Materialien, die mit Zellulose oder mit Glasgewebe gefüllt waren, erwiesen sich als unzweifelhaft nicht termitenfest. Die Lagerung im Tropenklima setzte bei gewebegefüllten Materialien die Beständigkeit weiter herab.

Mit Formaldehyd gehärtete Kaseinkunststoffe gehören nach den Angaben mehrerer der zitierten Autoren zu den gegen Termiten unbeständigsten Werkstoffen. Nach HERFS [152] wurden Knöpfe aus diesem Material auch vereinzelt von Larven des Teppichkäfers (Anthrenus fasciatus HRBST.) und von Gibbium psylloides CZEMPINSKI angenagt.

Die Aminoplasten erwiesen sich nach BECKER [20] zum größten Teil als die beständigsten Duromeren. Mit einer Füllung von Asbestfasern, Holzmehl oder Zellulose wurden sie von Termiten nicht benagt; doch war mit Gewebeschnitzeln gefülltes Aminoplastmaterial unzweifelhaft nicht termitenbeständig.

Polyesterharze, wie Alkydharz, wurden auch in Form von Lacküberzügen von Termiten erheblich beschädigt. Die mit Glasfasern gefüllten ungesättigten Polyester können dagegen nach BECKER [20] als praktisch termitenfest gelten, weil sie nur ganz geringfügige Nagespuren aufwiesen. Die Lagerung in Tropenklima setzte die Widerstandsfähigkeit allerdings etwas herab.

Epoxydmaterialien waren nach Ergebnissen der Prüfungen von GAY und WETHERLY [120] vollkommen oder fast vollkommen termitenbeständig. Doch stufte BECKER [20] die von ihm geprüften kalt- und warmhärtenden Epoxydmassen unter die unzweifelhaft nicht termitenbeständigen Substanzen ein, obwohl sie nur verhältnismäßig geringe Nagespuren vorwiegend an den Kanten aufwiesen. Nach BUDIG [58] sind die Epoxydmaterialien dagegen termitenfest.

Polyurethanmaterialien werden nach BUDIG [58] von Termiten beschädigt, und auch BECKER [20] reiht diese Additionspolymeren, obwohl sie nicht sehr stark angenagt wurden, unter die unzweifelhaft nicht termitenbeständigen Materialien ein. Daß Polyurethanschaum, wie alle Schaumkunststoffe, von Termiten sehr stark zerstört wird, wurde oben schon erwähnt.

# 12. Prüfung mit Insekten

Die Prüfung von Werkstoffen hat je nach Art der Materialien verschiedene Ziele. Bei natürlichen Werkstoffen, wie Holz, Papier oder Naturfasern, steht die Prüfung der Wirkung von Konservierungsmitteln im Vordergrund, während bei den synthetischen Materialien, wie Chemiefasern, Verpackungsfolien, Kabelmänteln, Rohren oder Formkörpern, in erster Linie die Beständigkeit der Materialien selbst festgestellt werden soll. Für die Methodik der Prüfungen hat die unterschiedliche Zielsetzung aber keine Bedeutung; denn unbehandeltes oder mit einem Holzschutzmittel imprägniertes Holz, eine Verpackungsfolie oder die gleiche ein insektizides Mittel enthaltende Folie werden in übereinstimmender Weise geprüft. Die Übereinstimmung der Versuchsbedingungen dient dem Zweck, die Funktionstüchtigkeit der Prüfinsekten zu kontrollieren, da die Ergebnisse einer solchen Prüfung nur dann genügende Aussagekraft haben, wenn Kontrollen aus nicht geschütztem Material mit geprüft werden. Aus diesem Grunde, und weil die stoffliche Natur der geprüften Materialien für den Grad der durch Insekten bewirkten Schäden nicht von ausschlaggebender Bedeutung ist, sollen die Prüfverfahren in diesem Falle nicht nach den Materialien oder Erzeugnissen eingeteilt, sondern der bei der Schilderung der schädlichen Insektenarten vorgenommenen Einteilung folgend besprochen werden.

## 12.1. Prüfung mit Insekten, die keine vollständige Verwandlung durchmachen

Mit dem Feldohrwurm (Forficula auricularia L.) stellte WOLF [*366*] Fraßversuche an Zellulosetextilien sowie Geweben und Folien aus synthetischen Materialien an. Bei Fraßzwangsversuchen kann nur ein einziger Ohrwurm in das Prüfgefäß zu einem Stück des zu prüfenden Materials gesetzt werden, weil dieses Insekt, wenn es hungrig ist, zu Kanibalismus neigt. Die Schnittkanten des Prüfkörpers müssen den Mundwerkzeugen des Ohrwurms leicht zugänglich sein, weil er besonders am Rande zu fressen beginnt, und die Versuche dürfen nicht zu früh abgebrochen werden, weil er mehrere Wochen lang Hunger zu ertragen vermag. Die Fraßschäden am Prüfkörper werden visuell festgestellt; doch sollte außerdem eine mikroskopische Untersuchung des Kotes vorgenommen werden, um festzustellen, ob unverdaute Faserreste oder Teile des Materials darin enthalten sind.

Bei synthetischen Textilien oder Kunststoffolien wird eine zweite Art des Fraßzwangsversuchs vorgenommen. Sie besteht darin, wiederum nur einen Ohrwurm ohne Nahrung in einen aus dem Material gefertigten Beutel zu setzen und zu beobachten, ob dieser den Befreiungsversuchen standhält. Das Tier geht aber nicht systematisch vor. An den verschiedensten Stellen werden Fasern zerbissen oder herausgezogen, bis der Ohrwurm schließlich aus einem der entstandenen Löcher, das genügend groß ist, zu entweichen vermag.

Bei Fraßwahlversuchen wird den Tieren außer dem Prüfkörper stets eine große Menge unterschiedlicher Nahrungsstoffe, wie grüne Pflanzenteile, Blüten, Früchte, Kartoffeln, Brot und Hefe, zur Verfügung gestellt, und in die ziemlich großen Prüfgefäße setzt man zahlreiche Ohrwürmer ein. Erfahrungsgemäß fressen die Tiere trotz der reichlich vorhandenen Nahrung beispielsweise Zellulosetextilien an, wie die mikroskopische Untersuchung des Kotes zeigte.

Eine besondere Verschärfung der Prüfungen im Fraßwahlversuch und Fraßzwangsversuch stellt das Aufbringen von Verschmutzungen dar. Um ihre die Beschädigung begünstigende Wirkung feststellen zu können, ist es aber erforderlich, die beschmutzten Stellen farbig zu markieren. Als geeignete Beschmutzungsmittel, die auf den Prüfkörper getropft oder gestrichen werden, dienen Butter, Vollmilch, Fruchtsäfte und Fruchtpudding. Urin ist nicht geeignet, weil er nicht beachtet wird.

ASTM D 1382-55 T beschreibt eine Prüfmethode zur Bestimmung der Anfälligkeit trockner Klebstoffilme gegen Beschädigung durch Schaben. Zur Prüfung werden ungefähr 200 g des Klebstoffs nach Gebrauchsanweisung soweit verdünnt, daß sich die aus grobem Filterpapier bestehenden Prüfkörper (Quadrate von 5 cm Kantenlänge, mit zwei Löchern an diagonal gegenüber liegenden Ecken) gut in die Klebstofflösung tauchen lassen. Nach Abtropfenlassen des Überschusses hängt man die Prüfkörper auf und läßt sie 24 Std an der Luft trocknen. Anschließend werden die Prüfkörper und die nicht imprägnierten Kontrollen gewogen. Als Prüfgefäße dienen Bechergläser von 2000 ml Inhalt, deren Innenwand auf einer Fläche von 5 bis 7,5 cm mit Petrolatum eingestrichen ist. Auf den Boden wird ein quadratisches Brett aus hellem Kiefernholz von 12,7 mm Dicke und 76 mm Kantenlänge gelegt, in das an diagonal gegenüberstehenden Ecken zwei Löcher gebohrt sind, die zwei 10 cm lange Drähte aufnehmen, an die der Prüfkörper und die Kontrolle gehängt werden. In die Nähe der Proben stellt man eine mit feuchter Watte gefüllte Flaschenkapsel von ungefähr 2,5 cm Durchmesser. Während des Versuchs ist die Watte von Zeit zu Zeit erneut mit einer Pipette zu befeuchten. Zur Prüfung setzt man je fünf gesunde, 5 bis 6 Monate alte Männchen und Weibchen der amerikanischen Küchenschabe (Periplaneta americana L.), die 48 Std gehungert haben, in die Prüfgefäße, die dann nach Verdunklung mit einem Kasten oder Karton zugedeckt bei 23°C und einer relativen Luftfeuchtigkeit von 50% 14 Tage stehengelassen werden. Wenn in dieser Zeit mehr als drei Schaben sterben, ist der Versuch abzubrechen und zu wiederholen.

Die eingetretenen Schäden verfolgt man durch Wägen des Prüfkörpers und der Kontrolle. Außer der Gewichtsbestimmung vor dem Versuch sind Wägungen während der ersten 4 Tage täglich und anschließend alle 2 Tage vorgeschrieben. Bezeichnet man das jeweilige Gewicht des Prüfkörpers oder der Kontrolle mit A und das Gewicht zu Beginn der Prüfung mit B, so läßt sich die prozentuale Schädigung mit dem Ausdruck

$$100 - \frac{100\,A}{B}$$

berechnen.

In ähnlicher Weise prüfte BLOCK [42] Papier und Textilien, die zu Bucheinbänden verarbeitet werden, mit Periplaneta americana und benutzte dabei große irdene Töpfe, deren Innenrand eingefettet war, um das Entweichen der Tiere zu verhindern. Zur Prüfung wurden Quadrate des Materials von 19 mm Kantenlänge in die Gefäße gelegt und ungefähr 15 Schaben dazu gesetzt, die man 2 Wochen hatte hungern lassen.

Die Haltung von Termiten, der wichtigsten Zerstörer organischer Werkstoffe in den warmen Ländern, bedarf sorgfältiger Vorbereitung, um zu verhüten, daß die Tiere ausbrechen und sich in unkontrollierbarer Weise in Kulturländern einnisten. Derartige Sicherheitsvorkehrungen bei der Einrichtung einer Termitenstation beschreibt HERFS [153]. Sie bestehen z. B. in hölzernen Türen im Hause und Zaunpfosten, in die sich die Tiere auf ihrem Weg ins Freie einbohren, sowie in starken, ins Erdreich hineinragenden Betonmauern.

Als Zuchtbehälter dienen Betonbecken, in die am Boden und an der Vorderseite Spiegelglasscheiben eingelassen sind. Den Deckel des Behälters bildet eine auf vier Betonklötzen liegende Glasplatte, und in die oberen Ränder sind Wasserrinnen eingearbeitet. Ein Entweichen der Tiere ist leicht zu verhindern, weil man die Vorbereitungen dazu am Beginn von Brückenbauten über die Wasserrinnen erkennen kann.

Als Futter dienen direkt auf den Glasboden aufgesetzte Stücke von Baumstämmen. Der Boden wird mit einer dicken Schicht Humuserde bedeckt, die mit allen pflanzlichen und tierischen Lebewesen aus der Heimat der Termiten, also auch mit deren Feinden, nicht sterilisiert eingeschüttet wird. Durch den Glasboden hindurch läßt sich die Tätigkeit der Tiere gut beobachten. Sobald die Staaten volkreich geworden sind, ist Umsetzen aus diesen kleineren Behältern ($100 \times 60 \times 53$ cm) in große, ebenfalls von Wasser umgebene Betonbecken erforderlich.

BECKER, SCHULZE und SCHULZ [10] beschreiben Prüfungen mit den beiden in Europa heimischen Arten Kalotermes flavicollis und Reticulitermes lucifugus, erwähnen aber, daß zu strengeren Prüfungen, beispielsweise von Hölzern, die in den Tropen verwendet werden sollen, afrikanische Arten gewählt werden müssen.

Kalotermes flavicollis ist im Laboratorium leicht zu halten. Als Zuchtbehälter sind Betonbecken mit einer Schicht Lauberde am Boden geeignet. Die Verwendung dieser Termiten zur Prüfung von Werkstoffen bietet den weiteren Vorteil, daß sich bei dieser Art auch kleinere Gruppen vom Staat getrennt halten können, weil sie durch „Herstellen" neuer Königinnen und neuer Könige schon nach wenigen Tagen einen neuen kleinen Staat gebildet haben. Diese Termite ist außerdem gegen Gifte nicht sehr empfindlich.

Die bei dem von BECKER [11] beschriebenen Prüfverfahren benutzten Prüfkörper entsprechen nach Art und Größe (Kiefernsplintholz $1,5 \times 2,5 \times 5,0$ cm) und dem Verfahren der Imprägnierung mit Schutzmitteln unter Minderdruck den Vorschriften in DIN 52 176. Die Prüfungen wurden bei 28°C und einer relativen Luftfeuchtigkeit von 80% vorgenommen. Diese nicht optimale Feuchtigkeit war gewählt worden, nachdem sich herausgestellt hatte, daß sie den Ausfall der Ergebnisse nicht beeinflußte. Zum Ansetzen der Tiere dienten drei mit Plastilin auf eine Breitseite des Klötzchens aufgekittete, an beiden Seiten offene Glaszylinder von 10 bis 12 mm lichter Weite und 10 bis 20 mm Höhe. In ihnen wurden je zehn Nymphenlarven ohne Augenpigment, erwachsene Larven (Arbeiter) und halberwachsene Larven angesetzt. In unbehandeltes Holz bohren sich die Tiere innerhalb von 4 bis 8 Tagen ein. Es handelt sich um Fraßzwangsversuche, und das Verhalten der Tiere auf dem mit Schutzmitteln imprägnierten Holz kann gut durch die Gläser hindurch beobachtet werden. Es ist darauf zu achten, daß keine Tiere mit weißem Darminhalt, die nicht selbst fressen, oder solche, die sich gerade gehäutet haben, zu den Versuchen verwendet werden. Auch sind tote Termiten zu entfernen, weil sie sonst von ihren Artgenossen gefressen werden. In der zitierten Arbeit finden sich außer Angaben über den Einfluß unterschiedlicher Versuchsbedingungen auf die Ergebnisse der Prüfung Abbildungen der einzelnen Entwicklungsstadien von Larven, Arbeitern, Soldaten und Nymphen.

Bei der Prüfung mit tropischen Termiten, unter denen Coptotermes formosanus als die wirksamste Zerstörerin von Werkstoffen gilt, ist es nach HERFS [153] erforderlich, in den angesetzten Gruppen die dem sozialen Gefüge des Termitenstaates entsprechenden Zahlenverhältnisse der einzelnen Klassen zusammenzustellen, da selbst größere Gruppen von Arbeitern ziemlich rasch zugrunde gehen, aber selbst kleine Gruppen von 40 bis 50 Tieren, unter denen sich mindestens 30 Arbeiter befinden, halten sich gut. Den härtesten Prüfungen im Laboratorium kann man die Materialien dadurch aussetzen, daß man sie für lange Zeit direkt in die großen Zuchtbehälter mit volkreichen Staaten einlegt. Die Ergebnisse dieser Teste kommen denjenigen von Freilandprüfungen in den Tropen schon sehr nahe.

Um unwirksame Termitenschutzmittel für Textilien rasch ausscheiden zu können, hat HERFS [153] eine Schnellprüfmethode ausgearbeitet. Als Prüfgefäße dienen hierbei runde Schalen mit hohem Rand, in die 4 cm hoch eine Schicht lockerer, feuchter Erde eingefüllt wird. Die kreisförmigen Prüfkörper von 6 cm Durchmesser werden aus einem Viskosereyongewebe geschnitten, das zuvor mit dem Schutzmittel imprägniert wurde. Die Prüfkörper werden auf die Erde in den Gefäßen gelegt, mit einem vernickelten oder verchromten Metallring beschwert und etwas in die Erde eingedrückt. In den Metallring setzt man dann einen kleinen Verband von 70 bis 90 Termiten. Nach Einbringen in das Tropenklima können die Giftwirkungen auf die verschiedenen Klassen der Termiten und gegebenenfalls die Fraßwirkung am Prüfkörper gut beobachtet werden. Bei unbehandelten Materialien und bei Schutzmitteln ohne fraßabschreckende Wirkung bohren sich die Tiere durch den Stoff und verschwinden in der Erde. Eine nachträgliche Giftwirkung, durch die einzelne oder alle Tiere sterben, ist nicht von Interesse, da das Mittel das Material nicht vor Beschädigung schützt. Bei fraßabschreckender Wirkung bleiben die Termiten auf dem Gewebe, ohne es zu benagen und gehen hier schließlich durch Verhungern ein. Der Versuch kann aber nach 72 Std beendet werden, um den Hungertod der Prüfinsekten nicht abzuwarten. Mit den von den Termiten im Fraßzwangsversuch durchbohrten imprägnierten Textilien wird anschließend ein Fraßwahlversuch folgender Art ausgeführt: Ein imprägniertes und ein nicht imprägniertes Stück des Stoffes werden auf Klötzchen aus Holz oder PVC ($6 \times 6 \times 3$ cm) aufgespannt und so in die in größeren viereckigen Schalen enthaltene Erde eingegraben, daß nur die eine bespannte Fläche zu sehen ist. Zur Prüfung setzt man einen Verband von 140 bis 150 Tieren ein, und die Prüfgefäße bleiben einen Monat im Tropenklima. Nach Ablauf des ersten Monats wird der Grad der Zerstörung des Prüfkörpers und der Kontrolle sowie die Zahl der noch lebenden Tiere festgestellt und gegebenenfalls der Versuch nach Besetzen mit neuen Termiten jeweils einen weiteren oder mehrere weitere Monate fortgesetzt.

Einige weitere Angaben zur Prüfung von Kunststoffen mit Kalotermes flavicollis, Heterotermes indicola, Reticulitermes lucifugus, Odontotermes transvaalensis und Nasutitermes ephratae machte BECKER [20].

Kalotermes flavicollis wurde für diese Prüfungen in einer gegenüber den früheren Versuchen veränderten Atmosphäre mit einer relativen Luftfeuchtigkeit von 90% bei einer Temperatur von 26°C gehalten. Zur Prüfung werden diese nagekräftigen Termiten in Gruppen von 10 oder 30 Tieren angesetzt, die aus Arbeitern und einigen Frühnymphen bestehen, aber keine Soldaten enthalten. Als Prüfgefäße dienen große Aquarien, in denen die relative Luftfeuchtigkeit mit gesättigter Kaliumsulfatlösung auf 97% eingestellt ist. Die Temperatur beträgt wie im Zuchtraum 26°C. BECKER [19] weist in diesem Zusammenhang auf die von GÖSSWALD und KLOFT [132] beschriebene Methode hin, bei der auf den Prüfkörper eine termitenfeste Kunststoffolie mit Löchern von solcher Größe gelegt wird, daß die Tiere nur ihren Kopf hindurchstecken, aber nicht hindurchschlüpfen können. Dieses Verfahren wurde besonders für die Prüfungen von Textilien empfohlen, bei denen die Prüfkörper mit der gelochten Folie bedeckt in Metall-Glas-Diapositivrahmen eingelegt werden. Zur Prüfung empfiehlt BECKER [19] bei den Arten Kalotermes, Cryptotermes und Zootermopsis die von ihm angewandten Glasringe so auf die Probe zu setzen, daß die Tiere eine Kante benagen und ihr Köpfchen durch die Lücke zwischen Glasring und Prüfkörperkante ins Freie stecken können. Auf diese Weise werden sie dazu angeregt, sich eine Lücke ins Freie zu nagen. Mit Kalotermes flavicollis wurden solche Fraßzwangsversuche in schärfster Form durchgeführt. Die Ringe standen dabei so auf dem Prüfkörper, daß zwei Kanten für die Termiten erreichbar waren, aber ohne daß sie entweichen konnten, denn die erwähnte gelochte Folie war bei dieser Anordnung auf den Prüfkörper gelegt worden.

Heterotermes indicola, eine der in Indien und Pakistan schädlichsten Termitenarten, die bei 30°C gezüchtet wurde, benutzte BECKER zu zwei Formen von Fraßwahlversuchen. Bei der ersten Prüfung werden die Proben sowohl auf den Boden des Behälters zwischen Kiefernholzscheite gelegt als auch an dessen Wand befestigt, zu der stets Galerien gebaut werden. Prüfkörper, die diesen Versuch ohne Beschädigung oder nur mit geringeren Beschädigungen überstehen, werden dem zweiten Versuch unterworfen, bei dem es sich wiederum um einen Fraßwahlversuch handelt, bei dem der Prüfkörper aber als Hindernis wirkt. Als Prüfgefäße dienten in diesem Falle Polyäthylendosen von ungefähr 600 ml Inhalt, in die der Prüfkörper zwischen zwei Kiefernholzscheiben auf Lauberde gelegt wurde. Pro Dose waren ungefähr 1000 Arbeiter und Larven mit einigen Nymphen und Soldaten eingesetzt worden. Am Ende der Versuchszeit von 4 Wochen befanden sich noch sämtliche Tiere am Leben.

Reticulitermes lucifugus zeichnet sich in der an der französischen Atlantikküste vorkommenden var. santonensis durch etwas geringeren Bedarf an Luftfeuchtigkeit, rasche Entwicklung im Laboratorium und große Fraßaktivität aus. Diese Termite wurde in großen Asbestzementbehältern bei 26 °C gezüchtet, und die Kunststoffprüfkörper wurden zwischen zwei feuchten Kiefernholzplatten 30 Tage direkt in den Zuchtbehälter gelegt.

Odontotermes transvaalensis, eine süd- und ostafrikanische Art, die in ihren Hügeln Pilze züchtet, bedarf ebenfalls einer Temperatur von 30 °C. Die Prüfung erfolgt in gleicher Weise wie bei Reticulitermes.

Nasutitermes ephratae, eine von Mexiko bis Bolivien vorkommende Termite, die Kartonnester baut, bedarf zur Zucht einer Temperatur von 30 °C. Die Prüfungen wurden wie bei Heterotermes als Fraßwahlversuch in Dosen gleicher Form und Größe vorgenommen, bei denen sich die Prüfkörper aber zwischen Scheiben aus Birnenholz befanden, weil Kiefernholz ungern gefressen wird. Die Anzahl der Prüfinsekten betrug in diesem Falle rund 1620, wovon 120 Soldaten waren. Außer feuchter Lauberde muß dieser Art auch Galeriematerial zur Verfügung gestellt werden. Die Versuchsdauer betrug 4 Wochen.

Eine umfassende Übersicht über die in den verschiedenen Ländern angewandten Prüfmethoden und die dabei benutzten Termiten (vergl. Tabelle 54) gab BECKER [*19*]. Außer genauen Angaben über die Prüfgefäße, die Prüfbedingungen und die Anzahl der Tiere in den zur Prüfung angesetzten Gruppen (10 als kleinste Zahl bei Kalotermes flavicollis bis zu mehreren Tausend bei höher entwickelten Termiten) finden sich in dieser Veröffentlichung die vom Autor auf Grund langjähriger Erfahrungen aufgestellten Prinzipien für die verschiedenen Formen der Prüfung. Sie lassen sich kurz wie folgt wiedergeben:

Tabelle 54. *Bei der Prüfung von Werkstoffen und Schutzmitteln verwendete Termitenarten nach* BECKER [*19*]

Mastotermitidae:
    Mastotermes darwiniensis FROGATT

Kalotermitidae:
    Kalotermes flavicollis FABR.
    var. fuscicellis BECKER
    Kalotermes minor HAGEN
    Cryptotermes brevis WALKER

Termopsidae:
    Zootermopsis angusticollis HAGEN
    Zootermopsis nevadensis HAGEN

Rhinotermitidae:
    Heterotermes indicola WASMANN
    Reticulitermes clypeatus LASH.
    Reticulitermes flavipes KOLLAR
    Reticulitermes hesperus BANKS
    Reticulitermes lucifugus ROSSI
    var. santonensis DE FAYTAUD
    Reticulitermes virginicus BANKS
    Coptotermes acinaciformis FROGATT
    Coptotermes lacteus FROGATT
    Coptotermes formosanus SHIRAKI

Termitidae:
    Odontotermes obesus RAMBUR
    Nasutitermes ephratae HOLMGREN
    Nasutitermes exitiosus HILL

1. Bei der Prüfung von Holzarten ist nur der Versuch mit den nagekräftigsten Termiten des Verwendungslandes von Wert.

2. Bei Prüfungen in Ländern, in denen keine Termiten im Freien leben, können zur Prüfung von Holz und anderen Werkstoffen Termitenarten benutzt werden, die als nagekräftig bekannt sind, auch wenn sie als Schädlinge in ihrer Heimat keine oder eine nur unbedeutende Rolle spielen.

Als Termiten, die Werkstoffe stark angreifen und gegen Schutzmittel
recht widerstandsfähig sind, nennt BECKER [19] Kalotermes flavicollis und
Mastotermes darwiniensis, die beide den weiteren Vorteil bieten, daß man
sie in sehr kleinen Gruppen ansetzen kann. Für die Prüfung von Holzschutzmitteln, bei denen in höherem Maße als bei Beständigkeitsprüfungen
mit Artunterschieden zu rechnen ist, reichen die mit ungefähr 1% der
bekannten Termitenarten gesammelten Erfahrungen aber noch nicht aus,
um Grundsätze für die Prüfung aufstellen zu können.

In Arbeiten, über die BECKER [21, 25] (und in weiteren hier zitierten
Veröffentlichungen) berichtete, wurde die unterschiedliche Giftempfindlichkeit der Termitenarten gegen wasserlösliche Holzschutzmittel untersucht. Dabei wurde festgestellt, daß die Prüfung mit aufgesetzten Glas-
ringen gegenüber derjenigen in Petrischalen, in denen die Tiere das Gift
meiden können, hinsichtlich der Anzahl der toten Tiere keinen wesentlichen
Unterschied ergibt. Bei der Prüfung mit Rhinotermitiden, bei welcher der
Abbau durch Moderfäulepilze eintritt, sollte man den Prüfkörper nicht auf
die Erde, sondern auf Glaszylinder von mindestens 20 mm Durchmesser
legen. Bei gleichzeitigem Pilzbefall gibt die Gewichtsverlustmethode kein
so gutes Maß für die Nagebeschädigungen durch Termiten wie die visuelle
Beurteilung. Hinsichtlich der Giftempfindlichkeit wurden starke Artunterschiede festgestellt. Borsäure schützt gegen Kalotermes flavicollis nicht ausreichend, schreckt aber die Rhinotermitiden gut ab. Aber auch die einzelnen
Rhinotermitidenarten unterscheiden sich in ihrer Giftempfindlichkeit. Reticulitermes santonensis erwies sich gegen Fluorverbindungen als widerstands-
fähiger als Heterotermes indicola, während die letztgenannte Art wiederum
gegen Arsen- und Kupferverbindungen unempfindlicher war. Bei der Ermittlung von Giftwerten sind daher keine Rückschlüsse von einer Art auf
die andere möglich, und es wird die Prüfung mit möglichst zahlreichen
Arten empfohlen.

## 12.2.  Prüfung mit Insekten, die eine
## vollständige Verwandlung durchmachen

Das wichtigste holzzerstörende Insekt in Europa ist der Hausbockkäfer
(Hylotrupes bajulus L.). Wie man diesen Schädling mit Hilfe von Röntgenstrahlen auffinden kann, beschrieb SCHMIDT [301]. Die Aufzucht seiner
Larven zu Prüfzwecken ist sehr zeitraubend, weil dazu normalerweise 4 bis
9 Jahre erforderlich sind. BECKER [9] konnte aber zeigen, daß man die Entwicklung durch Zusatz von Eiweißstoffen zum Holz auf ein Jahr verkürzen
kann. Die Anlage größerer Zuchten des Hausbockkäfers im Laboratorium
beschrieben TECHNAU und BEHRENZ [330]. Als Zuchtbehälter dienten Gestelle aus lackiertem Metall, die mit feinem Drahtgeflecht aus nichtrostendem
Stahl bespannt und in Schränke von 60 cm Tiefe, 220 cm Höhe und 200 cm

Breite eingeschoben werden. Die Wände der Schränke bestanden an drei Seiten aus Glas. Sie waren elektrisch beheizt, und zum Aufrechterhalten der nötigen Luftfeuchtigkeit befand sich unten eine große Zinkwanne mit Wasser, über der ein Belüfter arbeitete. Eine zu hohe Feuchtigkeit wurde durch eine regelbare Klappe in der Decke des Schrankes ausgeglichen. Die relative Luftfeuchtigkeit war auf 70 bis 90%, die Temperatur auf 26 bis 28°C eingestellt. Zur Fütterung der Larven diente 2 Jahre abgelagertes Kiefern-splintholz in Form von Klötzchen $1,5 \times 2,5 \times 5,0$ cm gemäß DIN 52 176, denen einige wenige Klötze dieses Formats aus Fichtenholz beigegeben worden waren. Vor dem Einsetzen der Larven werden die Klötzchen mit einer 1- bis 2%igen Peptonlösung oder mit einer Aufschwemmung von Bäckerhefe bei einem Minderdruck von 100 Torr getränkt und anschließend 2 Std bei Atmosphärendruck vollsaugen gelassen. Nach dem Trocknen bei Temperaturen bis zu 40°C läßt man die Klötzchen in einer Atmosphäre mit mindestens 70% relativer Luftfeuchtigkeit längere Zeit lagern, um zu ver-meiden, daß die Larven nach dem Einbringen in den Brutschrank durch Quellung des Holzes zerquetscht werden. Dann wird mit einem Dorn in eine Breitseite eines jeden Klötzchens ein Loch gestochen und je eine frisch geschlüpfte Larve des Hausbockkäfers mit einem weichen Pinsel in jedes Loch eingesetzt. Die Klötzchen werden dann zu je 100 auf Glasplatten gelegt und diese Tabletts im Brutschrank übereinander gestapelt. Im Brutschrank soll die relative Luftfeuchtigkeit mindestens 75% betragen. 2 bis 3 Tage nach dem Einsetzen der Larven kann man am Vorhandensein von Bohrmehl in den Löchern erkennen, ob die Tiere ihre Bohrtätigkeit aufgenommen haben. Die peptonisierten Klötzchen werden in 6 bis 9 Monaten aufge-fressen, und die Larven erreichen in dieser Zeit ein Gewicht von 0,2 g oder mehr. Sie müssen jetzt in größere Klötze ($3 \times 5 \times 8$ cm) umgesetzt werden, die man aber nicht tränken darf, weil man dadurch Riesenformen züchten und die Verpuppungsbereitschaft herabsetzen würde. Es ist aber noch nicht gelungen, die Verpuppung unter Kontrolle zu bringen. Bei einem Teil der Larven tritt sie 2 bis 3 Monate nach dem Umsetzen in die größeren Klötze ein. Die Käfer schlüpfen in den allseitig mit Drahtgaze bespannten Gestellen. Sie werden herausgefangen und anschließend 2 bis 4 Tage in Einzelkäfigen bei Zimmertemperatur gehalten. Dann bringt man Männchen und Weibchen bei einer Temperatur von 22 bis 27°C und einer relativen Luftfeuchtigkeit von 60 bis 80% im Zuchtraum zusammen, in dem die Kopulation vollzogen wird. Jedes Weibchen wird anschließend 10 min mit einer UV-Lampe bestrahlt und dann in einer kleinen Petrischale auf einen der besonders vor-bereiteten Holzklötze des größeren Formates zur Eiablage gebracht. Die Vorbereitung besteht darin, daß man den Holzklotz in Richtung des Mark-strahls in möglichst dünne Brettchen zersägt und diesen Stapel an der einen Längsseite mit Klebestreifen zusammenhält, so daß er sich auf der anderen Seite etwas zu feinen Spalten auffächert. An dieser Seite, an der die zur

12*

Eiablage anregenden Spalten entstanden sind, wird das Weibchen angesetzt. Die Spalten müssen eine Breite von 1 bis 2 mm haben. Ergibt die tägliche Kontrolle, daß in den Spalten eines Klotzes genügend Eier abgelegt worden sind, wird er durch einen neuen ersetzt. Die Erfahrung hat gelehrt, daß dieses Zuchtverfahren während des ganzen Jahres genügend Larven für die Prüfung von Holzschutzmitteln und Bekämpfungsmitteln liefert.

DIN 52 163 (Ersatz für DIN 62 621) beschreibt die „Prüfung der vorbeugenden Wirkung gegen holzzerstörende Insekten". Die Prüfkörper aus Kiefernsplintholz nach DIN 52 176 Blatt 1 haben die Maße $1,5 \times 2,5 \times 5,0$ cm. Je Behandlungsart und Lagerzeit sind vier behandelte und zwei unbehandelte Klötze erforderlich. Für die Prüfung der Dauerwirkung sind sechs unbehandelte Prüfklötze und vier unbehandelte Kontrollklötze vorgeschrieben. Nach Abdichten der Stirnseiten mit Paraffin werden die Klötzchen zunächst eine Woche bei 20°C und einer relativen Luftfeuchtigkeit von 60 bis 70% konditioniert und die zu imprägnierenden Klötze anschließend jeweils 5 sec ein- oder mehrmals in die nach den Gebrauchsanweisungen für das betreffende Holzschutzmittel hergestellte Lösung getaucht und dann so lange um ihre Längsachse gedreht, bis das Konservierungsmittel restlos aufgesogen ist. Die Trocknungen zwischen den Tränkungen erfolgen gleichfalls nach der Anweisung, und die aufgenommene Menge Konservierungsmittel wird in üblicher Weise durch Wägen und Zurückwägen bestimmt. Vor der Prüfung läßt man die Klötzchen 4 bis 5 Wochen in gleichem Normalklima lagern, wobei sie mit einer schmalen Längsfläche auf zwei Hölzer gelegt werden.

Die Hausbockeilarven (Hylotrupes bajulus) werden bei 28°C $\pm$ 1° und einer relativen Luftfeuchtigkeit von 97 bis 98% (gesättigte Kaliumsulfatlösung) gezüchtet. Sie werden sofort nach dem Schlüpfen, spätestens innerhalb von 3 Tagen, angesetzt, und zwar kommen auf jedes Probeholz zehn Eilarven. Zuvor wird die Paraffinabdichtung der Probehölzer entfernt, falls sie sich gelockert hat. Auf die Breitseite der Hölzer wird eine Glasplatte aufgebracht, wobei durch Einschieben eines Glasstreifens an einer Seite ein 1 mm breiter Spalt gebildet wird. Der Spalt wird mit Paraffin oder Siegellack abgedichtet, und nach Entfernen des Glasstreifens werden die Larven eingesetzt.

Die so vorbereiteten Probehölzer werden in Hygrostaten bei 20°C $\pm$ 2° und einer relativen Luftfeuchtigkeit von 70 bis 75% aufbewahrt. Wenn das Schutzmittel möglicherweise eine Fernwirkung ausüben kann, dürfen die unbehandelten Vergleichshölzer nicht in denselben Hygrostaten eingebracht werden wie die behandelten.

Nach 4 Wochen werden je zwei behandelte Probehölzer und ein unbehandeltes gespalten. Die Zahl der wiedergefundenen lebenden und toten, der eingebohrten und der nicht eingebohrten Larven wird festgestellt. Das Ausmaß der Bohr- und Freßtätigkeit ist zu vermerken. Sind in den behandelten Probehölzern bereits alle Larven tot, so werden auch die für die 12wöchige Versuchsdauer vorgesehenen Probehölzer aufgespalten.

Außerdem kann noch nach DIN 52 176 Bl. 1 eine Prüfung auf Beständigkeit des Schutzmittels durchgeführt werden. Man läßt die Probehölzer hierzu 1, 3, 6 und 10 Jahre auf einem „normalen" Dachboden lagern. In dem DIN-Blatt ist beschrieben, was unter einem „normalen" Dachboden zu verstehen ist. Nach dem Ablauf der Lagerungszeit werden die Probehölzer in der oben geschilderten Weise mit Versuchstieren beschickt und geprüft.

DIN 52 164 (Ersatz für DIN 52 622) „Prüfung der Bekämpfungswirkung gegen holzzerstörende Insekten" unterscheidet sich von der voraufgehenden Norm darin, daß die abtötende Wirkung der auf Holzteile aufgebrachten Bekämpfungsmittel festgestellt werden soll. Als Prüfkörper dienen 200 mm lange Kantholzabschnitt (120 × 120 mm) aus Kiefernholz mit in der Mitte liegendem Kern, die in Faserrichtung in zwei Teile mit möglichst gleichem Kernholzanteil gespalten werden. Von der Hirnseite her bohrt man in das Splintholz Löcher unterschiedlicher Weite (3 bis 5 mm), deren Mittelpunkte von der Seitenfläche einen Abstand von 10 mm haben. Sie dienen zur Aufnahme mittelgroßer Hausbocklarven, die 0,02 bis 0,20 g wiegen. Nach Verschließen der Öffnungen mit Watte, Zellstoff oder Holzschliff werden die Klötze mit der Spaltfläche nach unten in einen Raum gebracht, in dem eine Temperatur von ungefähr 28°C herrscht und die relative Luftfeuchtigkeit über gesättigter Kaliumsulfatlösung eingestellt ist. Wenn sich die Larven nach einer Woche noch nicht eingebohrt haben, werden sie durch neue ersetzt. Vor der Behandlung mit dem Bekämpfungsmittel läßt man die Prüfkörper bei 28°C ungefähr 3 Monate, bei tieferen Temperaturen entsprechend länger, und anschließend 2 Wochen bei 20°C und einer relativen Luftfeuchtigkeit von 70 bis 75% (eingestellt über gesättigter Kochsalzlösung) lagern. Die beiden Hirnseiten und die Spaltflächen werden mit Paraffin oder Paraffinwachs zugesiegelt, und die freigebliebenen Flächen werden nach Gebrauchsanweisung 1- bis 3mal mit dem Bekämpfungsmittel angestrichen. Die aufgetragene Menge wird durch Wägen vor und nach dem Imprägnieren bestimmt. Für jede Art der Behandlung sind drei Prüfkörper und ein Kontrollprüfkörper erforderlich. Sie werden, falls die Mittel keine Fernwirkung haben, in einem Klimaraum bei 20°C und 70 bis 75% relativer Luftfeuchtigkeit gelagert. Man spaltet die Prüfkörper und Kontrollen bei öligen Bekämpfungsmitteln nach 3 Monaten, bei wäßrigen Bekämpfungsmitteln nach 5 Monaten auf und ermittelt die Anzahl der lebenden und der toten Larven, den Abstand der toten Larven von den behandelten Flächen, ihre Fraßtätigkeit sowie die Eindringtiefe des Bekämpfungsmittels. Entscheidend für die Beurteilung ist der Prozentsatz der abgetötetenLarven.

DIN 52 165 (Ersatz für DIN 52 623) dient der „Bestimmung von Giftwerten gegenüber holzzerstörender Insekten". Mit dieser Prüfung sollen Grenzwerte der Giftwirkung von Schutz- und Bekämpfungsmitteln festgestellt werden, um sie vergleichen zu können. Als Prüfkörper werden wiederum Klötze aus lufttrocknem Kiefernsplintholz nach DIN 52 176 benutzt, deren Anzahl je nach Größe der Larven verschieden ist. Bei kleineren Larven, die zu je zehn pro Klotz angesetzt werden, benötigt man zwei behandelte Klötze und eine Kontrolle. Bei größeren Larven, die einzeln eingesetzt werden, sind sechs bis zehn behandelte und zwei bis drei unbehandelte Kontrollen pro Verdünnungsstufe, Lagerungszeit und Versuchsdauer erforderlich. Nach einwöchiger Konditionierung bei 20°C und 60 bis 70% relativer Luftfeuchtigkeit werden die zu behandelnden Prüfkörper mit den einzelnen Lösungen der in destilliertem Wasser oder in Chloroform angelegten Verdünnungsreihen der Schutz- oder Bekämpfungsmittel nach der in DIN 52 176 Blatt 1, Absatz C 2, gegebenen Vorschrift getrocknet. Beim Anlegen der Verdünnungsreihen wird von den in der Gebrauchsanweisung für die Präparate angegebenen Konzentrationen ausgegangen und beispielsweise nach der in DIN 52 165 empfohlenen geometrischen Reihe 100 — 63 — 40 — 25 — 16 — 10 — 6,3 — …% verdünnt. Nach dem Tränken bleiben die Prüfkörper noch 1½ Std in den Lösungen liegen, werden dann abgetupft und zur Ermittlung der Menge des aufgenommenen Schutzmittels gewogen. Anschließend lagert man sie 4 Wochen bei 20°C und einer relativen Luftfeuchtigkeit von 60 bis 70%, wobei man sie in der ersten Woche täglich, später einmal in der Woche umwendet. Als Prüfinsekten werden wiederum die Eilarven oder größeren Larven des Hausbockkäfers oder des Klopfkäfers (Anobium punctatum DE GEER) empfohlen. Es können nach dieser Vorschrift aber auch andere Prüfinsekten verwendet werden. Die Eier des Hausbockkäfers werden bis zum Schlüpfen bei 28°C und einer relativen Luftfeuchtigkeit von 97 bis 98% gehalten. Hausbockkäfer, Klopfkäfer und Bockkäfer haben kleine Larven. Von ihnen werden pro Klötzchen zehn, von größeren Larven eine pro Klötzchen in Bohrlöchern angesetzt, die der Körpergröße der Larven entsprechen müssen. Bei Hausbockeilarven und bei Anobiidenlarven ist es nicht nötig, die Löcher zu verschließen, wenn die Klötzchen mit den Öffnungen nach oben aufgestellt werden. In den übrigen Fällen müssen die Löcher mit Zellstoff, Watte oder dergleichen verschlossen werden. Die Prüfung erfolgt bei einer Temperatur von 20°C und einer relativen Luftfeuchtigkeit, die bei Hylotrupes bajulus und Anobium punctatum auf 70 bis 75%, bei Ergates und anderen Feuchtigkeit liebenden Larven auf 97 bis 98% eingestellt wird. Bei Präparaten mit Fernwirkung sind die Prüfkörper und Kontrollen in einzelnen Hygrostaten unterzubringen. Die Versuchsdauer beträgt bei Hausbocklarven 4 und 12 Wochen, bei größeren Bockkäferlarven und Klopfkäferlarven 4, 12 und 26 Wochen. Zu Ende der einzelnen Prüfzeiten werden die Klötzchen, beginnend bei den Prüfkörpern mit den höchsten Konzentrationen, aufgespalten, und die Zahl der toten Larven wird in Prozent der wiedergefundenen angegeben. Für die einzelnen Prüfzeiten kann nun die Konzentration des Mittels in kg je m³ Holz angegeben werden, die gerade ausreicht, um alle Larven zu töten. Es wird noch darauf hingewiesen, daß man mit Eilarven und größeren Larven unterschiedliche Versuchsergebnisse erhält.

ASTM D 1116-45 T gibt Vorschriften für die Prüfung der Beständigkeit von Teppichfußbodenbelägen gegen Beschädigung durch Insekten, bei der als Prüfinsekt Larven des schwarzen Teppichkäfers (Attagenus piceus OL.) benutzt werden. Als Prüfkäfige dienen flache, gut belüftete Glas- oder Metallbehälter, die mit einem Deckel aus Drahtgaze oder einem nicht wollenen Gewebe verschlossen sind. Die Prüfkörper werden zu einem solchen Format geschnitten, daß sie gerade in die Gefäße hineinpassen. Zur Kontrolle der Aggressivität der Larven ist ein ungefärbtes, nicht mit einem insektiziden Mittel imprägniertes, entfettetes Stück eines aus reiner Wolle bestehenden Veloursteppichmaterials mittlerer Stärke zu verwenden. Die Zahl der Prüfkörper und der Kontrollen beträgt je vier. Die Kanten werden durch Einstreichen mit Nitrozelluloselösung in Azeton befestigt. Zur Prüfung setzt man zunächst auf den Boden eines jeden Gefäßes zehn 5 Monate alte Larven im Gewicht von 4,5 bis 6,5 mg. Dann werden die Prüfkörper und Kontrollprüfkörper mit der Florseite nach unten so über die Larven gedeckt, daß der Flor sie berührt, aber nicht zerquetscht. Die so vorbereiteten Gefäße bringt man 28 Tage in einen Brutschrank, in dem eine Temperatur von 24 bis 30°C und eine relative Luftfeuchtigkeit von 50 bis 70% herrschen. Licht ist auszuschließen. Der Grad der Beschädigung wird auf dreierlei Weise bestimmt:

A. Durch visuelle Beurteilung, ob 1. starke Beschädigung (Anzahl der verschwundenen Teppichhaarbüschel beträgt mehr als fünf) oder 2. geringe Beschädigung (Zahl der verschwundenen Teppichhaarbüschel beträgt fünf oder weniger) oder 3. keine sichtbare Beschädigung eingetreten ist.

B. Durch Wägen der ausgeschiedenen Exkremente. Zur Gewinnung des Kotes nimmt man die Prüfkörper oder Kontrollen aus den Gefäßen und klopft sie über einem Stück Glanzpapier aus, auf das man auch die Kotteilchen aus dem Gefäß mit Hilfe eines weichen Pinsels überträgt. Nach Entfernen von Larven, Hautfetzen, Häuten und losen Fasern bringt man die Exkremente in einen Goochtiegel Nr. 3 und schüttet die Teilchen durch die Poren des Tiegels in ein geeignetes Glasschälchen, in dem die Menge des ausgeschiedenen Kotes durch Wägen bestimmt wird. Bei den Kontrollen müssen mindestens 30 mg Kot vorhanden sein, sonst ist der Versuch neu anzusetzen.

C. Anzahl der toten und inaktiven Larven. Die Schutzwirkung eines Präparates wird in Prozent mit folgendem Ausdruck berechnet:

$$100 - \frac{100\,A}{B},$$

worin A das Gewicht der Exkremente bei behandeltem Material und B das Gewicht der Exkremente bei unbehandeltem Material bedeuten.

Bei der Prüfung von Verpackungsmaterialien auf „Insektendichtigkeit", d. h. ihre Widerstandsfähigkeit gegen das Eindringen von Insekten oder Insektenlarven kann in verschiedener Weise verfahren werden. Eine besondere Bedeutung kommt der Wahl der Prüfinsekten zu, für die in diesem Falle die Nagekraft, die Angriffslust und die bequeme Möglichkeit zur Züchtung im Laboratorium die entscheidenden Gesichtspunkte sind. Ein Insekt, das diese Voraussetzungen weitgehend erfüllt, ist der Brotkäfer (Stegobium paniceum L.), und Lowig und Broockmann [219] nennen den Speisebohnenkäfer (Acanthoscelides obtectus Say.), der Hindernisse beim Verlassen der Fluglöcher außerordentlich energisch durchbricht. Essig u. Mitarb. [99] untersuchten die Frage der Wahl von Insekten oder Insektenlarven zur Prüfung von Verpackungsmaterial eingehend. Aus 32 im Laboratorium gezüchteten Insektenarten wurden die in Tabelle 55 aufgeführten

Tabelle 55. *Prüfinsekten für Verpackungsmaterialien nach* Essig
u. Mitarb. [99]

---

Tenebroides mauretanicus L. (Larven) schwarzer Getreidenager
Rhyzopertha dominica F. (Käfer) Getreidekapuziner
Sitophilus granarius L. (Käfer) Kornkäfer
Tribolium spp. (Käfer und Larven) Reismehlkäfer
Ephestia spp. (Larven) Mehlmotten
Plodia interpunctella Hbn. (Larven) Dörrobstmotte
Oryzaephilus surinamensis L. (Käfer) Getreideplattkäfer
Stegobium paniceum L. (Käfer) Brotkäfer

---

Käfer, Käferlarven und Lepidopterenlarven als die geeignetsten ausgewählt. In der Tabelle sind sie ungefähr in der Reihenfolge abnehmenden Eindringvermögens geordnet.

Die Larven des schwarzen Getreidenagers (Tenebroides mauretanicus L.) übertreffen in ihrer Aggressivität beim Durchbohren von Verpackungen alle übrigen von Essig u. Mitarb. untersuchten Insekten. Sie bohren in den Holzkonstruktionen von Kornspeichern und Lagerschuppen sowie im Holz von Kornkästen und Holzverkleidungen in Schiffen. Sie dringen in Säcke, Pergamentpackungen, Pappkartons und sogar Wachspapierumhüllungen ein.

Die Kulturen der zahlreichen Prüfinsekten wurden von Essig u. Mitarb. [99] in Gläsern von 3,8 l Inhalt gezüchtet, deren Öffnungen mit leichtem, dichten Leinengewebe verschlossen waren. Die Temperatur betrug 19 bis 28°C, die relative Luftfeuchtigkeit ungefähr 60% und die Gefäße waren in einem Raum bei nördlichem Tageslicht aufgestellt. Viele Käfer wurden auch in großer Zahl in Ascheimern von 72 l Inhalt gehalten, die zur Hälfte mit Gerstenflocken gefüllt waren. Die unteren 5 bis 7,5 cm waren zuvor gedämpft worden, um genügend feuchtes Futter zur Verfügung zu stellen. Die zur Eiablage in die Behälter gelegten Zellstoffstreifen konnten dann von Zeit zu Zeit in andere Behälter mit gedämpften Gerstenflocken übertragen werden. Die Larven entwickelten sich auf diesem Futter schnell, so daß bald große Bevölkerungen entstanden. Es erwies sich weiter als günstig, diese Diät in gewissen Zeitabständen mit Hefe und Trockenmilchpulver zu bereichern. Um Möglichkeiten zur Verpuppung zu schaffen, wurden Streifen von Wellpappe oder Zellstoff in die Behälter gelegt.

GERHARDT und LINDGREN [*122, 123*] prüften Verpackungsfolien mit den Insekten, die in Tabelle 56 aufgeführt sind. An den Zahlenangaben für die Zeit bis zum ersten Eindringen und den Prozentsatz der beschädigten Packungen ist zu erkennen, daß die Geschwindigkeit des Eindringens nicht gleichbedeutend ist mit starker Beschädigung. Zum Beispiel benötigte

Tabelle 56. *Zur Prüfung von Verpackungsfolien von* GERHARDT *und* LINDGREN *[122, 123] verwendete Insekten (Zahl der Wochen bis zum ersten Eindringen und Prozentsatz der durchlöcherten Packungen)*

|  | Wochen | % |
| --- | --- | --- |
| Tenebroides mauretanicus L. | 1,7 | 75,0 |
| Rhyzopertha dominica F. | 2,3 | 82,4 |
| Tribolium confusum Duv. | 2,9 | 25,0 |
| Oryzaephilus surinamensis L. | 3,0 | 1,8 |
| Trogoderma sternale Jay. | 3,1 | 50,0 |
| Blattella germanica L. | 3,6 | 28,0 |
| Plodia interpunctella Hbn. | 4,2 | 32,1 |
| Ephestia Kühniella Zell. | 4,5 | 30,4 |
| Sitophilus granarius L. | 4,9 | 42,8 |
| Stegobium paniceum L. | 5,6 | 43,6 |

Oryzaephilus surinamensis nur 3 Wochen zum Eindringen, beschädigte aber nicht einmal 2% der Packungen. Die beiden zuerst genannten Arten sind aber sowohl nach der Geschwindigkeit des Eindringens als auch nach dem Umfang der Beschädigungen betrachtet sehr wirksame Schädlinge.

GERHARDT und LINDGREN wandten zwei Prüfmethoden an: den "Lard Can Test" und den "Cup Test". Die erste Prüfung wird in Schmalzkanistern von 23 l Inhalt vorgenommen, deren Böden 7,5 cm hoch mit dem Kulturmedium bedeckt und die mit einer starken Bevölkerung der Prüfinsekten besetzt waren. Im Deckel befand sich eine Öffnung von 11,5 cm Durchmesser mit einer Bespannung feinmaschiger Drahtgaze. Je zwei oder drei Stück der zu prüfenden Verpackungsfolien werden bei diesem Versuch als mit Walnußfleisch gefüllte Beutel im Format 7,6 × 12,7 cm zugeschweißt in die Kanister gelegt.

Der "Cup Test" wird auf die Weise ausgeführt, daß man in die Schraubdeckel zweier Marmeladengläser Löcher von 5 cm Durchmesser schneidet, in das eine Glas eine geringe Menge Futter und in das andere Glas 50 Insekten bringt. Nachdem die Öffnung des das Lockfutter enthaltenden Glases

mit einem Stück der zu prüfenden Folie abgedeckt worden ist, stülpt man
das Glas mit den Insekten mit dem Deckel nach abwärts so auf das erste
Marmeladenglas, daß die beiden Öffnungen über und unter der Folie zur
Deckung kommen und sichert die Gläser in dieser Lage durch Spiralfedern.

KENAGA, WHITNEY, HARDY und DOTY [187] prüften ein insektizides
Mittel mit Pflanzenschädlingen und Vorratsschädlingen unter Anwendung
verschiedener Prüfmethoden, von denen die meisten hier nicht von Interesse
sind, weil mit ihnen lediglich die Giftwirkung des Präparates und nicht die
abschreckende oder schützende Wirkung festgestellt werden kann. Eine
Methode, die sich auch zur Prüfung der insektiziden Wirkung von Impräg-
niermitteln für Packstoffe eignet, besteht darin, über die untere Öffnung
eines innen mit Kunststoff ausgekleideten Pappzylinders, dessen obere Öffnung mit einem Drahtgazedeckel verschlossen ist, mit Hilfe eines passenden
Ringes aus rostfreiem Stahl ein Stück Filterpapier zu spannen und in die
Behälter je 25 der in Tabelle 57 aufgeführten Insekten oder Larven einzu-

Tabelle 57. *Für Prüfungen mit Haus- und Vorratsschädlingen von* KENAGA, WHITNEY,
HARDY *und* DOTY *[187] benutzte Insekten*

---

Periplaneta americana L. amerikanische Küchenschabe (5 Wochen alte Nymphen)
Musca domestica L. Stubenfliege (4 Tage alte Imagines)
Tribolium confusum DUV. Reismehlkäfer (1 Monat alte Käfer)
Blattella germanica L. deutsche Schabe (Imagines)
Anagasta Kühniella ZELL. Mehlmotte (Raupen)
Galleria melonella L. (Raupen)
Apis mellifera L. Honigbiene (Arbeiterinnen)
Acanthoscelides obtectus SAY. Speisebohnenkäfer (Käfer)
Attagenus piceus OL. schwarzer Teppichkäfer (Larven)
Oryzaephilus surinamensis L. Getreideplattkäfer (Käfer)
Rhyzopertha dominica F. Getreidekapuziner (Käfer)
Sitophilus granarius L. Kornkäfer (Käfer)

---

setzen. Bei Imprägnierungen des Filterpapiers mit unterschiedlichen Konzentrationen des Präparates kann die $DL_{50}$ oder $DL_{95}$ des Mittels festgestellt
werden.

Eine Prüfmethode, die M. v. SCHELHORN [295] erprobte, bestand darin,
hungrige Larven der Dörrobstmotte (Plodia interpunctella HBN.) oder Lar-
ven und Erwachsene des Brotkäfers (Stegobium paniceum L.) durch Folien-
membranen von der Nahrung zu trennen, wie dies oben schon bei der
Beschreibung des "Cup Test" geschah; doch starben die Tiere in diesem
Falle meist, ehe es ihnen gelang, die Folien zu durchbrechen, obwohl sich
bei anderen Versuchsanordnungen erwies, daß sie dazu durchaus in der
Lage gewesen wären. Hier zeigte sich, daß Fraßwahlversuche die härtere
Prüfung sein können. Bei einer zweiten Versuchsanordnung wurden die
Tiere mit den Originalpackungen oder Modellpackungen zusammen in

Behälter gesetzt, in denen ihnen gleichzeitig ausreichend Futter zur Verfügung stand. Die Tiere hatten hier auch Gelegenheit, sich zu vermehren. Sie befanden sich bei dieser Prüfung außerhalb der Packungen, und viele der angebotenen Folien wurden durchlöchert; doch jeweils nur von wenigen Tieren, und bis zum ersten Eindringen verstrichen zuweilen viele Tage. Auf Grund der Ergebnisse dieser beiden Prüfungen rät die Verfasserin zu großer Vorsicht bei der Beurteilung der Insektendichtigkeit von Folien. Ebenso ist die Aufstellung von Bewertungsskalen, die nur auf Grund der Zeit erfolgt, in der die Insekten Packungen zu durchlöchern vermögen, ein sehr unsicheres Verfahren. Auch die schon bei der Prüfung mit Ohrwürmern erwähnte Form des Befreiungsversuches wurde bei diesen Untersuchungen im Gegensatz zu den früher erwähnten Verfahren als Fraßwahlversuch ausgeführt, weil der erwachsene Brotkäfer, der hier als Prüfinsekt diente, durch Hunger offenbar stärker geschwächt wird als der Ohrwurm. Den bei dieser Prüfung zusammen mit Futter in Folienbeutel gesetzten Brotkäfern gelang es verschiedentlich, sich aus der Hülle zu befreien, obwohl die Tiere bei der ersten Versuchsausführung nicht von außen nach innen in die Packungen eingedrungen waren.

Bei der Prüfung von Folien muß sehr sorgfältig darauf geachtet werden, daß das Material keine Knicke oder Poren aufweist, weil diese Fehler das Eindringen oder Ausbrechen begünstigen. Bei der Prüfung fertiger Packungen kann man hierdurch ebenfalls zu Fehlschlüssen gelangen, weil es Larven von Insekten gelingen kann, durch Mikrorisse oder -poren in das Innere der Packung einzudringen und, nachdem sie sich zum fertigen Insekt entwickelt haben, unter Hinterlassung von Löchern auszubrechen.

# 13. Schutz von Werkstoffen gegen Beschädigung durch Insekten

Vor dem Angriff von Insekten müssen besonders Holz und die natürlichen Faserstoffe sowie die aus Naturprodukten hergestellten Erzeugnisse, wie Papier, Pappe, Textilien, Leder und vulkanisierter Kautschuk, geschützt werden. Häufig macht aber auch die Verwendung für bestimmte Zwecke oder unter bestimmten Umweltbedingungen bei Erzeugnissen aus Kunststoff Schutzmaßnahmen erforderlich.

Die Maßnahmen zum Schutz von Erzeugnissen gegen Insekten lassen sich allgemein in solche, die auf physikalischen Wirkungen, und solche, die auf chemischen Wirkungen beruhen, einteilen. Physikalische Maßnahmen dienen meist der Vorbeugung oder Entwesung. Vorbeugende Maßnahmen dieser Art sind z. B. der Abschluß von Textilien und Pelzwerk in dichtschließenden Behältern oder Räumen oder die Lagerung bei tiefen Temperaturen. Überhitzung in Luft- oder Wasserdampf ist bei der Abtötung von Ungeziefer in Kleidungsstücken üblich.

Einen dauernden, auf der physikalischen Festigkeit anderer Materialien beruhenden Schutz gewährt das Überziehen oder Umhüllen mit insektenfesten Kunststoffen. Hierzu gehört auch die schon erwähnte Pfropfpolymerisation auf Holz oder Textilfasern, mit der man verrottungsfeste Schichten erzielt. Die Umhüllung mit insektendichten Folien oder Laminaten ist vor allem bei der Verpackung von Nahrungsmitteln von Bedeutung.

Außer der Härte und Oberflächenglätte der Materialien spielt besonders ihre Dicke eine entscheidende Rolle. BECKER [18] gibt an, daß 0,2 mm dicke Polyäthylenfolien als Verpackungsmaterial gegen bestimmte Insekten schützen. LOWIG und BROOCKMANN [219] teilten mit, daß Aluminiumfolien von 0,025 bis 0,030 mm Dicke das Eindringen von Insekten im allgemeinen verhindern. In tropischen Gebieten genügen diese Maßnahmen aber nicht, und es scheint, daß gegen Termiten nur Umhüllungen aus Hartmetall sicheren Schutz gewähren.

Chemische Präparate können in den folgenden Formen von Bekämpfungsmethoden angewandt werden:
1. Ablenkung der Insekten durch Anlockungsköder,
2. Abtötung der Insekten in der Umgebung der Werkstoffe,
3. Tötung der Insekten durch im Werkstoff enthaltene Berührungsgifte,
4. Tötung der Insekten durch im Werkstoff enthaltene Fraßgifte,
5. Vertreibung der Insekten durch Geruchsreize,
6. Abschreckung der Insekten durch Geschmacksreize.

Die ersten beiden Maßnahmen dienen der vorbeugenden Bekämpfung der Insekten, die beiden folgenden beruhen auf der Wirkung von im Werkstoff enthaltenen Insektengiften, und die letzten beiden wehren die Tiere durch Chemikalien ab, die auf ihre Sinnesorgane wirken. Diese chemischen Verbindungen besitzen meist einen so verwickelten Aufbau, daß man für die meisten von ihnen oder für die Verbindungsklasse, zu der sie gehören, Kurzbezeichnungen, wie z. B. DDT, Lindan oder Eulan, eingeführt hat. Es sind zum Teil Buchstabenabkürzungen der chemischen Bezeichnungen, wie DDT für Dichlordiphenyltrichloräthan, oder um international vereinbarte Kurzbezeichnungen oder schließlich um Handelsnamen einer Firma für eine Gruppe von Präparaten, die sich als Gemeinbegriff zur Kennzeichnung einer Verbindungsklasse eingeführt haben. Die chemische Natur der im folgenden der Einfachheit halber mit diesen Kurzbezeichnungen gekennzeichneten Verbindungen geht aus Tabelle L des Anhangs hervor.

## 13.1.  Chemische Schutzmaßnahmen gegen Insekten
### 13.1.1.  Vorbeugende Bekämpfung

Allgemeine Anweisungen für den vorbeugenden Schutz und die Durchführung von Entwesungsmaßnahmen zur Verhütung des Befalls verpackter Güter durch Insekten enthält B. S. 1133 Sect. V (1964). Als vorbeugende Maßnahme in Lagerhäusern sind hier genannt: glatte Wände und Böden, möglichst wenig horizontale Flächen, Drahtgaze vor Öffnungen, die ins Freie führen, sowie möglichst dicht schließende Türen und Fenster.

Die vorbeugende Entfernung der Insekten aus der Nähe von Werkstoffen kann auf verschiedene Weise geschehen. Eine neue Gruppe von Chemikalien dient der Vertreibung der Tiere durch für sie unerträgliche Geruchsreize. Da diese Präparate aber eine Sonderstellung einnehmen, werden sie in einem der folgenden Abschnitte getrennt behandelt. Eine ähnliche Wirkung, aber im umgekehrten Sinne, üben anlockende Substanzen aus, und schließlich besteht die Möglichkeit, die Tiere durch Gifte abzutöten, ehe sie den Werkstoff erreichen.

Die Ablenkung der Insekten vom Werkstoff geschieht mit Ködern, von denen ein die Tiere anlockender Geruch ausgeht. Sie werden in physikalisch wirkenden Fallen angebracht, oder sie enthalten außer Geschmacksstoffen starke Gifte, nach deren Aufnahme oder Berührung die Tiere sterben. Diese Methode ist allgemein durch die Ungezieferbekämpfung in Wohnhäusern und Stallungen mit Fliegentellern oder Fliegenstreifen bekannt. Als Wirkstoffe in diesen Präparaten nennen ZACHER und LANGE [372] Carbamidsäureester, Dimetilan, Emittol, Malathion, Parathion und Trichlorphon. Als Fraßgifte wirken die Carbamidsäureester und Trichlorphon. Die Abtötungswirkung erreicht in jedem Falle aber nur 90 bis 95%, weil nicht alle Tiere die Köder annehmen.

Die Vernichtung der Insekten, ehe sie die Wirkstoffe erreichen oder in deren Umgebung, wird mit den bei der Bekämpfung von Lager- und Pflanzenschädlingen, Krankheitserregern und Hausungeziefer angewandten Methoden vorgenommen. Je nach Aggregatzustand oder Beschaffenheitsform der Präparate unterschiedet man Begasungsmittel, Verdunstungsmittel, Sprühmittel und Stäubemittel.

Eine Tabelle der Begasungsmittel und ihrer Eigenschaften wurde von NEUBERT [238] nach den Angaben von LINDGREN sowie FRENSCH zusammengestellt. In ihr sind die folgenden Verbindungen aufgeführt:

Acrylnitril, Äthylbromid, Äthylendibromid, Äthylenchlorbromid, Äthylendichlorid, Äthylenoxyd, Äthylformiat, Blausäure, Chloroform, Chlorpikrin, Epichlorhydrin, Methallylchlorid, Methylbromid, Schwefeldioxyd, Schwefelkohlenstoff, Tetrachlorkohlenstoff, Trichlorazetonitril.

Die Mittel wirken als Nervengifte.

Verdunstungsmittel, wie die früher gebräuchlichen Stoffe Naphthalin und Hexachloräthan, wirken nur in geschlossenen Räumen. Sie dienen in Schränken oder Kisten zum Abtöten von Motten, Teppichkäfern und Pelzkäfern sowie ihrer Eier und Larven. Die heute bevorzugten Wirkstoffe p-Dichlorbenzol oder Lindan wirken stärker als Atemgifte als die früher benutzten Mittel, doch müssen sie in verhältnismäßig großen Mengen angewandt werden. Ähnliche Präparate werden auch als Räuchermittel gegen Hausungeziefer verwendet. Die hier wirksamen Substanzen sind Lindan und Hexan.

Sprühmittel dienen zum vorbeugenden Schutz von Textilien aller Art, insbesondere von Wolle gegen Motten, sowie der Abtötung von Eiern, Larven und Imagines auf Teppichen, Möbeln und Bekleidungsstücken. Als Wirkstoffe dienen hier Lindan sowie dessen Kombinationen mit DDT (Paralpräparate) oder mit p-Dichlorbenzol plus Pyrethrum plus Piperonylbutoxyd. Außerdem werden Sprühmittel auch zur Bekämpfung von Hausungeziefer, wie Fliegen, Schaben und Ameisen, verwendet. Die hierfür benutzten Wirkstoffkombinationen sind nach ZACHER und LANGE [*372*] in Tabelle 58 aufgeführt.

Tabelle 58. *Wirkstoffkombinationen in Sprühmitteln zur Bekämpfung von Hausungeziefer*

| |
| --- |
| Lindan |
| Lindan + Pyrethrum + Piperonylbutoxyd |
| Lindan + DDT + Pyrethrum + Synergist |
| Lindan + DDT + Pyrethrum + Piperonylbutoxyd |
| Lindan + Pyrethrum + Piperonylbutoxyd + Synergist |
| Lindan + Pyrethrum |
| Lindan + Methoxychlor + Pyrethrum + Piperonylbutoxyd |
| Pyrethrum |
| Pyrethrum + Piperonylbutoxyd |
| Pyrethrum + Lindan + Piperonylbutoxyd |
| DDT + Pyrethrum + Piperonylbutoxyd |
| Chlorbenzolhomologe (nur gegen Fliegen) |

Stäubemittel sind Berührungsgifte mit Dauerwirkung. Die Wirkung muß mindestens 2 bis 4 Wochen anhalten und bei Baytex-, DDT-, Parathion- und Diazinonmitteln wird eine Dauerwirkung von 2 bis 6 Monaten erreicht. Da zahlreiche Insekten gegen manche Verbindungen Resistenz erworben haben, werden heute meist Gemische von Wirkstoffen, wie DDT + Lindan, Diazinon + DDT und außer den schon genannten Substanzen Lindan, Fenthion und anorganische Fluorverbindungen angewandt. Außerdem benutzt man zum Einstäuben von Textilien und Pelzen Lindan-Präparate, deren Wirkung einige Monate anhält und die dann mit dem Staubsauger leicht wieder entfernt werden können.

## 13.1.2.  Insektizide Mittel

Nach dem Wege, auf dem Giftstoffe in den Körper der Insekten gelangen, unterscheidet man Atem-, Berührungs- und Fraßgifte. Zu den Atemgiften gehören die Begasungsmittel, aber auch viele nicht gasförmige Substanzen, die verdunsten und starke Giftwirkung haben. Manche Insektizide wirken als Atem-, Berührungs- und Fraßgift gleichzeitig, andere gelangen nur auf zwei Wegen in den Körper der Tiere.

In Tabelle 59 sind Beispiele für Substanzen mit gleichzeitiger Atem-, Kontakt- und Fraßgiftwirkung aufgeführt. Bei einigen dieser Verbindungen

überwiegt eine Wirkung stark. Chlordan, ein Octachlorhexahydromethylindol hat nur geringe Atem- und Fraßgiftwirkung. Potasan, der Diäthyl-
thiophosphorsäureester des $\beta$-Methylumbelliferons, wirkt nur wenig als

Tabelle 59. *Beispiele für Substanzen, die als Atem-, Kontakt- und Fraßgift wirken (in alphabetischer Reihenfolge)*

| Wirkstoff | Verbindungsklasse | Literatur |
|---|---|---|
| Aldrin | chlorierte Kohlenwasserstoffe | Goos [130], Neubert [238] |
| Chlordan | Dien-Gruppe | Neubert [238] |
| Dieldrin | chlorierte Kohlenwasserstoffe | Goos [130], Neubert [238] |
| EPN | Thiophosphorsäureester | Goos [130] |
| Gusathion | Dithiophosphorsäureester | Goos [130] |
| Lindan | Hexachlorcyclohexan | Neubert [238], Goos [130], Zacher und Lange [372] |
| Malathion | Dithiophosphorsäureester | Zacher und Lange [372], Goos [130] |
| Parathion | Thiophosphorsäureester | Goos [130], Neubert [328], Zacher und Lange [372] |
| Parathion-Methyl | Thiophosphorsäureester | Neubert [238], Goos [130] |
| Potasan | Thiophosphorsäureester | Goos [130] |

Atem- und Kontaktgift und ist deshalb vorwiegend Fraßgift. Gusathion,
ein Dithiophosphorsäureester mit heterozyklischem Substituenten, wirkt
als Kontakt- und Fraßgift, weil seine Atemgiftwirkung gering ist.

Einige Insektengifte haben nur zwei dieser Funktionen. Gleichzeitig
Atem- und Kontaktgifte sind Phosdrin, TEPP und Sulfotepp. Auch Gusa-
thion könnte man praktisch zu ihnen rechnen. Beispiele für solche als
Kontakt- und Fraßgift wirkende Verbindungen sind in Tabelle 60 aufge-

Tabelle 60. *Substanzen, die als Kontakt- und Fraßgift wirken (in alphabetischer Reihenfolge)*

| Wirkstoff | Verbindungsklasse | Literatur |
|---|---|---|
| DDT | chlorierte Kohlenwasserstoffe | Zacher und Lange [372], Goos [130] |
| DFDT | fluorierte und chlorierte Kohlenwasserstoffe | Goos [130] |
| Diazinon | Thiophosphorsäureester | Zacher und Lange [372], Goos [130] |
| Dicapton | Thiophosphorsäureester | Neubert [238] |
| DNB | chlorierte Kohlenwasserstoffe | Neubert [238] |
| DNP | chlorierte Kohlenwasserstoffe | Neubert [238] |
| Endrin | Dien-Gruppe | Neubert [238] |
| Folithion | Thiophosphorsäureester | Goos [130], Neubert [238] |
| Heptachlor | Dien-Bindung | Neubert [238] |
| Isodrin | Dien-Bindung | Neubert [238] |
| Perthan | chlorierte Kohlenwasserstoffe | Neubert [238] |
| Stroban | chlorierte Kohlenwasserstoffe | Neubert [238] |
| TDE | chlorierte Kohlenwasserstoffe | Neubert [238] |
| Toxaphen | chlorierte Kohlenwasserstoffe | Neubert [238] |
| Trichlorphon | Phosphorsäureester | Goos [130] |

führt. Bei einer dieser Substanzen, dem Trichlorphon, ist wiederum die Kontaktgiftwirkung so gering, daß sie als reines Fraßgift angesehen werden kann.

Eine eingehende Darstellung des chemischen Aufbaues der zur Bekämpfung, Vertreibung und Abschreckung von Insekten geeigneten Stoffe gab NEUBERT [238]. Hier finden sich auch kurze Angaben zur Geschichte der Auffindung, Synthese oder Einführung neuer Wirkstoffe, die bei den anorganischen Giften beginnt und über die chlorierten Kohlenwasserstoffe, die Phosphorsäure- und Thiophosphorsäureester, die chlorierten Verbindungen mit Dienbindung zu den Carbamidsäureestern führt.

Die anorganischen Insektizide sind Verbindungen der Elemente Antimon, Arsen, Bor, Fluor, Quecksilber, Selen und Thallium. Besondere Bedeutung haben die Arsenverbindungen. Hier werden vor allem Arsensäure, arsenige Säure und deren Salze, wie Kalzium- und Bleiarsenat sowie Natriumarsenit, angewandt. Die anorganischen Insektizide sind zwar sehr hitze- und lichtbeständig, besitzen mit Ausnahme der Quecksilberverbindungen geringe Flüchtigkeit und lassen sich häufig gut in eine unlösliche Form bringen, so daß sie nicht ausgewaschen werden; doch sind die meisten von ihnen für Warmblüter außerordentlich toxisch, was ihre Verwendung zum Schutz von Werkstoffen erschwert.

Die chlorierten Kohlenwasserstoffe und Verbindungen ähnlicher Konfigurationen bilden einige der wichtigsten Gruppen von Wirkstoffen. Außer den chlorierten Terpenen und einigen chlorierten alizyklischen Verbindungen, die nur geringe Bedeutung erlangten, gehören das DDT und die ihm ähnlichen Verbindungen sowie das Hexachlorcyclohexan in diese Gruppe.

Das von MÜLLER [236] synthetisierte DDT und die ihm ähnlichen Verbindungen sind Derivate des Diphenyltrichloräthans

$$(C_6H_5)_2\text{-CH-CCl}_3.$$

In den Verbindungen DDT, DFDT, DMDT, Perthane und TDE sind die p-ständigen Wasserstoffatome jeweils durch Cl, die Methoxygruppe, die Äthylengruppe und Cl substituiert. Perthane und TDE sind außerdem Derivate des Dichloräthans. DNP und DNB sind die p-Chlorphenylderivate des 2-Nitropropans und des 2-Nitrobutans.

Ungefähr zu der Zeit, als auch das DDT als Insektengift in den Handel gebracht wurde, entdeckte man in Frankreich [91] und in England die insektizide Wirkung des $\gamma$-Hexachlorcyclohexans wieder, die schon fast ein Jahrzehnt zuvor von BENDER [29] in einer amerikanischen Patentschrift beschrieben worden war. Eigenartigerweise war dieses Patent aber seinerzeit nicht beachtet worden. Im allgemeinen ist nur das $\gamma$-Isomere dieser Verbindung ein Insektengift. Gegen Termiten ist, wie BECKER [23] gezeigt hat, auch das $\alpha$-Isomere wirksam. Ein Präparat, das mehr als 99% des $\gamma$-Isomeren HCH enthält, erhielt die internationale Kurzbezeichnung „Lindan".

Eine weitere Klasse organischer Insektengifte wurde in den bei starker Chlorierung eine Dien-Gruppe aufweisenden Substanzen von der Art des Chlordans, einem Octachlorhexahydromethylindol, entdeckt. Eine ähnliche Verbindung ist Heptachlor, und weiter gehören in diese Gruppe die stark chlorierten und hydrierten Dimethylennaphthaline und verwandte Verbindungen, die unter den Kurzbezeichnungen Aldrin, Alodan, Dieldrin, Endrin, Endosulfan, Isodrin und Telodrin bekannt geworden sind.

Zu den Phosphorsäureestern und Thiophosphorsäureestern gehört die als E 605 bekannte Verbindung. Ihre Grundstruktur ist ein zentrales Phosphoratom, an das ein Sauerstoff- oder Schwefelatom und drei weitere Reste $R_1$, $R_2$ und X gebunden sind, von denen $R_1$ und $R_2$ Alkyl-, Alkoxy-, Amino-,

Tabelle 61. *Thiophosphorsäure-dimethyl-X-ester und -diäthyl-X-ester vom Typ des E 605*

| Lfd. Nr. | Kurzbezeichnung | X |
|---|---|---|
| 1. | Parathion (E 605) | 4-Nitrophenyl |
| 2. | Parathion-Methyl | 4-Nitrophenyl |
| 3. | Dicapton | 2-Chlor-4-nitrophenyl |
| 4. | Chlorthion | 3-Chlor-4-nitrophenyl |
| 5. | Ronnel | 2,4,5-Trichlorphenyl |
| 6. | Folithion | 3-Methyl-4-nitrophenyl |
| 7. | Bayer 25 141 | 4-(Methylsulfinyl)-phenyl |

Aryl- oder Aryloxygruppen sein können. X ist eine im Verhältnis zu $R_1$ und $R_2$ stets saurere Gruppe. Die Phosphorsäureester Trichlorphon und Butonate tragen am äußeren C-Atom drei Chloratome, und der Thiophosphorsäureester EPN ist an einem der Phenylreste mit $-NO_3$ substituiert. Die Verbindungen mit den Kurzbezeichnungen Ompa (Schradan), Dimefox, Paraoxon, Forstenon, DFP, Dichlorvos, Naled, Phosdrin, Phosphamidon und Ciedrin, die zum Teil Cl, Br, F und die Nitrogruppe enthalten, sind in diesem Zusammenhang nicht sehr wichtig, weil sie nicht viel angewandt werden. Den Stoffen vom Typ E 605, die in Tabelle 61 aufgeführt sind, kommt dagegen für die Entwicklung dieses Pflanzengiftes große Bedeutung zu. In der Tabelle sind unter X diejenigen Reste angegeben, mit denen die Thiophosphorsäure außer mit zwei Methyl- oder Äthylgruppen verestert ist. Die Äthylester sind die Verbindungen 1 und 7.

Phosphorsäuren und Thiophosphorsäure wurden auch, wie im Diazinon, Pyrazoxon, Pyrazothion, Menazon, Dioxathion, Gusathion, Gusathion A, Endothion und Zitophos, mit heterozyklischen Resten vereinigt. Schließlich müssen hier Phosphorsäureester und Dithiophosphorsäureester, wie Systox (Gemisch aus Demeton R und Demeton S), Thiometon, Malathion und Sulfotepp erwähnt werden. Malathion ist ein Kontakt- und Fraßgift und bei Temperaturen oberhalb 15°C auch ein Atemgift.

Zu den neueren Insektiziden gehört die Gruppe der sogenannten Carbamate, deren Grundsubstanz die Carbamidsäure, das Monoamid der Kohlensäure, ist. Diese Verbindungen liefern Ester mit der Urethankonfiguration. Da zahlreiche dieser Substanzen nur schwache insektizide Wirkung haben, ist die Zahl der im Handel befindlichen Präparate nicht groß. Es sind Mittel, wie Dimetan, Isolan, Pyrolan und Carbaryl. Über diese und zahlreiche weitere Carbamate, ihre Struktur und Anwendung zur Bekämpfung von DDT-resistenten Fliegen und Mücken berichtete Cysin [79].

Der Wirkungsmechanismus der Insektengifte ist nach Goos [130] bei den meisten Verbindungen noch nicht restlos aufgeklärt. Die anorganischen Insektizide, deren toxikologische Wirkung im menschlichen Körper gut bekannt ist, wirken bei den Insekten als Magengifte, und nur einige von ihnen, wie z. B. die arsenige Säure, haben gleichzeitig Kontaktgiftwirkung.

In der Gruppe der chlorierten Kohlenwasserstoffe, die vorwiegend als Kontaktgifte wirken, dringt die Substanz durch die Haut, z. B. eines Beines des Insekts, das mit dem Gift in Berührung gekommen ist, ein und gelangt zu den Nervenendigungen der Sinnesorgane Nach Wiesmann [355], der den Mechanismus der Giftwirkung des DDT untersuchte, löst sich der eingedrungene Wirkstoff in den Lipoiden und lipoidähnlichen Substanzen der Nerven und gelangt auf dem Wege über die Lymphbahnen oder der Hämolymphe zu den übrigen Gliedmaßen, den Kauwerkzeugen, den Flügeln usw., wo es auf die peripheren motorischen Nerven einwirkt. Der Tod tritt je nach der Insektenart schneller oder langsamer ein, nachdem vorher die typischen Symptome der Vergiftungserscheinungen, wie Bewegungsstörungen, Lähmungen und Tremor der Gliedmaßen, aufgetreten sind.

Die Unterschiede in der Wirkung der einzelnen Substanzen beruhen auf ihrer unterschiedlichen Lipoidlöslichkeit und Flüchtigkeit. Stärker flüchtige Substanzen dringen auch auf dem Wege über die Atmungsorgane in den Insektenkörper ein. Zu diesen gleichzeitig als Atem-, Kontakt- und Fraßgift wirkenden Substanzen gehört das Lindan. Die Fraßgiftwirkung kommt nach oraler Aufnahme durch eine Weiterleitung der Stoffe auf dem Wege über die Lipoide des Magen-Darmkanals zu den peripheren Nerven zustande. Chlordan, Toxaphen und Heptachlor wirken hauptsächlich auf das Zentralnervensystem, zu dem sie über die Hämolymphe gelangen. Auf welchen physiologischen Vorgängen die Giftwirkung der chlorierten Kohlenwasserstoffe beruht, ist aber noch nicht aufgeklärt.

Auch die organischen Phosphorinsektizide sind Nervengifte. Bei ihnen sind die chemisch-physiologischen Vorgänge im Insektenkörper bekannt. Die Stoffe greifen in den Synapsen des Nervensystems an und inaktivieren hier die für die Weitergabe der Impulse wichtigen Reaktionen der Cholinesterasen. Die Mittel verhindern die Hydrolyse des Azetylcholins, das sich im Nervensystem ansammelt und durch Lähmung den Tod herbeiführt. Dieser Wirkungsmechanismus wurde von Metcalf [230] noch genauer beschrieben.

Auch die Carbamidsäureester bewirken eine Hemmung der Azetylcholinesterase. Doch reagieren sie nicht wie die Phosphorverbindungen chemisch mit der Esterase, sondern werden physikalisch an ihrer Oberfläche adsorbiert und behindern so die Hydrolyse des Azetylcholins.

Abschließend soll noch erwähnt werden, daß die Giftwirkung starke Geschlechtsunterschiede zeigt. Wie SCHINDLER [297] mitteilte, besitzen bei den meisten Insektenarten die Weibchen größere Widerstandsfähigkeit. Ausnahmen sind der Reismehlkäfer (Tribolium confusum) und der Kornkäfer (Sitophilus granarius), bei denen die Männchen größere Widerstandsfähigkeit gegen Gifte besitzen als die Weibchen.

## 13.1.3. Insektenvertreibende und -abschreckende Mittel

Ausgehend von dem Gedanken, daß die Geruchsempfindung der Insekten sich von derjenigen des Menschen stark unterscheiden könnte, wandte sich die Forschung der Suche nach Verbindungen zu, die für den Menschen nur schwach oder nicht unangenehm riechen, für Insekten aber unerträglich sind. Beispiele für solche Substanzen sind Cyclohexanol und seine Derivate, wie 2-Phenylcyclohexanol und 2-Cyclohexylcyclohexanol; Glykole, wie 2-Äthylhexandiol-1,3, 2-Äthyl-2-butylpropandiol-1,3, Monoester des Äthylenglykols oder Diäthylenglykols; Dimethylcarbamat; Isocinchomeronsäure-di-n-propylester oder Bernsteinsäure-di-n-butylester. Zu den wirksamsten Mitteln gehören nach NEUBERT [238] die Säureamide N-Butylazetanilid und N-Diäthyl-m-toluamid.

Diese „Repellents" genannten Substanzen werden meist als Gemische, häufig auch unter Zusatz des Synergisten Piperonylbutoxyd oder zusammen mit insektiziden Mitteln, wie DDT, Lindan, Methoxychlor, Pyrethrum oder Toxaphen, zum Schutz von Menschen und Haustieren vor Stechinsekten verwendet. Ihre Wirkung muß mindestens 6 Std anhalten; doch werden neuerdings mit einigen Präparaten, mit denen Textilien imprägniert werden, längere Wirkungen erzielt. In diesem Fall dienen die Repellents zum Schutz von Werkstoffen. Einige für diesen Zweck geeignete Substanzen sind bei den Schutzmaßnahmen für Textilien erwähnt (siehe Abschnitt 13.2.4.).

Unter den Insektenvertreibungsmitteln hat das zunächst als Insektengift bekannt gewordene Indalon, chemisch 2,2-Dimethyl-2,3-dihydro-$\gamma$-pyron-6-carbonsäure-n-butylester, große Bedeutung erlangt. Weiter kann das in Cremes und Hautölen enthaltene Dimelone genannt werden. Es ist ein weißes Pulver, das für den Menschen einen milden, angenehmen Geruch hat, für Insekten aber unerträglich ist. Ob die Mittel aber, wie vermutet wird, ausschließlich oder überwiegend olfaktorische Wirkung haben, kann noch nicht mit Sicherheit gesagt werden, und auch der Mechanismus ihrer Wirkung wurde noch nicht aufgeklärt.

Während die Repellents Insekten vom Werkstoff fernhalten, läßt eine zweite Gruppe von Präparaten die Tiere, sobald deren Kauwerkzeuge mit

13*

einem solche Verbindungen enthaltenden Material in Berührung kommen, davor zurückschrecken, mit dem Nagen zu beginnen. Zu diesen Geschmacksabschreckungsmitteln gehören einige Fraßgifte, wie Quecksilberchlorid. Bei sehr starken Giften, wie arsenige Säure und Arsensäure, ist aber schwer zu entscheiden, ob eine echte Fraßabschreckung vorliegt, weil schon außerordentlich kleine Mengen, bei deren Aufnahme kaum erkennbare Nagespuren hinterlassen werden, zur Vergiftung führen können. Außerdem haben einige dieser Verbindungen Kontaktgiftwirkung, oder sie diffundieren in die Umgebung, beispielsweise in das Erdreich, ein, so daß auch eine Aufnahme auf anderem Wege als per os erfolgen kann.

Eine Gruppe besonders wirksamer Fraßabschreckungsmittel sind die mit „Eulan" bezeichneten Triphenylmethanderivate. Sie wurden auf Grund der schon während des 1. Weltkriegs in den Bayer-Laboratorien gemachten Beobachtung synthetisiert, daß mit Martiusgelb gefärbte Wolle von Mottenlarven nicht angefressen wird. Die Eulane sind farblose, die Stoffe nicht anfärbende Substanzen, die sich wie saure Wollfarbstoffe verhalten und sich außerordentlich waschecht mit der Faser verbinden. Das erste 1927 auf den Markt gebrachte Eulan RHF, chemisch 4-Chlor-o-kresotinsäure, besaß die hohe Waschechtheit noch nicht. Im gleichen Jahr kann aber schon ein auch heute noch verwendetes Präparat, die 3,5,3',5'-Tetrachlor-2,2'-dioxytriphenylmethan-2''-sulfonsäure, unter dem Namen „Eulan neu" in den Handel. Diese Substanz besaß alle jene guten färbereitechnischen Eigenschaften, die man von den zahlreichen später hergestellten Präparaten kennt. Darüber, welche chemischen Reaktionen zu Mottenschutzmitteln vom Triphenylmethantyp führen, berichtete FARRAR [108]. Die technisch wichtigsten Präparate sind heute Eulan CN, Eulan neu und Eulan NK. Weiter sind u. a. im Handel: Eulan CNA, Eulan BLN, Eulan WA, Eulan FL und Eulan NKF extra. Eine ähnliche Verbindung ist das Mitin FF.

Außer als Fraßabschreckungsmittel wirken diese Verbindungen auch hemmend auf die Verdauungsfermente der Keratin fressenden Insekten, so daß die Tiere, selbst wenn sie mit diesen Schutzmitteln ausgerüstete Fasern fressen würden, nicht im Stande wären, sie zu verdauen. Die fraßabschreckende Wirkung muß aber stark überwiegen; denn die mit den Eulan-Präparaten imprägnierten Textilien bleiben auch im Fraßzwangsversuch unbeschädigt, und die Raupen der schädlichen Kleinschmetterlinge verhungern lieber, als daß sie die Stoffe anfressen.

## 13.2.  Schutzmittel für bestimmte Werkstoffe
### 13.2.1.  Holz

Viele Mittel, die Holz verrottungsfest machen, schützen es auch gegen Beschädigungen durch Insekten. Von den anorganischen Verbindungen haben sich besonders Arsen-, Fluor- und Quecksilberpräparate, wie U-Salze, UA-Salze und Quecksilberchlorid, bewährt. Nach den Ergebnissen von

Prüfungen, die BECKER, SCHULZE und SCHULZ [10] mit der Termite Kalotermes flavicollis erzielten, erwiesen sich Arsenverbindungen als die besten Termitengifte. Arsenige Säure wirkte stärker als Arsensäure, und Kaliumarsenat tötete die Termiten in gleicher Konzentration rascher als Natriumarsenat. Dies entsprach auch den Wirkungen bei Klopfkäfern und Hausbockkäfern. Auch die Fluoride zeigen bei Termiten die gleiche Wirkung wie bei Anobiiden und Hylotrupes. Aluminiumsilicofluorid soll in seiner Giftwirkung etwa den Arsenverbindungen vergleichbar sein. Zinksalze sind

Tabelle 62. *Gegen Kalotermes flavicollis schützende Konzentrationen nach* BECKER, SCHULZE *und* SCHULZ [10]

| Substanz | kg/m³ Holz | |
|---|---|---|
| | keine Nagespuren | sehr geringe Nagespuren |
| Arsenige Säure | 2,3 | — |
| Quecksilberchlorid | 3,7 oder weniger | — |
| Arsensäure | 9,3 | — |
| Natriumarsenat | 26 | 5,9 |
| Aluminiumsilicofluorid | 26 | 66 |
| Natriumfluorid | 27 | 17 |
| Zinksilicofluorid | 29 | 57 |
| Kaliumarsenat | 65 | 15 |
| Kupfersulfat | 71 | 197 |
| Magnesiumsilicofluorid | 74 | 58 |
| Zinkchlorid | 190 | 70 |

zum Termitenschutz ungeeignet. Kupfersulfat und Kaliumbichromat verleihen dem Holz einen gewissen Schutz. Als bestes Metallsalz erwies sich Quecksilberchlorid. Dieses Mittel dringt zwar nicht sehr tief ein, bietet aber aber wegen seiner geringen Auslaugbarkeit Vorteile gegenüber den Arsenverbindungen. Einige dieser Ergebnisse sind in Tabelle 62 wiedergegeben. Die Tabelle gewährt nur einen ungefähren Überblick, weil zum Teil unterschiedliche Lagerzeiten angewandt wurden und weil biologische Prüfungen dieser Art stets Schwankungen durch die unterschiedliche Disposition der Prüfinsekten und durch äußere Einflüsse unterliegen. Deutlich ist aber die Größenordnung der Schutzwirkungen zu erkennen.

In der Tabelle 63 sind die zur Verhütung von Schäden durch Hausbockeilarven erforderlichen Mindestkonzentrationen handelsüblicher organischer Holzschutzmittel in kg/m³ Holz aufgeführt. Die erste Angabe bezieht sich auf Klötze, die vor der Prüfung in feuchter Atmosphäre gelagert, die zweite auf Klötze, die nach DIN 52 176 mit Wasser ausgelaugt wurden. Da die Beständigkeit gegen Wasserextraktion für die Wirkungsdauer bei dem im Freien verwendeten Holz bedeutsam ist, wurden die Präparate in der

Reihenfolge abnehmender Beständigkeit gegen das Auslaugen in Wasser angeordnet.

Neuere Untersuchungen über wasserlösliche Holzschutzmittel liegen von BECKER [25] vor. Mit mehreren, zum Teil tropischen, Termitenarten wurden Arsen-, Bor-, Fluor- und Kupferverbindungen auch als handelsübliche Gemische und in Kombination mit Chromverbindungen geprüft, wobei die Einwirkung von Moderfäulepilzen berücksichtigt wurde. Die Gewichtsabnahmen im Vergleich zu denjenigen der unbehandelten Kontrollen hatten mit 15% bei Kupfersulfat und einem Gemisch aus Chrom-Kupfer-Arsenverbindungen die geringsten Werte. Von den hier geprüften

Tabelle 63. *Gegen Hausbockeilarven schützende Mindest-*
*konzentrationen anorganischer Schutzmittel nach* BECKER
[22]

| Wirksame Elemente im Präparat | Konzentration kg/m³ | |
|---|---|---|
| | nach Feucht-lagerung | nach Wässern |
| Quecksilber | 0,5 | 0,5 |
| Chrom-Fluor-Arsen | 0,5 | 1,5 |
| Chrom-Kupfer | 1,5 | 2,0 |
| Chrom-Fluor (alt) | 0,2 | 2,5 |
| Chrom-Fluor | 0,5 | 2,5 |
| Chrom-Kupfer-Arsen | 2,5 | 3,0 |
| Chrom-Kupfer-Bor | 3,0 | 3,0 |
| Chrom-Fluor-Arsen (alt) | 0,5 | 15 |

Präparaten töteten Arsensäure und KF.HF die Tiere am schnellsten; doch sind diese Schutzmittel wegen ihrer Giftigkeit für den Menschen nicht überall anwendbar. Die nächstwirksamen Substanzen waren Natriumfluorid sowie die Gemische aus Verbindungen der Elemente Chrom-Kupfer-Arsen, Chrom-Fluor-Arsen und Chrom-Fluor. In allen Fällen entstanden nur ganz unwesentliche Nagespuren. Deutliche Nagespuren waren bei Borsäure zu beobachten, und hier lebten die Tiere auch wesentlich länger. Nach Auslaugen mit Wasser erwies sich das Gemisch Chrom-Kupfer-Arsen als das wirksamste. Etwas stärkere Nagespuren wies das mit dem Gemisch Chrom-Fluor-Arsen behandelte Holz auf. Das Chrom-Fluorpräparat versagte nach dem Wässern vollkommen. Im Gegensatz zu diesen mit Kalotermes flavicollis ausgeführten Versuchen zeigten sich bei der Prüfung mit anderen Termiten deutliche Artunterschiede. Zum Beispiel mied Reticulitermes santonensis Borverbindungen in Kiefernholz, und die abschreckende Wirkung des Arsens versagte bei den Rhinotermitiden, so daß die Tiere mit diesen Verbindungen präpariertes Holz fraßen und starben. Dagegen mieden sie das bei den Chrom-Kupfer-Arsensalzen mit Chrom fixierte Arsen und blieben am Leben. Im Gegensatz zu Kalotermes flavicollis sterben die Coptotermes-Arten aber schon bei Aufnahme sehr geringer Mengen Borsäure. Bei diesen Untersuchungen erwies sich Arsen, besonders im Gemisch mit Kupfer und fixierenden Chromverbindungen, als wirksamstes Schutzmittel gegenüber allen Termitenarten.

Unter den organischen Holzschutzmitteln gilt Kreosot als guter Insektenschutz. Auch Steinkohlenteer schützt Holz gegen Insekten; doch sind es nach Untersuchungen von BECKER und SCHULZE [13] vor allem die in der von 280 bis 300°C siedenden Steinkohlenteerfraktion enthaltenen Verbindungen Diphenylenoxyd und $\beta$-Naphthol, die diese Wirkung auch gegen

Tabelle 64. *Gegen Kalotermes flavicollis schützende Konzentrationen organischer Insektengifte nach* BECKER, SCHULZE *und* SCHULZ *[10]*

| Präparat | Konzentration kg/m³ | |
|---|---|---|
| | keine Nagespuren | sehr geringe Nagespuren |
| Pentachlorphenol | 16 | 7,7 |
| Pentachlorphenolnatrium | — | 15 |
| Kreosot | 33 | — |
| Karbolineum | 52 | 52 |
| Kupfernaphthenat | 54 | — |
| Xylamon LX natur | 70 | 25 bis 34 |
| Xylamon LX hell | — | 27 |
| Hausbock-Barol | 72 | 33 |

Termiten ausüben. Nach den schon erwähnten Untersuchungen von BECKER, SCHULZE und SCHULZ [10] versagten Petroleum und ölige Hausbockbekämpfungsmittel, aber auch o- und p-Dichlorbenzol sowie Phenol, das leicht ausgewaschen wird. Auch Dinitrophenol hatte geringe Wirkung.

Als gutes Schutzmittel gegen Termiten wirkte Kreosot nur bei Volltränkung in Konzentrationen von 33 kg/m³. Als gleichwertig wurden bezeichnet: Hausbock-Barol, Karbolineum und eine bestimmte Xylamonsorte, wie dies aus Tabelle 64 hervorgeht.

Pentachlorphenol ist nach diesen Untersuchungen ein gutes Holzschutzmittel gegen Termiten, ein Ergebnis, das WOLCOTT [362] bestätigte. Nach dieser Angabe schützt eine 1%ige Lösung von Pentachlorphenol in Petroleum westindische Birke (Bursera simaruba) gegen Fraß von Cryptotermes brevis mehr als 11 Jahre. Pentachlorphenolnatrium ist nicht so wirksam, und die Tränkung muß mit einer mindestens 2,5%igen Lösung vorgenommen werden.

Von den Naphthenaten ist das Kupfernaphthenat wirksamer als die Zn-Verbindung; doch sind, um Schutzwirkungen zu erreichen, erhebliche Konzentrationen erforderlich.

Die Wirkung synthetischer Kontaktinsektizide als Holzschutzmittel prüfte BECKER [23] mit vier Termitenarten (Kalotermes flavicollis FABR., Heterotermes indicola WASSMANN, Reticulitermes lucifugus ROSSI var. santonensis und Nasutitermes ephratae HOLMGREN). Nachdem WOLCOTT [361] nur mit einer Termitenart festgestellt hatte, daß 10minütiges Tauchen in 1%ige Lösungen von Aldrin, Dieldrin und Pentachlorphenol ein empfindliches Holz nach 11 Jahren noch gegen Termitenschäden schützt, sollten diese nach teilweise ebenso langen Lagerungszeiten ausgeführten Versuche vor allem Artunterschiede nachweisen, auf die hier nicht eingegangen zu werden braucht. Zusammenfassend kann gesagt werden, daß Nasutitermes ephratae sich als bedeutend empfindlicher erwies als die drei anderen Arten. Das wurde zum Teil darauf zurückgeführt, daß diese Termite sich vorwiegend auf dem Erdboden bewegt; doch wurde bei Kalotermes flavicollis der oben beschriebene Fraßzwangversuch in Glaszylindern ausgeführt, wodurch diese Art gezwungenermaßen auf dem mit Schutzmittel imprägnierten Holz bleiben mußte. Sie erwies sich aber selbst unter diesen relativ harten Bedingungen als im Vergleich zu Nasutitermes weniger giftempfindliche Art.

Bei der Prüfung der Stoffe Aldrin, Chlordan, DDT, Dieldrin, E 605 f, $\gamma$-HCH, weitere isomere Hexachlorcyclohexane, Toxaphen sowie Pentachlorphenol und Steinkohlenteeröl wurde davon ausgegangen, daß eine abschreckende Wirkung, wie sie auch Pentachlorphenol besitzt, die Materialien besser vor Fraßschäden bewahrt als eine starke Fraßgiftwirkung; denn selbst wenn zunächst nur geringe Nagespuren erscheinen, kann sich die Beschädigung bei fehlender Fraßabschreckung dadurch vergrößern, daß noch unvergiftete Termiten, ihrem Nachahmungstriebe folgend, an den Stellen weiternagen, an denen durch schon vergiftete Tiere das Zerstörungswerk begonnen wurde. Ein Beispiel für eine starke Giftwirkung ohne Fraßverhütung lieferte E 605 f, das selbst nach langer Lagerungszeit in Konzentrationen von 0,13 kg/m³ Reticulitermes santonensis innerhalb von 6 Wochen abtötete, aber starken Fraß nicht verhinderte.

In Tabelle 65 sind einige der Ergebnisse aufgeführt. Sie zeigen, daß Aldrin und Dieldrin gegen Termiten (in ähnlicher Weise wie gegen Käferlarven) gut wirken. Diese Wirkung bleibt auch über lange Zeiträume hin erhalten. Fraßschäden werden von Dieldrin nach langen Lagerzeiten in noch geringeren Konzentrationen verhindert als von Aldrin. In Tabelle 65 erkennt man, daß Chlordan, DDT, E 605 f und $\gamma$-HCH geringere Wirksamkeit haben. Die letzten beiden Verbindungen schützen außerdem nicht für lange Zeit, obwohl sie außerordentlich giftig sind. Toxaphen und Steinkohlenteer waren ungenügend, und Pentachlorphenol hatte nach 12 Jahren nur noch $^{1}/_{100}$ der anfänglichen Giftwirkung. Bei einer Konzentration von 17 kg/m³ Holz zeigten sich bei der Prüfung mit Kalotermes flavicollis mäßige Fraßspuren. Auch Reticulitermes und Heterotermes benagten das mit Pentachlorphenol imprägnierte Holz bei gleicher Konzentration und gleicher Dauer der Lagerung zum Teil sogar erheblich.

### 13.2.2. Anstrichstoffe

Beschädigungen von Anstrichschichten bedeuten nicht nur eine Verschlechterung des Aussehens, sondern sie verschaffen auch Schadinsekten Zutritt zu dem aus empfindlichem Werkstoff bestehenden Untergrund, und sie können Ursache für Infektionen mit Mikroorganismen sein. Die Schutz-

Tabelle 65. *Einige Ergebnisse von Langzeit-Prüfungen synthetischer Kontaktinsektizide mit Kalotermes flavicollis nach* BECKER *[23]*

| Präparat | Lagerzeit Jahre | schützende Konzentration kg/m³ | |
|---|---|---|---|
| | | keine Nagespuren | sehr geringe Nagespuren |
| Dieldrin | 11 | 1,65 | 0,75 |
| Dieldrin | 7 | — | 0,81 |
| Dieldrin | 1 | — | 0,79 |
| Dieldrin | 0,08 | 0,61 | — |
| Aldrin | 11 | 2,52 | 2,52 bis 0,62 |
| Aldrin | 1 | — | 0,52 |
| Aldrin | 0,08 | 0,58 | 0,07 |
| Chlordan | 11 | — | 3,05 bis 0,63 |
| DDT | 13,5 | 2,75 | — |
| DDT | 1 | — | größer als 1,38 |
| DDT | 0,08 | 1,42 | 0,52 |
| $\gamma$-HCH | 1 | — | 1,70 |
| $\gamma$-HCH | 0,08 | 0,52 | — |
| E 605 f | 1 | — | 0,54 |
| E 605 f | 0,08 | 0,55 | 0,07 |

wirkung insektenfester Lackschichten hängt, wie eine Zusammenstellung von BLOCK [42] zeigt, von der Dicke der aufgetragenen Schicht ab. Dünne Schichten von Öl-, Alkyd- und Kunststofflacken schützen empfindliche Werkstoffe nur schlecht gegen Beschädigungen durch Insekten. Obwohl man es im allgemeinen vorzieht, die den Anstrichfilm tragenden Werkstoffe, wie Holz, mit Schutzmitteln zu imprägnieren, ist es doch in vielen Fällen erforderlich, der Lackschicht gegen Insekten schützende Stoffe zuzusetzen. Da Lack- und Anstrichfilme relativ dünn sind und schon geringe Nagespuren zu Perforationen führen können, sind starke Kontaktgifte, wie DDT, hier erfolgversprechend, weil sie durch ihre rasche Wirkung auf die motorischen Nerven das Benagen verhindern. Schwierigkeiten bereitet in vielen

Fällen aber die Unverträglichkeit des insektiziden Mittels mit dem Binde-mittel. In diesem Zusammenhang wies SHREEVE [307], der DDT in einigen mit Beschleunigern gehärteten Lacksystemen untersuchte, darauf hin, daß man stets ein Ausblühen des DDT an der Lackoberfläche beobachtet und daß gerade dieses Ausblühen für eine genügende Schutzwirkung entscheidend ist.

Insektizide Anstrichfarben werden besonders in Baracken, Lagerschuppen und Ställen angewandt, wo sie gegen Fliegen und Küchenschaben wirken. Als Wirkstoff wird nach ZACHER und LANGE [372] heute nur noch Diazinon oder Diazinon + DDT benutzt. Die Wirkung erstreckt sich bei entsprechender Dosierung auf mehrere Jahre.

Erwähnenswert ist auch der Versuch von BLOCK [42], Bucheinbände gegen den Angriff der amerikanischen Küchenschabe (Periplaneta americana) mit Lackschichten zu schützen, die ein Fraßabschreckungsmittel enthalten. Von zahlreichen untersuchten Substanzen erwies sich aber lediglich Queck-silberchlorid in Zusätzen von 16% als wirksam.

### 13.2.3.  Papier und Pappe

Die Imprägnierung von Papieren und Pappen mit Schutzmitteln, die sie insektendicht oder insektenbeständig machen, ist besonders bei ihrer Ver-wendung als Verpackungsmaterial in den Tropen oder bei längeren Lager-zeiten wünschenswert, aber auch für Druckpapiere, die für Schriftwerke in den Verbreitungsgebieten der Termiten bestimmt sind. Die anorganischen Insektizide können wegen ihrer starken Toxizität meist nicht angewandt werden. Als für den Menschen ungiftige anorganische Substanzen schlug FRINGS [113] Ammoniumchlorid und Ammoniumnitrat vor. Mit Lösungen dieser Salze imprägnierte Papiere oder Pappen überziehen sich mit einer Schicht feiner Kristalle. Da Ammoniumchlorid hygroskopisch ist, muß das Material mit Wachs oder Paraffinwachs überzogen werden. Auf diese Weise vorbereitete Materialien sollen auf amerikanische Küchenschaben und einige andere Insekten stark abschreckend wirken. Als insekten-, vornehm-lich termitenabschreckender Füllstoff wurde von SANDERMANN [291] in einer Patentanmeldung natürlicher oder synthetischer Kryolith (Kalium-aluminiumfluorid) vorgeschlagen.

Eine Anzahl von Schutzmitteln für Papier wurde von ESSIG [100] geprüft. Mit diesen in Wachs gelösten Substanzen wurde ein Kraftpapier imprägniert, von dem bekannt war, daß die Prüfinsekten, vor allem der schwarze Getreidenager (Tenebroides mauretanicus L.), es rasch durch-nagten. Es erwies sich, daß zahlreiche Substanzen das Eindringen dieses Käfers nicht verhinderten. Dazu gehörten: Natrium-2-chlorphenolat, Natriumpentachlorphenolat, das Octaazetat der Saccharose, Kupferstearat, Kupferoleat, harzsaures Kupfer, Naphthylamintrichlorazetat, α-Naphthol, β-Naphthol, Dichloräthylphthalat und viele andere mehr. Auch einige

Nitroverbindungen waren relativ unwirksam. Die folgenden vier Nitroverbindungen erwiesen sich aber, wenn sie in 2%iger Lösung aufgebracht wurden, als verhältnismäßig wirksam:

3,5-Dinitro-o-kresol (73 Tage),
3,5-Dinitro-o-kresylazetat (60 Tage),
3,5-Dinitro-o-kresyltrichlorazetat (74 Tage),
2,4-Dinitro-6-sek.-butylphenol (86 Tage).

Die in Klammern angegebene Anzahl von Tagen ist die Zeitspanne bis zum Eindringen der ersten Larven in die Packungen. Die vier Nitroverbindungen sind nur schwach gelb gefärbt, allerdings wird die Färbung bei Einwirkung von Alkali kräftiger. Die Ausführung dieser Fraßwahlversuche wurde oben schon beschrieben.

Mit 3% chlorierten Phenolen imprägniertes Kraftpapier schützte darin verpackte Proben von Mehl und Trockenkartoffeln zwar gegen viele Insekten; den Larven des schwarzen Getreidenagers sowie Erwachsenen und Larven von Kornkäfern gelang es aber, in die Packungen einzudringen.

Sollen die Papiere und Pappen zur Nahrungsmittelverpackung verwendet werden, so dürfen die Schutzmittel nicht als Fremdsubstanzen in die Nahrungsmittel einwandern. Besondere Bedeutung haben in diesem Falle die Insekten vertreibenden und abschreckenden Substanzen, weil schon geringe Beschädigungen das Nachdringen anderer Insekten oder eine Verunreinigung des Nahrungsmittels mit Mikroorganismen zur Folge haben können. M. v. Schelhorn [295] beschrieb als einfaches Verfahren zur Anwendung von Kontaktinsektiziden die Herstellung doppelwandiger Packungen, zwischen deren Wände eine Schicht von Zellstoffwatte angeordnet ist, die ein Kontaktinsektizid, wie DDT, enthält, dem die Insekten wegen ihrer Gewohnheit, zwischen den Schichten herumzukriechen, zum Opfer fallen. Zur Imprägnierung von Papieren werden im allgemeinen Pyrethrine (5 mg je 939 cm² Papier), gegebenenfalls im Gemisch mit Piperonylbutoxyd, angewandt. Auch Lindan und Methoxychlor sind für Verpackungsmaterialien als Schutzmittel verwendet worden; doch sind sie nicht für die Nahrungsmittelverpackung geeignet. Die Schutzwirkung der Präparate soll im allgemeinen 6 bis 24 Monate anhalten.

### 13.2.4. Textilien

Zum Schutz von Textilien aus Zellulose, regenerierter Zellulose oder Zellulosederivaten gegen Insekten, insbesondere Termiten, sind chlorierte Phenole, Diphenole oder Dioxydiphenylmethane [105] sowie halogenierte Oxydiphenyl- und Triphenylmethane [104] geeignet. Die Imprägnierung wird in bekannter Weise, z. B. bei Pentachlorphenol mit 1,0 bis 1,5%iger Lösung des Natriumsalzes und Nachspülen mit Ameisensäure (5 g HCOOH, 85%ig, pro Liter Wasser), vorgenommen. Bei Schwergewebe genügt eine Konzentration der wäßrigen Lösung an Pentachlorphenolnatrium von

0,5 bis 1,0%. Auch Lindan wurde nach M. v. SCHELHORN [295] in Indien zur Imprägnierung von Jutesäcken (10 bis 15 mg je 930 cm²) vorgeschlagen, die als insektensichere Umhüllung für in Papiersäcke verpacktes Mehl dienen sollten.

Über die Bekämpfung von Larven des schwarzen Teppichkäfers (Attagenus piceus) auf befallenem Material mit Sprays der in Öl gelösten Wirk-

Tabelle 66. *Wirkung von Öl-Sprays auf Larven des schwarzen Teppichkäfers nach* MILLER, MALLIS und EASTERLIN [234]

| Wirkstoff | Gehalt der Lösung % | Vergiftungs-erfolg % |
|---|---|---|
| Malathion | 3,0 | 100 |
| DDT | 6,0 | 99 |
| Diazinon | 0,5 | 86 |
| Methoxy-chlor | 6,0 | 79 |
| Chlordan | 2,0 | 67 |
| Perthan | 6,0 | 59 |
| Lindan | 0,5 | 44 |
| Stroban | 2,5 | 32 |
| Dieldrin | 0,5 | 27 |
| Pyrethrum | 0,136 | 21 |

Die Gehalte der Lösungen sind in Gewichtsprozent angegeben. Die zweite Zahl bedeutet die Anzahl der toten und moribunden Larven nach 28 Tagen in Prozent (Mittelwert). Präparate, mit denen weniger als 20% tote und moribunde Larven erzielt wurden, sind nicht aufgeführt.

stoffe stellten MILLER, MALLIS und EASTERLIN [234] Untersuchungen an, deren Ergebnisse auszugsweise in Tabelle 66 wiedergegeben sind. Sprays aus Erdölfraktionen hatten ebenso wie Gemische aus Pyrethrum mit Piperonylbutoxyd und Gemische aus Thiocyanverbindungen nur geringe Wirkung. Als bester Wirkstoff erwies sich Malathion.

Bei sämtlichen Mitteln war schon am ersten Tage eine hohe Zahl von Moribunden festzustellen; doch verhielten sich die Mittel hinsichtlich des Einsetzens von Todesfällen unterschiedlich. Bei DDT, Lindan, Stroban, Diazinon, Pyrethrum, Gulf-Spray-Naphtha und Solvent 2 A starben schon am ersten Tage ein oder zwei Prozent. Auch die insgesamt unwirksameren Präparate hatten also zum Teil gute Anfangswirkung. Bei Methoxychlor, Perthan, Chlordan, Malathion, Pyrethrum + Piperonylbutoxyd traten die ersten Todesfälle am zweiten Versuchstag auf. Vom dritten Tage ab wurden aber bei allen Präparaten getötete Tiere beobachtet.

Von den Insekten vertreibenden Geruchsabschreckungsmitteln können einige auch zur Imprägnierung von Textilien, wie Uniformtuchen, verwendet werden. Nach GOUCK und GILBERT [133] wird in den Vereinigten Staaten dazu ein Gemisch aus

30 Gew.-% N-Butylazetanilid,
30 Gew.-% 2-Butyl-2-äthylpropandiol-1,3,
30 Gew.-% Benzoesäurebenzylester und
10 Gew.-% eines Emulgiermittels (Tween 80)
benutzt.

Ein Teilgebiet des Textilschutzes, das seit jeher die größte Bedeutung hatte, ist die Sicherung der Wolle und der daraus hergestellten Erzeugnisse gegen Schäden durch die Kleidermotte (Tineola biselliella HUM.) und andere Keratinfresser. Nach NEUBERT [238] werden als gegen Motten wirkende Insektengifte Pentachlorphenol, alkyliertes Pentachlorphenol, Siliciumtetrachlorid und die Kontaktgifte Dieldrin und Thiodan verwendet. Die beiden Kontaktinsektizide sind deshalb für die Textilausrüstung geeignet, weil sie verhältnismäßig waschecht auf die Faser aufgebracht werden können.

Die größten Erfolge bei der Mottenecht-Ausrüstung von Wolltextilien wurden aber mit den Fraßabschreckungsmitteln vom Eulan-Typ erzielt. Die Eulane können nur bei der Herstellung von Textilien, in Färbereien oder in chemischen Reinigungsanstalten mit der Wollfaser verbunden werden. Die besten färbereitechnischen Eigenschaften dieser Verbindungen, die sich wie saure Wollfarbstoffe verhalten, wurden mit den die Sulfonamidgruppe enthaltenden neueren Eulanen erzielt. Von einigen dieser Verbindungen soll im folgenden eine kurze Charakteristik gegeben werden.

Eulan neu ist die 3,5,3',5'-Tetrachlor-2,2'-dioxytriphenylmethan-2''-sulfonsäure. Eine ähnliche Verbindung ist das Eulan CN, die 3,5,3',5'-Tetrachlor-4''-chlor-2,2'-dioxytriphenylmethan-2''-sulfonsäure, die sich also nur durch ein Chloratom in 2''-Stellung vom Eulan neu unterscheidet. Das Präparat zieht aus neutraler Flotte auf die Faser und ist sehr wasch- und walkecht.

Eulan NK, das Triphenyl-3,4-dichlorbenzylphosphoniumchlorid, ist eine Verbindung anderer chemischer Struktur. Die weiße, wasserlösliche Substanz zieht aus neutralem Bad auf die Faser. Das ähnliche Eulan NKF ist nach GÖSSWALD [131] ein ausgezeichnetes Schutzmittel gegen Termiten, das auch nach Wässern in seiner Wirkung nur geringfügig nachläßt.

Eulan BL, das 3,4-Dichlorbenzylsulfomethylamid, und das Eulan U 33, ein Alkylsulfonamidhalogendiphenyläther, sind Sulfonamidverbindungen. Das Eulan U33, das sich gleichfalls wie ein saurer Wollfarbstoff mit der Faser verbindet, schützt gegen Motten, Teppichkäfer und Pelzkäfer.

Die Wirkung dieser Triphenylmethanderivate ist so stark fraßabschrekkend, daß Mottenlarven im Fraßzwangsversuch eher verhungern als daß sie etwas von der mit diesen Substanzen geschützten Faser fräßen. Die Wirkung nimmt auch nach langen Lagerzeiten nicht ab. HASE [148] berichtete über Versuche, die nach 20 und 22 Jahren eine unveränderte Schutzwirkung ergaben.

Eine ähnliche gegen Kleidermotten und Teppichkäfer wirkende Substanz ist das Mitin FF. Von den neueren chlorierten Kohlenwasserstoffen, den organischen Phosphorverbindungen und Carbamidsäurederivaten, erwiesen sich die Carbamate nach Untersuchungen von WILLIAMS [358] als unwirksam, weil sie beim Aufbringen auf die Faser Hydrolyse erleiden. Mehrere der organischen Phosphorverbindungen ergaben bei wirtschaftlich tragbaren Konzentrationen wirksamen Schutz. Der dauerhafteste Effekt wurde bei einer Behandlung mit „Äthylguthion" erreicht.

Die chlorierten Kohlenwasserstoffe vom Typus des DDT stellen nach diesen Untersuchungen, unter den Gesichtspunkten der Wirksamkeit und Wirtschaftlichkeit betrachtet, die günstigste Lösung dar. Die Wahl eines geeigneten Mittels hängt zum größten Teil von den Kosten und der erstrebten Dauer der Schutzwirkung ab. Beispielsweise kann mit TDE bei geringsten Kosten ein dauerhafter Schutz erzielt werden.

In neuerer Zeit wurden zum Schutz von Wolle gegen Insektenfraß auch Halogenderivate des Salicylanilids, wie das handelsübliche Gemisch aus 5,4'-Dibromsalicylanilid und 3,5,4'-Tribromsalicylanilid (Diaphene), verwendet. Die als 0,5%ige wäßrige Suspension aufgebrachte insektenabweisende Ausrüstung zeigte nach McPHEE [226] gute Permanenz. Sie blieb nach zehn Handwäschen und zehn Trockenreinigungen ausreichend wirksam. McPHEE [227] berichtete weiter über Untersuchungen von organischen Bromverbindungen als Schutzmittel für Wolle gegen Mottenlarven. Als sehr wirksam erwies sich „Bromodan" in Konzentrationen von 0,5 bis 1,0%. Diese Verbindung zeichnet sich außerdem durch eine sehr geringe Toxizität für Warmblütler ($LD_{50}$ Ratte $= 12900$) aus.

### 13.2.5.  Kautschuk und Gummi

Von den elastomeren Materialien werden besonders Kabelmäntel aus Natur- und Synthesekautschuk, wenn sie in tropischen Gebieten im Freiland oder in Gebäuden verlegt sind, von Termiten beschädigt. Als Schutzmaßnahme empfehlen SNOKE [313] und KALSHOVEN [180] Umwickeln der Kabel mit einem Band, das mit chloriertem Naphthalin getränkt ist. Diese Vorkehrung soll sich in Indonesien bewährt haben. Zum Fernhalten aggressiver Termiten von gefährdeten Kabeln schlägt WILLIAMS [357] Einsprühen mit einer wäßrigen Dispersion von Pentachlorphenolnatrium vor; doch tötet das Mittel auch Pflanzen, und es kann daher in vielen Fällen nicht angewandt werden. Auch bei den in der Patentliteratur als Zusatz zu Isolierschichten von Kabeln empfohlenen Kontaktinsektiziden [*368*] handelt es sich um chlorierte Verbindungen, wie Hexachlorcyclohexan und Präparate vom Dieldrintyp. Ein weiteres Patent [*106*] schützt das Verfahren, Kautschuk oder daraus hergestellten Erzeugnissen chlorierte Oxydiphenyle zuzusetzen.

### 13.2.6. Kunststoffe

Die Auswahl von Insektenschutzmittel für Kunststoffe stößt in erster Linie auf die Schwierigkeit, genügend verträgliche Substanzen aufzufinden. WESSEL [*350*] erwähnt, daß bestimmte Füllstoffe, wie Hartkieselsäure, Zirkonmehl, Kieselgur oder Schwerspat, die Termitenbeständigkeit von Kunststoffmaterialien verbessern. Interessant ist, daß gerade die Unverträglichkeit mit PVC zu einer neuen Anwendungsform von Insektiziden führte. DDVP ist ein Insektengift, das als Weichmacher für PVC wirkt, aber langsam wegen seiner Unverträglichkeit mit dem Kunststoff aus dem Material ausschwitzt. Eine englische Firma nutzte diesen Effekt aus, um einen Fliegenstreifen aus mit DDVP weichgemachten PVC auf den Markt zu bringen [*352*]. Die Streifen werden in geschlossenen Räumen aufgehängt, wo sie durch langsames Verdunsten des ausschwitzenden insektiziden Weichmachers Fliegen und Hausungeziefer mit einer Wirkungsdauer bis zu 15 Wochen abtöten.

Als Insektizide zum Schutz von PVC und Polyäthylen mit abschreckender Wirkung auf rote Ameisen und Termiten nennt COOKE [*77*] Substanzen wie Bleinaphthenat. Die chlorierten Phenole, z. B. „Preventol K-1", das als Termitenschutzmittel in Konzentrationen von 3 bis 4% insbesondere PVC-Materialien zugesetzt wird, und Präparate, die zum Teil schon mit Mesamoll als Weichmacher angepastet sind, wurden von den Farbenfabriken Bayer [*105*] ebenso wie wenig toxische Phenolderivate als Insektenschutzmittel für Kunststoffe empfohlen.

Zum Schutz von Kunststoffmaterialien gegen Insekten sind auch Kontaktgifte geeignet. Zum Beispiel brachte die Bakelite GmbH ein insektizides Vinylchlorid-Vinylazetat-Mischpolymerisat in den Handel, das 0,5% eines Gemisches von Aldrin und Dieldrin enthält. Der Zusatz von Dieldrin zu PVC-Materialien ist auch patentgeschützt (vergl. British Insulated Calender's Cables Ltd. [*52*]). Auf die Verarbeitung von Aldrin, Dieldrin und Endrin als insektizide Mittel für Polyäthylen und andere thermoplastische Kunststoffe bezieht sich ein Schutzrecht der Telegraph Construction and Maintenance Co. Ltd. [*331, 332*].

# 14. Werkstoffe schädigende Wirbeltiere

Sieht man von zufälligen Störungen (vergl. BRAUN [*51*]) ab, so beschränken sich die von Wirbeltieren an Werkstoffen verursachten Schäden ausschließlich auf solche, die von Nagetieren herrühren. Nagetiere (Rodentia) sind in erster Linie Vorrats- und Feldschädlinge. Die an Werkstoffen verursachten Schäden sind wegen der im Vergleich zu den Insekten bedeutenderen Körpergröße umfangreicher.

Die Nagetiere sind mit fast 3000 Arten die größte Ordnung in der Klasse Säugetiere (Mammalia). Schädlinge kommen besonders in den Unterordnungen Hörnchenartige (Sciuroidea), Mäuseartige (Myomorpha) und Stachelschweinverwandte (Hystricomorpha) vor.

Die wichtigsten Schädlinge für Werkstoffe sind Ratten und Mäuse. Sie haben sich an die Bedingungen unserer Zivilisation vorzüglich angepaßt. Da in zunehmendem Maße Leitungen, wie Kabel oder Pipelines, auch in nichtzivilisierten Gebieten, wie Steppen oder Urwäldern, verlegt werden, können die Werkstoffe hier mit zahlreichen, weniger bekannten Nagetierarten in Berührung kommen, und die durch sie verursachten Schäden sind häufig wegen der großen Entfernung zu den Schadstellen oder wegen deren Lage in unzugänglichen Gebieten schwierig zu beseitigen. Oft ist deshalb auch nicht einfach festzustellen, welche Tierart die Schäden verursacht hat.

Die wirtschaftlich wichtigsten Schädlinge finden sich in der Unterordnung Mäuseartige (Myomorpha) und hier wiederum in der Familie echte Mäuse (Muridae). Sie sind mit mehr als 600 Arten in Europa, Asien und Afrika verbreitet, von wo aus sie in die neue Welt und zum Teil in alle Länder der Erde verschleppt wurden. Die Hausmäuse (Mus musculus L.) richten an Holz, Textilien, wie Bekleidungen und Polstern, an Bücher und Lederwaren Schäden an.

Die Hausratte (Rattus rattus L.) ist in zahlreichen Unterarten in Europa, Asien, Indonesien und Afrika verbreitet. Sie nimmt fast ausschließlich vegetabilische Nahrung zu sich.

Die Wanderratte (Rattus norvegicus Erxl.) ist durch den Menschen über die ganze Erde verbreitet worden. Sie ist der bedeutendste Schädling unter den Nagetieren.

Eine zweite große Familie dieser Unterordnung sind die Wühler oder Hamster (Cricetidae), die als Feld- oder Gartenschädlinge bekannt sind, häufig aber im Winter auch in die Häuser kommen. In Nordamerika spielen sie als Schädlinge eine gewisse Rolle, obwohl die wirtschaftlich wichtigsten Schadtiere die dort eingeschleppten Muridae, die Wanderratte, die Hausratte und die Hausmaus, sind. Zu den amerikanischen Cricetidae gehört die von Wessel [350] als Werkstoffschädling genannte „Wood rat", eine Waldwühlmaus, die man auch „Packrat" nennt, weil sie die Gewohnheit hat, gefundene Gegenstände im Verborgenen zu stapeln.

In der Unterordnung Hörnchenartige (Sciuroidea) finden sich in den Familien Castoridae (Biber) und Geomyidae (Taschenratten) mehrere für Werkstoffe gefährliche Nager. Die recht großen Biber spielen als Schädlinge kaum noch eine Rolle, weil sie fast ausgerottet wurden.

In den Vereinigten Staaten spielen „Gopher" genannte Angehörige der Unterordnung Hörnchenartige als Werkstoffschädlinge eine Rolle, deren volkstümlicher Name aber nicht sehr genau ist. Man versteht darunter hauptsächlich Angehörige der zwei Familien Marmotidae (Ziesel) und Geomyidae (Taschenratten). Zu den Zieseln sind der „gray gopher" (Citellus franklini) und der „striped gopher" (Citellus tridecemlineatus) zu rechnen. Die wichtigsten Schädlinge dieser Gruppe sind aber die Flachland-Taschenratte (Geomys bursaria SHAW), deren Heimat das Zentralbecken der Vereinigten Staaten ist, sowie zwei ihrer Verwandten, die an der Golfküste und im Vorland der Sierren am Pazifik vorkommen.

Es darf auch die Möglichkeit nicht außer acht gelassen werden, daß Stachelschweinverwandte (Hystricomorpha), wie die Altwelt- oder Erdstachelschweine (Hystricidae), die in vielen Arten im Mittelmeergebiet sowie in ganz Afrika und Asien vorkommen, oder deren Verwandte in der neuen Welt, Werkstoffe beschädigen.

# 15. Werkstoffschäden durch Nagetiere

Da sich Nagetiere nicht von bestimmten Werkstoffen oder wie Insekten von den auf Zellulosematerialien wachsenden Pilzen ernähren, hat die chemische Natur der Werkstoffe auf Art und Umfang der Beschädigungen nur einen untergeordneten Einfluß. Sie hängen vielmehr von Form, Dicke, Härte und Oberflächenglätte der Körper ab. Auch artspezifische Unterschiede im Verhalten der Nagetiere gegenüber bestimmten Stoffen treten kaum in Erscheinung.

Die Härte der Materialien setzt der Möglichkeit einer Beschädigung der daraus hergestellten Erzeugnisse dadurch eine Grenze, daß die Nagetiere nur von solchen Materialien Teile abzutragen vermögen, die weicher als ihre Schneidezähne sind. Nach HEROLD [155] besitzen die unteren Schneidezähne einheimischer Nagetiere eine Mohs'sche Härte von 5,0 bis 5,5. Sie hängt aber auch vom Alter der Tiere ab. Bei Wanderratten steigt diese Ritzhärte der Nagezähne von 3,5 auf 5,5 an. Gegenstände, die härter sind, als der Mohs'schen Härte 3 entspricht, werden aber nur in Ausnahmefällen angegriffen, was BECKER [26] bestätigte. Hier findet sich auch ein Hinweis darauf, daß Ratten gelegentlich sogar Konservendosen aus Eisenblech der Mohs'schen Härte 4 geöffnet haben, und selbst von der als wesentlich schwächerer Nager geltenden Waldmaus wurde Kupferblech (Mohs'sche Härte 2,5 bis 3,0) angenagt.

Die Oberflächenglätte ist insofern von Bedeutung, als die Zähne der Nagetiere selbst bei zylindrischen Körpern von glatten Oberflächen abgleiten, und nur wenn Angriffspunkte für die Zähne vorhanden sind, können Beschädigungen eintreten. Materialien mit kleinen Rissen oder Maserungen, wie Holz, und körnige Stoffe, wie Mörtel, bieten den Nagezähnen gute Angriffsmöglichkeiten. Glatt gespanntes Papier oder flach liegende Folien werden von Nagetieren nicht angegriffen.

Die Dicke ist bei zylindrischen Körpern, wie Kabeln, Drähten oder Röhren von entscheidender Bedeutung, weil die Tiere sie nur bis zu einem bestimmten Durchmesser mit den Zähnen zu erfassen vermögen. Nach Feststellungen von NEUHAUS [239] können Ratten solche Körper nur bis zu einem Durchmesser von höchstens 22 mm annagen.

Beweggründe für das Nagen sind 1. der Nagetrieb, 2. das Bestreben, Material für den Nestbau zu gewinnen, und 3. die Notwendigkeit, Hindernisse beseitigen zu müssen, um andere Triebe oder Gewohnheiten befriedigen zu können.

Der Nagetrieb entspringt dem bekannten Bedürfnis, die Nagezähne zu verkürzen, weil ihre Abnutzung häufig nicht schnell genug vor sich geht. Nach WESSEL [350] wachsen die Schneidezähne von Laboratoriumsratten oben 114 mm und unten 146 mm im Jahr. Rauheiten, Risse oder Sprünge in der Oberfläche der Materialien reizen den Nagetrieb an. Da zahlreiche unterschiedliche Materialien zum Abschleifen und Schärfen der Nagezähne geeignet sind, hängt das Eintreten von Beschädigungen von dem zufälligen Zusammentreffen des Vorhandenseins eines Werkstoffes mit dem Auftreten des Triebes zum Abnutzen der Nagezähne ab.

Für die Verwendung zum Nestbau kommen in erster Linie Textilien und Packstoffe in Betracht. Von dieser Art Beschädigung durch Nagetiere sind deshalb besonders Bekleidungs- und Uniformstücke, Decken oder Polstermaterialien, vor allem während der Lagerung dieser Erzeugnisse, bedroht.

Das Beseitigen von Hindernissen ist den Tieren immer dann wichtig, wenn sie ihnen den Zugang zum Futter und zu Artgenossen oder Ausgänge und gewohnte Wege versperren. Dagegen werden frei in Räumen ausgelegte Kabel, wie NEUHAUS [239] zeigte, von Ratten nicht angegriffen, was sicherlich darauf zurückzuführen ist, daß den Tieren zum Abschleifen ihrer Zähne andere Materialien zur Verfügung standen. Wenn sich die Tiere durch Gitter aus Stangen verschiedener Härte, aber mit gleich großen Abständen vom Futter getrennt sehen, greifen sie, wie von BECKER [26] erwähnte Versuche mit Mäusen zeigten, stets das weichste Material an. Sobald aber Gitter mit verschieden großen Abständen der Stäbe das Hindernis bilden, versuchen die Tiere stets, unabhängig von der Härte der einzelnen Stäbe, den größten Zwischenraum zu erweitern.

Von Nagetieren werden außer Metallen, wie Blei, Kupfer, Hart- und Weich-Aluminium und gelegentlich sogar Eisenblech, auch mineralische Baumaterialien, wie Mauerwerk, Lehm, Schlackensteine, Asbest und Schiefer, beschädigt. Von den organischen Werkstoffen sind vor allem Holz, auch in Form von Sperrholz und Papier, ferner Textilien, Gummi und sogar Asphaltschichten der Gefahr einer Beschädigung durch Nagetiere ausgesetzt. Synthetische Elastomere und Kunststoffe werden besonders dann angegriffen, wenn sie in Form von Kabelmänteln, Drahtisolierungen, Rohrleitungen, Verpackungsmaterial und Behälter für Nahrungsmittel oder Abfall Verwendung finden. Die Möglichkeiten zur Entstehung von Schäden an diesen Erzeugnissen nehmen ständig zu, weil Hartmetalle in vielen Verwendungszwecken in steigendem Maße durch synthetische Werkstoffe ersetzt werden. Hierzu gehören vor allem Rohrleitungen und Isolierschichten, die vorwiegend aus Polyvinylchlorid, Polyäthylen und Polystyroloder Polyurethanschaum hergestellt werden. HUECK [169] berichtete z. B. darüber, daß Platten aus Weich-PVC von 5 mm Dicke, in denen Löcher vorhanden waren, von Ratten, die sich einen Durchgang schaffen wollten, in kurzer Zeit durchnagt wurden und daß Mäuse in 30000 Wohnungen Wasserleitungen aus Polyäthylen beschädigten. Planenstoffe für militärische Verwendungszwecke, wie Munitionszelte, werden zuweilen von Ratten, Waldmäusen oder Wühlern angenagt, und es hat den Anschein, als ob diese Nagetiere sogar manche Substanzen, wie Bitumen oder Kautschuk, gern annagen und PVC lieber angreifen als Polyäthylen. Es wurde sogar darüber berichtet, daß eine Bisamratte in einer Großstadtstraße hartnäckig versuchte, den Reifen eines parkenden Wagens zu durchnagen und sich nur schwer vertreiben ließ [255]. Die Ergebnisse der bisherigen Untersuchungen lassen aber im Höchstfall Vermutungen und keine eindeutigen Schlüsse zu.

Kunststoffe und Elastomere sind besonders in Form von Draht- und Kabelisolierungen der Gefahr von Beschädigungen durch Nagetiere ausgesetzt. BECKER [26] erwähnt, daß die Beleuchtung des Londoner Flughafens mehrfach durch Nagetierschäden an den Leitungen außer Betrieb gesetzt wurde. Weiter wurde berichtet, daß eine Feldmaus ein PVC-Kabel derart benagte, daß die Kupferlitzen eine längere Strecke freigelegt waren, und schließlich beschädigten aus ihren Käfigen entwichene Goldhamster mit Kautschuk und Kunststoffen isolierte elektrische Leitungen von Wohnhäusern in Darmstadt.

Mäuse und Ratten stoßen beim Anlegen ihrer Gänge in Gebäuden auf Leitungen, die sie als Hindernisse empfinden und zu beseitigen trachten. Bestehen die Isolierungen aus einem thermoplastischen Material, so nimmt die Härte, wenn die Leitungen Strom führen, infolge der eintretenden Temperaturerhöhung ab, was den Tieren den Angriff erleichtert. Häufig werden durch Beschädigungen Kurzschlüsse verursacht, die in Gebäuden aus brennbaren Baumaterialien zur Entstehung von Bränden führen können. In Schweden verursachten Ratten vielfach das Entstehen von Schadenfeuern [309].

In Versuchen, bei den mit PVC isolierte Kabel, als Gitter angeordnet, den Zugang zum Futter versperrten, stellte BECKER [26] mit frisch gefangenen, geschlechtsreifen Wanderratten fest, daß Isolierungen unterschiedlicher Zusammensetzung von jeweils einer Ratte im Laufe einer Nacht so erheblich beschädigt wurden, daß zum Teil die Drähte freilagen. MAUCH [225] prüfte mit PVC und mit Polyäthylen isolierte Kabel, die ebenfalls als

14*

Sperrgitter zwischen Schlafplatz und Futterstelle angeordnet waren, mit vier Hausmäusen und einer Waldmaus. Die Versuchsdauer betrug jeweils 24 Std, wobei die Materialien dem Angriff je eines Tieres ausgesetzt wurden. Die Hausmäuse legten bei allen PVC-Kabelstücken die Isolationen der Innenleiter frei, benagten von den vier Polyäthylenkabelstücken aber nur jeweils zwei nicht sehr stark. Die Waldmaus beschädigte dagegen beide Materialien und auch das Polyäthylen stark. Prüfungen von Kabelmänteln aus zahlreichen Elastomeren und Kunststoffen wurden von LIZELL, ROOS und BJÖRCK [216, 217] mit weißen Ratten und wilden Ratten, zum Teil als Wahlversuche ausgeführt. Die aus Kabelabschnitten oder aus entsprechenden zylindrischen Formlingen bestehenden Prüfkörper wurden dabei in Käfigen, die zehn gut mit Futter und Wasser versorgte weibliche Ratten enthielten, befestigt. Selbst unter diesen milden Versuchsbedingungen wurden sämtliche Materialien, außer Aluminium und Stahl, stark beschädigt. Allerdings scheinen die Versuchstiere bei diesen Prüfungen keine Gelegenheit gehabt zu haben, ihre Zähne an gewohnten Materialien, wie Holz oder Mauerwerk, abzuschleifen. Hieraus erklärt sich möglicherweise auch der Widerspruch, in dem diese Ergebnisse zu den Feststellungen von NEUHAUS [239] stehen, daß Ratten frei ausgelegte Kabel nicht angreifen. Kabel mit Blei-PVC-Mänteln und Aderumhüllungen aus Naturkautschuk oder Butylkautschuk wurden so stark beschädigt, daß auf längere Strecken das Kupfer der Adern frei lag. Die stark beschädigten übrigen Kabel besaßen Mäntel aus den folgenden Elastomeren und Kunststoffen: Naturkautschuk, Butylkautschuk, Neoprene, Siliconkautschuk, Polyäthylen, Weich-PVC und Polyamid 6.6. Geringere Beschädigungen wiesen Hart-PVC und Polyurethan auf. Die Prüfung von PVC-Materialien mit unterschiedlichem Weichmachergehalt ergab, daß der Beschädigungsgrad ungefähr der Weichmacherkonzentration proportional ist.

Darüber, daß auch die Flachland-Taschenratte (Geomys bursaria SHAW) alle Kautschuk- und Kunststoffmaterialien, die zur Isolierung von Erdkabeln verwendet werden, in den USA zerstört, wurde wiederholt berichtet [253, 343]. Als einzig wirksames Schutzmittel wird auch hier eine Umwicklung mit Stahlband empfohlen.

# 16. Prüfung mit Nagetieren

Prüfungen mit Nagetieren zur Beurteilung der Beständigkeit von Werkstoffen oder zur Ermittlung der Wirkung von Schutzmitteln sind noch nicht in so großem Umfang ausgeführt worden wie Prüfungen mit Mikroorganismen oder Insekten. Eine besondere Rolle spielen Nagetiere bei Untersuchungen in medizinischen und veterinärmedizinischen Laboratorien, und es ist eine umfangreiche Literatur vorhanden, in der man sich, wie beispielsweise in den Büchern von Jung [*177, 178*], über die Pflege dieser Versuchstiere unterrichten kann.

Die Prüfungen können im Laboratorium oder in natürlicher Umgebung vorgenommen werden. Bei Laboratoriumsprüfungen unterscheidet man die Formen des Wahlversuchs und des Zwangsversuchs.

Beim Wahlversuch werden die Prüfkörper in den Käfigen der ausreichend mit Futter und Wasser versorgten Versuchstiere angebracht. Diese Art der Prüfung wandten Lizell, Roos und Björck [*217*] bei der Untersuchung von Kabeln aus Elastomeren und Kunststoffmaterialien an.

Bei Nagezwangsversuchen wird das Versuchstier durch ein Gitter aus dem zu prüfenden Material vom Futter getrennt. Mauch [*225*] beschreibt solche Versuche mit gefangenen Haus- und Waldmäusen. Als Käfige dienten in diesem Falle käufliche Terrarien, die mit einem Leichtmetallblech in zwei gleich große Räume unterteilt worden waren. Die eine Hälfte des Käfigs war mit Heu und Papierschnitzeln zum Nestbau ausgerüstet, in der anderen befanden sich als Futter Haferflocken, Speck und Käse. Ein rechteckiger Ausschnitt in der Trennwand erlaubte dem Tier, sich vom Schlafplatz zum Futter zu begeben. Nach einer Eingewöhnungszeit von 2 bis 3 Tagen wurde ein Gitter aus Kabelmaterial im Durchgang der Trennwand befestigt, so daß die Maus das Futter noch wittern und sehen, es aber nicht erreichen konnte, ohne daß sie die Lücken im Gitter erheblich erweiterte. Die Versuchsdauer betrug jeweils 24 Std.

Entsprechende Versuche mit frischgefangenen Wanderratten beschreibt Becker [*26*]. Die Tiere wurden einzeln in geräumigen Drahtkäfigen gehalten, an deren Schmalseiten vorne ein Futterkasten und hinten ein Schlafkasten angebracht waren. Zwischen dem Käfig und dem Futterkasten konnten in einen Zwischenraum Gitter aus Kabelstücken eingeschoben werden, um die Ratte vom Futter zu trennen. Die Rahmen, in denen die Kabelstücke gitterartig befestigt wurden, hatten lichte Maße von $16,5 \times 18,5$ cm. Die Versuche wurden ebenfalls erst begonnen, nachdem sich die Tiere an ihre neue Umgebung gewöhnt hatten. Das Einsetzen der Gitter geschah am Spätnachmittag, und sie wurden am folgenden Morgen wieder herausgenommen, weil Ratten ihre größte Aktivität während der Nachtstunden entfalten. Bei mehrmaliger Verwendung desselben Versuchstiers ist eine Erholungszeit von mindestens 24 Std zwischen den einzelnen Prüfungen erforderlich.

Die Möglichkeit, als Anreiz zum Durchnagen der in Gitterform angebrachten Prüfkörper den Geschlechtstrieb der Tiere zu verwenden, nutzte La Brijn [*203*] bei der Prüfung von Kunststoffen aus.

Prüfungen der Wirkung von Nagetier-Abschreckungsmitteln unter nachgeahmten Bedingungen der üblichen Lagerpraxis beschrieb Welch [*349*]. Die Präparate wurden dabei in Anteilen von jeweils ein oder drei Prozent einem feinpulvrigen Gemisch aus einem Gewichtsteil Weizenstärke und 1,5 Gewichtsteilen des Rattenfutters zugesetzt, und diese Mischung wurde nach Anreiben mit Wasser auf Pappkartons oder Pappstreifen gestrichen. Die Kartons enthielten eine geringe Menge Lockfutter in Pulverform, um den Tieren ein Verschleppen des Nahrungsstoffes unmöglich zu machen. Diese Kartons setzte man einmal in einem Steingebäude, in dem die Umweltbedingungen denjenigen in einem geheizten Lagerraum entsprachen, und zum anderen in einer Grube, in der die Bedingungen denjenigen in einem ungeheizten Lagerraum entsprachen, 8 Wochen lang der Einwirkung einer größeren Anzahl von Ratten aus.

Zur Prüfung der abschreckenden Wirkung chemischer Substanzen benutzten BELLACK und DeWITT [28] Käfige, die mit zwei Freßnäpfen ausgestattet waren. Der eine enthielt 20 g Normalfutter für Ratten (vergl. Tabelle D, Ziffer 37, oder weitere bei JUNG [177, 178] aufgeführte Normalfuttergemische), und der andere 20 g des gleichen Futters, das mit 2% der zu prüfenden Verbindung versetzt war. Während der jeweils 4 Versuchstage wurde die Nahrungsaufnahme täglich bestimmt und die abschreckende Wirkung als Index K angegeben. Er wird mit folgendem Ausdruck berechnet:

$$K = 100 - \frac{1}{100\,W}\,(8T_1 + 4T_2 + 2T_3 + T_4)\,(U_1 + U_2 + 2U_3 + 4U_4 + 8X)$$

Darin bedeuten:

$W$ = Körpergewichte der Versuchstiere in kg (Gewicht 0,15 bis 0,25 kg),

$T_1 - T_4$ = Menge in g der behandelten Nahrung, die an jedem Versuchstag aufgenommen wurde,

$U_1 - U_4$ = Menge in g der unbehandelten Nahrung, die an jedem Versuchstag aufgenommen wurde,

$X$ = Menge in g der behandelten Nahrung, die zu Ende des Versuchs übrig blieb.

Ein Index von 85 oder mehr zeigt an, daß die Substanz in Nahrungsmittelverpackungsmaterialien eine in vielen Fällen ausreichende Abschreckungswirkung besitzt.

## 17. Gifte und Abschreckungsmittel für Nagetiere

Die Bekämpfung der Nagetiere ist vor allem deshalb erforderlich, weil sie auf Feldern, in Pflanzungen und an Vorräten große Schäden anrichten; aber auch, weil sie Überträger von Krankheiten und Seuchen sind. Die aus diesen Gründen zur Bekämpfung der Nagetiere angewandten Methoden lassen sich meist auch in entsprechender Weise zum Schutz von Werkstoffen verwenden; doch hat sich die Forschung in letzter Zeit besonders darum bemüht, chemische Verbindungen aufzufinden, die man den Werkstoffen selbst zusetzen kann, um sie nagetierbeständig zu machen.

Bei den Maßnahmen zum Schutz der Werkstoffe gegen Nagetiere kann man folgende Möglichkeiten unterscheiden: 1. Einschluß der Werkstoffe, wie Textilien, in nagetiersichere Räume oder Behältnisse, 2. Bekämpfung der Nagetiere in der Umgebung der gefährdeten Werkstoffe und 3. Abschreckung der Nagetiere mit chemischen Mitteln.

Als den Zugang für Nagetiere versperrende Materialien können vor allem Beton, Metalle und Glas genannt werden, aber auch glatte Kunststoffflächen verhindern das Eindringen der Tiere. Zur Abdichtung von Öffnungen und zum Bestreichen von Oberflächen weicherer Materialien wurde in den USA ein Epoxydharz entwickelt, das als Zweikomponentensystem im Handel ist. Es kann von Hand gemischt und auf gereinigte Flächen oder Kanten von Holz, Metallen, Mauerwerk oder Kunststoff aufgetragen werden, wo es zu einem inerten und gegen jede Art von Ungeziefer sichernden Material erstarrt [256]. Ebenso verhindert das Aufbringen von Kunststofffurnieren auf Möbel- und Wandplatten deren Beschädigung durch Nagetiere.

Die zur Bekämpfung der Nagetiere dienenden Gifte werden in Form von Durchgasungsmitteln oder in Ködern angewandt. In Lagerräumen, in Gebäuden und auf Feldern, im letzten Falle unter aufgespannten Kunststoffplanen, läßt man Begasungsmittel einwirken. Als solche sind viele der schon als gasförmige Insektizide erwähnten Substanzen geeignet. Das zur Abtötung von Nagetieren meist angewandte Durchgasungsmittel ist Blausäure (Zyklon). Es wird insbesondere in Vorratsräumen verwendet. In der Sowjetunion wurde zur Bekämpfung der Ziesel Chlorpikrin benutzt. Die Beamten der Bekämpfungsorganisation bringen das Präparat mit Hilfe von Schilfstengeln, auf die am unteren Ende mit Chlorpikrin getränkte Wattebäusche gespießt werden, in die Gänge der Tiere ein. Durch Festtreten der Schilfstengel wird gleichzeitig eine Markierung des Bekämpfungsgebietes durch den in der Steppe weithin sichtbaren Wald von Halmen erreicht. Nach einer Woche wird kontrolliert, ob sich überlebende Tiere wieder Gänge gegraben haben, und man bekämpft sie dann erneut.

Die in Ködern angewandten Rodentizide müssen eine starke Anfangswirkung haben und lange Zeit wirksam bleiben. Auch sollten sie für den Menschen und für Haustiere möglichst ungefährlich sein. Von diesen Fraßgiften werden Thalliumverbindungen wegen ihrer Toxizität fast gar nicht mehr angewandt. Das gleiche gilt für das von DeWitt [86] erwähnte fluoressigsaure Natrium sowie für Strychnin, Arsenverbindungen und Phosphorverbindungen, obwohl alle diese Substanzen sehr wirksame Nagetiergifte sind. Das als Ködergift gleichfalls gut geeignete Zinkphosphid ist für Haustiere, besonders Geflügel, sehr gefährlich. Es wird auch heute noch im Freiland angewandt. Als man Zinkphosphid vor kurzem in Ungarn zur Feldmausbekämpfung in Maisschrot als Köder anwandte, trat erheblicher Schaden am Kleinwild ein. Um solche Dezimierungen der Hasen, Rebhühner und Fasane in Zukunft zu vermeiden, wurde eine neue Form von

Ködern entwickelt, die mit einer paraffinhaltigen Kunststoffschicht überzogen waren. Diese Köder werden in der fettarmen Frühjahrs- und Herbstzeit nur von Feldmäusen gefressen, die sie in weißer und roter Farbe bevorzugen [*254*].

Eine für den Menschen und seine Haustiere erheblich weniger giftige Verbindung wurde aus der in den Mittelmeerländern angebauten roten Meerzwiebel isoliert. Dieses hauptsächlich gegen Ratten wirkende Scillirosid ist ein Glykosid mit der Grundstruktur des Cyclopentanophenanthrens. Nach STOLL, RENZ und HELFENSTEIN [*329*] besitzt die Verbindung eine Kerndoppelbildung in $\Delta$-8,9-Stellung und an C-12 eine Hydroxylgruppe. Vermutlich ist der Glukoserest mit C-3 verbunden.

Die Meerzwiebelpräparate sind nur begrenzt haltbar und schmecken sehr bitter, so daß die Tiere die Köder vielfach nicht fressen. Nach ZACHER und LANGE [*372*] kommt es bei diesen Präparaten auch deshalb zu einer Köderscheu, weil der Tod nach Aufnahme dieses Giftes erst nach langdauernden Krämpfen unter Ausstoßen von Schmerzenslauten eintritt. Dadurch werden die Artgenossen mißtrauisch und schrecken vor den Ködern zurück.

Bei einer Gruppe neuer Rodentizide, den Cumarinderivaten, treten beim Sterben der Tiere keine so auffälligen Begleiterscheinungen ein, und es wurde auch keine Köderscheu festgestellt. Die Mittel werden fast ausschließlich für die Bekämpfung von Ratten und Mäusen in Gebäuden verwendet. Sobald die Tiere mehrmals hintereinander von den Ködern gefressen haben, sterben sie still und offenbar ohne Schmerzen in einer Ecke. Diese Todesart ist den Tieren von den an Altersschwäche eingehenden Artgenossen vertraut. Sie werden deshalb nicht mißtrauisch und fressen die Köder bereitwillig weiter.

Die Cumarinverbindungen setzen den Prothrombinspiegel im Blut herab, verhindern dadurch die Blutgerinnung und machen gleichzeitig die Wandungen der Blutgefäße durchlässig. Es treten dadurch Blutungen ein, die äußerlich an dem aus allen Körperöffnungen austretenden Blut zu erkennen sind. Der Tod tritt vor allem durch innere Blutungen ein.

Cumarinpräparate des Handels sind z. B.:

3-(1-Phenyl-2-acetyläthyl)-4-hydroxycumarin (Warfarin),

3-(1-Furyl-2-acetyläthyl)-oxycumarin (Fumarin) und

3,3'-Methylendioxycumarin (Dicumarol).

Ein weiteres anerkanntes Cumarinpräparat enthält zusätzlich als Synergisten den gleichfalls die Blutgerinnung hemmenden Wirkstoff Indandion (Pival, Pindone).

Ein schon vor der Einführung der Cumarinpräparate in den Handel gebrachtes Mittel war der $\alpha$-Naphthylthioharnstoff (ANTU), dessen Wirkung auf einem Durchlässigwerden der Kapillargefäße beruht. Todesursache ist bei diesem Gift das Austreten von Blut oder Blutserum im

Gehirn, in der Lunge oder in anderen Organen, das sich dann in Körperhöhlen ansammelt. Das Mittel wurde, ähnlich wie die Cumarinpräparate, zur Bekämpfung von Ratten und Mäusen verwendet.

Für den Schutz von Werkstoffen gegen Nagetiere hat aus den schon bei der Besprechung der gegen Insekten wirkenden Chemikalien genannten Gründen die Abschreckung besondere Bedeutung. Die Suche nach geeigneten Nagetier-Abschreckungsmitteln stößt aber auf besondere Schwierigkeiten, weil der Geschmackssinn, besonders bei Ratten, offenbar nicht sehr gut entwickelt ist. BECKER [26] vermutet auch, daß die Tiere unangenehme Substanzen nicht mit den Schleimhäuten in Berührung kommen lassen, weil sie bei geeigneter Versuchsanordnung selbst mit stark ätzenden oder sehr bitteren Substanzen imprägnierte Pappen willig durchnagten.

Untersuchungen über Nagetiere abschreckende Verbindungen wurden intensiver erst nach 1950 angestellt. WELCH [349] beobachtete bei Versuchen mit Ratten, bei denen mit Lockfutter gefüllte Kartonpackungen mit einer Paste bestrichen worden waren, die neben Weizenstärke und feinverteiltem Rattenfutter jeweils 1 oder 3% der Verbindungen zugesetzt enthielt, daß Tetramethylthiuramdisulfid und Zinkdimethyldithiocarbamatcyclohexylamin auch in der geringeren Konzentration unter den einer normalen Lagerung entsprechenden Bedingungen gute Abschreckwirkung zeigten. Pentachlorphenolnatrium hatte abschreckende Wirkung, aber nur in einer Konzentration von 3%. Kartons, die mit Kupfersulfat, Saccharoseoctazetat oder Natriumsilicofluorid enthaltenden Anstrichen versehen waren, wurden von den Ratten leichter angefressen. Ein quarternäres Ammoniumsalz hatte selbst in Konzentrationen von 15%, bezogen auf die wirksame Ammoniumverbindung, nur geringe Wirkung.

Die Ergebnisse umfangreicher Untersuchungen des Fish and Wild Life Service des US-Innenministeriums über Nagetier-Abschreckungsmittel für Verpackungsmaterialien, bei denen 7000 chemische Verbindungen geprüft wurden, sind in mehreren Veröffentlichungen beschrieben worden. WELCH und DUGGAN [348] zeigten, daß 0,1 mm dicke, klare PVC-Folie (67 Gew.-Tle. PVC, 33 Gew.-Tle. Weichmacher) durch Zusatz eines Trinitrobenzolkomplexes gegen Ratten und Hausmäuse beständiger gemacht werden kann. Die unbehandelte Folie wurde von Hausratten in vier, von Wanderratten in sieben und von Hausmäusen in zwölf Tagen durchnagt. Ein Zusatz von 40 g der Substanz pro Quadratmeter verlängerte diese Zeiten bei den Ratten auf 39 und auf 50 Tage, während durch Hausmäuse nur geringe Beschädigungen nach 5 Monaten eintraten. Bei diesem amerikanischen Großversuch wurden mit den Abschreckungsmitteln behandelte Packungen in Modell-Lagerschuppen dem Angriff von wilden Nagetieren ausgesetzt. Die abschreckend wirkenden Substanzen enthielten Stickstoff, Schwefel oder Halogen. Besonders Amine und ihre Derivate erwiesen sich als Abschreckungsmittel. Diese Wirkung erhöhte sich durch Bildung von Salzen, Komplexen oder quarternären Halogenverbindungen. Außer quarternären Ammonium- und Pyridiniumverbindungen erwiesen sich auch Sulfonium-, Arsonium-, Boronium- und Phosphoniumverbindungen als brauchbare Nagetier-Abschreckungs-

Tabelle 67. *Thiuroniumverbindungen mit Indexziffern der abschreckenden Wirkung von mehr als 85 nach* BELLACK *und* DE WITT *[28]*

| | |
|---|---|
| Methylthiuroniumsulfat | 85,1 |
| Isobutylthiuroniumjodid | 85,1 |
| Heptylthiuroniumbromid | 90,0 |
| Äthylthiuroniumjodid | 91,8 |
| Benzylthiuroniumcrotonat | 92,0 |
| Isobutylthiuroniumbromid | 92,3 |
| Benzylthiuroniumpikrat | 92,8 |
| Benzylthiuroniumchlorid | 93,7 |
| Butylthiuroniumbromid | 94,5 |
| Dodecylthiuroniumchlorid | 94,5 |
| Propylthiuroniumjodid | 95,0 |
| Isopropylthiuroniumbromid | 96,0 |
| Benzylthiuronium-p-toluat | 96,3 |
| Benzylthiuroniumpropionat | 96,8 |
| sek.-Butylthiuroniumjodid | 97,0 |
| Amylthiuroniumbromid | 97,0 |
| Benzylthiuroniumazetat | 98,7 |
| Benzylthiuroniumchlorid | 99,5 |

Tabelle 68. *Zyklische Imide mit Indexziffern der abschreckenden Wirkung von mehr als 85 nach* BELLACK *und* DEWITT *[28]*

| | |
|---|---|
| N-Dodecylmaleinmid | 86,8 |
| N-Hexylphthalimid | 90,4 |
| N-Allylphthalimid | 93,5 |
| N-Phenylcitraconimid | 93,8 |
| N-Amylphthalimid | 95,4 |
| N-p-Toluylcitraconimid | 97,1 |
| N-Isobutylphthalimid | 97,3 |
| Citraconimid | 97,7 |
| Maleinimid | 99,0 |
| N-Methylmaleinimid | 100 |

mittel. Die ionische Bindung scheint die Ursache hierfür zu sein, eine Annahme, die durch die Tatsache eine Stütze erhielt, daß auch Thiuronium- oder Isothioharnstoffsalze vielversprechende Wirkung zeigten. Zusammenfassend wurden als besonders wirksame Verbindungen Alkylthiuroniumjodid, Benzylthiuroniumsalze mit Säuren niedrigeren Molekulargewichts und N-Butylphthalimid genannt. In den Tabellen 67 und 68 sind Thiuroniumverbindungen und zyklische Imide aufgeführt, die eine Indexziffer der abschreckenden Wirkung von mehr als 85 ergaben (siehe unter Ziffer 16).

1957 berichtete DeWitt [86] noch einmal über diesen amerikanischen Großversuch in einem fortgeschritteneren Stadium. Als allgemeine Regel hatte sich ergeben, daß zyklische Verbindungen stärker wirken als aliphatische und daß die Gegenwart ungesättigter Bindungen die Wirkung steigert. Es wurde aber festgestellt, daß trotz der großen Zahl der geprüften Verbindungen keine Substanz aufgefunden werden konnte, die allen Anforderungen, die man an ein gutes Nagetier-Abschreckungsmittel stellen muß, genügte. Im Actidion, einem Nebenprodukt der Streptomyzinherstellung, wurde eine Substanz aufgefunden, die Nagetiere wirksam abschreckt und damit behandelte Erzeugnisse schützt, aber das Mittel ist für Nahrungsmittelverpackungsmaterialien nicht geeignet, weil es zu giftig und zu teuer ist. Außer den schon aufgeführten Verbindungen nennt DeWitt als Substanzen, die sich als abschreckend erwiesen: Tetramethylthiuramdisulfid (TMTD), Aminokomplexe von Trinitrobenzol und Zinkdimethyldithiocarbamatcyclohexylamin. Mit ihnen konnte aber kein vollkommener Schutz erreicht werden. Als bestes Nagetier-Abschreckungsmittel erwies sich der 2,3,4,5-Tetrachlorfurancarbonsäurediäthylester. Die Substanz läßt sich mit Polyvinylazetat stabilisieren. Ratten und Mäuse meiden Bezirke, die mit diesem hochwirksamen Mittel in dem genannten Bindemittel bestrichen sind.

Die neueren Untersuchungen beschränken sich auf die Erprobung der als wirksame Nagetier-Abschreckungsmittel erkannten Substanzen zum Schutz von Elastomeren und Kunststoffen; denn die Verarbeitung dieser Abschreckungsmittel in synthetischen Materialien stößt auf große technische Schwierigkeiten. Lizell, Roos und Björck [217] erprobten Natriumsilicofluorid, TMTD, p-Chinondioxim und ZAC; doch erwies sich keine dieser Substanzen als vollkommen zuverlässig. ZAC hatte eine gewisse rattenabschreckende Wirkung. Die Substanz wurde auf Kautschuk in handelsüblichem Lack für Gummi und auf PVC, in Cyclohexanon gelöst, aufgebracht. Eine Erhöhung des Zusatzes auf mehr als 5 Gew.-% steigerte die Wirkung nicht. Wenn dieses Präparat auch keinen vollkommenen Schutz gewährte, so setzte es den Umfang der Beschädigungen doch erheblich herab. La Brijn [203] empfiehlt als Schutz für kunststoffisolierte Kabel und Wasserleitungsrohre aus PVC einen Zusatz von Cefro.

Trotz des beträchtlichen Umfanges der amerikanischen Untersuchungen und ihrer Ausdehnung über viele Jahre konnte man nur mit wenigen Verbindungen Teilerfolge erzielen. Bei dem großen Interesse, das allgemein am Problem des Schutzes von Werkstoffen, insbesondere von Verpackungsmaterialien, gegen den Angriff von Nagetieren besteht, ist aber zu erwarten, daß früher oder später als Nagetier-Abschreckungsmittel wirksamere Verbindungen aufgefunden werden.

# 18. Tabellen-Anhang

Die Tabellen C, E, F, G, J, K, L und M dienen gleichzeitig als Teile des Sachregisters

Tabelle A. *Fungizide Substanzen nach* KIMMIG *und* RIETH *[191] ( Grenzkonzentrationen der totalen Hemmung von Trichophyton mentagrophytes und Microsporon gypseum)*

| Substanz | Grenz-konzentration 1:n |
|---|---|
| 1,8-Dihydroxyanthranol | kleiner als 50 |
| 3,4-Dihydroxyanthranol | 75 |
| Natriumpropionat | kleiner als 100 |
| Pyrogalloltriacetat | 125 |
| Calciumpropionat | 200 |
| Propionylacrylsäure | 200 |
| p-Aminosalicylsäure | 250 |
| Salicylsäure | 300 |
| Borsäure | 400 |
| Dibromsalicylsäure | 500 |
| Phenol | 500 |
| Propionylpropionsäure | 500 |
| Zinkpropionat | 500 |
| Carbäthoxyphenylsuccinimid | 1 000 |
| p-chlorbenzoesaures Natrium | 1 000 |
| Cyclomalein-dimethylester | 1 000 |
| Cyclooctylcarbonsäuremethylester | 1 000 |
| Cyclomaleinsäure | 1 000 |
| Hexahydrotriphenylcarbonsäure | 1 000 |
| Kresol | 1 000 |
| $\beta$-Methiolpropionsäure | 1 000 |
| p-Nitrozimtsäure | 1 000 |
| p-Oxybenzoesäure | 1 000 |
| p-Oxymethylbenzoat | 1 000 |
| Phenylacrylsäure (Zimtsäure) | 1 000 |
| Pyrogallol | 1 000 |
| Sublimat | 1 000 |
| Tetraäthylammoniumjodid | 1 000 |
| Thiosemicarbazid | 1 000 |
| Thiosemicarbazon des p-Dimethylaminobenzaldehyds | 1 000 |
| Triphenylessigsäure | 1 000 |
| Vannillylamid mit $C_8$ | 1 000 |
| Isodecansäure | 2 000 |
| Alkylpyrrolidyläthylpyrrolidiniumbromid | 5 000 |
| Dimethylcetylsulfoniumjodid | 5 000 |
| $\alpha$-Isomeres des Hexachlorcyclohexans | 5 000 |
| 2-Phenyl-6-chlorchinolin-4-carbonsäureanilid | 5 000 |
| Thiosemicarbazone des Caprylaldehyds | 5 000 |
| Thiosemicarbazone des Cyclooctylaldehyds | 5 000 |
| Thymol | 5 000 |
| Alkylbenzylpyrrolidiniumchlorid | 10 000 |
| Alkylcrotylpyrrolidiniumbromid | 10 000 |
| Alkyldimethylallylammoniumbromid | 10 000 |

Tabelle A. (Fortsetzung)

| | |
|---|---:|
| Di(alkylpyrrolidiniumbromid)-methan | 10 000 |
| 2-Äthyl-5-chlorindolyl-(3)-essigsäure | 10 000 |
| β-Carbonsäurepyrrolidid des Alkylpyridiniumbromids | 10 000 |
| Cetyldimethylphenylarsoniumjodid | 10 000 |
| Cetyltriäthylarsoniumjodid | 10 000 |
| Cetyltrimethylarsoniumjodid | 10 000 |
| Dimethyldodecylsulfoniumjodid | 10 000 |
| Dioctylmethylphenylammoniumjodid | 10 000 |
| Dioxydichlordiphenylmethan | 10 000 |
| Dioxyhexachlordiphenylmethan | 10 000 |
| Dodecyldimethylbenzylammoniumbromid | 10 000 |
| Dodecyldiphenyl-p-toluylphosphoniumbromid | 10 000 |
| Dodecyloxyäthyldimethylammoniumbromid | 10 000 |
| Dodecylphenyltetramethylenphosphoniumbromid | 10 000 |
| Dodecyltriäthylammoniumjodid | 10 000 |
| Dodecyltriäthylarsoniumjodid | 10 000 |
| Gentianaviolett | 10 000 |
| Δ-Isomeres des Hexachlorcyclohexans | 10 000 |
| Octyldimethylbenzylphosphoniumjodid | 10 000 |
| Octyldimethylphenylarsoniumjodid | 10 000 |
| α-Pyrrolidyl-β-oxy-β'-diphenylpropan | 10 000 |
| Salicylsäure-p-nitroanilid | 10 000 |
| Thiosemicarbazon des 5-Nitrofurfurols | 10 000 |
| Thiosemicarbazon des Pelargonaldehyds | 10 000 |
| Triphenylbenzylphosphoniumchlorid | 10 000 |
| Alkylbenzylpyrrolidiniumbromid | 50 000 |
| Brillantgrün | 50 000 |
| Cetyltriäthylammoniumjodid | 50 000 |
| 2,6-Dibromkresol | 50 000 |
| p,p'-Dichlordiphenylmethan | 50 000 |
| 2,6-Dijodkresol | 50 000 |
| 2,2'-Dioxy-5,5'-dichlordiphenylsulfid | 50 000 |
| Dodecyldiäthylphenylphosphoniumbromid | 50 000 |
| Dodecyldimethylammoniumchlorid | 50 000 |
| Dodecyldimethylphenylphosphoniumchlorid | 50 000 |
| Dodecyltriphenylphosphoniumbromid | 50 000 |
| 6'-Methylsalicylanilid | 50 000 |
| 9-Oxymethylfluorencarbonsäure | 50 000 |
| Paraffinyltriphenylphosphoniumbromid | 50 000 |
| Pentachlorphenol | 50 000 |
| Salicylanilid | 50 000 |
| 5,2',4'-Trichlorsalicylanilid | 50 000 |
| 4'-Chlorsalicylanilid | 100 000 |
| 3,5-Dibromsalicylsäure-2',4'-dichloranilid | 100 000 |
| 3,5-Dichlorsalicylsäure-2',4'-dichloranilid | 100 000 |
| 2,6-Dijodphenol | 200 000 |
| Dodecyldimethylbenzylphosphoniumchlorid | 200 000 |
| Dodecyldimethylbenzylphosphoniumjodid | 200 000 |
| 2-Phenylbenzimidazol | 200 000 |
| 2,4,6-Trijodphenol | 200 000 |
| N(1)-Äthyl-Hg-Albucid | 1 000 000 |

Tabelle B. *Beständigkeit von Weichmachern und ähnlichen Verbindungen gegen Pilze*
(nach dem Bericht des US-O.S.R.D., nach BERK, EBERT und TEITELL [*33*])
(Testorganismen vergl. Tabelle 14) sowie nach SUMMER [*326*]
*Gruppen der chemischen Verbindungen in alphabetischer Reihenfolge, Verbindungen unter II*
*innerhalb der Gruppen nach abnehmender Beständigkeit*

I. Beständige Verbindungen
   (Klasse A nach US-O.S.R.D.; Koloniedurchmesser O nach BERK, vergl. S. 30)

| | | |
|---|---|---|
| Abietinsäure | | A |
| Adipinsäurederivate | | |
|    Methyladipat | | O |
|    Diäthyladipat | | O |
|    Di-(2-äthylhexyl)-adipat | | A |
| Alkohole, mehrwertige, und ihre Ester | | |
|    Octylenglykol | | O |
|    2,6-Dimethyl-4-octan-3,6-diol | | O |
|    3,6-Dimethyl-4-octan-3,6-diol | nach SUMMER | O |
| Azelainsäurederivat | | |
|    Di-(2-äthylhexyl)-azelat | | A |
| Benzoesäurederivat | | |
|    Äthyl-o-benzoylbenzoat | | A |
| Benzophenon | | A |
| Bernsteinsäurediäthylester | | A, O |
| Chlorierte Paraffine | | A |
| Cyclohexyllactat | | A |
| Diamylnaphthalin | | A |
| Diamylphenoxyäthanol | | A |
| Diphenyl | | A |
| Diphenylsulfon | | A |
| Glykolderivate | | A |
|    Diäthylenglykoldipropionat | | A |
|    Triäthylenglykoldi-(2-äthylcapronat) | | A |
|    Triäthylenglykoldi-(2-äthylbutyrat) | | A |
|    Polyäthylenglykol 200, 300, 400, 1500 und 6000 | | A |
|    Polyäthylenglykol-di-(2-äthylcapronat) | | A |
|    2-Nitro-2-methyl-1,3-propandioldiazetat | | A |
|    2-Nitro-2-methyl-1,3-propandioldipropionat | | A |
| Maleinsäure und -derivate | | |
|    Maleinsäure pH 1,6 | | O |
|    Maleinsäure + Alkali pH 6,4 | | O |
|    Diäthylmaleat | | O |
|    Dibutylmaleat | | O |
| Malonsäure | | |
|    Diäthylester | | O |
| Methylamyldihexylcyclohexanon | | A |
| Methylcyclohexyloxalat | | A |
| Öle, natürliche und synthetische | | |
|    Sulfoniertes Öl | | A |
|    Steinkohlenteeröl | | A |
|    Petroleumöl | | A |
| Oxalsäure und -derivate | | |
|    Oxalsäure pH 1,2 | | O |
|    Äthyloxalat | | O |

Tabelle B. (Fortsetzung)

| | |
|---|---|
| **Pelargonsäure** | |
| Pelargonsäure pH 4,7 | O |
| Pelargonsäure + Alkali pH 6,4 | O |
| **Pentaerythritderivate** | |
| Dipentaerythrit-hexaacetat | A |
| Dipentaerythrit-butyrat | A |
| **Phosphate** | |
| Äthylphosphat | O |
| Triäthylphosphat | A |
| n-Butylphosphat | O |
| Tributylphosphat | A |
| Tri-(2-äthylhexyl)-phosphat | A |
| Triphenylphosphat | A |
| Trikresylphosphat | A |
| Tributoxyäthylphosphat | A, O |
| Tri-(2-nitro-2-methylpropyl)-phosphat | A |
| Monophenyl-di-(p-tert.-butylphenyl)-phosphat | A |
| Diphenyl-mono-(o-chlorophenyl)-phosphat | A |
| Di-o-xenylmonophenylphosphat | A |
| Tri-(p-tert.-butylphenyl)-phosphat | A |
| Tri-(o-chlorphenyl)-phosphat | A |
| Tri-(o-xenyl)-phosphat | A |
| Ein Alkylarylphosphat | O |
| organisches Phosphat | O |
| **Phthalate** | |
| Dimethylphthalat | A |
| Diäthylphthalat | A |
| Di-n-propylphthalat | A |
| Di-i-propylphthalat | A |
| Dibutylphthalat | A |
| Di-i-butylphthalat | A |
| Dihexylphthalat | A |
| Dioctylphthalat | A |
| Di-i-octylphthalat | O |
| Di-(2-äthylhexyl)-phthalat | A |
| Di-nonylphthalat | O |
| Di-decylphthalat | O |
| Dicyclohexylphthalat | A |
| Dimethoxyäthylphthalat | A |
| Diäthoxyäthylphthalat | A |
| Dibutoxyäthylphthalat | A |
| Methyl-2-methyl-2-nitropropylphthalat | A |
| Butyl-2-methyl-2-nitropropylphthalat | A |
| Bis-(diäthylenglykol-äthyläther)-phthalat | A |
| **Siliconöl** | A |
| **Toluolsulfosäure und -derivate** | |
| Äthyl-p-toluolsulfonat | A |
| o-Kresyl-p-toluolsulfonat | A |
| o- und p-Toluoläthylsulfonamid | A, O |
| **Triphenylguanidin** | A |

Tabelle B. (Fortsetzung)

| | |
|---|---|
| Weinsäure-di-n-butylester | A |
| Zitronensäurederivate | |
|    Tri-n-butylcitrat | A |
|    Triäthylcitrat | A |

II. Nichtbeständige Verbindungen

(Klassen B, C und D nach US-O.S.R.D., Koloniendurchmesser größer als 0,1 nach BERK, s. S. 30).

| | |
|---|---|
| Abietinsäurederivat | |
|    Hydriertes Methylabietat | B, A |
| Aconitsäurederivate | |
|    Triäthylaconitat | A, B |
|    Tri-n-butylaconitat | A, C |
| Adipinsäure und -derivate | |
|    Didecyladipat | 0,1 |
|    Dinonyladipat | 0,4 |
|    n-Propyladipat | 0,6 |
|    Diisooctyladipat | 0,7; 1,1; 1,2 |
|    Di-(1-methyläthyl)-adipat | 0,8 |
|    Adipinsäure pH 2,5 | 0,9 |
|    Dioctyladipat | 1,0; 1,8 |
|    Dibutoxyäthyladipat | 1,5 |
|    Adipinsäure + Alkali pH 6,4 | 2,1 |
|    Di-(1,3-dimethylbutyl)-adipat | 2,1, B |
|    Di-(2-äthylbutyl)-adipat) | 2,3 |
|    Di-(2-methylpentyl)-adipat | 2,5 |
|    n-Butyladipat | 2,6 |
|    Dihexyladipat | 2,8 |
|    Di-(1-äthylpropyl)-adipat | 2,9 |
|    Di-(2-methylbutyl)-adipat | 3,1 |
|    Di-(3-methylbutyl)-adipat | 3,1 |
|    Di-(1-methylbutyl)-adipat | 3,6 |
|    Di-n-hexyladipat | 4,3 |
|    Dicapryladipat | 4,6 |
|    gemischtes n-Octyl-, n-Decyladipat | 5,2 |
|    n-Octyldecyladipat | 5,5 |
| Alkohole, mehrwertige, und ihre Ester | |
|    2,5-Dimethyl-3-hexan-2,5-diol | 0,1 |
|    Polyglykol | 0,2; 0,4 |
|    Triäthylenglykol-di-(2-äthylhexoat) | 0,3 |
|    Butylphthalylbutylglykolat | 0,3 |
|    Diäthylenglykol | 0,3 |
|    2,5-Hexandiol | 0,4 |
|    2-Methyl-2,4-pentandiol | 0,5 |
|    Triäthylenglykol | 0,6 |
|    Methylphthalyläthylglykolat | 0,7 |
|    Äthylphthalyläthylglykolat | 0,8 |
|    2,4-Pentandiol | 1,0 |
|    2-Methyl-1,3-pentandiol | 1,1 |
|    Pentamethylenglykol | 2,0 |

Tabelle B. (Fortsetzung)

| | |
|---|---|
| Capronsäureester des Pentaerythrits | 2,4 |
| Äthylenglykol | 2,9 |
| Diäthylenglykoldipelargonat | 3,6 |
| 1,3-Butandiol | 3,9 |
| Tetramethylenglykol | 4,1 |
| 2,3-Butandiol | 4,3 |
| Triäthylenglykoldiacetat | 4,3 |
| Glycerin | 6,0 |
| Dextrose | 6,3 |
| **Azelainsäure und -derivate** | |
| Azelainsäure pH 3,3 | 0,5 |
| Di-(äthylenglykolmonobutyläther)-azelat | B |
| Di-(2-äthylhexyl)azelat | 1,5; 2,0 |
| Diäthylazelat | 2,2 |
| D-(2-äthylbutyl)-azelat | 3,1; 3,4 |
| Azelain- und Pelargonsäureester | 5,5; 5,9 |
| Azelainsäure + Alkali pH 6,4 | 6,3 |
| **Benzoesäurederivat** | |
| Benzylbenzoat | C |
| **Bernsteinsäure und -derivate** | |
| Bernsteinsäure-n-butylester | 1,3 |
| Bernsteinsäurephenylester | 2,2 |
| Bernsteinsäure-n-amylester | 3,1 |
| Bernsteinsäure pH 2,4 | 3,7 |
| Bernsteinsäurebenzylester | 4,4 |
| Bernsteinsäure + Alkali pH 6,4 | 5,9 |
| **Chlorierte Kohlenwasserstoffe** | |
| Gemische chlorierter Diphenyle | 5 × A, 2 × B |
| **Citracinsäure** | |
| Citracinsäure pH 3,5 | 0,2 |
| Citracinsäure + Alkali pH 6,4 | 0,4 |
| **Fettsäurederivate, synthetische** | |
| Fettsäuredimethylamid | D |
| **Fumarsäure** | |
| Fumarsäure pH 2,1 | 3,0 |
| Fumarsäure + Alkali pH 6,4 | 3,1 |
| **Glutarsäure** | |
| Glutarsäure pH 2,8 | 1,8 |
| Glutarsäure + Alkali pH 6,4 | 3,2 |
| **Glycerinacetat (Triacetin)** | C |
| **Glykolderivate** | |
| Diäthylenglykoläthylätheracetat | B, C |
| Diäthylenglykolbutylätheracetat | B |
| **Glykolsäurederivate** | |
| Butylphthalylbutylglykolat | A, C, C |
| Methylphthalyläthylglykolat | B |
| Methylphthalylmethylglykolat | B |
| Äthylphthalyläthylglykolat | C |

Tabelle B. (Fortsetzung)

| | |
|---|---|
| Itaconsäure und -derivate | |
|   n-Butylitaconat | 0,1 |
|   Itaconsäure pH 2,5 | 1,6 |
|   Itaconsäure + Alkali pH 6,4 | 3,4 |
| Laurinsäurederivate | |
|   Butyllaurat | D |
|   Äthylenglykollaurat | D |
|   Äthylenglykoläthylätherlaurat | D |
|   Diäthylenglykolmonolaurat | D |
|   Diäthylenglykoläthylätherlaurat | D |
|   Glyceryllaurat | D |
|   Laurinsäureester des Sorbits | D |
| Maleinsäurederivat | |
|   Di-(2-äthylhexyl)-maleat | 0,4 |
| Malonsäure | |
|   Malonsäure pH 2,1 | 0,4 |
|   Malonsäure + Alkali pH 6,4 | 2,9 |
| Öle, natürliche und synthetische | |
|   Tungöl | B |
|   Rizinusöl | D |
|   Baumwollsaatöl | D |
|   Dehydriertes Rizinusöl | D |
|   Raffiniertes Tallöl | D |
| Ölsäurederivate | |
|   Äthylenglykolmethylätheroleat | C |
|   Dibutylammoniumoleat | D |
|   Ölsäure- und Linolsäurenitril | D |
|   Ölsäureester des Sorbits | D |
|   Methoxyäthyloleat | 5,6 |
|   Tetrahydrofurfuryloleat | 6,2 |
| Oxalsäure und -derivate | |
|   Oxalsäure + Alkali pH 6,4 | 0,2 |
|   Isoamyloxalat | 0,9 |
| Pentaerythritderivate | |
|   Dipentaerythrithexapropionat | B |
|   Pentaerythritmonoacetattripropionat | B |
|   Pentaerythritdiacetatdibutyrat | C |
|   Pentaerythritdiacetatdipropionat | C |
|   Pentaerythrittriacetatmonopropionat | C |
|   Pentaerythrittripropionatmonomyristat | C |
|   Pentaerythrittetrabutyrat | C |
|   Pentaerythrittetrapropionat | C |
| Phosphate | |
|   Trioctylphosphat | 0,1 |
|   Diphenyl-mono-(p-tert.-butylphenyl)-phosphat | B |
|   Diphenyl-mono-o-xenyl-phosphat | B, A |
| Phthalate | |
|   Dioctylphthalat | 0,1 bis 0,2 |

Tabelle B. (Fortsetzung)

| | |
|---|---|
| gemischtes i-Octyl-, n-Octyl- und n-Decylphthalat | 0,3 |
| Dibutylphthalat | 0,4 |
| gemischtes n-Octyl-, n-Decylphthalat | 0,4 |
| Dicaprylphthalat | A, B |
| gemischte Phthalate | 0,7 |
| Dibenzylphthalat | B, A |
| Diphenylphthalat | B |
| Äthyl-2-methyl-2-nitropropylphthalat | B |
| Diamylphthalat | C |
| **Polymerweichmacher** | |
| Sebacinsäure-Alkydharz | D, C, D, D, D |
| Glykolsebacatharz | D |
| Alkydharz-Polyester | D |
| Sebacinsäure-Polyester | 5,1 und 6,8 |
| Polyester | 5,6 und 6,0 |
| **Ricinolsäurederivate** | |
| Bariumricinoleat | 4,5 |
| Äthylenglykolmethylätheracetylricinoleat | C |
| Methylricinoleat | 6,0 |
| Butylricinoleat | 6,1 |
| Methylacetylricinoleat | 6,4 |
| Metylcellosolveacetylricinoleat | 6,5 |
| Butylacetylpolyricinoleat | 6,5 |
| Butylacetylricinoleat | D |
| Glycerylmonoricinoleat | D |
| Zinkricinoleat | 6,8 |
| **Sebacinsäure und -derivate** | |
| Dimethylsebacat | 1,0, C |
| Di-(1,3-dimethylbutyl)-sebacat | B |
| Dibutylsebacat | C |
| Di-i-octylsebacat | 1,6 |
| Di-(2-äthylhexyl)-sebacat | C |
| Dioctylsebacat | 1,7 und 2,6 |
| Diäthylsebacat | 2,9 |
| n-Butylsebacat | 3,9 |
| Dibutylsebacat | 4,4 |
| Sebacinsäure + Alkali pH 6,4 | 4,6 |
| Sebacinsäure pH 4,0 | 4,8 |
| Sebacinsäurepolyester | 5,1 und 6,8 |
| Dibenzylsebacat | 5,5 |
| Polypropylensebacat | 5,9 |
| Sojaöl, epoxyliertes | nach SUMMER unbeständig |
| **Stearinsäure und -derivate** | |
| n-Butylstearat | C |
| Butoxyäthylstearat | 2,2 |
| Butylstearat | 6,2 |
| Stearinsäure | D |
| Cyclohexylstearat | D |

15*

Tabelle B. (Fortsetzung)

| | |
|---|---|
| Butoxyäthylstearat | D |
| Diäthylenglykolätherstearat | D |
| Tetraäthylenglykolmonostearat | D |
| Tetraäthylenglykoldistearat | D |
| Toluolsulfonamidderivate | |
|   N-äthylsubstituierte o- und p-Toluolsulfonamide | 0,1 |
| Triäthanolamindicaprylat | D |
| Tricarballylsäurederivate | |
|   Triäthyltricarballylat | B |
|   Tri-n-butyltricarballylat | B |

Tabelle C. Bakterizide und fungizide Mittel

(im Text erwähnte Substanzen und Präparate des Handels in alphabetischer Reihenfolge)

6-Acetoxy-2,4-dimethyl-n-dioxan, S. 111

Alkalifluoride, S. 93

Alkyldimethyläthylbenzylammoniumcyclohexylsulfamat, S. 96

Alkylsulfate, S. 91

Alkylsulfonate, S. 91, 104

n-Alkyltriphenylphosphoniumbromid „Myxal"

Ammoniumnaphthenat, quarternäres, S. 110, 111

Ammoniumsalze, quarternäre, von Carbonsäuren, S. 109

Ammoniumverbindungen, quarternäre, S. 98, 106, 109

Arsenverbindungen, S. 93, 111

Arsoniumverbindungen, S. 91

Ätherweichmacher, S. 111

Benzoxazolverbindungen, halogensubstituierte

o-Benzyl-p-chlorphenol

Benzylphenol „Preventol BZ", „Raschit BP"

o- und p-Benzylphenol, S. 103

Braunkohlenteeröle, S. 93

2-Brom-4'-hydroxyacetophenon „Busan 90", S. 97

Bromsalicylanilid

Caprinsäure, S. 90

Cetylpyridiniumchlorid, S. 92

Chloracetamid, S. 95

Chlorbenzylphenol „Preventol BP"

4-Chlor-2-benzylphenol

Bis-(5-chlor-2-hydroxyphenyl)-methan, S. 111

Chlorierte Phenole „Preventol K 1", „Raluben K", „Raluben P", S. 95, 96, 97, 98, 109

4-Chlor-2-kresol, S. 98

4-Chlor-3-kresol „Preventol CMK", „Raschit K", „Raschit 45", „Raschit 50 flüssig", S. 95, 98

4-Chlor-3-kresolnatrium „Raschit W"

Chlornaphthalinpräparate „Xylamon", S. 93

Bis-(2-chlor-4-nitrophenyl)-carbonat, S. 102

Tabelle C. (Fortsetzung)

2-Chlor-4-phenylphenol „Dowicide 4"
4-Chlor-2-phenylphenol + 6-Chlor-2-phenylphenol (Gemisch) „Dowicide 32"
4-Chlor-3-xylenol, S. 98, 106
4-Chlor-symm.-xylenol, S. 98
Chrom-Kupferverbindungen, S. 93
Chrom-Kupferverbindungen mit Arsenat, S. 93
Chromverbindungen (Fluoride), S. 93
Chromverbindungen (Fluoride-Arsenat), S. 93
Cr-Zn-Arsenate
Cu-Ammoniumcarbonat, S. 99
Cu-Borat, siehe Zirkonylacetat und Zirkonylammoniumcarbonat
Cu-8-hydroxychinolat „Preventol C 8", „Toralit", S. 95, 98, 99, 108, 109, 110,
    111, 112
Cu-naphthenat „Soligen-Kupfer", S. 95, 98, 99, 103
Cu-3-Phenylsalicylat, S. 99
$CuSO_4$ (Kupfersulfat)
ω-Dekansulfonat, S. 91
Decyldimethylbenzylammoniumchlorid, S. 92
4',5-Dibromsalicylanilid + 3,4',5-Tribromsalicylanilid (Gemisch 1:1), S. 108, 110
2,5-Dichlor-3,6-dihydroxy-1,4-benzochinon (Chloranilsäure), S. 91
2,3-Dichlor-1,4-naphthochinon, S. 92
Dichlor-symm.-xylenol „Dixol"
Dihydrodichlorphenylmethan, S. 99
2,2'-Dihydroxy-5,5'-dichlordiphenylmethan „Preventol GD"
n-Dodecylsulfat, S. 91
Di-(i-decyl)-4,5-epoxytetrahydrophthalat „Flexol PEP", S. 104
Di-o-kresylpropan, S. 105
N-Dimethyl-N'-p-methylphenyl-N'-(fluordichlormethylthio)-sulfamid, S. 96
Dimethyloctancarbonsäure, S. 109
3,5-Dimethyl-1,3,5,2H-tetrahydrothiadiazin-2-thion  „Nalcon  243",  „Nalcon
    246", S. 97
4,6-Dinitro-o-kresol
Dinitrophenol
Diorgano-Bleiverbindungen, S. 96, 107
Dioxydichlordiphenylmethan,  siehe  2,2'-Dihydroxy-5,5'-dichlordiphenylmethan
2,2'-Dioxy-5,5'-dichlordiphenylsulfid „Novex"
Di-(phenyl-Hg)-dodecenylsuccinat, S. 95, 107
Diphenylthioharnstoffderivate, halogensubstituerte, S. 108
Dithiocarbamate (Dithiocarbamidsäureester), S. 96
Dodecyldimethylbenzylammoniumchlorid, S. 92
N-Dodecylpyridiniumchlorid, S. 91
1-Fluor-3-brom-4,6-dinitrobenzol, S. 109, 110, 111
N-Fluordichlormethylthiophthalimid, S. 96
Halogenderivate des Benzols, S. 93
Halogenierte Alkylphenole „Raluben S"
Halogenierte Phenole „Raluben K", Raluben P"
Halogenierte Nitroderivate des Benzols, S. 93
Hexadecyldimethylbenzylammoniumchlorid, S. 92
n-Hexadecylsulfat, S. 91
$HgCl_2$ (Quecksilberchlorid, Mercurichlorid), S. 93

Tabelle C. (Fortsetzung)

## Tabelle C. (Fortsetzung)

Tabelle C. (Fortsetzung)

---

Triphenyl-Sn-chloride, S. 107
Triphenyl-Sn-diphenylarsinate, S. 107
Triphenyl-Sn-methylsulfonate, S. 107
Triphenyl-Sn-oxyde, S. 107
Triphenyl-Sn-sulfide, S. 107
Tri-(n-propyl-Pb)-acetat
Undecansäure, S. 90
Zinkverbindungen, siehe Zn-Verbindungen und S. 98
Zirkonylacetatkomplexe des Kupfers und Silbers, S. 99
Zirkonylammoniumcarbonatkomplexe des Kupfers und Silbers, S. 99
Zn-bis-(8-hydroxychinolat), S. 106, 110
$ZnCl_2$ (Zinkchlorid), S. 93
Zn-Dimethyldithiocarbamat, S. 99, 101, 106, 110
Zn-8-Hydroxychinolat, siehe Zn-bis-(8-hydroxychinolat)
Zn-1-Hydroxypyridin-2-thion, S. 106, 109
Zn-2-Mercaptobenzothiazol, S. 99
Zn-Pentachlorphenolat, S. 106, 110
Zn-Salicylanilid, S. 106, 108

---

Tabelle D. *Rezepte der erwähnten Kulturmedien und bei Prüfungen verwendeten Flüssigkeiten*

---

1. Physiologische Kochsalzlösung: 9 g NaCl gelöst in 1000 ml destilliertem Wasser.
2. Nährbouillon: 500 g sehnen- und fettfreies Rindfleisch werden fein zerkleinert in 1 l Wasser über Nacht stehengelassen, ½ Std im Dampftopf gekocht und mit Wasser auf 1 l aufgefüllt. Dieser Menge Fleischwasser setzt man 10 g Pepton und 5 g Kochsalz hinzu und erwärmt im Dampftopf bis zur Lösung des Peptons. Nach Einstellen des pH-Wertes auf 7,5 mit Sodalösung und Filtrieren sterilisiert man 30 min im Dampftopf und wiederholt die Sterilisation an den beiden folgenden Tagen.
3. Nähragar: Man verfährt wie bei der Herstellung von Nährbouillon; doch werden vor dem Einstellen des pH-Wertes 25 g Agar hinzugefügt, dann wird mehrere Stunden quellen gelassen, die Mischung 1 Std im Dampftopf erhitzt, worauf man den pH-Wert einstellt, heiß filtriert, in Röhrchen zu Schrägagar oder in Petrischalen abfüllt und erneut sterilisiert.
4. Endo-Agar: Zu 1 l 3%igem, verflüssigten Nähragar werden 10 ml 10%iger Sodalösung, 10 g in etwas destilliertem Wasser aufgelöster reiner Milchzucker und 5 ml gesättigter, filtrierter alkoholischer Fuchsinlösung hinzugefügt. Anschließend gibt man so viel (etwa 25 ml) frisch bereiteter sterilisierter 10%iger Natriumsulfitlösung hinzu, daß der im heißen Zustand rotgefärbte Nährboden nach dem Erkalten farblos wird. Hierzu ist eine Probeplatte zu gießen. Die Nährböden sind im Dunklen aufzubewahren.
5. Nähragar nach ASTM D 1174: 3 g Fleischextrakt und 5 g Pepton werden in 1 l destilliertem Wasser gelöst und 15 g Agar hinzugegeben (Verfahren im übrigen wie unter 3.).
6. Nährsalzagar nach BURGESS und DARBY: $KH_2PO_4$ 0,7 g, $K_2HPO_4$ 0,7 g, $MgSO_4.7H_2O$ 0,7 g, $NH_4NO_3$ 1,0 g, NaCl 0,005 g, $FeSO_4.7H_2O$ 0,002 g, $ZnSO_4.7H_2O$ 0,002 g, $MnSO_4.7H_2O$ 0,001 g, destilliertes Wasser 1000 ml, Agar 15 g (pH 6,4).

Tabelle D. (Fortsetzung)

7. Brodie-Lösung: Natriumchlorid 23 g, Natriumtauroglykocholat 5 g, Wasser 500 ml, einige Tropfen alkoholischer Thymollösung, zur Färbung: Methylenblau.

8. Malzextraktagar nach DIN 50 176: Malzextrakt 50 g, destilliertes Wasser 1000 ml, Agar 30 g.

9. Malzextraktagar nach B. S. 838 und B. S. 1982: Malzextrakt 50 g (oder Darrmalzpulver 40 g), destilliertes Wasser 1000 ml, Agar 20 g.

10. Hafermalzagar nach DIN 53 931 und DIN 53 932: Haferflocken bzw. Hafermehl 10 g, Malzextrakt 20 g, destilliertes Wasser 950 ml, Agar 20 g (pH 5 bis 6), Sterilisation: 1 Std bei 105 °C.

11. Mineralsalzagar nach DIN 53 932: Ammonnitrat 2 g, Magnesiumsulfat 1 g, Kaliumphosphat 1 g, Kaliumtartrat 1 g, destilliertes Wasser 1000 ml, Agar 10 g, 1 Tropfen einer Lösung von je 2,5 g Zinksulfat, Eisensulfat, Kupfersulfat und Mangansulfat in 1000 ml destilliertem Wasser (pH = 6,5).

12. Nährboden für Chaetomium globosum nach ASTM D 684 und D 2020-62 T: Ammoniumnitrat 2 g, Kaliumphosphat 1 g, Magnesiumsulfat 0,5 g, destilliertes Wasser 1000 ml, Agar 10 bis 20 g (pH 6,4 bis 6,8).

13. Nährboden für Aspergillus niger nach ASTM D 684 und D 2020-62 T: Entwässerter Kartoffel-Dextroseagar 39 g, destilliertes Wasser 1000 ml.

14. Nährboden nach NF X 41-503 für Memnoiella echinata, Myrothecium verrucaria, Stachybotrys atra, Chaetomium globosum, Penicillium funiculosum: Haferflocken 50 g, destilliertes Wasser 1000 ml, Streifenagar 15 bis 20 g.

15. Nährboden nach NF X 41-503 für Trichoderma viride, Aspergillus flavus, Aspergillus amstelodami, Paecilomyces varioti, Sterigmatocystis nigra: Mosermalz 40 g, mykologisches Pepton 0,5 g, destilliertes Wasser 1000 ml, Streifenagar 15 bis 20 g.

16. Von W. KERNER-GANG zur Ermittlung des Bewuchses und der Zerstörungswirkung von Pilzen auf mit Schutzmitteln ausgerüsteten Textilien: $NH_4NO_3$ 2 g, $MgSO_4.7H_2O$ 1 g, $K_2HPO_4$ 1 g, Zellulosepulver 10 g, Agar 20 g, 1 Tropfen üblicher Schwermetallsalzlösung, destilliertes Wasser 1000 ml.

17. Prüfnährboden nach NF X 41-503: Ammoniumnitrat 3 g, Magnesiumsulfat 0,5 g, Kaliumchlorid 0,25 g, Monokaliumphosphat 1 g; in dieser Reihenfolge in 1000 ml destilliertem Wasser zu lösen, Agar 15 g, mit n-Kaliumcarbonatlösung auf pH 6,2 bis 6,4 einstellen. Sterilisation 15 min bei 120 °C.

18. Kartoffel-Dextroseagar nach ASTM D 1286-57: Käuflicher entwässerter Kartoffel-Dextroseagar 39 g, destilliertes Wasser 1000 ml. Abfüllen zu je 300 ml in Kulturflaschen mit Schraubverschluß. Sterilisation 15 min bei 121 °C (1,05 atü) und Einstellen des pH-Wertes mit Weinsäure auf 3,5.

19. Nährboden nach NF X 41-513 bis 515 für Sterigmatocystis nigra, Aspergillus amstelodami, Aspergillus flavus, Penicillium brevicompactum, Penicillium cyclopium, Paecilomyces varioti, Trichoderma T1: Mosermalz 40 g, Pepton 0,5 g, destilliertes Wasser 1000 ml, Agar 20 g.

20. Nährboden nach NF X 41-513 bis 515 zur Züchtung von Chaetomium globosum, Myrothecium verrucaria, Stachybotrys atra, Memnoiella echinata und Penicillium funiculosum: Haferflocken 50 g, destilliertes Wasser 1000 ml, Streifenagar 20 g.

21. Unvollständiger flüssiger Nährboden nach NF X 41-513: identisch mit Prüfnährboden nach NF X 41-503 (Ziffer 17) ohne Agarzusatz.

22. Unvollständiger Nährboden nach NF X 41-513 zur Prüfung fester Substanzen: Wie Prüfnährboden nach NF X 41-503, aber Einstellen mit n-Sodalösung auf pH 6,0 bis 6,2. Sterilisation: 15 min bei 120 °C.

Tabelle D. (Fortsetzung)

23. Fester vollständiger Nährboden nach NF X 41-513: Wie Ziffer 22, nur werden vor Zugabe des Agars 30 g Saccharose oder Glukose hinzugefügt. Sterilisieren: 30 min bei 115 °C.

24. Modifizierter Czapek-Dox-Agar nach ISO TC 61 559 zur Prüfung und Züchtung der Stämme außer Chaetomium globosum: $NaNO_3$ 2 g, $KH_2PO_4$ 0,7 g, $K_2HPO_4$ 0,3 g, KCl 0,5 g, $MgSO_4.7H_2O$ 0,5 g, $FeSO_4.7H_2O$ 0,01 g, Saccharose 30 g, destilliertes Wasser 1000 ml, Agar 20 g.

25. Hafermehl-Malzagar nach ISO TC 61 559 für alle Stämme: Hafermehl 20 g, Malzextrakt 10 g, destilliertes Wasser 1000 ml, Agar 20 g.

26. Malzagar nach BUTIN: Malzextrakt 30 g, destilliertes Wasser 1000 ml, Agar 20 g.

27. Nährsalzagar nach ASTM D 1924: $KH_2PO_4$ 0,7 g, $K_2HPO_4$ 0,7 g, $MgSO_4. 7H_2O$ 0,7 g, $NH_4NO_3$ 1,0 g, NaCl 0,005 g, $FeSO_4.7H_2O$ 0,002 g, $ZnSO_4.7H_2O$ 0,002 g, $MnSO_4.7H_2O$ 0,001 g, destilliertes Wasser 1000 ml, Agar 15 g. Sterilisation: 20 min bei 121 °C. Einstellen des pH-Wertes mit 0,01 n-NaOH auf 6,0 bis 6,5.

28. Nährboden nach I. BOMAR für Aspergillus niger: Pepton 10 g, Glukose 40 g, Agar 20 g, destilliertes Wasser 1000 ml, pH 5,5.

29. Mineralsalzagar nach BUSHNELL und HAAS: $MgSO_4$ 0,2 g, $KH_2PO_4$ 1,0 g, $K_2HPO_4$ 1,0 g, $NH_4NO_3$ 1,0 g, $CaCl_2$ 0,02 g, $FeCl_3$ 2 Tropfen einer gesättigten wäßrigen Lösung, destilliertes Wasser 1000 ml, Agar 15 g, pH 6,6.

30. Malzagar nach HIRSCHFELD: Malzextrakt 30 g, Agar 20 g, destilliertes Wasser 950 ml.

31. Mineralsalzagar nach EVANS und BOBALEK: $NH_4NO_3$ 1,5 g, $KH_2PO_4$ 1,0 g, $MgSO_4.7H_2O$ 0,5 g, KCl 0,5 g, Agar 15 bis 18 g, destilliertes Wasser 1000 ml. pH 5,0.

32. Nährboden für die Züchtung von Chaetomium globosum und als Prüfnährboden nach ASTM D 2020-62 T: Ammoniumnitrat 3,0 g, Dikaliumphosphat 2,0 g, Monokaliumphosphat 2,5 g, Magnesiumsulfat 2,0 g, Agar 20 g, destilliertes Wasser 1000 ml, pH 6,4 bis 6,8.

33. Mineralsalzagar nach AATCC 30: $NH_4NO_3$ 3,0 g, $KH_2PO_4$ 2,5 g, $K_2HPO_4$ 2,0 g, $MgSO_4.7H_2O$ 0,2 g, $FeSO_4.7H_3O$ 0,1 g, Agar 20 g, destilliertes Wasser 1000 ml.

34. Mineralsalz-Zelluloseagar nach DIN 53 931: Ammoniumnitrat 2 g, Magnesiumsulfat 1 g, Kaliumphosphat 1 g, Kaliumtartrat 1 g, destilliertes Wasser 1000 ml, Agar 20 g, ein Tropfen einer Lösung von je 2,5 g Zinksulfat, Eisensulfat, Kupfersulfat und Mangansulfat in 1000 ml destilliertem Wasser, Zellulose 10 g, pH 6,5.

35. Von R. RATHSACK zur Züchtung der Grünalge Chlorella pyrenoidosa verwendetes flüssiges Nährmedium: $KNO_3$ 1,0 g, $Ca(NO_3)_2$ 0,1 g, $K_2HPO_4$ 0,2 g, $MgSO_4.7H_2O$ 0,1 g, Zitronensäure 0,006 g, Eisenzitrat 0,006 g, Spurenelementlösung nach GAFFRON 0,08 ml, destilliertes Wasser 1000 ml.

36. Künstliches Meerwasser (Salzgehalt 35 ‰) nach BECKER und SCHULZE zur Zucht von Teredo utriculus, Teredo pedicellata, Limnoria lignorum und Limnoria tripunctata (Angaben für kristallwasserfreie Salze): NaCl 27,213 g, $MgCl_2$ 3,807 g, $MgSO_4$ 1,658 g, $CaSO_4$ 1,260 g, $K_2SO_4$ 0,863 g, $CaCO_3$ 0,123 g, $MgBr_2$ 0,076 g, destilliertes Wasser 1000 ml, pH 7,5 bis 8,0 g.

37. Amerikanisches Rattenfuttergemisch nach MAYNARD: Leinsamenmehl 300 g, gemahlene, gemälzte Gerste 200 g, Weizenmehl 440 g, Magermilchpulver 300 g, Haferflocken 300 g, Roggenmehl 400 g, Knochenschrot 20 g, gemahlener Kalkstein 20 g, Kochsalz 20 g.

Tabelle E. *Erwähnte Normen, die Vorschriften über die Prüfung des biologischen Verhaltens organischer Werkstoffe und über Schutzmittel enthalten*

AATCC 30-1957 T „Fungicides, evaluation on textiles; mildew and rot resistance of textiles", S. 64, 65, 66, 68, 87

ASTM D 684 „Resistance of textile materials to microorganisms" zurückgezogen und ersetzt durch AATCC 30, S. 41, 60, 64, 65, 85

ASTM D 862 „Evaluating treated textiles for permanence of resistance to microorganisms", S. 41, 64, 65, 68

ASTM D 876 „Testing nonrigid vinyl chloride polymer tubing", S. 75

ASTM D 932 „Iron bacteria in industrial water and water-formed deposits", S. 35

ASTM D 993 „Sulfate-reducing bacteria in industrial water and waterformed deposits", S. 35

ASTM D 1116 „Resistance of pile floor coverings to insect pest damage", S. 183

ASTM D 1174 „Effect of bacterial contamination on permanence of adhesive preparations and adhesive bonds", S. 38, 41

ASTM D 1286 „Effect of mold contamination on permanence of adhesive preparations and adhesive bonds", S. 41, 72

ASTM D 1382 „Susceptibility of dry adhesive films to attack by roaches", S. 172

ASTM D 1413 „Wood preservatives by laboratory soil-block cultures", S. 41, 45

ASTM D 1924 „Recommended practice for determining resistance of plastic to fungi", S. 41, 43, 74

ASTM D 2020 „Mildew (fungus) resistance of paper and paperboard", S. 56, 87

B. S. 838: 1961 „Toxicity of wood preservatives to fungi", S. 41, 43, 46, 132

B. S. 1133:1943 „Recommendations for preservation and packaging for tropical theatre"

Section 1 to 3 (1949) „Introduction to package handling"

Section 4 (1953) „Mechanical aids to package handling"

Section 5 (1964) „Protection against spoilage of packages and their contents by microorganisms, insects, mites and rodents", S. 188

B. S. 1282:1959 „Classification of wood preservatives and their methods of application", S. 43

B. S. 1982:1953 „Methods of testing fungal resistance of manufactured building materials", S. 41, 42, 49, 50

DIN 52 163 (August 1952, Ersatz für DIN 52 621) „Prüfung der vorbeugenden Wirkung gegen holzzerstörende Insekten", S. 180

DIN 52 164 (August 1952, Ersatz für DIN 52 622) „Prüfung der Bekämpfungswirkung gegen holzzerstörende Insekten", S 181

DIN 52 165 (Februar 1955, Ersatz für DIN 52 623) „Bestimmung von Giftwerten gegenüber holzzerstörenden Insekten", S. 181

DIN 52 176 Blatt 1 „Prüfung von Holzschutzmitteln. Mykologische Kurzprüfung (Klötzchenverfahren)", S. 41, 44, 45, 50, 134, 174, 180, 181

Blatt 2 „Prüfung von Holzschutzmitteln. Bestimmung der Auslaugbarkeit", S. 45

DIN 52 618 Blatt 1 „Prüfung von Holzschutzmitteln. Richtlinien für die Prüfung des Eindringvermögens von Holzschutzmitteln", S. 43

DIN 53 930 „Bestimmung der Widerstandsfähigkeit von Textilien gegen Schädigungen durch Mikroorganismen. Allgemeines und Probenvorbereitung", S. 58, 63, 64

DIN 53 931 „Bestimmung der Widerstandsfähigkeit von Textilien gegen Schimmelpilze. Bewuchsversuch", S. 41, 50, 58, 63, 64

Tabelle E. (Fortsetzung)

DIN 53 932 „Bestimmung der Widerstandsfähigkeit zellulosehaltiger Textilien gegen Zellulose-Abbau durch Schimmelpilze“, S. 41, 43, 59, 63, 64

DIN 53 933 (zurückgezogen) „Bestimmung der Widerstandsfähigkeit zellulosehaltiger Textilien gegen Erdfaulbakterien (Erdfaulversuch)“, S. 58, 85, 90

ISO TC 61 559 E „Method of test for the determination of the resistance of plastics to moulds by visual evaluation“, S. 41, 76, 90

NF X 41-503 (März 1965) „Méthode d'essai de résistance des textiles cellulosiques naturels ou artificiels aux microorganismes“, S. 41, 43, 61, 62, 64, 83, 88

NF X 41-513 (August 1961) „Protection des matières plastiques. Méthode d'essai de résistance des constituants aux microorganismes“, S. 41, 43, 69, 70, 73

NF X 41-514 (August 1961) „2e parti: „Methode d'essai de résistance des produits manufacturss aux microorganismes“, S. 41, 43, 70, 73, 89

NF X 51-515 (März 1962) 3e parti: „Méthode d'essai de résistance des matériels et appareillages aux microorganismes“, S. 41, 43, 70, 84

---

Tabelle F. *Lateinische Namen der erwähnten pflanzlichen Organismen (in alphabetischer Reihenfolge)*

Abkürzungen: A = Algen, B = Bakterien, D = Diatomeen, H = Hefen, P = Pilze, St = Strahlenpilze

---

Actinomyces, St, S. 5, 6
Aerobacter aerogenes, B, S. 97
Agaricus melleus, siehe Armillaria mellea, P
Alternaria, Träubchenschimmel, P, S. 7, 11, 17
Alternaria botrytis, P, S. 11
Alternaria solani, P, S. 30
Alternaria sp., P, S. 7, 115
Alternaria tenuis, P, S. 12, 51, 58, 79
Antennospora caribbea, P, S. 114
Antennospora quadricornuta, P, S. 115
Arenariomyces quadri-remis, P, S. 114
Armillaria mellea (Agaricus melleus), Hallimasch, P, S. 1, 10
Ascomycetes, Schlauchpilze, P, S. 7, 114, 115, 120
Aspergillus, Kolbenschimmel, P, S. 7
Aspergillus amstelodami, P, S. 12, 21, 61, 62, 70, 233
Aspergillus candidus, P, S. 8, 11
Aspergillus chevalieri, P, S. 8
Aspergillus clavatus, P, S. 11
Aspergillus echinulatus, P, S. 8
Aspergillus flavipes, P, S. 9
Aspergillus flavus, P, S. 11, 12, 27, 30, 42, 51, 52, 56, 58, 61, 62, 70, 72, 74, 76, 78, 79, 233
Aspergillus fumigatus, P, S. 9, 11, 12, 17, 18, 27, 58
Aspergillus glaucus, P, S. 11
Aspergillus niger, P, S. 7, 8, 9, 11, 12, 17, 18, 21, 22, 27, 30, 33, 42, 44, 50, 51, 52, 56, 58, 60, 65, 66, 68, 72, 74, 75, 77, 78, 79, 81, 97, 104, 111, 233, 234
Aspergillus ochraceus, P, S. 11
Aspergillus oryzae, P, S. 12, 30, 58, 79

Tabelle F. (Fortsetzung)

Tabelle F. (Fortsetzung)

Tabelle F. (Fortsetzung)

---

Metarhizium glutinosum = Myrothecium verrucaria, P
Methanomonas carbonatophila, B, S. 25
Methanomonas methanica, B, S. 25
Micrococcus cerificans, B, S. 22
Micrococcus epidermidis, B, S. 5
Micrococcus paraffinae, B, S. 25
Micrococcus pyogenes aureus (Staphylococcus aureus), B, S. 4, 35, 37, 38, 90, 91,
    103, 104
Micromonospora, St, S. 26
Microsporon, P, S. 13
Microsporon gypseum, P, S. 12, 92, 220
Monilia, P, S. 11
Mortierella, P, S. 17
Mucor, Köpfchenschimmel, P, S. 7, 11, 12, 30
Mycobacterium album, St, S. 25
Mycobacterium lacticola, St, S. 27
Mycobacterium rubrum, St, S. 25
Mycococcus cytophaga, St, S. 5
Myrothecium verrucaria (Metarhizium glutinosum), P, S. 9, 11, 12, 30, 42, 56, 58,
    59, 61, 62, 69, 70, 79, 233
Nitzschia aseicularis, D, S. 136
Nitzschia closterium, D, S. 136
Nocordia corrallina, St, S. 22
Nocardia opaca, St, S. 25
Nocardia sp., St, S. 20, 21
Paecilomyces varioti, P, S. 12, 21, 22, 30, 42, 44, 50, 51, 61, 62, 70, 77,
    79, 233
Paxillus acheruntius, Fächerschwamm, P, S. 10
Paxillus panuoides, Fächerschwamm, P, S. 10
Penicillium, Pinselschimmel, P, S. 7, 17
Penicillium brevi-compactum, P, S. 21, 70, 79, 233
Penicillium charlesii, P, S. 17
Penicillium chrysogenum, P, S. 11, 17, 30, 79
Penicillium citrinum, P, S. 11, 17, 30
Penicillium crustaceum, P, S. 11
Penicillium cyclopium, P, S. 21, 70, 79, 233
Penicillium expansum, P, S. 11, 97
Penicillium fellutanum, P, S. 8
Penicillium frequentans, P, S. 30
Penicillium funiculosum, P, S. 30, 42, 55, 56, 61, 62, 64, 69, 70, 74, 77, 79, 233
Penicillium fuscoglaucum, P, S. 11
Penicillium glaucum, P, S. 11, 52
Penicillium islandicum, P, S. 12
Penicillium italicum, P, S. 107
Penicillium lilacinum, P, S. 12
Penicillium luteum, P, S. 11, 12, 52, 72, 76, 78
Penicillium notatum, P, S. 56
Penicillium piscarium, P, S. 78, 79
Penicillium purpurescens, P, S. 12
Penicillium rubrum, P, S. 34

Tabelle F. (Fortsetzung)

Penicillium rugolosum, P, S. 8, 17
Penicillium spinulosum, P, S. 12, 17
Penicillium wortmanni, P, S. 8, 12
Peritrichospora integra, P, S. 114, 115
Pestalotia sp., P, S. 115
Phycomycetes, Algenpilze, P, S. 114
Piricauda arcticoceanorum, P, S. 115
Polyporus annosus, P, S. 10
Polyporus vaporarius, Porenhausschwamm, P, S. 10, 44
Polystictus sanguineus, P, S. 44
Polysticus versicolor, P, S. 10, 44, 45, 47, 132
Poria monticola (Poria vaporaria), Porenschwamm, P, S. 10, 43, 44, 45, 47
Poria vaillantii, Porenhausschwamm, P, S. 10, 50
Poria vaporaria, siehe Poria monticola, P
Proteus vulgaris, B, S. 37, 38
Pseudomonas aeruginosa, B, S. 14, 20, 25, 26, 30, 31, 35, 37, 39, 40, 104
Pseudomonas fluorescens, B, S. 25, 38
Pullularia pullulans, P, S. 10, 30, 51, 52, 54, 74, 79, 96
Rhizopus Ehrenberg, P, S. 11
Rhizopus nigricans, P, S. 8, 11, 12, 58, 107
Rhizopus oryaze, P, S. 12, 58
Rhodotorula aurantiaca, H, S. 23
Salmonella typhosa, siehe Bacterium thyphosum, B
Sarcina lutea, Paketkokken, B, S. 5
Schizophyllum alneum, Spaltling, P, S. 10
Schizophyllum commune, Spaltling ,P, S. 10
Sclerophoma pityophila, P, S. 10, 54, 95
Scopulariopsis commune, P, S. 11
Sepedonium xylogenum, P, S. 64
Serratia marcescens, P, S. 30
Sorangium compositum, P, S. 5
Speira heptaspora, P, S. 55
Speira pelagica, P, S. 114
Sphaerotiles, B, S. 6
Spirochaeta cytophaga, B, S. 5
Sporocytophaga cytophaga, B, S. 5
Sporocytophaga myxococcoides, B, S. 5
Sporotrichum carnis, P, S. 9
Stachybotrys atra, P, S. 11, 21, 30, 42, 44, 50, 51, 56, 61, 62, 69, 70, 79, 233
Staphylococcus aureus, siehe Micrococcus pyogenes aureus, B
Stemphylium, P, S. 7, 11
Stemphylium consortiale, P, S. 30
Sterigmatocystis nigra, P, S. 61, 62, 70, 233
Streptococcus glycerinaceus, B, S. 103
Streptococcus haemolyticus, B, S. 91
Streptomyces griseus, St, S. 5
Streptomyces sp., St, S. 6
Torpedospora radiata, P, S. 115
Trametes pini, P, S. 10
Trametes radiziperda, P, S. 10

Tabelle F. (Fortsetzung)

Trichoderma koeningi, P, S. 9
Trichoderma lignorum, P, S. 12, 58
Trichoderma sp., P, S. 7, 17, 29, 30, 64, 74
Trichoderma T-1, P, S. 70, 76, 233
Trichoderma viride, P, S. 11, 12, 18, 42, 44, 50, 56, 58, 59, 61, 62, 64, 77, 78, 79, 233
Trichophyton mentagrophytes, P, S. 92, 103, 220
Trichothecium roseum, P, S. 8
Trichurus spiralis, P, S. 64
Verticillium, P, S. 7, 11, 17
Vibrio napi, B, S. 5
Vibrio prima, B, S. 5

Tabelle G. *Lateinische Namen der erwähnten tierischen Schädlinge in alphabetischer Reihenfolge*

(Abkürzungen: St. = Stamm, U.St. = Unterstamm, Kl. = Klasse, X.Ord. = Überordnung, Ord. = Ordnung, U.Ord. = Unterordnung, Fam. = Familie, U.Fam. = Unterfamilie, X.Fam. = Überfamilie, G. = Gattung)

Acanthocinus aedilis L. Zimmermannsbock, Fam. Cerambycidae, S. 155
Acanthoscelides obtectus SAY. Speisebohnenkäfer, Fam. Bruchidae, S. 156, 184, 186
Actiniaria, Ord. Seeanemonen, X.Ord. Hexacorallia, S. 138
Aculeata, Ord. Stichimmen, X.Ord. Hymenoptera, S. 143, 157
Amphiesmenoptera, X.Ord. Schmetterlingsverwandte, Kl. Insecta
Amphipoda, Ord. Flohkrebse, Kl. Pericardia, S. 119, 121
Anagasta Kühniella ZELL. Mehlmotte = Ephestia Kühniella ZELL., S. 186
Anobiidae, Fam. Klopfkäfer, Ord. Coleoptera, S. 143, 144, 152, 164, 182, 197
Anobium emarginatum DETSCH, Fam. Anobiidae, S. 152
Anobium fulvicorne STRM., Fam. Anobiidae, S. 152
Anobium punctatum DE GEER, gewöhnlicher Nagekäfer, Fam. Anobiidae, S. 152, 182
Anobium striatum OL., Holzwurm, Fam. Anobiidae, S. 152, 163
Anobium thomsoni KR., Fam. Anobiidae, S. 152
Anomia, Fam. Kamm-Muscheln, Ord. Anisomyaria, S. 138
Anthrenus fasciatus HRBST., gebänderter Teppichkäfer, Fam. Dermestidae, S. 150, 169, 170, 189, 205, 206
Anthrenus flavipes LEC., Möbelbezugkäfer, Fam. Dermestidae, S. 150, 160, 162
Apis mellifera L., Honigbiene, X.Fam. Apidae, S. 186
Apodemus sylvaticus L., Feld-Waldmaus, Fam. Muridae, S. 209, 212, 213, 215
Aromia moschata L., Moschusbock, Fam. Cerambycidae, S. 155
Arthropoda, St. Gliederfüßer, S. 119
Asemum striatum L., Düsterbock, Fam. Cerambycidae, S. 155
Attagenus pellio L., Pelzkäfer, Fam. Dermestidae, S. 150, 189
Attagenus piceus OL., schwarzer Teppichkäfer, Fam. Dermestidae, S. 150, 162, 183, 186, 204, 205
Balanidae, Fam. Seepocken, Ord. Cirripedia, S. 119, 127, 136, 137, 138
Balanus crenatus BRUG., Fam. Balanidae, S. 128

Tabelle G. (Fortsetzung)

Tabelle G. (Fortsetzung)

Tabelle G. (Fortsetzung)

Tabelle G. (Fortsetzung)

Tabelle G. (Fortsetzung)

Tabelle H. *Systematik der tierischen Schädlinge*

(einschl. der Bewuchsorganismen B.)

Stamm Porifera Schwämme (B.)

Stamm Cnidaria, Nesseltiere
   Klasse Hydrozoa, Polypen
   Ordnung Leptomedusa (B.)

Stamm Mollusca, Weichtiere
   Klasse Lamellibranchiata, Muscheltiere
   Ordnung Eulamellibranchiata Blattkiemer
   Familie Veneridae, Venusmuscheln (Bohrmuscheln)
   Familie Pholadidae (Bohrmuscheln)
   Ordnung Anisomyaria, Ungleichmuskler
   Familie Anomiae, Kamm-Muscheln (B.)
   Familie Linidae (B.)

Stamm Annelida, Ringelwürmer
   Klasse Chaetopoda, Borstenwürmer
   Überordnung Polychaeta, Vielborster
   Ordnung Spiomorpha
   Familie Spionidae (B.)

Stamm Tentaculata, Kranzfühler
   Klasse Bryozoa, Moostierchen
   Ordnung Bugula, Kreiswirbler
   Familie Membraniporidae (B.)

Stamm Arthropoda, Gliederfüßer
   Unterstamm Crustacea, Krebstiere
   Klasse Pericarida, Asselartige
   Ordnung Amphipoda, Flohkrebse
   Ordnung Isopoda, Asseln
   Klasse Entomostraca, Kleinkrebse
   Ordnung Cirripedia, Rankenfüßer
   Familie Balanidae, Seepocken (B.)
   Unterstamm Tracheata, Tracheentiere
   Klasse Insecta, Insekten
   Überordnung Apterygota, Urinsekten
   Ordnung Thysanura, Borstenschwänze
   Überordnung Orthoptera, Geradflügler
   Ordnung Dermaptera, Ohrwürmer
   Ordnung Saltatoria, Heuschrecken
   Familie Gryllidae, Grillen
   Überordnung Blattoidea, Schabenartige
   Ordnung Isoptera, Termiten
   Familie Mastotermitidae
   Familie Kalotermitidae
   Familie Termopsidae
   Familie Rhinotermitidae
   Familie Termitidae

Tabelle H. (Fortsetzung)

Ordnung Blattaria Schaben
Überordnung Mecopteroidae, Fliegenartige
Ordnung Diptera, Zweiflügler
Überordnung Amphiesmenoptera, Schmetterlingsverwandte
Ordnung Lepidoptera, Schmetterlinge
Unterordnung Tineoidea, Motten
Familie Tineidae, echte Motten
Familie Gelechidae, Tastermotten
Familie Cossidae, Holzbohrer
Familie Pyralidae, Zünsler
Ordnung Trichoptera, Köcherfliegen
Ordnung Coleoptera, Käfer
Familie Dermestidae, Speckkäfer
Familie Lymexylidae, Werftkäfer
Familie Bostrychidae, Holzbohrkäfer
Familie Lyctidae, Splintholzkäfer
Familie Anobiidae, Klopfkäfer
Familie Ptinidae, Diebskäfer
Familie Cucujidae
Familie Temnochilidae
Familie Oedemeridae, Scheinbockkäfer
Familie Melandryidae, Düsterkäfer
Familie Tenebrionidae, Schattenkäfer
Familie Cerambycidae, Bockkäfer
Familie Bruchidae, Samenkäfer
Familie Curculionidae, Rüsselkäfer
Familie Scolytidae, Borkenkäfer
Unterfamilie Platypodidae, Kernholzkäfer
Überordnung Hymenoptera, Hautflügler
Ordnung Aculeata, Stechimmen
Familie Formicidae, Ameisen
Familie Xylocipidae, Holzbienen
Ordnung Symphyta, Pflanzenwespen
Familie Siricidae, Holzwespen

Stamm Cordata, Cordatiere
Unterstamm Vertebrata, Wirbeltiere
Klasse Mammalia, Säugetiere
Ordnung Rodentia, Nagetiere
Unterordnung Sciuroidea, Hörnchenartige
Familie Sciuridae, Baumhörnchen
Familie Marmotidae, Ziesel
Familie Castoridae, Biber
Familie Geomyidae, Taschenratten
Unterordnung Myomorpha, Mäuseartige
Familie Muridae, echte Mäuse
Familie Cricetidae, Wühler oder Hamster
Unterordnung Hystricomorpha, Stachelschweinverwandte
Familie Hystricidae, Altwelt- oder Erdstachelschwein

Tabelle J. *Deutsche und englische Trivialnamen der erwähnten tierischen Schädlinge in alphabetischer Reihenfolge*

(Diese Tabelle kann zusammen mit den in Tabelle G. angegebenen Seitenziffern als Sachregister dienen)

---

Altwelt-Stachelschweine = Hystricidae
Ameisen = Formicidae
American cockroach = Periplaneta americana
Amerikanische Küchenschabe = Periplaneta americana
Asseln = Isopoda
Austern = Ostrea
Bäckerbock = Monochamus pistor
Been weevil = Acanthoscelides obtectus
Biber = Castoridae
Black carper beetle = Attagenus piceus
Black rat = Rattus rattus
Blattkiemer = Eulamellibranchiata
Blauer Scheibenbock = Callidium violaceum
Blausieb = Zeuzera pyrina
Bockkäfer = Cerambycidae
Bodentermite = Reticulitermes flavipes
Bohrasseln = Limnoria
Bohrmuscheln = Bankia, Hiata, Martesia, Pholas, Nausitora, Teredo
Bohrwurm = Bankia, Nausitora, Teredo
Borkenkäfer = Scolytidae
Borstenschwänze = Thysanura
Brotkäfer = Stegobium paniceum
Brown rat = Rattus norvegicus
Bunter Nagekäfer = Xestobium rufovillosum
Cadelle = Tenebroides mauretanicus
Californischer Bleikabelbohrer = Scobicia declivis
Carpenter bees = Xylocipidae
Cigarette beetle = Lasioderma serricorne
Cloth moth = Tineola biselliella
Cockroach = Küchenschabe
Confused flour beetle = Tribolium confusum
Curculio = Rüsselkäfer, Kornwurm
Death watch beetles = Anobiidae
Dermestid beetle = Trogoderma parabile
Deutsche Schabe = Phyllodromia germanica
Dorn-Speckkäfer = Dermestes vulpinus
Dörrobstmotte = Plodia interpunctella
Drugstore beetle = Stegobium paniceum
Dunkelkäfer = Tenebrionidae
Düsterbock = Asemum striatum
Düsterkäfer = Melandryidae
Eichenwiderbock = Plagionotus arcuatus
Eichenzangenbock = Rhagium sycophanta
Erdstachelschweine = Hystricidae
Erzfarbener Scheibenbock = Callidium aeneum
False powder-post beetles = Bostrychidae

Tabelle J. (Fortsetzung)

---

Feldohrwurm = Forficula auricularia
Feuchtholztermite = Reticulitermes lucifugus
Fichtenholzwespe, große, gelbe = Sirex gigas
Fichten- oder Fichtensplintböcke = Tetropium
Firebrat = Thermobia domestica
Flachland-Taschenratte = Geomys bursaria
Fliegenböckchen = Leptidea brevipennis
Flohkrebse = Amphipoda
Flour beetles = Tribolium spp.
Furniture carpet beetle = Anthrenus flavipes
Gekämmter Nagekäfer = Ptilinus pectinicornis
Gelbfüßige Bodentermite = Reticulitermes flavipes
Gelbhalstermite = Kalotermes flavicollis
German Cockroach = Blattella germanica
Getreidekapuziner = Rhyzopertha dominica
Getreideplattkäfer = Oryzaephilus surinamensis
Giant Pileworm = Bankia setacea
Gliederfüßer = Arthropoda
Goat moths = Cossidae
Gopher, siehe Flachland-Taschenratte, Gray gopher, Striped gopher
Granary weevil = Sitophilus granarius
Gray gopher = Citellus franklini
Greater wax moth = Galleria melonella
Gribble = Limnoria lignorum
Großer Eichenbock = Cerambyx cerdo
Großer Pappelbock = Saperda carcharias
Grubenhalsbock = Criocephalus rusticus
Grubenholzkäfer = Rhyncolus culinaris
Hausbockkäfer = Hylotrupes bajulus
Hausmaus = Mus musculus
Hausratte = Rattus rattus
Hautflügler = Hymenoptera
Heuschrecken = Saltatoria
Hide beetles = Dermestidae
Holzbohrkäfer = Bostrychidae
Holzwespen = Siricidae
Holzwurm = Anobium striatum
Honey bee = Apis mellifera
Honigbiene = Apis mellifera
Horn tails = Siricidae
House fly = Musca domestica
House mouse = Mus musculus
Indian meal moth = Plodia interpunctella
Insekten = Insecta
Käfer = Coleoptera
Kakaomotte = Ephestia elutella
Kamm-Muscheln = Anomia
Kapuzinerkäfer = Bostrychidae
Kernholzkäfer = Platypodidae
Khapra-Käfer = Trogoderma granarium

Tabelle J. (Fortsetzung)

Kiefernbock = Monochamus galloprovincialis
Kiefernholzwespe = Paururus juvencus
Kleidermotte = Tineola biselliella
Kleiner Aspenbock = Saperda populnea
Klopfkäfer = Anobiidae
Köcherfliegen = Trichoptera
Kornkäfer = Calandra granaria
Krebstiere = Crustacea
Kreiswirbler = Bugula
Küchenschabe, amerikanische = Periplaneta americana
Lärchenbock = Tetropium gabrieli
Lasser grain borer = Rhyzopertha dominica
Long-horned beetles = Cerambycidae
Mediterranean flour moth = Ephestia Kühniella
Mehlkäfer = Tenebrio molitor
Mehlmotte = Ephestia Kühniella
Möbelbezugkäfer = Anthrenus flavipes
Moostierchen = Bryozoa
Moschusbock = Aromia moschata
Mulmbock = Ergates faber
Muscheln = Lamellibranchiata
Nagekäfer = Anobiidae
Nagekäfer, gewöhnlicher = Anobium punctatum
Nagetiere = Rodentia
Northwest shipworm = Bankia setacea
Norway rat = Rattus norvegicus
Ohrwürmer = Dermatoptera
Packrat = große Ratte der Fam. Cricetidae
Pelzkäfer = Attagenus pellio
Pelzmotte = Tinea pellionella
Pflanzenwespen = Symphyta
Pileworm = Bankia, Nausitora, Teredo
Plumed pileworm = Bankia setacea
Pochkäfer = Anobiidae
Porcupines = Hystricidae
Powder-post beetles = Lyctidae
Rankenfüßer = Cirripedia
Reismehlkäfer = Tribolium spp.
Rice weevil = Sitophilus oryzae
Riesenameise = Camponotus herculeanus
Riesenholzwespe = Sirex gigas
Roof rat = Rattus rattus
Roßameise = Camponotus ligniperda
Roter Scheibenbock = Callidium sanguineum
Rothalsbock = Leptura rubra
Rüsselkäfer = Curculionidae
Samenkäfer = Bruchidae
Samenmotte = Hofmannophila pseudospretella
Saw-toothed grain beetle = Oryzaephilus surinamensis
Schabe, deutsche = Phyllodromia (Blattella) germanica

Tabelle J. (Fortsetzung)

Schaben = Blattaria
Schabenartige = Blattoidea
Schattenkäfer = Tenebrionidae
Scherenschwanz = Chelura terebrans
Scheibenbock = Callidium, Phymatodes
Scheinbockkäfer = Oedemeridae
Schiffsbohrwurm = Teredo navalis
Schiffswerftkäfer = Lymexylon navale
Schlupfwespenverwandte = Terebrantes
Schmetterlinge = Lepidoptera
Schmetterlingsverwandte = Amphiesmenoptera
Schneiderbock = Monochamus sartor
Schusterbock = Monochamus sutor
Schwarze Fichtenholzwespe = Xeres spectrum
Schwarzer Getreidenager = Tenebroides mauretanicus
Schwarzer Teppichkäfer = Attagenus piceus
Schwarzkäfer = Tenebrionidae
Sealous = Limnoria lignorum
Seepocken = Balanidae
Shells = Lamellibranchiata
Shipworm = Bankia, Nausitora, Teredo
Silberfischchen = Lepisma saccharina
Silverfish = Lepisma saccharina
Speckkäfer = Dermestidae
Speckkäfer, gewöhnlicher = Dermestes lardarius
Speisebohnenkäfer = Acanthoscelides obtectus
Spider beetles = Ptinidae
Spießbock = Cerambyx scopolii
Splintholzkäfer = Lyctidae
Stachelschweine = Hystricidae
Stechimmen = Aculeata
Striped gopher = Citellus tridecemlineatus
Stubenfliege = Musca domestica
Tannenholzwespe = Xeres spectrum
Taschenratten = Geomyidae
Teppichkäfer = Anthrenus fasciatus
Teppichkäfer, schwarzer = Attagenus piceus
Termiten = Isoptera
Trotzkopf = Dendrobium pertinax
Venusmuscheln = Veneridae
Veränderlicher Scheibenbock = Phymatodes testaceus
Vielborster = Polychaeta
Waldbock = Spongylis buprestoides
Waldmaus = Apodemus sylvaticus
Wanderratte = Rattus norvegicus
Weevils = Curculionidae
Weicher Nagekäfer = Ernobius mollis
Weidenböckchen = Gracilia minuta
Weidenbohrer = Cossus cossus
Werftkäfer = Lymexylidae

Tabelle J. (Fortsetzung)

Werkholzkäfer = Anobiidae
Wespenbock = Caenoptera minor
Wood rat = große Ratte der Fam. Cricetidae
Wühler = Cricetidae
Wühlmäuse = Cricetidae
Zigarettenkäfer = Lasioderma serricorne
Zimmermannsbock = Acanthocinus aedilis
Zünsler = Phycitidae
Zweiflügler = Diptera
Zweigebänderter Zangenbock = Rhagium bifasciatum

Tabelle K. *Insektengifte und insektenabschreckende Mittel*
(erwähnte Substanzen und einige Präparate des Handels in alphabetischer Reihenfolge)

Aluminiumsilicofluorid, S. 197
Ameisensäuremethylester (Areginal)
Ammoniumchlorid, S. 202
Arsenige Säure, S. 192, 196, 197
Arsensäure, S. 192, 196, 197, 198
S-(1,2-Bis-(äthoxycarboxyl)-äthyl)-0,0-dimethylphosphorodithionat, siehe Dithiophosphorsäure-0,0-dimethyl-(1,2-dicarbäthoxyäthyl)-ester
Äthylenoxyd (T-Gas), S. 189
2-Äthylhexandiol-1,3 „Rutgers 612", S. 195
2,2-Bis-(p-äthylphenyl)-1,1-dichloräthan „Perthane", S. 191, 192, 204
cis-Bicyclo-(2,2,1-hepton-5)-2,6-dicarbonsäuredimethylester „Dimethylcarbat"
Blausäure, siehe Cyanwasserstoff
Bleinaphthenat, S. 207
β-Butoxy-β'-thiocyandiäthyläther „Lethane 384"
Carbamate, S. 189, 194, 195, 206
Carbolineum, S. 199
Chlorierte Benzolhomologe
Chlorierte Naphthaline, S. 199, 206
Chlorierte Oxydiphenyle, S. 207
Chlorierte Phenole „Preventol K 1", S. 203, 207
Chlorierte Terpene (chloriertes Gemisch aus Camphen und Pinen) „Stroban", S. 191, 204
4-Chlor-o-kresotinsäure „Eulan RHF", S. 196
1,1-Bis(-p-chlorphenyl)-2-nitropropan + -butan (Gemisch) „Dilane", S. 191, 192
2,2-Bis-(p-chlorphenyl)-1,1,1-trichloräthan, siehe 1,1,1-Trichlor-2,2-bis-(p-chlorphenyl)-äthan
Cyanwasserstoffsäure (Blausäure), S. 189
Dekachloroctahydro-1,3,4-2(H)-cyclobutan-(cd)-pentalen-2-on „Kepone"
Diäthyl-äthylmercaptoäthylthiophosphat, siehe Thiophosphorsäure-0,0,-diäthyl-0-(äthylmercaptoäthyl)-ester
0,0-Diäthyl-S-4-oxo-1,2,3-benzothiazinyl-3-(4H)-yl-methyl-phosphoro-dithionat, siehe Dithiophosphorsäure-0,0-diäthyl-S-(3,4-dihydro-4-oxo-1,2,3-benzothiazinyl-3-methyl)-ester

Tabelle K. (Fortsetzung)

0,0-Diäthyl-0'-3,5,6-trichlor-2-pyridyl-phosphorothioat, siehe Thiophosphor-
säure-0,0-diäthyl-0-(3,5,6-dichlor-2-pyridyl)-ester
5,4'-Dibromsalicylanilid + 3,5,4'-Tribromsalicylanilid „Diaphene", S. 206
1,1-Dichlor-2,2-bis-(p-äthylphenyl)-äthan „Perthane", S. 191, 192, 204
p-Dichlorbenzol, S. 189, 190, 199
3,4-Dichlorbenzylsulfomethylamid „Eulan BL", S. 205
Dichlorbutan, siehe Hexachlorpentadien
1,1-Dichlor-2,2-bis-(p-chlorphenyl)-äthan DDD, TDE („Dilene"), S. 191, 192, 206
Dichlordiphenyltrichloräthan, siehe 1,1,1-Trichlor-2,2-bis-(p-chlorphenyl)-äthan
Difluordiphenyltrichloräthan DFDT, S. 191, 192
Bis-(bis-dimethylamino)-phosphorsäureanhydrid OMPA, „Schradan", S. 193
N,N-Dimethylcarbamidsäure-2-(N',N'-dimethylcarbamyl)-3-methylpyrazolyl-5-
ester „Dimetilan", S. 189
N,N-Dimethyl-carbamidsäure-5,5-dimethyldihydroresorcinester „Dimetan",
S. 194
N,N-Dimethyl-carbamidsäure-1-isopropyl-3-methylpyrazolyl-5-ester „Isolan",
S. 194
N,N-Dimethyl-carbamidsäure-6-methyl-1-phenylpyrazolyl-5-ester „Pyrolan",
S. 194
0,0-Dimethyl-S-(1,2-dicarbäthoxyäthyl)-ester, siehe Dithiophosphorsäure-0,0-di-
methyl-S-(1,2-dicarbäthoxyäthyl)-ester
Dimethyldichlorvinylphosphat, siehe Phosphorsäuredimethyldichlorvinylester
Dimethyl-cis-dicyclo-(2,2,1)-5-hepton-2,3-dicarboxylat „Dimelone", S. 195
2,2-Dimethyl-2,3-dihydro-γ-pyron-6-carbonsäure-n-butylester „Indalon", S. 195
5,5-Dimethyldihydroresorcindimethylcarbamat, siehe N,N-Dimethyl-carbamid-
säure-5,5-dimethyldihydroresorcinester
0,0-Dimethyl-1-hydroxy-2,2,2-trichloräthylphosphorsäureester, siehe Phosphor-
säure-0,0-dimethyl-0-(1-hydroxy-2,2,2-trichloräthyl)-ester
0,0-Dimethyl-0-(3-methyl-4-methylmercaptophenyl)-thiophosphat, siehe Thio-
phosphorsäure-0,0-dimethyl-0-(3-methyl-4-methylmercaptophenyl)-ester
Dimethyl-p-nitrophenylthiophosphat, siehe Thiophosphorsäure-0,0-dimethyl-0-
(4-nitrophenyl)-ester
0,0-Dimethyl-2,2,2-trichlor-1-(n-butyryloxy)-phosphat, siehe Phosphorsäure-0,0-
dimethyl-2,2,2-trichlor-1-(n-butyryl-oxy)-ester
2,4-Dinitro-6-sek.-butylphenol, S. 203
3,5-Dinitro-o-kresol, S. 203
4,6-Dinitro-o-kresol „Dinitro", „Dinosil", „Ditral-Pulver", „Ditrosolpulver",
„Gilboform", „Lutin", „Selinon-Pulver"
3,5-Dinitro-o-kresylacetat, S. 203
3,5-Dinitro-o-kresyltrichloracetat, S. 203
Diphenylenoxyd, S. 199
Dithiophosphorsäure-0,0-diäthyl-S-(3,4-dihydro-4-oxo-1,2,3-benzothiazinyl-3-
methyl)-ester „Gusathion A", „Bayer 16 259", „Ethyl-Guthion", S. 193, 206
Bis-dithiophosphorsäure-0,0-diäthyl-S,S'-2,3-(1,4-dioxanylen)-ester „Dioxathion"
S. 193
Dithiophosphorsäure-0,0-dimethyl-S-(2-äthylthio)-äthylester „Thiometon", S. 193
Dithiophosphorsäure-0,0-dimethyl-S-(4,6-diamino-1,3,5-triazin-2-yl-methyl)-ester
„Menazon", S. 193
Dithiophosphorsäure-0,0-dimethyl-S-(1,2-dicarbäthoxyäthyl)-ester „Malathion",
S. 189, 191, 193, 204

Tabelle K. (Fortsetzung)

## Tabelle K. (Fortsetzung)

Phosphorsäure-0,0-diäthyl-0-2,2-dichlor-1-(2-chloräthoxy)-vinylester „Forstenon", S. 193

Phosphorsäure-0,0-diäthyl-0-(3-methylpyrazolyl-5)-ester „Pyrazoxon", S. 193

Phosphorsäure-0,0-diäthyl-4-nitrophenylester „Paraoxon", S. 193

Phosphorsäure-0,0-diisopropylesterfluorid DFP, S. 193

Phosphorsäure-bis-(dimethylamido)-fluorid „Dimefox", S. 193

Phosphorsäure-0,0-dimethyl-(2-carbomethoxy-1-methylvinyl)-ester  „Phosdrin", S. 191, 193

Phosphorsäure-0,0-dimethyl-(diäthylamino-1-chlorcrotonyl-2)-ester „Phosphamidon", S. 193

Phosphorsäure-0,0-dimethyl-2,2-dichlor-1,2-dibromäthylester „Naled", S. 193

Phosphorsäuredimethyl-2,2-dichlorvinylester DDVP, „Dichlorvos", S. 193, 207

Phosphorsäure-0,0-dimethyl-0-(1-hydroxy-2,2,2-trichloräthyl)-ester „Emittol", S. 189

Phosphorsäure-0,0-dimethyl-0-(1-methyl-2-(1-phenylcarbäthoxy)-vinyl)-ester „Ciedrin", S. 193

Phosphorsäure-0,0-dimethyl-2,2,2-trichlor-1-(n-butyryloxy)-ester „Butonate", S. 193

Phosphorsäure-0,0-dimethyl-0-(2,2,2-trichlor-1-hydroxyäthyl)-ester „Trichlorphon", S. 189, 191, 192, 193

Piperonylbutoxyd, S. 190, 195, 203, 204

Pyrethrum, S. 190, 195, 203, 204

Pyrophosphorsäuretetraäthylester TEPP, S. 191

Pyrimidincarbamat bestimmter Konstitution „Pyramat"

Quecksilberchlorid (HgCl₂), S. 196, 197, 202

Schwefeldioxyd (SO₂), S. 189

Schwefelkohlenstoff (CS₂), S. 189

Tetraäthylpyrophosphat, siehe Pyrophosphorsäuretetraäthylester

Tetrachlorkohlenstoff (CCl₄), S. 189

β-Thiocyanoctyllaurat + β-Butoxy-β'-thiocyandiäthyläther (gemischte Lösung) „Lethane 384 special"

Thiophosphorsäure-0,0-diäthyl-0-(äthylmercaptoäthyl)-ester „Demeton", S. 193

Thiophosphorsäure-0,0-diäthyl-0-(2-isopropyl-4-methylpyrimidyl-6)-ester „Diazinon", S. 190, 191, 193, 202, 204

Thiophosphorsäure-0,0-diäthyl-0-(4-methylcumarinyl-7)-ester „Potasan", S. 191

Thiophosphorsäure-0,0-diäthyl-0-(3-methylpyrazolyl-5)-ester „Pyrazothion", S. 193

Thiophosphorsäure-0,0-diäthyl-0-p-(methylsulfinyl)-phenylester „Bayer 25 141", S. 193

Thiophosphorsäure-0,0-diäthyl-0-4-nitrophenylester „E605", „Ekatox", „Folidol", „Parathion", „Thiophos 3422", S. 189, 190, 191, 193, 200, 201

Thiophosphorsäure-0,0-diäthyl-0-(pyrazinyl-2)-ester „Zitophos", S. 193

Thiophosphorsäure-0,0-diäthyl-0-(3,5,6-trichlor-2-pyridyl)-ester „Dursban"

Thiophosphorsäure-0,0-dimethyl-0,2-chlor-4-nitrophenylester „Dicapton", S. 191, 193

Thiophosphorsäure-0,0-dimethyl-0,3-chlor-4-nitrophenylester „Chlorthion", S. 193

Thiophosphorsäure-0,0-dimethyl-S-(5-methoxypyron-4,2-yl-methyl)-ester „Endothion", S. 193

Tabelle K. (Fortsetzung)

Thiophosphorsäure-0,0-dimethyl-0-(3-methyl-4-methylmercaptophenyl)-ester
„Fenthion", „Baytex", S. 190

Thiophosphorsäure-0,0-dimethyl-0-(3-methyl-4-nitrophenyl)-ester „Folithion",
S. 191, 193

Thiophosphorsäure-0,0-dimethyl-0-4-nitrophenylester „Parathion-Methyl", S. 191,
193

Thiophosphorsäure-0,0-dimethyl-0-2,4,5-trichlorphenylester „Ronnel", S. 193

3,5,4'-Tribromsalicylanilid, siehe 5,4'-Dibromsalicylanilid

Trichloracetonitril „Tritox", S. 189

1,1,1-Trichlor-2,2-bis-(p-chlorphenyl)-äthan DDT, S. 190, 191, 192, 194, 195, 200,
201, 202, 203, 204, 206

2,2,2-Trichlor-1-hydroxyäthylphosphorsäuredimethylester, siehe Phosphorsäure-
0,0-dimethyl-(2,2,2-trichlor-1-hydroxyäthyl)-ester

1,1,1-Trichlor-2-hydroxy-2,2-bis-(p-chlorphenyl)-äthan „Kelthane"

1,1,1-Trichlor-2,2-bis-(p-methoxyphenyl)-äthan DMDT, Methoxy-DDT, „Methoxychlor", S. 190, 192, 195, 203, 204

Trichlornitromethan, Chlorpikrin, S. 189

Trichloroxyäthylphosphorsäuredimethylester, siehe Phosphorsäure-0,0-dimethyl-
0-(2,2,2-trichlor-1-hydroxyäthyl)-ester

Triphenyl-3,4-dichlorbenzylphosphoniumchlorid „Eulan NK", S. 196, 205

Zinkchlorid (ZnCl$_2$), S. 197

Zinksilicofluorid, S. 197

Tabelle L. *Kurzbezeichnungen einiger Biozide in alphabetischer Reihenfolge*

(Abkürzungen: BF = bakterizide und fungizide Mittel, IA = Insektenabschrek-
kungsmittel, IG = Insektengifte, IS = Insektengifte mit systemischer Wirkung
NA = Nagetierabschreckungsmittel, NG = Nagetiergifte, SY = Synergisten)
BF siehe Tabelle C; IA, IG und IS siehe Tabelle K; NA, NG und SY siehe Tabelle M

Advastab 540 = Tributyl-Sn-Verbindung (Advance), BF, S. 111, 142

Aldrin = 1,2,3,4,10,10-Hexachlor-1,4,4a,5,8,8a-Hexahydro-1,4-endo-5,8-exo-di-
methylennaphthalin, IG

Alodan = Additionsprodukt von Hexachlorpentadien und cis-Dichlorbutan,
IG

ANTU = α-Naphthylthioharnstoff, NG

Bayer 16 259, siehe Gusathion A

Bayer 25 141 = Thiophosphorsäure-0,0-diäthyl-0-(p-methylsulfinyl)-phenylester,
IG

Bayer 29 493, siehe Fenthion

Bayer-Versuchsprodukt Ue 5931 = N-Fluordichlormethylthiophthalimid, BF

Bayer-Versuchsprodukt Ue 5933 = N-Dimethyl-N'-p-methylphenyl-N'-(fluordichlormethylthio)-sulfamid, BF

Baytex, siehe Fenthion

BHC (amerikanische Abkürzung für benzenehexachloride) = Hexachlorcyclohexan

Bladan = technisches Produkt mit mehr als 40% TEPP

Bulan = 2-Nitro-1,1-bis-(p-chlorphenyl)-butan = DNB, IG

Tabelle L. (Fortsetzung)

Busan 90 = 2-Brom-4'-hydroxyacetophenon, BF
Butonate = Phosphorsäure-0,0-dimethyl-2,2,2-trichlor-1-(n-butyryloxy)-ester, IG
Carbaryl = N-Methylcarbamidsäure-1-naphthylester, IG
Cefro = 2,3,4,5-Tetrachlorfurancarbonsäurediäthylester, NA
Celluflex (CEF) (= Celanese) = Tri-(2-chlormethyl)-phosphat, BF
Cetamoll QU (Bayer) = Tri-(2-chlormethyl)-phosphat, BF
Chloranil = Tetrachlorbenzochinon-p, BF
Chloranilsäure = 2,5-Dichlor-3,6-dihydroxy-1,4-benzochinon, BF
Chlordan = Octachlorhexahydromethylindol, IG
Chlorpikrin = Trichlornitromethan BF, NG
Chlorthion = Thiophosphorsäure-0,0-dimethyl-0,3-chlor-4-nitrophenylester, IG
Ciedrin = Phosphorsäure-0,0-dimethyl-0-(1-methyl-2-(1-phenylcarbäthoxy)-vi-
    nyl)-ester, IG
DDD, siehe TDE
DDT = 1,1,1-Trichlor-2,2-bis-(p-chlorphenyl)-äthan, IG
DDVP = Phosphorsäuredimethyldichlorvinylester, IG
Demeton, siehe Systox
DFDT = Difluordiphenyltrichloräthan, IG
DFP = Phosphorsäure-0,0-diisopropylesterfluorid, IG
Diaphene = Mischung aus 5,4'-Dibromsalicylanilid und 3,5,4'-Tribromsalicyl-
    anilid, IA
Diazinon = Thiophosphorsäure-0,0-diäthyl-0-(2-isopropyl-4-methylpyrimidyl-
    6)-ester, IG
Dicapton = Thiophosphorsäure-0,0-dimethyl-0-2-chlor-4-nitrophenylester, IG
Dichlorvos, siehe DDVP
Dicumarol = 3,3'-Methylendioxycumarin, NG
Dieldrin = 1,2,3,4,10,10-Hexachlor-1,4,4a,5,6,7,8,8a-octahydro-6,7-epoxy-1,4-
    exo-5,8-exo-dimethylnaphthalin, IG
Dilane = Mischung aus Prolan und Bulan im Verhältnis 1:2, IG
Dimefox = Phosphorsäure-bis-(dimethylamido)-fluorid, IS
Dimelone = Dimethyl-cis-dicylo-(2,2,1)-5-hepton-2,3-dicarboxylat, IS
Dimetan (Geigy) = N,N-Dimethylcarbamidsäure-5,5-dimethyldihydroresorcin-
    ester, IG
Dimethylcarbat = cis-Bicyclo-(2,2,1-hepton-5)-2,6-dicarbonsäuredimethylester,
    IA
Dimetilan = N,N-Dimethylcarbamidsäure-2-(N',N'-dimethylcarbamyl)-3-methyl-
    pyrazolyl-5-ester, IG
Dioxathion = Bis-dithiophosphorsäure-0,0-diäthyl-S,S'-2,3-(1,4-dioxanylen)-
    ester, IG
Dipterex, siehe Trichlorphon
Dixol (Raschig) = Dichlor-symm.-xylenol, BF
DMDT = 1,1,1-Trichlor-2,2-bis-(p-methoxyphenyl)-äthan, IG
DNB, siehe Bulan
DNP, siehe Prolan
Dowicide (Dow)
    1  = 2-Phenylphenol
    A  = Phenylphenolnatrium
    2  = 2,4,5-Trichlorphenol
    B  = 2,4,5-Trichlorphenolnatrium
    2S = 2,4,6-Trichlorphenol

Tabelle L. (Fortsetzung)

4  = 2-Chlor-4-phenylphenol
6  = 2,3,4,6-Tetrachlorphenol
F  = 2,3,4,6-Tetrachlorphenolnatrium
7  = Pentachlorphenol
G  = Pentachlorphenolnatrium
32 = Gemisch aus 4-Chlor-2-phenylphenol und 6-Chlor-2-phenylphenol
Dursban (Dow) = Thiophosphorsäure-0,0-diäthyl-0-(3,5,6-trichlor-2-pyridyl)-
    ester, IG
E 666, siehe Paraoxon
E 605 (Folidol, Thiophos 3422, Ekatox), siehe Parathion
Ekatox (E 605-Präparat (Sandox), siehe Parathion
Emittol = Phosphorsäure-0,0-dimethyl-0-1-(hydroxy-2,2,2-trichloräthyl)-ester, IG
Endosulfan = 6,7,8,9,10,10-Hexachlor-1,5,5a,6,9,9a-hexahydro-6,9-methylen-
    2,4,3-benzodioxathiepin-3-oxyd, IG
Endothion = Thiophosphorsäure-0,0-dimethyl-S-(5-methoxypyron-4,2-yl-
    methyl)-ester, IS
Endrin = 1,2,3,4,10,10-Hexachlor-6,7-epoxy-1,4,4a,5,6,7,8,8a-octahydro-1,4-
    endo-5,8-endo-dimethylen-naphthalin, IG
EPN = Phenylthiophosphorsäure-0-äthyl-0-4-nitrophenylester, IG
Ethyl-Guthion, siehe Gusathion A
Eulan (Bayer), IA
    BL  = 3,4-Dichlorbenzylsulfomethylamid
    CN  = 3,5,3′,5′,4″-Pentachlor-2,2′-dioxy-triphenylmethan-2,2′-sulfonsäure
    neu = 3,5,3′,5′-Tetrachlor-2,2′-dioxytriphenylmethan-2″-sulfonsäure
    NK  = Triphenyl-3,4-dichlorbenzylphosphoniumchlorid
    RHF = 4-Chlor-o-kresotinsäure
    U 33 = Alkylsulfonamidhalogendiphenyläther, S. 205
Fenchlorvos, siehe Ronnel
Fenthion  =  Thiophosphorsäure-0,0-dimethyl-0-(3-methyl-4-methylmercapto-
    phenyl)-ester, IG
Flexol 3 CF (Union Carbide) = Tri-(2-chlormethyl)-phosphat, BF
Flexol PEP (Union Carbide) = Di-(isodecyl)-4,5-epoxytetrahydrophthalat, BF
Folidol (E 605-Präparat, Bayer), siehe Parathion
Folithion  =  Thiophosphorsäure-0,0-dimethyl-0-(3-methyl-4-nitrophenyl)-ester
    IG, IS
Forstenon  =  Phosphorsäure-0,0-diäthyl-0-2,2-dichlor-1-(2-chloräthoxy)-vinyl-
    ester, IG
Fumarin = 3-(1-Furyl-2-acetyläthyl)-oxycumarin, NG
Gammexan, siehe Lindan
Gamophen, siehe Hexachlorophen
Gusathion = Dithiophosphorsäure-0,0-dimethyl-S-(3,4-dihydro-4-oxo-1,2,3-ben-
    zothiazinyl-3-methyl)-ester, IG
Gusathion  A  =  Dithiophosphorsäure-0,0-diäthyl-S-(3,4-dihydro-4-oxo-1,2,3-
    benzothiazinyl-3-methyl)-ester, IG
Guthion, siehe Gusathion
HCC, siehe Hexachlorcyclohexan
HCH, siehe Hexachlorcyclohexan
Heptachlor  =  1,4,5,6,7,8,8-Heptachlor-3a,4,7,7a-tetrahydro-4,7-endo-methylen-
    inden, IG
HETP = Erzeugnisse mit weniger als 20% TEPP (s. d.)

17*

Tabelle L. (Fortsetzung)

Hexa, siehe Hexachlorcyclohexan
Hexachlorophen = 2,2'-Methylen-bis-(3,4,6-trichlorphenol), BF
Hexosan, siehe Hexachlorophen
Indalon = 2,2-Dimethyl-2,3-dihydro-$\gamma$-pyron-6-carbonsäure-n-butylester, IA
Indandion = Hydrindendion-1,3, SY für NG, S. 216
Ipidan = Dithiophosphorsäure-0,0-dimethyl-S-phthalimidomethylester, IG
Isodrin = 1,2,3,4,10,10-Hexachlor-1,4,4a,5,8,8a-hexahydro-1,4-endo-5,8-endo-
    dimethylennaphthalin, IG
Isolan = N,N-Dimethylcarbamidsäure-1-isopropyl-3-methylpyrazolyl-5-ester, IG
Kepone = Dekachlor-octahydro-1,3,4-methano-2H-cyclobutan-(cd)-pentalen-
    2-on, IG
Lebaycid (Bayer), siehe Fenthion
Lindan = Hexachlorcyclohexan, IG
Malathion = Dithiophosphorsäure-0,0-dimethyl-S-(1,2-dicarbäthoxyäthyl)-ester,
    IG
Menazon = Dithiophosphorsäure-0,0-dimethyl-S-(4,6-diamino-1,3,5-triazin-2-yl-
    methyl)-ester, IG
Mercaptophos, siehe Fenthion
Mergal 10 (Riedel) = Phenyl-Hg-8-hydroxychinolat, BF
Mergal 0 30 (Riedel) = Phenyl-Hg-oleat, BF
Methoxychlor, siehe DMDT
Methoxy-DDT, siehe DMDT
Methyl-Parathion, siehe Parathion-Methyl
Mirex = Dodekachloroctahydro-1,3,4-methano-2-H-cyclobuta-(cd)-pentalen, IG
Mitin FF (Geigy) = Dichlorphenylharnstoffderivat der 4,4'-Dichlor-1,1'-diphenyl-
    äther-2-sulfosäure, IA, S. 196, 206
Myxal (Thomae) = n-Alkyltriphenylphosphoniumbromid, BF
Nalcon 246 = 3,5-Dimethyl-3,5-2 H-tetrahydrothiadiazin-2-thion, BF
Naled = Phosphorsäure-0,0-dimethyl-2,2-dichlor-1,2-dibromäthylester, IG
Novex (Böhringer) = 2,2'-Dioxy-5,5'-dichlordiphenylsulfid, BF
Nuvan, siehe Dichlorvos
OMPA = Bis-(bis-dimethylamino)-phosphorsäureanhydrid, IS
Paraoxon = Phosphorsäure-0,0-diäthyl-0-4-nitrophenylester, IG
Parathion = Thiophosphorsäure-0,0-diäthyl-0-4-nitrophenylester (E 605), IG
Parathion-Methyl = Thiophosphorsäure-0,0-dimethyl-0-4-nitrophenylester, IG
Perthane = 1,1-Dichlor-2,2-bis(p-äthylphenyl)-äthan, IG
Phosdrin = Phosphorsäure-0,0-dimethyl-(2-carbomethoxy-1-methylvinyl)-ester,
    IG
Phosphamidon = Phosphorsäure-0,0-dimethyl-(diäthylamino-1-chlorcrotonyl-2)-
    ester, IG
Pival, siehe Indandion
Pomarsol (Bayer) = Tetramethylthiuramdisulfid, BF
Potasan = Thiophosphorsäure-0,0-diäthyl-0-(4-methylcumarinyl-7)-ester (Bayer),
    IG
Preventol (Bayer), BF
    BP      = Chlorbenzylphenol
    BZ      = Benzylphenol
    C8      = Cu-8-hydroxychinolat
    CMK   = 4-Chlor-3-kresol
    flüssig I = Trichlorphenolnatrium

Tabelle L. (Fortsetzung)

```
GD        = 2,2'-Dihydroxy-5,5'-dichlordiphenylmethan
K 1       = chlorierte Phenole
O         = 2-Phenylphenol
ON        = 2-Phenylphenolnatrium
PN        = Pentachlorphenolnatrium
```
Prolan = 2-Nitro-1,1-bis-(p-chlorphenyl)-propan, IG
Pyrazothion = Thiophosphorsäure-0,0-diäthyl-0-(3-methylpyrazolyl-5)-ester, IG
Pyrazoxon = Phosphorsäure-0,0-diäthyl-0-(3-methylpyrazolyl-5)-ester, IG
Pyrolan = N,N-Dimethylcarbamidsäure-6-methyl-1-phenylpyrazolyl-5-ester, IG
Raluben (Raschig), BF
```
    K und P = chlorierte Phenole
    S       = halogenierte Alkylphenole
```
Raschit (Raschig), BF
```
    BP                = Benzylphenol
    K, 45, 50 flüssig = 4-Chlor-3-kresol
    W                 = 4-Chlor-3-kresolnatrium
```
Ronnel = Thiophosphorsäure-0,0-dimethyl-0-2,4,5-trichlorphenylester, IS
Rutgers 612 = 2-Äthylhexandiol-1,3, IA
Schradan, siehe OMPA
Simplan-extra (Simpron) = Salicylanilid, BF
Soligen-Kupfer = Kupfernaphthenat, BF
Stroban = chlorierte Terpene (chloriertes Gemisch von Camphen und Pinen),
    IG
Sulfotepp = Dithiopyrophosphorsäuretetraäthylester, IG
Systox = Gemisch aus Thiophosphorsäure-0,0-diäthyl-0-äthylthioäthyl-ester
    (Demeton 0) und Thiophosphorsäure-0,0-diäthyl-S-äthyl-thioäthylester (De-
    meton W), IS, S. 193
TBTO = Bis-(tri-n-butyl-Sn)-oxyd, BF
TDE (DDD) = 1,1-Dichlor-2,2-bis-(p-chlorphenyl)-äthan, IG
Telodrin = 1,3,4,5,6,7,8,8-Octachlor-3a,4,7,7a-tetrahydro-4,7-methylenphthalan,
    IG
TEPP = Tetraäthylpyrophosphat, IG
Thiodan, siehe Endosulfan
Thiometon = Dithiophosphorsäure-0,0-dimethyl-S-2-(äthylthio)-äthylester, IG
Thiophos 3422 (E 605-Präparat, American Cyanamid Co), siehe Parathion
THPC = Tetrakis-(hydroxymethyl)-phosphoniumchlorid, BF
Tin-San = Tributyl-Sn-Komplex (Äthylenoxydadditionsprodukt des Abietyl-
    amins), BF
TMTD = Tetramethylthiuramdisulfid, BF, NA
Toralit (Casella) = Cu-8-hydroxychinolat, BF
Toxaphen = Octachlorcamphen, IG, NA
Trichlorphon = Phosphorsäure-0,0-dimethyl-0-(2,2,2-trichlor-1-hydroxyäthyl)-
    ester, IG, IS
Trolone, siehe Ronnel
UA-Salze = U-Salze mit Arsenanteil, BF, S. 93, 196
U-Salze = Natriumfluorid + Kaliumbichromat, gelegentlich mit Zusatz von
    Dinitrophenolen, BF, S. 93, 196
Warfarin = 3-(1-Phenyl-2-acetyläthyl)-4-hydrocycumarin, NG
Xylamon = Chlornaphthalinpräparate, BF, S. 199
ZAC = Zn-Dimethyldithiocarbamatcyclohexylamin, NA

Tabelle L. (Fortsetzung)

Zephirol = Alkyldimethylbenzylammoniumchlorid, BF, S. 91
Zitophos = Thiophosphorsäure-0,0-diäthyl-0-(pyrazinyl-2)-ester, IG
Zyklon = Cyanwasserstoffsäure, IG, NG

Tabelle M. *Rodentizide und Nagetierabschreckungsmittel*
(erwähnte Substanzen und einige Präparate des Handels in alphabetischer Reihenfolge)
(Abkürzungen: NA = Nagetierabschreckungsmittel [einschl. der als Nagetier-
abschreckungsmittel geprüften Verbindungen], NG = Nagetiergifte [Durch-
gasungsmittel und Ködergifte])

Actidion (Nebenprodukt bei der Streptomycin-Herstellung), NA, S. 219
N-Allylphthalimid, NA, S. 218
Ammoniumverbindungen, quarternäre, NA, S. 217
N-Amyl-phthalimid, NA, S. 218
Amylthiuroniumbromid, NA, S. 218
Arsenverbindungen, NG, S. 215
Arsoniumverbindungen, NA, S. 218
Äthylthiuroniumjodid, NA, S. 218
Benzylthiuroniumacetat, NA, S. 218
Benzylthiuroniumchlorid, NA, S. 218
Benzylthiuroniumcrotonat, NA, S. 218
Benzylthiuroniumpikrat, NA, S. 218
Benzylthiuroniumpropionat, NA, S. 218
Benzylthiuronium-p-toluat, NA, S. 218
Boroniumverbindungen, NA, S. 218
N-Butyl-phthalimid, NA, S. 218
Butylthiuroniumbromid, NA, S. 218
sek.-Butylthiuroniumjodid, NA, S. 218
Citraconimid, NA, S. 218
Cumarinverbindungen, siehe Tabelle L. „Dicumarol", „Fumarin" und „Warfa-
rin", S. 216
Cyanwasserstoff (Blausäure) „Zyklon", NG, S. 215
N-Dodecyl-maleinimid, NA, S. 218
Dodecylthiuroniumchlorid, NA, S. 218
Fluoressigsaures Natrium, NG, S. 215
3-(1-Furyl-2-acetyläthyl)-oxycumarin „Fumarin", NG, S. 216
Heptylthiuroniumbromid, NA, S. 218
N-Hexyl-phthalimid, NA, S. 218
N-Isobutyl-phthalimid, NA, S. 218
Isobutylthiuroniumbromid, NA, S. 218
Isobutylthiuroniumjodid, NA, S. 218
Isopropylthiuroniumbromid, NA, S. 218
Kupfersulfat, NA, S. 217
Maleinimid, NA, S. 218
3,3'-Methylendioxycumarin „Dicumarol", NG, S. 216
N-Methyl-maleinimid, NA, S. 218
Methylthiuroniumsulfat, NA, S. 218
α-Naphthylthioharnstoff ANTU, NG, S. 216

Tabelle M. (Fortsetzung)

Natriumsilicofluorid, NA, S. 217, 219
Parachinondioxim, NA, S. 219
Pentachlorphenolnatrium, NA, S. 217
3-(1-Phenyl-2-acetyläthyl)-4-hydroxycumarin „Warfarin", NG, S. 216
N-Phenyl-citraconimid, NA, S. 218
Phosphoniumverbindungen, NA, S. 218
Propylthiuroniumjodid, NA, S. 218
Pyridiniumverbindungen, NA, S. 218
Saccharoseoctacetat, NA, S. 217
Scillirosid, Wirkstoff der roten Meerzwiebel, NG, S. 216
Strychnin, NG, S. 215
Sulfoniumverbindungen, NA, S. 218
2,3,4,5-Tetrachlorfurancarbonsäurediäthylester CEFRO, NA, S. 219
Tetramethylthiuramdisulfid TMTD, NA, S. 217, 219
Thalliumverbindungen, NG, S. 215
N-p-Toluyl-citraconimid, NA, S. 218
Trichlornitromethan „Chlorpikrin", NG, S. 215
Trinitrobenzolkomplexe (Aminokomplexe), NA, S. 217, 219
Zinkdimethyldithiocarbamatcyclohexylamin ZAC, NA, S. 217, 219
Zinkphosphid, NG, S. 215

# Literatur

1. American Standards Association: Fungicides, evaluation on textiles: Mildew and rot resistance of textiles. AATCC 30-1957 T (1960).
2. BAEKELAND, LEO, H.: DRP 281 454.
3. BARNES, H., and H. T. POWELL: Some observations of the effect of fibrous glass surfaces upon the settlement of certain sedentary marine organisms. J. Marine Biol. Assoc. United Kingdom **XXIX**, 209—302 (1950).
4. BARSTEIN, R. S., u. E. A. AKOPDZANJAN: Über die Beständigkeit von Weich-Polyvinylchlorid gegen Mikroorganismen. Kunststoffe 5, 64, 65 (1963).
5. BASEMANN, A. L.: Antimicrobial agents for plastics. Plastics Technol. **12/9**, 33—37 (1966).
6. BASKIN, A. D., and A. M. KAPLAN: A study of mixed-spore culture and soil-burial procedures in determining mildew resistance of vinyl-coated fabrics. Appl. Microbiol. **4/6**, 288—293 (1956).
7. BAUER, O., u. O. VOLLENBRUCK: Über den Angriff von Metallen durch Insekten. Z. Metallk. **22**, 230—233 (1930).
8. BAUMANN, E.: A. **161**, 308 (1878).
   Bayer, siehe Farbenfabriken Bayer.
9. BECKER, G.: Zur Ernährungsphysiologie der Hausbock-Käferlarven (Hylotrupes bajulus L). Naturwissenschaften **26**, 462, 463 (1938).
10. —, B. SCHULZE und E. SCHULZ: Prüfung der vorbeugenden Wirkung von Holzschutzmitteln gegen Termiten. Wiss. Abhandl. deut. Materialprüfungs-anstalt. II. Folge **III**, 40—55 (1942).
11. —— Der Einfluß verschiedener Versuchsbedingungen bei der Termitenprüfung von Holzschutzmitteln unter Verwendung von Calotermes flavicollis als Versuchstier. Wiss. Abhandl. deut. Materialprüfungsanstalt. II. Folge **III**, 55—66 (1943).
12. — Zerstörung des Holzes durch Tiere. In: MAHLKE, F., u. E. TROSCHEL, Handbuch der Holzkonservierung, 3. Aufl., S. 111—165. Herausgegeben von J. Liese. Berlin-Göttingen-Heidelberg: Springer 1950.
13. —, u. B. SCHULZE: Laboratoriumsprüfung von Holzschutzmitteln gegen Meerwasser-Schädlinge. Wiss. Abhandl. deut. Materialprüfungsanstalt. II. Folge, H. 7, Holzschutzmittelprüfung und -forschung **III**, 76—83 (1950).
14. —, u. W. D. KAMPF: Die Holzbohrasseln der Gattung Limnoria (Isopoda) und ihre Lebensweise, Entwicklung und Umweltabhängigkeit. Z. angew. Zool. **42**, 477—517 (1955).
15. — Holzzerstörende Tiere und Holzschutz im Meerwasser. Holz als Roh- u. Werkstoff **16**, 204—215 (1958) (100 Zit.).
16. — Handbuch der Werkstoffprüfung, 5. Band, XVIII. Biologische Untersuchungen an Textilien, S. 971—1007. 1960.
17. —, u. H. KÜHNE: Prüfung von Tauwerk aus natürlichen und synthetischen Fasern auf Widerstandsfähigkeit gegen Bohrasseln. Melliand **42**, 1352 bis 1356 (1961).
18. — Schäden an Kunststoffen durch Tiere. Z. angew. Zool. **49**, 95—109 (1962).

19. — Allgemeines über die Laboratoriumsprüfung der Beständigkeit von Werkstoffen und der Wirksamkeit von Schutzmitteln gegen Termiten. Materialprüfung **4/6**, 215—222 (1962).

20. — Die Widerstandsfähigkeit von Kunststoffen gegen Termiten. Materialprüfung **5/6**, 218—232 (1963).

21. — Testing results on termite resistance of plastics. R.I.L.E.M. Intern. Assoc. Testing and Research Lab. for Materials and Structures Bull. **25**, 93—97 (1964).

22. — Vergleiche der Wirksamkeit von Holzschutzmitteln gegen Pilze und Insekten. Holz als Roh- u. Werkstoff **22/2**, 51—57 (1964).

23. — Prüfung der Wirksamkeit synthetischer Kontaktinsektizide auf vier Termiten-Arten. Holz als Roh- u. Werkstoff **23/12**, 469—478 (1965).

24. — Termitenabschreckende Wirkung von Kiefernholz. Holz als Roh- u. Werkstoff **24/10**, 429—432 (1966).

25. — Prüfung der Wirksamkeit wasserlöslicher Holzschutzmittel auf drei Termiten-Arten. Materialprüfung **8/12**, 445—454 (1966).

26. BECKER, K.: Über die Beschädigung kunststoffisolierter Leitungen durch Nagetiere. Elektrotech. Z. **12/13**, 311—314 (1960).

27. BEERSTECHER, jr., E.: Petroleum Microbiology. Houston and New York: 1954.

28. BELLACK, E., and J. B. DEWITT: Rodent repellents. Preparation and Properties of thiouroniumcompounds and cyclic imides. J. Agr. Food Chem. **2**, 1176—1179 (1954).

29. BENDER, H.: Chlorination. A. P. 2 010 841.

30. BENNETT, R. F.: Biologically active chemicals — development of organotins. Rubber & Plastics Age **46**, 260, 261 (1965).

31. —, and R. J. ZEDLER: Biologically active organotinn compounds in paint manufacture. J. Oil & Colour Chemists Assoc. **49/11**, 928—953 (1966).

32. BERK, S.: Effect of fungus growth on the tensile strength of polyvinylchloride films plasticized with three plasticizers. ASTM Bull. **168**, 53—55 (1950).

33. —, H. EBERT, and L. TEITELL: Utilisation of plasticizers and related organic compounds by fungi. Ind. Eng. Chem. **49/7**, 1115—1124 (1957).

34. BIELE, M.: Beitrag über Erfahrungen mit Testmethoden für die Entwicklung von Schiffsbodenfarben. Farbe u. Lack **72/5**, 422—424 (1966).

35. BIERI, B.: Schimmelpilzfestigkeit von Isolierwerkstoffen elektrischer Leiter. Arch. angew. Wiss. Techn. **25**, 210—216 (1959).

36. BIRO, IST VAN, u. M. PARKANY: Vulkanisationsbeschleuniger mit stark fungizider Wirkung. Mágyar Kém. Folyóirat (Ungar. Z. Chem. **68**, 437—439 (1962).

37. BIRCH-HIRSCHFELD, L.: Abbau von Acetylen durch Mycobacterium Lacticola. Z. Bact. Abt. II **86**, 113 (1932).

38. BLAKE, J. T., and D. W. KITCHIN: Effect of Soil Microorganisms on Rubber Insulation. Ind. Eng. Chem. **41**, 1633—1641 (1949).

39. — —, and O. S. PRATT: Failures of rubber insulation caused by soil-microorganisms. Electronic Eng. **69**, 782 (1950).

40. — — — Microbiological deterioration of rubber insulation. Electronic Eng. **72**, 960 (1953).

41. BLEW, J. O., and H. R. JOHNSTON: An international termite exposure test — 23. Ann. Final Report. Proc. Am. Wood-Preservers Assoc. **53**, 225—234 (1957) (nach G. BECKER).

42. BLOCK, S. S.: Protection of paper and textile products from insect damage. Ind. Eng. Chem. **43**, 1558—1563 (1951).

43. Blumer, L.: Kondensation von Phenol und Formaldehyd mit Weinsäure. DRP 172 874.

44. Bomar, I.: Beimpfung mit trocknen Sporen. Kunststoffe **1**, 68—70 (1962).

45. Bomar, M.: Beitrag zum Studium der Widerstandsfähigkeit des Poly-ε-caprolactams gegen Mikroorganismen. Plaste u. Kautschuk **4/8**, 287—289 (1957).

46. Bonde, G., u. B. Lunn: (Aufklärung darüber, daß „phenolischer Abbau" durch Zersetzung der Jute in Kabelmänteln zustande kommt). Ingeniøren (Internationale Ausgabe) **2** (3), 103—109 (1958).

47. Bosz, Fr.: Die Oberflächenbehandlung des Holzes. Bern: 1956.

48. Boyle, R. J.: Rot proofing of cellulosic fibers by a modified cure rosin treatment. Textile Research J. **34**, 319—324 (1964).

49. Brandt, A. von: Zur Fäulnisfestmachung von Textilien, besonders Fischnetzen. Melliand **25**, 314—317 (1944).

50. — Widerstandsfähigkeit von „Perlon"-Tauwerk gegen Bewuchs. Arch. Fischereiwiss. **11**, 60—69 (1960).

51. Braun, R.: Tiere als Schadenstifter. Maschinenschaden **34**, 3/4, 41—46 (1961).

52. British Insulated Calender's Cables Ltd.: Electric cables with reduced susceptibility against attack from insects and rodents. Austral. P. 233 384.

53. Broese, van Groenou H., u. H. Bollmann: Zur Frage der Imprägnierung feuchter Buchenschwellen. Holz als Roh- u. Werkstoff **16**, 229—233 (1958).

54. Brohmer, P.: Fauna von Deutschland. Heidelberg: 1925.

55. Brockmann, K., u. R. Schnell: Aluminium-Kunststoff-Verbundfolien. Kunststoffe **46**, 244—249 (1956).

56. Brown, A. E.: The problem of fungal growth. Modern Plastics **23/8**, 189 bis 195, 254, 256 (1946).

57. Bruns, E.: Ozeanologie Bd. 1. Ost-Berlin: 1958.

58. Budig, P. K.: Ermittlungen und Untersuchungen zur Frage der Termitenfestigkeit. Deut. Elektrotech. **11/6**, 265—268 (1957).

59. Burgess, R., and A. E. Darby: Two tests for the assessment of microbiological activity on plastics. Brit. Plastics **37/1**, 32—38 (1964).

60. — — Microbiological testing of plastics. Brit. Plastics **38/3**, 165—169 (1965).

61. Bushnell, L. D., and H. F. Haas: The antilization of certain hydrocarbons by microorganisms. J. Bacteriol. **41**, 653 (1941).

62. Butin, H.: Verschärfte Mümdener Streifenmethode. Verfahren zur Bewertung der bläuehemmenden Eigenschaft öliger Grundiermittel. Farbe u. Lack **71**, 373, 374 (1965).

63. Cartwright-Findlay: Decay of timber and its prevention. London: 1958.

64. Champagnat, A., Ch. Vernet, B. Laine et J. Pilosa: Déparaffinage microbiologique avec production de concentrées protéines — Vitamines. 6. World Petroleum Congress Proceedings Sect. IV, 259—276 (Paper 4).

65. Channon, H. J., and G. A. Collinson: The unsaponifiable fraction of liveroils. V. The absorption of liquid paraffin from the alimentary tract in the rat and the pig. Biochem. J. **23**, 676—688 (1929).

66. Chapin, T. C.: (Die in Amerika meist verwendeten bakteriziden und fungiziden Mittel). Developments in Industrial Microbiology, Vol. 1, p. 59—64. New York: 1960.

67. Chellis, R. D.: Finding and fighting marine borers. Part I: Destructive borers and how they work. Eng. News-Record **140**, Vol. P., 344—347 (1948).

68. — Finding and fighting marine borers. Part II: Geographic range and natural control. Eng. News-Record **140**, Vol. P., 422—424 (1948).

69. Chemische Fabrik Griesheim-Elektron, Frankfurt/M. (Erf.: F. Klatte): Verfahren zur Darstellung der Halogen-Wasserstoffadditionsprodukte des Acetylens. DBP 278 249 (1. Okt. 1912).

70. Ciba AG, Basel/Schweiz (Erf.: H. Martin und A. Ruperti): Antimikrobielle Behandlung von Kunststoffen. Schw. P. 403 390 (15. 6. 66).

71. CLAPP, W. F., and R. KENK: Marine borers. A preliminary bibliography. (1685 Referate) Library of congress techn. inform. Div. Washington D. C. Part I Feb. 1956, Part II Jun. 1957. Catalog Card No. 56-60020.

72. CLIFTON, C. E.: Introduction to the bacteria. New York: 1950.

73. CONKEY, J. H., and J. A. CARLSON: Relative toxicity of biostatic agents suggested for use in the pulp and paper industry — 1965 supplement. Tappi **78/11**, 109 A (1965).

74. CONNER, C. R., and G. S. DANNAR: Durability of zirconium-based antimicrobial treatments on cotton. Textile Research J. **36/4**, 359—367 (1966).

75. —, and B. L. ISAACSON: Microbiological protection of cotton with copper and silver fungicides. Textile Reserach J. **36/4**, 367—370 (1966).

76. CONNOLLY, R. A.: Effect of seven-year marine exposure on organic materials. Mat. Res. & Standards **3**, 193—201 (1963).

77. COOKE, E. I.: Biological attack by ennemies of electric cables. Telcon-House Magazine **32**, 1 (1956).

78. CORNIDES, L.: Certain improvements in saturating and coating or covering leather, paper and textile fabric. E. P. 745 vom 2. Okt. 1855.

79. CYSIN, H.: Über einige neue Insektizide. Chimia (Switz.) **8**, 205—210 (1954).

80. DACHTLER, H.: Mikroorganismen der menschlichen Haut und ihre Wirkung auf verschiedene Textilfasern. Melliand **33**, 705—710 (1952).

81. DAVEY, P. M., and T. G. AMOS: Testing of paper and other sack materials for penetration by insects which infest stored products. J. Sci. Food Agr. **12**, 177—187 (1961).

82. DAWSON, R. T.: Resistance of synthetic rubbers and resins to bacteria fungi, insects and other pest. J. Rubber Research **15**, 1—9 (1946).

83. DE COSTE, J. B.: Advances in vinyl plastics test methods. SPE Journal **16**, 1132 (1960).

84. DELITSCH: Systematik der Schimmelpilze. Bd. 1 der Erg. d. theoret. u. angew. Mikrobiol. Neudamm: 1941.

85. Department of Scientific and Industrial Research, New Zealand. Euwid KD 13 v. 31. 3. 1965 (344).

86. DeWITT, J. B.: Rodent control. Soap Chem. Specialties **33/6**, 87, 89, 92 (1957).

87. DIETRICH, G., u. K. KALLE: Allgemeine Meereskunde. Berlin-Nikolassee: 1957.

88. DÖDERLEIN, L.: Bestimmungsbuch Insekten. München u. Berlin: 1932.

89. DOMAGK, G.: Eine neue Klasse von Desinfektionsmitteln. Deut. med. Wochschr. **61**, 829—832 (1935).

90. DUNCAN, C. G.: (Zerstörung von Holz durch Erdpilze). Developments in Industrial Microbiology, Vol. 1, p. 148—156. New York: 1960.

91. DUPIRE, A., et M. RANCOURT: Un insecticide nouveau, l'hexachlorure de benzène. Compt. rend. acad. agr. France **29**, 470 (1943).

92. EASTMAN, G.: (Beschichtungsvorrichtung für photographische Filme). A. P. 471 469 (angem. 1894).

93. EGGERT, J., u. H. HOPFF: Über den Angriff von Polystyrol durch Insektenlarven. Kunststoffe **49**, 323 (1959).

94. EIDMANN, H.: Lehrbuch der Entomologie. Berlin: 1941.

95. EICHLER, W.: Handbuch der Insektizidkunde. Ostberlin: 1965.

96. Enebo, L.: Studies in cellulose decomposition. Stockholm: 1954.
97. Erikson, D. J.: (Kohlenwasserstoffe zerstörende Bodenbakterien). Gen. Microbiol. 1, 39 (1947).
98. Ernst, W., u. M. Sorkin: Zur Prüfung bakterienhemmender Gewebe. Textil-Rundschau 15/5, 233—238 (1960).
99. Essig, E. O., W. M. Hoskins, E. G. Linsley, A. E. Michelbacher, and R. F. Smith: A report on the penetration of packaging materials by insects. J. Econ. Entomol. 36, 822—829 (1943).
100. — Insects ... their relation to packages and packaging materials. Modern Packaging 18/7, 135—141, 182 (1945).
101. Euwid KD 48 v. 25. 11. 1965: Holz-Kunststofflegierungen durch Strahlen-polymerisation.
102. Evans, M., and E. G. Bobalek: Accelerated test for mildew resistance of oil paints. Ind. Eng. Chem. 48, 122—125 (1956).
103. Evans, B. R., and J. E. Porter: The incidence, importance and control of insects found in stored food and food handling areas of ships. J. Econ. Entomol. 58, 479—481 (1965).
104. Farbenfabriken Bayer AG, Leverkusen: Schutz von Keratin- und cellulose-haltigen Materialien gegen Angriff von Termiten. DAS 1 027 459 (ausgel. 3. 4. 58).
105. — Verfahren zum Dauerschutz von Fäden, Fasern, Filmen oder Folien aus regenerierter Cellulose oder Cellulosederivaten gegen Termiten. DAS 1 068 421 (ausgel. 5. 11. 59).
106. — Verfahren zur Herstellung termitenfester Kautschukartikel. DAS 1 114 314 (ausgel. 28. 9. 61).
107. — Mikrobizide Mittel für Anstriche und Kunststoffüberzüge. DAS 1 238 139 (ausgel. 6. 4. 67).
108. Farrar, W. V.: Chemistry of triphenylmethan-type moth proofing agents. J. Appl. Chem. London 10, 207—213 (1960).
109. Flügge, R.: Die gesamte Schutzbehandlung des Bauholzes. Halle/S.: 1954.
110. Freiberger, A., and C. P. Cologer: A laboratory methodology for studying marine fouling. A.C.S. Div. Org. Coatings Plast. Chem. 24, 93—102 (1964).
111. — — A laboratory methodology for studying marine fouling. Offic. Digest 36, 1198—1209 (1964).
112. Friedrich, H.: Meeresbiologie. Berlin-Nikolassee: 1965.
113. Frings, H.: Inorganic salts as repellents for package—penetrating insects. J. Econ. Entomol. 41, 413 — 417 (1948).
114. Frobisher, jr., M.: Fundamentals of bacteriology, 3. Aufl., p. 47, 48, 382. Philadelphia Pa.: 1947.
115. Fusey, P.: Le problème des moisissures. Ind. plastiques mod. Paris 8/3, 38 (1956).
116. Gagel, E.: Die sieben Meere. Braunschweig-München-Berlin-Hamburg-Kiel-Darmstadt: 1955.
117. Gagliardi, D. D., W. J. Jutras, jr., and F. B. Shippee: Vapor phase reactions on cotton. Part I: General considerations and partial results. Textile Research J. 36/2, 168—177 (1966).
118. Garnier, G., et C. Magnoux: Protection des matériaux et matériels contre les principaux agents biologiques de dégradation. Corrosion et anti-corrosion Vol. 10, 9—22, 47—57 (1962).
119. Gascoigne, Ph. D.: Industrial significance of the microbial breakdown of cellulose. Chem. & Ind. London 21, 693—696 (1961).

120. GAY, F. J., and A. H. WETHERLY: Laboratory studies of termite resistance. IV. The termite resistance of plastics. Commonwealth Sci. Ind. Res. Organizat. Australia, Div. Enthomol. Techn. Pap., No. 5, p. 3—31, 1962.

121. GENTH, H.: Konservierung von Anstrichfarben und mikrobizide Wirkstoffe für Anstrichfilme. Schweiz. Arch. angew. Wiss. u. Tech. **30**, 354—356 (1964).

122. GERHARDT, P. D., and D. L. LINDGREN: Penetration of various packaging films by common stored-products insects. J. Econ. Entomol. **47**, 282 bis 287 (1954).

123. — — Penetration of additional packaging films by common stored-product insects. J. Econ Entomol. **48**, 108, 109 (1955).

124. GIESEN, M.: Metallorganische Verbindungen als Biocide für Anstrichstoffe. Deut. Farben-Z. **20**, 457—468 (1966).

125. GIRARD, T. A., and C. F. KODA: Pink discolorations of vinyls. Modern Plastics **36/10**, 148 (1959).

126. GOETSCH, W.: Die Staaten der Ameisen. Berlin: 1937.

127. GÖHRE, K.: Werkstoff Holz. Berlin: 1954.

128. GOLL, M., and G. COFFEY: Paint, Oil, Chem. Rev. **111/16**, 14 (1948).

129. GOODWIN, H.: (Verwendung von Celluloidstreifen als Träger für fotografische Emulsionen). A. P. 610 861 (ert. 1893).

130. GOOS, A.: Handbuch der Insektizidkunde, Teil 51, S. 389—410. Der Wirkungsmechanismus der Insektizide bei Insekten. Herausg. W. Eichler, Berlin: 1965.

131. GÖSSWALD, K.: Methoden der Prüfung von Textilien auf Termitenfestigkeiten im fabrikneuen und im Gebrauchszustand. Z. angew. Entomol. **31**, 99—134 (1949).

132. —, u. W. KLOFT: Zur Laboratoriumsprüfung von Textilien auf Termitenfestigkeit mit Kalotermes flavicollis FABR. Entomol. Exp. et Appl. **2**, 268—278 (1959).

133. GOUCK, H. K., and I. H. GILBERT: Field tests with new tick repellents in 1954. J. Econ. Entomol. **48**, 499—500 (1955).

134. Government Research Report AD 601 278 Sept. 1961: Introductory Bibliography on microbial resistance of thermosetting plastics (Liste von 58 Veröffentlichungen).

135. — AD 601 280 (1958): Bibliography on bacterial degradation of textile and cellulose (Liste von 159 Veröffentlichungen).

136. — AD 601 285 (März 1961): Bibliography on degradation of polyvinylchloride by soil microorganisms (Liste von 60 Veröffentlichungen).

137. — AD 601 301 (Jan. 1963): Effect of fungi on electric and electronic equipment (Liste von 113 Veröffentlichungen).

138. — AD 601 309 (Okt. 1962): Bibliography on resistance of plastics to microorganisms, insects, rodents and other pests (Liste von 354 Veröffentlichungen).

139. GRAY, P. H. H., and H. G. THORNTON: Soil bacteria that decompose certain aromatic compounds. Z. Bacteriol. II. Abt. **1928**, 73, 74.

140. GREATHOUSE, G. A., and C. J. WESSEL: Deterioration of materials: causes and preventive technics. New York: 1954.

141. GREFF, G., u. K. LÖHBERG: Bleikabelschaden durch eine Holzwespe. F.T.Z. **1950**, 122—125.

142. HAAG, F. E.: Die saprophytischen Mycobacterien. Z. Bacteriol. Abt. II **71**, 1—45 (1927).

143. HAENSLER, C. M.: Thesis to Rutgers College, 1921.

144. HALDENWANGER, H.: Über die Bakterizidie oberflächenaktiver Stoffe. Z. Bacteriol. Abt. I **153**, 263—268 (1949).

145. — Zur Bestimmung der Eindruckhärte von Kunststoffen. Kunststoffe **51**, 82—86 (1961).

146. — Zur Bestimmung der Abriebfestigkeit von Erzeugnissen aus Kunststoff, Teil I: Abriebprüfgeräte. Kunststoff-Rundschau **12**, 1—8 (1965), Teil II: Theorie und Ergebnisse der Abriebprüfung. Kunststoff-Rundschau **12**, 61—68 (1965).

147. HARRIS, J. O.: Bacterial-environmental interactions in corrosion on pipelines: Ecological analysis. Corrosion **20/11**, 335—340 (1964).

148. HASE, A.: Wollschäden und Dauerschutz der Wolle durch „Eulan"-Behandlung. Mitt. biol. Zentralanst. Land- u. Forstwirtsch. Berlin-Dahlem **72** (1951).

149. HAUSAM, W., u. R. RUPP: Die Ausrüstung von Textilien mit Konservierungs- und Imprägnierungsmitteln und ihre zweckmäßige Prüfung gegenüber celluloseangreifenden Mikroben. Melliand **39**, 429—433 (1958).

150. — — Ausrüsten von Textilien mit Konservierungs- und Imprägnierungsmitteln und ihre zweckmäßige Prüfung gegenüber celluloseangreifenden Mikroben. III. Mitteilung: Der Erdfaulversuch, Beurteilung von Erde verschiedener Herkunft. Melliand **40**, 1465—1468 (1959).

151. HENDEY, N. I.: A tropical testing cabinet for fungicidal anticondensation paints. J. Oil & Colour Chemists Assoc. **48/12**, 1111—1116 (1965).

152. HERFS, A.: Insektenschäden an Kunstseide. Melliand **17**, 689—704, 765—772 (1936).

153. — Die Termitenstation der Farbenfabriken Bayer in Leverkusen. Leverkusen: 1950.

154. — Die wirtschaftliche Bedeutung der Termiten in tropischen Ländern. Leverkusen: 1952.

155. HEROLD, W.: Über die Härte der Nagezähne der Wanderratte und einiger anderer Nager. Anz. Schädlingskunde **23**, 145—178 (1950).

156. HERZOG, R., u. O. WÄLCHI: Holzwurmfraß an Gummibodenbelag. Schweiz. Arch. angew. Wiss. u. Tech. **23/3**, 84 (1957)

157. HIGGINS, B.: (Di-pentachlorphenylphosphat als fungizides Mittel für Textilien). DBP 936 327 (10. 11. 1955).

158. HIRSCHFELD, H.: Anstrichschäden durch Schimmelpilze und ihre Verhütung **69**, 174—181 (1963).

159. HOCH, P. E., G. M. WAGNER, and W. J. VULLO: The bactericidal properties of THPC — resinated cotton fabric. Textile Research J. **36/8**, 757, 758 (1966).

160. HÖCHTLEN, A., u. W. DROSTE, siehe IG-Farbenindustrie AG.

161. HOFFMANN, E., and O. GERRGOUSIS: Phenylmercury compounds as fungicides. J. Oil & Colour Chemists Assoc. **43**, 779—786 (1960).

162. —, and B. BURSZTYN: Phenylmercury compounds as fungicides. J. Oil & Colour Chemists Assoc. **46**, 460—468 (Part II) (1963).

163. — — Phenylmercury compounds as fungicides. J. Oil & Colour Chemists Assoc. **47**, 871—877 (Part III) (1964).

164. —, A. SARACZ, and J. R. BARNED: Phenylmercury compounds as fungicides. J. Oil & Colour Chemists Assoc. **49**, 631—638 (1966).

165. HOFMANN, W.: Antimikrobiell ausgerüstete Gummiartikel. Kautschuk u. Gummi **15**, 501, 502, 505 (1962).

166. Holzschutz. Veröffentl. a. d. Biolog. Bundesanst. f. Land- und Forstwirtschaft, Inst. f. forstl. Mycologie und Holzschutz. Berlin und Hamburg: 1956.

167. HORNAUER, H.: Werden Plaste von Magenfermenten angegriffen? Plaste u. Kautschuk **9**, 440—442 (1962).

168. HUECK, H. J.: The biological deterioration of plastics. Plastics London **25**, 419—422 (1960).

169. HUECK, VAN DER PLAS., E. H.: (Fungizide Mittel für Weich-PVC). Plastica **13**, 1216—1219 (1960).

170. HULTZSCH, K.: Chemie der Phenolharze. Berlin: 1950.

171. HUTCHINSON, J. G.: Lackprüfung mit Pilzen. Off. of Sci. Res. & Development Rept. 5687 31. Okt. 1945.

172. HUNT, G. M., and T. E. SNYDER: An international termite exposure test — 21. Progress report. Proc. Amer. Wood-Preservers Assoc. **48**, 314—327 (1952).

173. IG-Farbenindustrie AG (Erf.: A. Höchtlen und W. Droste) (Polyurethanschaum) PA I 69 394 (angem. April 1941).

174. Institute of Textile Technology (Erf.: Couper): Mildew proof cellulose, produced by reaction with chloro-benzyl quarternary ammonium salts. A. P. 2 609 270 (ausgegeb. 2. 9. 1952).

175. JACKSON, W. W.: (Fungizides Mittel für Weich-PVC) Wright Air Development Center, Techn. Report 53—233 (Jan. 1954).

176. JONES, A. H., J. G. DESMARAIS and K. E. WINFIELD: How efficient are fungicidal paints? Can. Paint & Varnish Mag. 30/5, 30—35, 52—55 (1956).

177. JUNG, S.: Zucht und Haltung der wichtigsten Laboratoriumsversuchstiere. Jena: 1958.

178. — Grundlagen für die Haltung und Fütterung von Versuchstieren. Stuttgart: 1962.

179. KALINENKO, B. O.: (Kautschuk angreifende Mikroorganismen). Mikrobiologie U.S.S.R. **7**, 119 (1938).

180. KALSHOVEN, L. G. E.: Nog enkele aanteekeningen over beschadiging van electrische geleidingsdraden. Ent. Meg. Neg.-Indie 3, 5, 6 (1937).

181. — Vergere aanteekeningen over de huismer monomorium destructor JERG. Ent. Meg. Neg.-Indie 3, 66—71 (1937).

182. — De Plagen von de Culturgewassen in Indonesie. S'Gravenhage-Bandoeng: 1950—1951.

183. KANAVEL, G. A., P. A. KOONS, and R. E. LAUER: Fungus resistance of millable urethanes. Rubber Chem. and Technol. 39/4, 1338—1346 (1966).

184. — — — Fungus resistance of millable urethanes. Rubber World **154**/5, 80—87 (1966).

185. KELLER, G. W.: Vermeidung von Pilz- und Bakterienbefall in der Monsunzeit in tropischen Zonen. Melliand **40**, 674—676 (1959).

186. KEMP, H. T., C. W. COOPER, and R. M. KEIL: Determining effectiveness of biocidal additives in coatings. J. Paint Technol. 38/498, 363—367 (1966)

187. KENAGA, E. E., W. K. WHITNEY, J. L. HARDY, and A. E. DOTY: Laboratory tests with dursban insecticide. J. Econ Entomol. 58/6, 1043—1050 (1965).

188. KERK, VAN DER, G. J. M.: New developments in organolead chemistry. Ind. Eng. Chem. 58/10, 29—35 (1966).

189. KERNER-GANG, W.: Versuche zur Auswahl geeigneter Pilze für die Prüfung der Schimmelwiderstandsfähigkeit von Textilien DIN 53931 und 53932. Melliand **47**/12, 1415—1422 (1966).

190. KIMMIG, J.: Die Behandlung der Dermatophytien mit neuen pilzabtötenden Verbindungen. Arch. Dermatol. and Syphilol. **189**, 265—270 (1949).

191. —, u. H. RIETH: Antimycotica in Experiment und Klinik, Arzneimittel-Forsch. 3/6, 267—276 (1953).

192. Klatte, F.: Siehe Chemische Fabrik Griesheim-Elektron.
193. Klausmeier, R. E., and J. A. Jones: Microbial degradation of plasticizers. Developments in Industrial Microbiology, Vol. 2, p. 47—53. New York: 1961.
194. Klemme, D. E., and G. W. Watkins: US-naval Ordnance Lab. Brit. Abstracts of Currency Scientific and Technical Literature 8, 214 (1953).
195. Knorr, Fr.: Holzschutz und Holzschutzmittel. Garmisch-Partenkirchen: 1957.
196. Kohlmeyer, J.: Holzzerstörende Pilze im Meerwasser. Holz als Roh- u. Werkstoff 16, 215—220 (1958).
197. König, K.-H., E.-H. Pommer und W. Sanne: N-substituierte Tetrahydro-1,4-oxazine, eine neue Klasse fungizider Verbindungen. Angew. Chem. 77, 327—333 (1965).
198. Krebs, W.: Zur Frage von Rattenschäden an elektrischen Kabeln. Schiffbautechnik 11, 144 (1961).
199. Kühlwein, H., u. F. Demmer: Mikrobielle Korrosion von Kunststoffen. Kunststoffe 57, 183—188 (1967).
200. Kulkarni, A. Y., and P. C. Mehta: Rot resistance of PAN grafted cellulosic fabrics. Textile Research J. 32/8, 701, 702 (1962).
201. Kulkarni, R. K.: Brief review of biochemical degradation of polymers. Polymer Engn. and Sci. 5/4, 227—230 (1965).
202. Kulman, F. E.: Microbiological deterioration of burried pipe and cable coatings. Corrosion 14/5, 23—32 (1958).
203. La Brijn, J.: (Nagetiere und Kunststoffe) Plastica Delft 16, 10—13 (1963).
204. Laibach, E.: Warum wird Kunstseide von Silberfischchen (Lepisma saccharina L.) gefressen? Melliand 29, 397—401 (1948).
205. — Gewebezerstörungen an bedruckter Kunstseide. Melliand 30, 295—299 (1949).
206. — Lepisma saccharina L., das Silberfischchen. Z. hyg. Zool. Schädlingsbekämpf. 40, 321—370 (1952).
207. — Das Verhalten der Raupen der Kleidermotte Tineola biselliella Hum. gegenüber einem Mischgarn aus Wolle und Chemiefasern. Melliand 38/6, 677—679 (1957).
208. Lange, H.: Eigenschaften von Oppanol BA-Folie im Hinblick auf ihre Verarbeitung zu Bauwerks-Abdichtungen. Plastverarbeiter 6, 70 (1955).
209. Langendorf, G.: Handbuch für den Holzschutz. Leipzig: 1961.
210. Lapkamp, K., u. W. Körner: Ein neuer Schädling aus der Gruppe der Kleinschmetterlinge an Bleimänteln und Fernsprechkabeln. FTZ 4/9, 407—409 (1951).
211. Läuger, P., H. Marjin und P. Müller: Über Konstitution und toxische Wirkung von natürlichen und neuen synthetischen insektentötenden Stoffen. Helv. Chim. Acta 27, 892—928 (1944).
212. Lavette, A.: La digestion du bois par les Flagellés symbiotiques des Termites: cellulose et lignine. Compt. rend. acad. sci. Paris 258, 2211—2213 (1964).
213. Lawton, C. S.: More about non armored cable. Trans. Am. Inst. Elec. Engrs. 1959, 5.
214. Lefaux, R.: Chemie und Toxikologie der Kunststoffe. Mainz: 1966.
215. Lightbody, A., M. E. Roberts, and C. J. Wessel: Plastics and rubber. In: Greathouse, G. E., and C. J. Wessel: Deterioration of materials. p. 537 bis 590. New York: 1954.
216. Lizell, B. P., J. S. Roos, and G. R. Björck: Rodent attack on rubber- and plastic insulated wires and cables. 7-th Annual Wire and Cable Symposium 1958, 4

217. — — — Rattenschäden an gummi- und kunststoffisolierten Kabeln und Leitungen. Ericsson Review **36**, 58—66 (1959).
218. LORANT, M.: Mylar, the strongest plastic film ever made. Kunststoffe — Plastics **6**, 214 (1959).
219. LOWIG, E., u. K. BROOCKMANN: Insektenfestigkeit von Aluminium- und Aluminium-Kunststoff-Verbundfolien. Aluminium **33**, 649—654 (1957).
220. LÜ, JEN-HAO, u. ADH. SCHWARTZ: Zum Verhalten von Bakteriengemischen gegenüber Polyäthylenen verschiedenen mittleren Molekulargewichts. Kunststoffe **51**, 317—319 (1961).
221. MAHLKE, F., u. E. TROSCHEL: Handbuch der Holzkonservierung, 3. Aufl. Hrsg. von J. Liese, Berlin-Göttingen-Heidelberg: Springer 1950.
222. MALLIS, A., A. C. MILLER, and R. C. HILL: Feeding of four species of fabric pests on natural and synthetic textiles. J. Econ. Entomol. **51**, 248, 249 (1958).
223. MARAIS, E. N.: Die Seele der weißen Ameise. Berlin: 1946.
224. MARKWARDT, L. J.: Progress in development of testing methods for fiber boards. U.S. Dep. Agr. Forest Prod. Lab. Repts. **2105**, 47 (1958).
225. MAUCH, H.: Beschädigung kunststoffisolierter Kabel durch Mäuse. Tech. Mitt. PTT **35/12**, 529—531 (1957).
226. McPHEE, J. R.: Use of salicylic acid and derivatives for the protection of wool from insect attack. Nature **212/5060**, 395, 396 (1966).
227. — Moth proofing of wool with organo-bromine compounds. Textile Research J. **36/11**, 941—946 (1966).
228. MELNIKOW, N. N., W. B. JASCHISCH, Ss. N. IWANOWA, P. A. KOROBKOW, I. L. WLADIMIROWA, A. K. RUDAKOWA, JE. O. SADWORNOWA u. A. M. MYSSTRIKOWA: (Schimmelpilzabweisende Polyvinylchloridpaste). UdSSR. P. 126 259 v. 9. 5. 1959.
229. MERILL, W., and D. W. FRENCH: Wood Fiberboard Studies. I. A nailhead pull-through method to determine the effects of fungi on strength. Tappi **47/8**, 449—451 (1964).
230. METCALF, R. L.: Organic insecticides — their chemistry and mode of action. New York und London: 1955.
231. MEYERS, S. P., and E. S. REYNOLDS: Cellulolytic activity of lignicolous marine ascomycetes and deuteromycetes. Developments in Industrial Microbiology, Vol. 1, p. 157—168. New York: 1960.
232. MICHAELIS, L.: The enzymes; chemistry and mechanism of action. New York: 1951.
233. MICHELBACHER, A. E.: Insects ... and how to control them; more date from the Berkeley study of package pests and the storage conditions which favor growth. Modern Packaging **20**, 143—145, 170 (1947).
234. MILLER, A. C., A. MALLIS, and W. C. EASTERLIN: Oil-base sprays against larvae of the black carpet beetle. J. Econ. Entomol. **5**, 249 (1958).
235. Ministry of Supply Col. Termite Res. Unit 1951—1960.
236. MÜLLER, P.: DDT, das Insektizid Dichlordiphenyltrichloräthan und seine Bedeutung. Basel und Stuttgart: 1955.
237. NETTE, I. T., N. W. POMORZEWA und E. I. KOSLOWA: (Zersetzung des Naturkautschuks durch Mikroorganismen). Mikrobiologiya **28**, 881—886 (1959).
238. NEUBERT, P.: Handbuch der Insektizidkunde, Teil 12., S. 13—84: Chemie der Insektizide. Hrsg. W. Eichler, Berlin: 1965.
239. NEUHAUS, W.: Ursachen und Grenzen von Kabelbeschädigungen durch Ratten. Anz. Schädlingskunde **30/6**, 81—83 (1957).

240. Nicolaus, H. O.: Biologische Korrosion. VDI-Z **93**, S.AZ 11 (1951).
241. Niethammer, A.: Technische Mykologie. Stuttgart: 1947.
242. N. N.: Bacterial action on rubbers and plastics. Rubber & Plastics Age **41**, 1366, 1367 (1960).
243. — Fungizider PVC-Weichmacher. Kunststoffe **52**, 684 (1962).
244. — PVC sheet offers lower-cost protection against marine borers. Modern Plastics **42**/5, 167 (1965).
245. — Tötet Pilze und Bakterien. Kunststoff-Berater **11**/4, 19 (1966).
246. — Nylon-Überzüge für Holzboote. Kunststoff-Rundschau **13**, 223 (1966).
247. — Insekten, Crustaceen. Nachr. Chem. Techn. **14**, 302 (1966).
248. — Über den Angriff von Insekten auf Metalle. Kosmos **28**/2, 70 (1931).
249. — Amerikanischer Großversuch mit insektenfesten Folienbeuteln. Chemische Rundschau **18**, 786 (1965).
250. — Mahagoniholz. Nachr. Chem. Techn. **6**, 185 (1958).
251. — How insects attack cables in canal zone. El. World **79**, 134 (1921).
252. — Exuding plasticizer kills insects. Modern Plastics **42**/5, 168 (1965).
253. — New cable wards off gophers. Bell Lab. Record **41**/8, 328, 329 (1966).
254. — Schädlingsbekämpfung mit Kunststoff-Dragées. Kunststoff-Berater **11**, 874 (1966).
255. — Die Bisamratte von der Edenstraße. Hannoversche Allgemeine Zeitung v. 11. 3. 1967.
256. — Euwid KD 11 v. 15. 3. 1967 (291).
257. — Biostatischer Polyurethan-Schaumstoff. Euwid KD Nr. 13 v. 29. 3. 1967 (351).
258. Noirot, Ch., et H. Elliot: La lutte contre les termites. Paris: 1947.
259. Nopitsch, M.: Textile Untersuchungen. Stuttgart: 1951.
262. — Mikrobiologische Teste. Melliand **38**, 932—937 (1957).
261. —, u. E. Möbus: Verhalten von Schaumgummi und Schaumstoff gegenüber Bakterien. Melliand **39**, 557—560 (1958).
262. Nord, F. F.: On the biochemistry of lignin. Tappi **47**/10, 624—628 (1964).
263. Novogrudski, D. M.: (Kautschukangreifende Mikroorganismen). Mikrobiologiya **1**, 413 (1932).
264. Nowak, G. A.: Fungizide Mittel. SÖFW **1960**, 146.
265. Nowacki, L. J.: An introduction to marine painting practices. Offic. Dig. **36**/477, 1102—1112 (1964).
266. Nuodex Products Co. Inc., Elizabeth N. J., Pamphlet 1952.
267. Offhaus, K.: Der Vitaminbedarf des Reismehlkäfers Tribolium confusum Duval. Z. Vitamin-, Hormon- und Fermentforsch. **4**/6, 555—563 (1952).
268. Ostertag, H.: Werkstoffmikrobiologie cellulosehaltiger Textilien. Melliand **35**, 224—226, 340—344, 448—488, 967—969, 1213—1216 (1954).
269. Palej, M. I., u. L. I. Tropolkova u. a.: (Über die Beständigkeit von schalldämpfendem Material gegen Schimmel). Kunststoffe **2**, 68, 69 (1964).
270. PATRA: Interim Report 54 (Dez. 1950).
271. Pauli, O.: Fungizide und bakterizide Anstrichmittel — neue Wirkstoffe für Öl- und Kunststofflacke. Fette, Seifen, Anstrichmittel **68**/4, 275—278 (1966).
272. — Fungizide in der Lack- und Farbenindustrie und ihre Rolle beim Materialschutz. VIII. FATIPEC-Congress 1966, S. 197—200.
273. Pawlowska, Z. E., E. Czerwinska et R. Kowalik: Détermination de la résistance des tissus imprégnés vis-à-vis des microorganismes. Chim. & ind. (Paris) **94**, 370—375 (1965).

274. PILLAI, K. N.: Wood boring crustacea of Travancore. 1. Spaeromidae. Bull. Central Research Inst. Univ. Travancore, Trivandrum, Ser. C, 4, 127—139 (1955).
275. PITTIS, ION: Essais sur la résistance des PVC aux microorganismes du sol. Plast. Mod. 16/4, 109 (1964).
276. PÖGE, W.: Über den Schimmelbefall der Polyvinylacetatdispersionen und seine Verhütung. Plaste u. Kautschuk 8, 74—76 (1961).
277. RAMP, J. A., C. G. MANCUSO, and J. G. HUIG: Ethylbenzyl-dimethyl-alcyl-ammonium-cyclohexylsulfamate a new paint mildewcide. VIII. FATIPEC-Congress 1966, p. 220—225.
278. RÄMSCH, H., u. CH. KÜHNE: Testpilze im Rahmen der Textilprüfung. Faserforsch. u. Textiltech. 9, 441—445 (1958).
279. RATH, H.: (Chemische Modifizierungsverfahren für Cellulose). Wiss. Z. Techn. Univ. Dresden 14/2, 261—269 (1965).
280. RATHSACK, R.: Eine biologische Prüfungsmethode für Antifoulinganstriche im Laboratorium. Farbe u. Lack 71/12, 985—989 (1965).
281. RAY, D. L., and J. R. JULIAN: Occurence of cellulase in Limnoria. Nature 169, 32, 33 (1952).
282. REISDORF, H.: Bläue an lackiertem Holz und ihre Bekämpfung. Deut. Farben-Z. 20/7, 305—308 (1966).
283. REITER, R.: Beständigkeit von Isolierfolien gegen Bodenmikroorganismen. Plaste u. Kautschuk 8, 407 (1961).
284. REYNOLDS, E. S.: Mycologia 72, 432—448 (1950).
285. RICHARDS, A. P., and W. F. CLAPP: Control of marine borers in plywood. Trans. Am. Soc. Mech. Engrs. 69, 519—524 (1947).
286. RIPPEL-BALDES, A.: Grundriß der Mikrobiologie. Berlin-Göttingen-Heidelberg: Springer 1955.
287. ROCH, F.: Die Terediniden des Mittelmeeres. Thalassia IV, 3 (1940).
288. ROTHSCHILD, L.: A classification of living animals, 2. Aufl. Glasgow: 1965.
289. RYCHTERA, M., u. E. NIEDERFÜHROVA: (Die Beziehungen zwischen natürlicher durch Mikroben verursachter Korrosion elektrotechnischer Isolationsmaterialien und entsprechenden Schimmelversuchen im Laboratorium.) Slaboproudý obzor 26/1, 37—43 (1965).
290. S. A. Consortium de Produits Chimiques et de Synthèse, Seine et Oise. (Schutz von PVC gegen Pilze). F. P. 1 051 728 (1954).
291. SANDERMANN, W.: Verfahren zur Herstellung von pilz- und insekten-, vornehmlich termitenfesten Papieren und Pappen. PA S 26 905, ausgeg. 23. 6. 1955.
292. SAPOSNIKOW, V. N., I. L. RABOTNOVA u. G. A. JARMOLA: (Mikrobiologischer Bewuchs von Naturkautschuk). Mikrobiologiya 31, 280—282 (1962).
293. SAVULESCU, A., u. V. LAZAR: (Beständigkeit von Polyvinylchlorid-Gemischen gegen Schimmel). Polimery Tworzywa (Kunststoffe Warschau) 8, 196, 197 (1963).
294. SCHELHORN, M. VON: Möglichkeiten und Grenzen des Einflusses der Verpackung auf die mikrobiologische Haltbarkeit speziell von Lebensmitteln. Verpackungs-Rundschau 6/3, Wiss. Tl. 9—15 (1955).
295. — Verpackungen aus Papier, Karton, Folien und Geweben als Schutz für Nahrungsmittel vor Insekten. Verpackung-Rundschau 7, Wiss. Tl. 5—9 (1956).
296. SCHEUERMANN, E. A.: Mikrobenschutzmittel für PVC. Kunststoffe-Plastics 10/3, 295—297 (1963).

297. Schindler, U.: Geschlechtsgebundene Unterschiede in der Anfälligkeit von Käfern gegenüber Insektiziden. Z. angew. Entomol. 54, 208—213 (1964).
298. Schmidt, H.: Die Termiten. Leipzig: 1955.
299. — Die Koloniegründung der Hamburger Termiten. Naturw. Rundschau 10/3, 99 (1957).
300. — Erfahrungen mit eingeschleppten Holzinsekten. Holz als Roh- u. Werkstoff 16, 226—228 (1958).
301. — Röntgenstrahlen machen Hausbocklarven im Holz sichtbar. Umschau Wiss. u. Tech. 62/3, 82, 83 (1962).
302. Schulze, W. M. H.: Zur Frage der Schädlingsabwehr bei fernmeldetechnischen Anlagen. Frequenz 11/10, 297—308 (1957).
303. Schultze-Dewitz, G.: Vergleichende Untersuchungen der natürlichen Fraßresistenz einiger einheimischer Kernholzarten unter Verwendung von Kalotermes flavicollis Fabr. und Reticulitermes lucifugus Rossi als Versuchstiere. Holz als Roh- u. Werkstoff 16, 248—251 (1958).
304. Schwartz, Adh.: Mikrobielle Korrosion von Kunststoffen und ihren Bestandteilen. Abhandl. deut. Akad. Wiss. Berlin Kl. Chem., Geol. u. Biologie 5, 1—138 (1963).
305. —, u. W. Schwartz: Über die Verwendung von Kunststofflack zu Schutzanstrichen von Filterbecken in Wasserwerken. Z. Bacteriol. 115, 545—554 (1962).
306. Scullin, J. P., T. A. Girard, and C. F. Koda: Pink staining of plasticized PVC — its causes and control. Rubber & Plastics Age 46, 264, 267, 268 (1965).
307. Shreeve, N. G.: Insecticidal Lacquers. Paint Manuf. 1954, 349—351.
308. Siedentopf, A., u. M. Zach: Konservierung von Schiffsböden mit dem neuen telsys-Antifouling-System. Plaste u. Kautschuk 12, 496—498 (1965).
309. Sieverts Kabelverken A. B., Sundyberg/Schweden. Svenska Plast. Föreningens Tekniska Meddelanden. Referat: Rattenschäden an Kabelmänteln. Kunststoff-Rundschau 4, 504, 505 (1957).
310. Simpson, M. E., and P. B. Marsh: Decomposition of the cellulose of cotton fibers by fungi of the genus Aspergillus. Plant disease Rept. Vol. 43 (1959) und Developments in Int. Microbiol. New York 1960, Vol. 1, p. 248 bis 252.
311. Sisler, F. D., and C. E. ZoBell: Microbial utilisation of carcinogenic hydrocarbons. Sience 106, 521, 522 (1947).
312. Siu, H.: Microbial decomposition of cellulose. New York: 1951.
313. Snoke, L. R.: Resistance of organic materials and Callo-structures to marine biological attack. Bell System Tech. J. 36, 1095—1127 (1957).
314. — Marine tests of organic materials. Bell Lab. Record 1957, 287—292.
315. Snyder, T. E., and J. Zetek: Test house on Baroo colorado Island resists termite and decay. Wood Preserving. News 19/7, 80—82 (1941).
316. Söhngen, N. L., u. J. G. Fol: Die Zersetzung des Kautschuks durch Mikroben. Z. Bacteriol. 40, 87—98 (1914).
317. Spence, D., and C. B. van Niel: Bacterial decomposition of the rubber in Hevea latex. Ind. Eng. Chem. 28, 847—850 (1936).
378. Spoon, W., u. L. G. E. Kalshoven: (Kunststoffe in den Tropen). Plastica 8, 532, 533 (1955), ref.: Kunststoff-Rundschau 3, 145 (1956).
319. Stahl, H., and H. Pessen: Funginertness of internally plasticized polymers. Modern Plastics 31/1, 111, 112 (1954).
320. Steinberg, P. L.: The resistance of organic materials to attack by marine bacteria at low temperatures. Bell System Tech. J. 40, 1369—1395 (1961).

321. STEINBERG, R. A., and CHR. THOM: Chemical induction of genetic changes in Aspergilli. J. Heredity **31**, 61 (1940).
322. STOLL, A., J. RENZ und A. HELFENSTEIN: Über die Struktur des Scillirosids. Helv. Chim. Acta **26**, 648—672 (1943).
323. STÖTTER, H.: Moderne Mottenmittel. Angew. Chem. A **59**, 145—150 (1947).
324. STRAWINSKI, R. J.: Thesis, Pennsylvania State College, State College Pa., 1943.
325. SUBKLEW, H. J.: Balanus improvisus (DARW.) auf Gummi und Kunststoffen. Naturwissenschaften **46**, 410 (1959).
326. SUMMER, W.: Microbial degradation of plastics. Corrosion Technol. **11/4**, 19—21 (1964).
327. SY, M.: Teppichkäferlarve durchbohrt Kunststoffbehälter. Anz. Schädlingskunde **12**, 189 (1960).
328. TAUSZ, J., u. M. PETER: Neue Methoden der Kohlenwasserstoffanalyse mit Hilfe von Bakterien. Z. Bacteriol. **49**, 497 (1919).
329. —, u. P. DONATH: Abbau des Äthylenwasserstoffs und der Kohlenwasserstoffe mittels Bakterien. Z. physiol. Chem., Hoppe Seyler's **190**, 141—168 (1930).
330. TECHNAU, G., u. W. BEHRENZ: Erfahrungen in der Zucht von Hylotrupes bajules L. Holz als Roh- u. Werkstoff **16**, 90—94 (1958).
331. Telegraph Construction & Maintenance Co. Ltd., London: (Verfahren zum Schutz von thermoplastischem Material und Gegenständen daraus gegen den Angriff von Schädlingen). DAS 1 052 678 v. 12. 6. 1959 (zurückgezogen 1960).
332. — Insecticides for thermoplastics. E. P. 832 065 v. 6. 4. 1960.
333. — Thermoplastic polymerisates with resistance against attack of red ants and other pests. E. P. 878 908 v. 4. 10. 1961.
334. THEDEN, G.: Prüfung von Kunststoffen auf Beständigkeit gegen Organismen. Materialprüfung **1/5**, 175, 176 (1959).
335. THINIUS, K.: Geschichte der makromolekularen Chemie. Plaste u. Kautschuk **10**, 131—134 (1963).
336. TORGESON, D. C.: Mode of action and relation of chemical structure to activity of paint fungicides. J. Paint Technol. **38/498**, 368—370 (1966).
337. TURNER, R. D.: The family Pholadidae in the Western Atlantic and the Eastern Pacific. Part II: Martesiinae, Jouannesiinae and Xylophaginae. Johnsonia **3**, 65—160 (1955).
338. US-Army Quartermaster Corps: Armee auf der Suche nach Lederfungiziden. Chem. Inds. **10/11**, 621 (1958).
339. US-Office of Scientific Research and Development Report No. 6067, Oct. 1945: The problem of fungal growth of synthetic resins, plastics and plasticizers.
340. Vereinigte Deutsche Metallwerke AG (Erf. Kirmser): Verfahren zum Herstellen von Gegenständen, vorzugsweise aus Kunststoffen mit permanentbakteriziden Eigenschaften. PA V 4066 ausg. 19. 8. 1954.
341. VERONA, O., e P. GAMBOGI: Osservationi di ordine microbiologico sui laminati di materia plastica per uso agricolo. Materie plastische **31/4**, 348—355 (1965).
342. VESSELOV, I. J.: (Abbau von Äthylen durch Asp. fumigatus, Asp. flavus und Asp. niger). Mikrobiologiya **6**, 510—516 (1937).
343. VINCENT, R. C., and G. H. PARKER: New Clad Metal Foil . . . Foils Gophers Telephony v. 8. Aug. 1964, S. 54.

344. WALTER, W. G., B. BEADLE, R. RODRIGUEZ and D. CHAFFEY: The effect of plastics on bacteria. SPE-Journ. **14/8**, 36, 37, 54 (1958).
345. — — — — Appl. Microbiol. **6**, 121—124 (1958).
346. Weco Products Co., Chicago, Ill.: Verwendung von an sich als keimtötend bekannten wäßrig-alkoholischen Lösungen von Phenylmercuriverbindungen. DBP 1 051 794 v. 5. 3. 1959.
347. WEGENER, W., u. R. QUESTAL: Untersuchungen über die Ursache der Zerstörung von nativen Faserstoffen durch Mikroorganismen. Melliand **32**, 346—349 (1951).
348. WELCH, J. F., and E. W. DUGGAN: Rodent resistant vinyl films. Modern Packaging **25/6**, 130, 131, 182, 183 (1952).
349. — Rodent control. Agr. Food Chem. **2/3**, 142—149 (1954).
350. WESSEL, C. J.: Biodeterioration of plastics. SPE Trans. **4**, 193—207 (1964).
351. WEUFFEN, W., u. S. ORTEL: Untersuchungen zur Frage des Reizwachstums hautpathogener Pilze. Einwirkung von fungistatischen Stoffen. Arzneimittel-Forsch. **11**, 99—102 (1961).
352. WHALLEY, P. E. S.: Damage to polythene by acquatic moth's. Nature **207**, 104 (1965).
353. WHISELEY, P.: Mould resistant decorative paint for the tropics. J. Oil & Colour Chemists' Assoc. **48/2**, 172—193 (1965).
354. WIESMANN, H.: Der Wirkungsmechanismus des Dichlor-diphenyl-trichloräthans bei den Arthropoden, speziell bei den Insekten. Ergeb. Hyg. Bacteriol. Immunitätsforsch. u. Exptl. Therap. **26**, 46—61 (1949).
355. — Über den Einwirkungsmechanismus der DDT-Wirksubstanz in den Insektenkörpern. Acta Trop. **10/3**, 267—269 (1953).
356. WILLEITNER, H.: Über die mykologische Prüfung von Holzspanplatten. Materialprüfung **7/4**, 129—133 (1965).
357. WILLIAMS, C. H.: Misunderstandings about termites. Electr. World **135/13**, 200 (1951).
358. WILLIAMS, V. A.: Newer insecticides as insectproofing agents for wool. Textile Research J. **35/12**, 1098—1105 (1965).
359. WISELEY, B.: An antifouling and anticorrosion system. Nature **203/4950**, 1132, 1133 (1964).
360. WOLCOTT, G. N.: Factors of the neutral resistance of woods to termite attack. Caribbean Forester **7/2**, 121—134 (1946).
361. — Organic termite repellents tested against Cryptotermes brevis WALKER. J. Agr. Univ. Puerto Rico **39**, 115—149 (1955).
362. — Pentachlorophenol as wood preservative against termite damage. J. Agr. Univ. Puerto Rico **40**, 85, 86 (1956).
363. WOLF, S.: Motten und nichtwollenes Textilmaterial. Faserforsch. u. Textiltech. **4**, 417—439 (1953).
364. — Mottenfraß an Chemiefaserstoffen in Fasergemischen und Mischtextilgut. Faserforsch. u. Textiltech. **5**, 68—77 (1954).
365. — Wollschädlinge und Chemotextilien. Wiss. Ann. **5**, 525—532 (1956).
366. — Zur Frage der Textilschädigungen durch Ohrwürmer. Faserforsch. u. Textiltech. **9**, 445—449 (1958).
367. — Zum Fraßverhalten des Silberfischchens und seiner Widerstandsfähigkeit gegen Kontaktinsektizide. Faserforsch. u. Textiltech. **11**, 236—240 (1960).
368. W. T. Henleys Telegraph Works Co. Ltd. (Erf.: O. S. Johnston): Insulating electric cables. Austral. P. 220 572, ausg. 16. 3. 1959.
369. YEAGER, CH. C.: Schimmelfest-Ausrüstung von Textilien. SVF-Fachorg. für Textilveredlung **12**, 538, 539 (1957).

370. YONGE, C. M.: Experimental work at the Plymouth Marine Laboratory, July-August, 1922. Rep. Comm. (Deter. Structures) Inst. civil Engin. (London), **4**, 9—22 (1924).

371. ZACHARIAE, G.: Das Verhalten des Speisebohnenkäfers Acanthoscelides obtectus SAY. (Coleoptera: Bruchidae) im Freien in Norddeutschland. Z. angew. Entomol. **43**, 345—365 (1958).

372. ZACHER, F., u. B. LANGE: Vorratsschutz gegen Schädlinge. Berlin: 1964.

373. ZDRALEK, B.: Die Desinfektionswirkung kapillaraktiver Stoffe ohne Zusätze. SÖFW **20/21**, 561—564, 617, 618 (1957).

374. — Die entkeimende Wirkung von oberflächenaktiven Stoffen. SÖFW **22/24/25/26**, 678, 749, 750, 783, 784, 807—811 (1959).

375. ZEDLER, R. J.: Tin chemical prevents biological fouling. Metal Finishing **60/12**, 57 (1962).

376. ZIFF, M., and R. WOODSIDE: Tetraphenylboronderivatives of amides. J. Org. Chem. **24**, 1338, 1339 (1959).

377. ZOBELL, C. E., u. J. STADLER: (Kohlenwasserstoffe zersetzende Bodenmikroorganismen). J. Bacteriol. **39**, 307 (1940).

378. — (Abbau von Penten durch Meeresbakterien). J. Bacteriol. **46**, 39—56 (1943).

379. —, C. W. GRANT, and H. F. HAAS: (Kohlenwasserstoffzersetzende Bodenbakterien). Bull. Am. Assoc. Petrol. Geologists **27**, 1175—1193 (1943).

380. —, and J. D. BECKWITH: The deterioration of rubber products by microorganisms. J. Am. Water Works Assoc. **36**, 439—452 (1944).

381. — Action of microorganisms on hydrocarbons. Bacteriol. Rev. **10**, 1—49 (1946).

382. — Assimilation of hydrocarbons by microorganisms. Advances in Enzymol. **10**, 443—486 (1950).

383. —, and R. Y. MORITA: Deep-sea bacteria. Galathea Report **I**, 139—154 (1959).

384. ZYCHA, H.: Holz- und Anstrichschäden durch Bläuepilze. Farbe u. Lack **67**, 628—632 (1961).

# Sachverzeichnis